浙江省普通本科高校"十四五"重点立项建设教材

 浙江省普通高校"十三五"新形态教材

 高等院校电子信息类专业"互联网+"创新规划教材

北大社 "十四五"高等教育规划教材
国家级一流本科课程配套教材

传感器技术及应用电路项目化教程
（第2版）

钱裕禄 主 编
郑敏华 康 海 副主编

内 容 简 介

本书结合传感器技术的发展前沿及其在各领域的深入应用进行讲解，并围绕其专业方向进行拓展，以实际案例为载体进行编写。本书的编写思路是"模块化+项目化"，模块化突出的是以被测物理量为研究对象，每个模块由若干个项目组成，每个项目以某一个具体传感器应用设计为依托。

本书的内容主要包括传感器技术应用综述、典型传感器及其应用（包括光电传感器、红外传感器、霍尔传感器、气敏传感器、温度传感器、湿度传感器、超声波传感器、数字式位置传感器等）和传感器技术在现代检测系统中的应用（包括现代检测系统简介、物联网中典型传感器的应用、工业机器人中的传感器技术应用、传感器在智能楼宇中的应用、汽车控制中的传感器应用）三大部分，共分14章。本书嵌入了彩图、视频微课等二维码，凸显翻转课堂。

本书可以作为普通高等院校电子信息工程、自动控制、电子工程、应用电子技术、电气工程、工业自动化等相关专业的教学用书，也可以作为相关行业从业人员的参考用书。

图书在版编目（CIP）数据

传感器技术及应用电路项目化教程/钱裕禄主编. —— 2版. —— 北京：北京大学出版社, 2025.6.
(高等院校电子信息类专业"互联网+"创新规划教材). —— ISBN 978-7-301-36230-3

Ⅰ.TP212

中国国家版本馆 CIP 数据核字第 20257ZV585 号

书　　　名	传感器技术及应用电路项目化教程（第2版） CHUANGANQI JISHU JI YINGYONG DIANLU XIANGMUHUA JIAOCHENG (DE-ER BAN)
著作责任者	钱裕禄　主编
策 划 编 辑	郑　双
责 任 编 辑	巨程晖　杜　鹃
数 字 编 辑	蒙俞材
标 准 书 号	ISBN 978-7-301-36230-3
出 版 发 行	北京大学出版社
地　　　址	北京市海淀区成府路205号　100871
网　　　址	http://www.pup.cn　新浪微博：@北京大学出版社
电 子 邮 箱	编辑部 pup6@pup.cn　总编室 zpup@pup.cn
电　　　话	邮购部 010-62752015　发行部 010-62750672　编辑部 010-62750667
印 刷 者	天津中印联印务有限公司
经 销 者	新华书店
	787毫米×1092毫米　16开本　22印张　525千字 2013年2月第1版　2018年8月修订版 2025年6月第2版　2025年6月第1次印刷
定　　　价	59.00元

未经许可，不得以任何方式复制或抄袭本书之部分或全部内容。
版权所有，侵权必究
举报电话：010-62752024　电子邮箱：fd@pup.cn
图书如有印装质量问题，请与出版部联系，电话：010-62756370

前　言

传感器技术是现代信息技术的三大支柱之一，与通信技术、计算机技术一起构成信息技术系统的"感官""神经"和"大脑"。随着新材料、新原理和新工艺等的发展与应用，各种新型传感器不断涌现。传感器技术在工控自动化、家用电器、医疗电子、汽车测控、机器人、环境保护、航空航天和军事等领域的应用取得了迅猛发展。随着无线传感器网络的广泛应用和物联网的迅速发展，传感器技术的应用空间得到了拓展，而智能手机中各种传感器应用带来的"功能革命"，更是让我们切实感受到身边充满了传感器技术的各类应用。

在课程创新和教学改革的实践中，让学生"学什么""怎么学"和"如何更好地学"是教师必须认真思考的问题，而如何有效结合学生自身特点、社会对人才的需求和专业培养目标等来开展课程是教学改革成功的关键。学生的能力表现在多个方面，如人际交往能力、协作能力、学习能力、实验实践动手能力、工科报告撰写能力、应试能力等。同时课程创新也是多方面的，包括教学内容革新、教学模式及落实措施的改进、教育理念创新等。学生是学习的主体，如何有效地调动他们的主观能动性和学习兴趣是关键，教师在教学过程中更多的是"引"和"导"。教学不应该是给学生多少"水"，而应该是让他们"学会学习"，知道如何寻找"水源"，发现问题、研究问题并最终解决问题。如何有效地构建"教师导学和学生主动学习的新型教与学关系"和形成师生间课程学习的"良性互动"，除了制度、规则等，教材更是关键，本书正是基于这样的理念和出发点来编写的。

总体来说，本书淡化传感器数学模型及公式推算、内部构造及制造工艺、复杂的系统模型设计和过多的体系强调等内容，突出对传感器的"认识"，以及传感器"在哪里用""如何用""应用中需要注意什么问题"和"应用前端、中间处理端及后端关系"等。

本书知识点的落实载体是日常生活中的应用实例，编写思路是"模块化＋项目化"。模块化突出的是以"被测物理量为研究对象"，每个模块由若干个项目组成，每个项目以某个具体传感器应用设计为依托，让学生对现代典型传感器和检测技术有一定的了解，熟悉典型传感器的类型、基本工作原理、基本应用电路和应用时的注意事项等，同时能从"工程"角度独立构建一个基本检测控制系统等；为了使知识点更加深入，培养学生检测系统应用的批判质疑能力，每个模块主要依据"项目化"内容的团队协作研讨、应用电路制作及调试等来落实。

每个教学项目均从传感器的参数入手，设计出具体的应用电路，分析电路的工作原理，并对电路的制作与调试作出阐述；突出实训过程，学生通过各项目的学习，可以提高他们的动手能力及分析、解决问题的能力，培养他们的职业素养，实现"教、学、做"一体化。

本书的主体内容是典型传感器应用，有效融合理论精讲、实验实践和合作研讨三个环节，同时兼顾学科发展、专业需求和专业分模块实际需要等。在知识点的安排上，首先介绍基础背景知识点和工作原理等，然后通过项目化实施来纵深知识点，最后进行必要的应用拓展。

本书在上一版的基础上做了补充和修改，具体如下。

（1）第9章、第11章和第12章均为整章新增内容。

（2）部分增、减、修订的章节及内容如下。

① 原来的第2章和第12章删除一些过时的内容（旧的手机传感器、物联网方面早期的认识等），增加新的内容（当前流行的手机传感器、物联网方面发展的新趋势等），合成新的第1章，主要就传感器技术的日常应用、MEMS技术和微型化、无线传感器网络和物联网等方面综合介绍传感技术的应用概况。

② 保持原来的第4至10章的总体构架不变，本版中成为第2至8章，且次序上有些微调。这部分分属"典型传感器及其应用"，在内容上：每章都增加了"工程项目设计实例"，主要是为了拓展学生在技术方面的应用；增加了"合作研讨"，主要是为教学实施过程中的"合作研讨环节"做准备，进行知识学习的纵深和工科思维方式的培养。整体替换了红外传感器、霍尔传感器、温度传感器、湿度传感器相应章节中的原有项目化应用案例。对原有各章的应用概述进行了部分修订，主要是新技术、新应用方面的更新。

③ 原来的第1章增加了基于虚拟仪器的检测系统、检测系统中的计算机接口、自动识别技术应用和合作研讨等内容，移至本版的第10章。

④ 原来的第3章增加了典型智能汽车传感的内容，移至本版的第13章。

⑤ 原来的第13章删减了部分过时的内容，增加了远程实时监控的内容，移至本版的第14章。

⑥ 每章都新增了在线测试。

围绕"典型传感器及应用"开展的研究性学习和合作研讨，课内分配学时为12学时。具体研讨主要围绕下列话题展开，具体研究性学习和合作研讨方案详见浙江省MOOC平台。

a. 红外传感器、声音传感器的应用电路设计；
b. 声、光、电一体化控制实现；
c. 超声波传感器、光敏传感器的应用电路设计；
d. 倒车雷达工作原理；
e. 光敏传感器有关DIY制作；
f. 蔬菜大棚温、湿度控制系统；
g. 霍尔传感器在生活中的应用；
h. 温度、湿度和磁敏传感器的应用；
i. 气体监控报警系统的设计；
j. 传感器在智能楼宇中的应用；
k. 传感器在现代汽车中的应用；
l. 传感器与单片机接口问题；
m. 检测系统与传感器应用；
n. 传感器在机器人中的应用；
o. 传感器在数控机床中的应用；
p. 手机和平板电脑中的传感器的应用。

前 言

而实验实践环节分为课内实验和课外开放创新实践两个部分,其中课内实验为 24 学时;具体以"模块化＋项目化"的形式开展教学活动,主要围绕着光电、气敏、温度、湿度、霍尔等典型传感器的应用设计、制作、调试等来实施(16 学时),加上 1~2 个自选综合应用设计项目(8 学时)。

结合近年来本课程的教学改革创新与实践,目前对应的课程为浙江省在线精品课程、浙江省线上一流课程。本书第 1 版曾被评为浙江省"十二五"高等学校优秀教材、浙江省普通高校"十三五"新形态教材、浙江省普通本科高校"十四五"重点立项建设教材等。在"学、导、做、用"于一体的有效互动大课堂构建与实践上,编者和课程团队在校、市、省各级项目经费的支持下做了较多的尝试,获得了 2014 年国家教学成果二等奖、浙江省教学成果一等奖和宁波市高校教学成果二等奖;课程教学设计与实施方案、教学信息化平台有效融合与教学实施、课程有效地"引学生动起来"等获得了校、市、省级等多项殊荣,诸多资源愿与大家分享。

本书加入了二维码视频微课,视频中小瑕疵等不足在所难免,为了后面的版次中能做得更好,希望各位老师、同学们和广大读者多提宝贵意见和建议。首先感谢前期使用本教材的 41 所高校(目前为止在互动联系的)的师生提出的宝贵意见,各地兄弟院校的专家、老师们在 40 余次示范教学中给我的启发和灵感,本次教材修订中已有部分体现,后续我们会继续完善;其次感谢杭州力控科技有限公司康海总经理在传感器课内实验和课外开放创新实践设置、视频制作等方面给出的宝贵意见;最后感谢我们的传感器课程建设与教学团队,以及学院 HG 工作室的同学们。

钱裕禄

2024.12

资源索引

目　　录

第1章　传感器技术应用综述 ……………………………………………………………… 1
1.1　传感器的日常典型应用 ………………………………………………………… 2
1.2　传感器的微型化 ………………………………………………………………… 6
1.3　智能手机中的传感器应用 ……………………………………………………… 8
1.4　无线传感器网络 ………………………………………………………………… 10
1.4.1　无线传感器网络简介 …………………………………………………… 10
1.4.2　基于射频识别的无线传感器网络 ……………………………………… 11
1.5　物联网应用概述 ………………………………………………………………… 12
拓展练习题 ……………………………………………………………………………… 14

第2章　光电传感器及其应用 ……………………………………………………………… 18
2.1　光电传感器的典型应用 ………………………………………………………… 19
2.2　光电效应及对应典型器件 ……………………………………………………… 22
2.2.1　外光电效应及对应器件 ………………………………………………… 22
2.2.2　光电导效应及对应器件 ………………………………………………… 23
2.2.3　光生伏特效应及对应器件 ……………………………………………… 24
2.3　典型光电器件的项目化应用 …………………………………………………… 29
2.4　工程项目设计实例 ……………………………………………………………… 41
2.5　合作研讨 ………………………………………………………………………… 43
拓展练习题 ……………………………………………………………………………… 45

第3章　红外传感器及其应用 ……………………………………………………………… 48
3.1　红外传感器的典型应用 ………………………………………………………… 49
3.2　红外热释电效应和常用器件 …………………………………………………… 51
3.3　典型红外器件的项目化应用 …………………………………………………… 53
3.4　工程项目设计实例 ……………………………………………………………… 66
3.5　合作研讨 ………………………………………………………………………… 67
拓展练习题 ……………………………………………………………………………… 68

第4章　霍尔传感器及其应用 ……………………………………………………………… 71
4.1　霍尔传感器的典型应用 ………………………………………………………… 72
4.1.1　霍尔传感器在汽车中的应用 …………………………………………… 72
4.1.2　霍尔传感器在家用电器和电动自行车中的应用 ……………………… 74
4.1.3　霍尔传感器在机械手限位控制中的应用 ……………………………… 75
4.1.4　霍尔传感器在电流检测中的应用 ……………………………………… 76
4.2　霍尔元件与集成霍尔传感器 …………………………………………………… 77
4.2.1　霍尔元件 ………………………………………………………………… 77
4.2.2　集成霍尔传感器 ………………………………………………………… 79
4.3　集成霍尔传感器的项目化应用 ………………………………………………… 82

4.4　工程项目设计实例 86
　　4.5　合作研讨 88
　　拓展练习题 89

第5章　气敏传感器及其应用 92
　　5.1　气敏传感器的典型应用 94
　　5.2　半导体气敏传感器 95
　　5.3　气敏传感器的项目化应用 98
　　5.4　工程项目设计实例 107
　　5.5　合作研讨 108
　　拓展练习题 112

第6章　温度传感器及其应用 115
　　6.1　温度传感器的典型应用 116
　　6.2　温度传感器及其工作原理 119
　　　　6.2.1　阻式温度传感器 119
　　　　6.2.2　热电偶 122
　　　　6.2.3　集成温度传感器 124
　　6.3　温度传感器的项目化应用 129
　　6.4　工程项目设计实例 132
　　6.5　合作研讨 133
　　拓展练习题 135

第7章　湿度传感器及其应用 139
　　7.1　湿度传感器 140
　　　　7.1.1　湿度的表示方法 140
　　　　7.1.2　湿度传感器的分类 141
　　　　7.1.3　湿度传感器的工作原理 141
　　7.2　湿度传感器的典型应用 142
　　7.3　湿度传感器的项目化应用 144
　　7.4　工程项目设计实例 148
　　7.5　合作研讨 149
　　拓展练习题 150

第8章　超声波传感器及其应用 154
　　8.1　超声波传感器的典型应用 155
　　8.2　超声波探头及其基本工作原理 159
　　　　8.2.1　超声波探头 159
　　　　8.2.2　超声波探头的基本工作原理 161
　　8.3　超声波传感器的项目化应用 163
　　8.4　工程项目设计实例 169
　　8.5　合作研讨 171
　　拓展练习题 174

目录

第9章 数字式位置传感器及其应用 …… 177
- 9.1 常用的数字式位置传感器及基本工作原理 …… 178
- 9.2 数字式位置传感器的典型应用 …… 186
- 9.3 工程项目设计案例分析 …… 191
- 9.4 合作研讨 …… 196
- 拓展练习题 …… 196

第10章 现代检测系统简介 …… 200
- 10.1 传感器基础知识及接口电路 …… 201
  - 10.1.1 传感器的基础知识 …… 201
  - 10.1.2 传感器接口电路 …… 206
  - 10.1.3 接地问题与执行机构说明 …… 208
- 10.2 测量及误差的基本知识 …… 208
  - 10.2.1 测量方法 …… 209
  - 10.2.2 测量误差 …… 209
  - 10.2.3 精密度、准确度和精确度 …… 212
- 10.3 现代测试系统概述 …… 212
  - 10.3.1 现代测试系统基本结构与类型 …… 212
  - 10.3.2 现代测试技术的发展趋势 …… 216
  - 10.3.3 现代测试系统应用示例 …… 217
- 10.4 基于虚拟仪器的检测系统 …… 219
  - 10.4.1 基本组成 …… 219
  - 10.4.2 虚拟仪器检测系统的应用场景 …… 220
  - 10.4.3 虚拟仪器检测系统的发展趋势 …… 222
- 10.5 检测系统中的计算机接口 …… 223
- 10.6 自动识别技术 …… 226
  - 10.6.1 常见的自动识别技术 …… 226
  - 10.6.2 自动识别技术典型应用案例 …… 231
- 拓展练习题 …… 234

第11章 物联网中典型传感器的应用 …… 238
- 11.1 物联网中典型传感器的应用概述 …… 239
- 11.2 智能家居中的传感器 …… 240
- 11.3 环境监测中的传感器 …… 247
- 11.4 健康监护中的人体生理量传感器 …… 249
- 11.5 传感器网络节点典型方案 …… 251
- 拓展练习题 …… 257

第12章 工业机器人中的传感器技术应用 …… 262
- 12.1 不同类型机器人中的传感器应用概述 …… 263
- 12.2 工业机器人中的传感器应用 …… 265
- 12.3 常用的工业机器人传感器及其工作原理 …… 268

12.4 合作研讨 ··· 279
拓展练习题 ··· 280

第 13 章 传感器在智能楼宇中的应用 285

13.1 智能楼宇中的传感器技术典型应用 ··· 286
13.2 智能楼宇中的常见传感器 ··· 295
13.3 传感器技术在楼宇智能化中的发展趋势 ··· 298
拓展练习题 ··· 300

第 14 章 汽车控制中的传感器技术应用 304

14.1 汽车传感器的应用概述及分类 ··· 305
    14.1.1 汽车传感器的应用概述 ··· 305
    14.1.2 汽车传感器的种类 ··· 306
14.2 汽车发动机控制传感器 ··· 306
    14.2.1 空气流量传感器 ··· 306
    14.2.2 曲轴位置传感器 ··· 311
    14.2.3 进气歧管压力传感器 ··· 313
    14.2.4 温度传感器 ··· 314
    14.2.5 节气门位置传感器 ··· 315
    14.2.6 氧传感器 ··· 318
    14.2.7 爆燃传感器 ··· 320
    14.2.8 车速传感器 ··· 322
14.3 汽车车身控制传感器 ··· 324
拓展练习题 ··· 327

附录 A 实验 332

实验一 555 报警器电路的设计与制作 ··· 332
实验二 酒精检测报警电路设计与制作 ··· 333
实验三 光电测试与报警电路设计 ··· 335
实验四 霍尔报警电路设计与制作 ··· 336
实验五 温度报警电路设计与制作 ··· 337
实验六 湿度报警电路设计与制作 ··· 338

参考文献 340

第 1 章 传感器技术应用综述

教学目标

本章内容主要是以"传感器的日常典型应用""传感器的微型化""智能手机中的传感器应用""无线传感器网络"和"物联网应用概述"五大知识模块的形式来落实的。

通过本章的学习,了解传感器的应用和发展趋势,尤其是围绕传感器微型化、网络化和智能化等内容;正确理解现实生活中"传感器的应用无处不在";掌握现代传感器技术的应用;熟悉现代传感器技术在物联网工程中的应用情况。

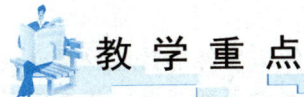
教学重点

知识要点	能力要求	相关知识
传感器的日常典型应用	(1) 理解"传感器的应用无处不在" (2) 熟悉传感器的基本原理	传感器技术在日常生活中的应用举例
传感器的微型化、网络化	(1) MEMS 技术应用 (2) WSN 应用	(1) 现代测试系统 (2) 检测技术
智能手机中的传感器应用	(1) 熟悉智能手机中的传感器 (2) 了解对应传感器的基本工作原理	(1) 智能手机中的传感器 (2) 典型传感器

引言

传感器技术广泛应用于众多领域,推动着多个行业的发展与变革。

工业生产:在自动化生产线中,通过温度传感器、压力传感器、流量传感器等实时监测生产过程中的各种参数,实现生产过程的精确控制与优化,从而提高产品质量和生产效率。例如,在化工生产中,利用传感器监测反应釜内的温度、压力、液位等参数,确保化学反应在安全、高效的条件下进行。

交通运输:应用于汽车的发动机控制系统、安全系统和自动驾驶系统等。例如,汽车中的速度传感器、加速度传感器、胎压传感器等为车辆的安全行驶提供了保障;在自动驾驶领域,激光雷达、摄像头、毫米波雷达等传感器可以感知车辆周围的环境信息,实现车辆的自主导航和决策。

医疗卫生:用于疾病诊断、治疗监测和健康管理。如血糖仪通过检测血液中的葡萄糖含量辅助糖尿病患者进行血糖监测;医学影像设备(如CT、MRI等)利用各种传感器技术获取人体内部结构的信息,帮助医生进行疾病诊断。

环境保护:监测大气、水、土壤等环境要素的质量。例如,空气质量传感器可以监测空气中的污染物浓度,水质传感器可以监测水体的酸碱度、溶解氧、重金属含量等指标,这些为环境保护和污染治理提供了数据支持。

智能家居:实现家居设备的智能化控制和环境监测。如智能温度传感器可以自动调节室内温度,人体红外传感器可以感知人的活动,从而控制灯光和电器的开关,提高家居生活的舒适性和便利性。

1.1 传感器的日常典型应用

传感器在生活中的典型应用

传感器技术在日常生活中的很多方面都有着广泛的应用,下面简要介绍其在健身、游戏、智能家电、触摸屏等领域的具体应用。

1. 健身领域

1)可穿戴健身设备

(1)加速度传感器。

加速度传感器常见于智能手环、智能手表等设备,能够实时监测用户运动时的加速度变化。通过分析这些数据,设备可以识别用户的运动状态,如步行、跑步、骑车等,并计算出运动步数、运动距离和运动速度。例如,用户佩戴智能手环跑步时,加速度传感器可以记录智能手环在各个方向上的加速度,经过算法处理后得出用户跑步的步数和速度,帮助用户了解自己的运动强度。

(2)心率传感器。

心率传感器多采用光电传感器技术,通过向皮肤发射光线并检测反射光的变化来测量心率。当心脏跳动时，血液流量和血管容积会发生变化，进而影响光的反射，心率传感器将这种变化转化为电信号，得出心率数据。健身爱好者在锻炼过程中可实时知晓自己的心率，避免运动强度过大对身体造成损伤，也能根据心率调整运动节奏，以达到更好的健身效果。比如，在进行有氧运动时，保持心率在适当区间能有效燃烧脂肪。

心率传感器

（3）陀螺仪传感器。

陀螺仪传感器（简称陀螺仪）能检测设备的旋转运动和方向变化。在一些高端的可穿戴健身设备或运动追踪器中，陀螺仪与加速度传感器配合使用，可更精确地监测用户的运动姿态，如判断用户在做俯卧撑时的动作是否标准，为用户提供更专业的健身指导。

2）健身器材

（1）压力传感器。

压力传感器安装在跑步机的跑带下方或健身器材的受力部位。在跑步机上，压力传感器可以检测用户跑步时对跑带施加的压力，从而调整跑步机的坡度和速度，以适应不同用户的运动需求。在力量训练器材上，压力传感器能测量用户施加的力量大小，帮助用户控制训练强度，记录训练数据，了解自己的力量增长情况。

（2）磁阻传感器。

磁阻传感器常用于动感单车等具有磁阻调节功能的健身器材。通过检测磁场变化来控制磁阻力的大小，用户可以根据自身的健身水平和训练目标，调节阻力旋钮或在智能设备上进行操作，改变骑行的阻力，模拟不同的骑行场景，如坡道、平路骑行等，增加运动的趣味性和挑战性。

问题思考：现实生活中还有哪些健身应用使用到上述传感器？简述各个对应应用的传感器基本工作原理。

2. 游戏领域

1）体感游戏设备

（1）摄像头传感器。

摄像头传感器常应用于体感游戏设备，如微软的 Kinect，它通过摄像头捕捉玩家的身体动作和姿态。摄像头传感器利用深度传感器技术，能够获取玩家身体各部位与设备之间的距离信息，从而构建出玩家的三维模型。游戏程序根据这些数据识别玩家的动作，如挥手、跳跃、转身等，将玩家的真实动作实时转化为游戏中的操作，使玩家无须手柄即可沉浸式地参与游戏，增加游戏的趣味性和互动性。例如，在体感健身游戏中，玩家可以通过模仿屏幕上的动作进行锻炼，摄像头传感器实时监测玩家动作的准确性，并给予相应的反馈。

（2）惯性传感器。

惯性传感器常见于游戏手柄和一些可穿戴游戏设备中，包含加速度计和陀螺仪。加速度计检测手柄在各个方向上的加速度变化，陀螺仪则感知手柄的旋转角度和角速度。当玩家手持游戏手柄进行游戏时，这些传感器将手柄的运动数据实时传输给游戏主机，游戏主机根据这些数据做出相应的反馈，如在赛车游戏中，玩家通过倾斜手柄来控制赛车的转向，使游戏操作更加自然和直观。

2）虚拟现实和增强现实设备

（1）位置追踪传感器。

在虚拟现实（Virtual Reality，VR）设备中，位置追踪传感器用于精确跟踪用户头部和手部的位置与运动。常见的有光学追踪传感器和惯性追踪传感器。光学追踪传感器通过摄像头识别安装在用户设备（如头盔、手柄）上的标记点，实时计算设备的位置和方向；惯性追踪传感器则利用加速度计和陀螺仪，通过测量设备的加速度和角速度变化来推算用户的位置和姿态。这些传感器的协同工作，让用户在虚拟环境中的动作能够得到准确反馈，增强了 VR 体验的沉浸感。例如，在 VR 射击游戏中，玩家转动头部就能改变视角，伸手做出抓取动作就能拿起虚拟环境中的武器。

（2）环境光传感器。

增强现实（Augmented Reality，AR）设备中的环境光传感器可以检测周围环境的光线强度，自动调节设备屏幕的亮度，以确保在不同光照条件下用户都能清晰地看到虚拟与现实融合的画面。比如，当用户从室内较暗的环境走到室外强光的环境时，环境光传感器检测到光线变强，设备屏幕亮度就会自动提高，保证 AR 图像的可视性。

问题思考：现实生活中还有哪些游戏领域应用到传感器？简述各个对应应用的传感器基本工作原理。

3. 智能家电领域

1）智能空调

（1）温度传感器。

温度传感器安装在空调室内机和室外机中，可实时监测室内和室外温度。室内温度传感器将检测到的室内温度反馈给空调的控制系统，控制系统根据设定温度与实际检测温度的差值，自动调节空调的制冷或制热功率，以保持室内温度恒定。例如，当室内温度高于设定温度时，空调加大制冷量；当温度达到设定值时，空调降低运行功率，实现节能的同时提供舒适的室内环境。

（2）湿度传感器。

部分高端智能空调配备湿度传感器，用于检测室内的空气湿度。它能根据湿度数据调整空调的运行模式，如在湿度较高时开启除湿功能，使室内湿度保持在适宜的范围内，提高人体舒适度，同时也有助于防止室内物品受潮发霉。

（3）人体红外传感器。

一些智能空调利用人体红外传感器检测房间内是否有人。当检测到一段时间内房间内无人活动时，空调自动进入节能模式或关闭，避免能源浪费。当有人重新进入房间时，空调可自动恢复到之前的运行状态。

2）智能冰箱

（1）温度传感器。

温度传感器分布在冰箱的冷藏室、冷冻室和变温室等不同区域，能精确监测各个间室的温度。冰箱控制系统根据温度传感器反馈的数据，调节制冷系统的运行，确保每个间室都能保持在设定的温度范围内，从而保证食物的新鲜度和储存质量。例如，冷藏室一般保持在 2~8℃，冷冻室保持在-18℃。

（2）湿度传感器。

在冰箱的保湿抽屉中，湿度传感器用于维持抽屉内的湿度环境。对于一些需要保湿储存的食材，如蔬菜、水果等，湿度传感器可调节通风或加湿装置，使抽屉内保持适宜的湿度，延长食材的保鲜期。

（3）重量传感器。

部分智能冰箱在储物搁板上安装重量传感器，能够实时监测食物的重量变化。当某种食物的重量减少到一定程度时，冰箱可以通过手机 App 提醒用户及时补货。此外，通过分析食物重量的变化，还能了解用户的饮食习惯和食物消耗情况，为用户提供个性化的饮食建议和购物推荐。

3）智能洗衣机

（1）水位传感器。

水位传感器可以通过检测智能洗衣机内桶中的水位高度，控制进水量和排水量。当智能洗衣机开始工作时，水位传感器检测到内桶无水，便控制进水阀打开进水；当水位达到设定高度时，水位传感器发出信号，关闭进水阀。在洗涤过程中，当水位因漏水等原因下降时，水位传感器能及时检测到并自动补足水量，确保洗涤效果。

（2）重量传感器。

重量传感器安装在洗衣机的底部或悬挂系统上，用于检测衣物的重量。根据衣物重量，洗衣机自动调整洗涤程序，如洗涤时间、用水量、洗涤剂投放量等。较重的衣物需要更长的洗涤时间和更多的洗涤剂，而较轻的衣物则相应减少，这样既能保证洗涤效果，又能节能节水。

（3）污渍传感器。

一些高端智能洗衣机还会配备污渍传感器，该传感器可以通过检测洗涤液的浑浊度来判断衣物的污渍程度。如果洗涤液较浑浊，说明衣物污渍较多，洗衣机自动延长洗涤时间或增加洗涤强度；当洗涤液达到一定的清澈度时，表明衣物已洗净，洗衣机进入漂洗阶段，从而实现更精准的洗涤控制。

问题思考：现实生活中还有哪些智能家电应用了传感器？简述各个对应应用的传感器基本工作原理。

4. 触摸屏领域

1）电容式触摸屏

电容式触摸屏是目前最常见的触摸屏类型，广泛应用于智能手机、平板电脑、智能手表等设备，其工作原理是基于人体的导电特性。电容式触摸屏由多层透明导电材料组成，当用户手指触摸屏幕时，手指与屏幕表面形成一个微小的电容，改变了屏幕表面的电场分布。触摸屏控制器检测到这种电容变化，并通过算法计算出触摸点的位置，从而实现对屏幕的操作，如点击、滑动、缩放等。由于电容式触摸屏具有响应速度快、操作灵敏、透光性好等优点，因此为用户提供了流畅的触摸交互体验。

2）电阻式触摸屏

电阻式触摸屏由上下两层导电材料以及它们中间夹着的绝缘层组成。当用户触摸屏幕时，外力使上下两层导电材料接触，改变了接触点处的电阻值。通过检测电阻的变化，触摸屏控制器可以计算出触摸点的坐标位置。电阻式触摸屏的优点是结构简单、成本较低，对触摸介质没有特殊要求，即使戴手套或使用触摸笔也能操作，因此在一些工业控制设备、车载导航系统等对环境适应性要求较高的场景中仍有应用。

问题思考：现实生活中还有哪些触摸屏应用了传感器？简述各个对应应用的传感器基本工作原理。

1.2 传感器的微型化

传感器的微型化

1. 发展历程

传感器微型化的发展历程与科技进步紧密相连，它的发展受到了材料科学、制造工艺等多个领域成果突破的推动，具体发展分为以下四个阶段。

1）萌芽阶段（20世纪初—20世纪50年代）

基础理论奠基：20世纪初，电子学、物理学等学科的发展，为传感器微型化奠定了理论基础。科学家们开始研究利用物理效应来检测和测量各种物理量，如压电效应、压阻效应等，这些效应成为微型传感器工作的核心原理。

简单微型结构探索：在这一时期，虽然技术手段有限，但已经开始出现对简单微型结构的探索。例如，一些早期的机械式压力传感器尝试通过缩小尺寸来提高其灵敏度和响应速度，尽管此时的传感器微型化程度相对较低，但为后续发展指明了方向。

2）发展初期（20世纪60年代—20世纪70年代）

半导体技术助力：20世纪60年代，半导体技术的兴起为传感器微型化带来了重大突破。半导体材料的独特电学性能使得制造体积更小、性能更稳定的传感器成为可能。基于半导体的压阻式传感器开始出现，可以在半导体材料上制作敏感元件，能够将压力等物理量转换为电信号，且尺寸相较于传统传感器大幅减小。

光刻技术引入：光刻技术从集成电路制造领域逐渐应用到传感器制造中。光刻技术可以在半导体材料上精确地制作出微小的结构和图案，这使得传感器的微型化进程取得了实质性进展。借助光刻技术，企业能够制造出微米级别的传感器，提高了传感器的集成度和性能。

3）快速发展阶段（20世纪80年代—20世纪末）

微机电系统（Micro-Electro-Mechanical System，MEMS）技术的诞生：20世纪80年代，MEMS技术应运而生，这是传感器微型化发展的一个里程碑。MEMS技术融合了微电子技术与微机械加工技术，能够在微小的芯片上集成机械结构、传感器、执行器以及信号处理电路等。例如，MEMS加速度传感器开始应用于汽车安全气囊系统，通过检测车辆碰撞时的加速度变化来触发气囊弹出，其体积小、成本低、性能可靠，迅速得到了广泛应用。

第1章 传感器技术应用综述

多样化微型传感器涌现：随着MEMS技术的发展，各种类型的微型传感器不断涌现。除了加速度传感器，MEMS陀螺仪、MEMS压力传感器、MEMS话筒等相继问世，并在消费电子、航空航天、医疗等领域得到应用。例如，MEMS话筒凭借其体积小、成本低、性能稳定等优点，逐渐取代传统的驻极体话筒，广泛应用于手机、耳机等设备中。

4）全面深化阶段（21世纪初至今）

纳米技术融合：进入21世纪，纳米技术与传感器微型化深度融合。纳米材料具有独特的物理、化学和电学性质，如量子尺寸效应、表面效应等，将其应用于传感器制造，能够进一步提高传感器的灵敏度、响应速度，增加传感器的选择性，同时实现更小的尺寸。例如，纳米线传感器、纳米薄膜传感器等新型纳米传感器不断涌现，在生物医学检测、环境监测等领域展现出巨大的应用潜力。

多功能集成与智能化：如今，传感器微型化不仅追求尺寸的缩小，还注重多功能集成和智能化发展。通过将多种不同类型的微型传感器集成在同一个芯片上，实现对多种物理量或化学量的同步检测。例如，一些智能可穿戴设备中的传感器模块，集成了加速度计、陀螺仪、心率传感器、血氧传感器等多种微型传感器，能够实时监测人体的运动状态和健康参数。同时，借助人工智能和大数据技术，微型传感器具备了自诊断、自校准、数据处理和智能决策等功能，使其在复杂环境下能够更加智能地工作。

2. MEMS技术在传感器中的应用

MEMS技术在传感器中有着广泛的应用，以下是一些具体应用案例。

1）MEMS话筒

应用场景：广泛应用于移动设备，如手机、平板电脑等，以及耳机、智能音箱等音频设备。

作用：将声音信号转换为电信号，实现语音通话、录音、语音助手等功能。例如，楼氏电子的SiSonic话筒是市场上第一款商用MEMS话筒产品，率先出货给日本京瓷应用于手机中，目前已卖出超百亿个。

2）MEMS加速度计

应用场景：智能手机、汽车安全系统、运动追踪器等领域。

作用：在智能手机中，用于实现屏幕旋转的自动调整、计步、摔倒检测等功能；在汽车安全系统中，用于监测车辆的碰撞情况，及时触发安全气囊等保护措施。例如，ADI公司发明的MEMS加速度传感器主要用于汽车安全气囊中，使安全气囊电子装置的成本降低了75%左右。

3）MEMS陀螺仪

应用场景：飞行器导航、虚拟现实头盔、无人机等领域。

作用：感知物体的角速度变化，用于确定物体的姿态和位置。在飞行器导航中，提供准确的飞行姿态信息，确保飞行安全；在虚拟现实头盔中，用于跟踪用户的头部运动，实现更加沉浸式的体验。例如，iPhone4是世界上第一台内置MEMS三轴陀螺仪的手机，可以感知来自六个方向的运动、加速度、角度的变化。

4）MEMS压力传感器

应用场景：汽车制动系统、空压机、医疗器械等领域。

作用：感知压力变化，并将其转化为电信号。在汽车轮胎压力监测系统中，实时监测轮胎内的压力情况，确保行车安全；在医疗领域，用于监测血压、呼吸压力等生理数据，为患者提供及时的健康信息。例如，泰科电子推出的微型侵入式 MEMS 压力传感器，细如发丝，可应用于诊断导管、治疗导管、一次性窥镜、活检针、消融设备等微创医疗设备。

5）MEMS 气体传感器

应用场景：环境监测、工业安全、智能家居等领域。

作用：实时监测空气中的有害气体浓度，为人们的生命财产安全提供保障。在智能家居中，用于监测室内空气质量，自动调节空气净化器等设备，确保室内环境的舒适和健康。例如，基于 MEMS 可调超构吸收器的非色散红外气体传感技术，可对不同气体的吸收光谱进行调谐，从而实现多气体传感。

问题思考：现实中还有哪些 MEMS 传感器的应用？大体列举一下。

1.3 智能手机中的传感器应用

随着技术的进步，手机已经不再是一个简单的通信工具，而是具有综合功能的便携式电子设备。用户可以用手机听音乐、看电影、拍照、打游戏等。手机变得无所不能，在这种情况下各种传感器在手机中的应用应运而生。

智能手机集成了多种传感器，这些传感器极大地丰富了手机的功能，提升了用户体验。下面详细介绍智能手机中的各类传感器及其工作原理。

1. 加速度传感器

工作原理：基于压电效应或压阻效应。常见的加速度传感器是采用 MEMS 技术制造的。它的内部有一个质量块，当手机产生加速度时，质量块会因惯性产生位移，使与之相连的压电材料产生形变，根据压电效应，压电材料会产生与加速度成正比的电荷，通过检测电荷来测量加速度；或者质量块的位移导致压阻材料的电阻发生变化，通过测量电阻变化来获取加速度信息。手机利用这些数据来感知其运动状态，如静止、晃动、跌落等。

2. 陀螺仪

工作原理：同样是基于 MEMS 技术。陀螺仪的核心部件是一个振动的质量块，当手机绕某个轴旋转时，由于科里奥利力的作用，振动的质量块会在垂直于振动方向上产生一个微小的力，使质量块产生相应的位移。通过检测这个位移变化，就可以计算出手机旋转的角速度。陀螺仪能够精确测量手机的旋转角度和方向变化，常用于游戏控制、VR 和 AR 应用中，让用户通过转动手机来控制虚拟场景中的视角。

3. 磁力传感器（电子罗盘）

工作原理：一般利用磁阻效应来工作。磁力传感器中的敏感材料在外界磁场的作用下，电阻值会发生变化。当手机所处空间存在地磁场时，磁力传感器内部的敏感元件会因地磁场的作用改变电阻，通过检测电阻变化，手机可以计算出地磁场的方向，进而确定手机的朝向，为用户提供方向指引，常用于地图导航。

4. 光线传感器

工作原理：主要基于光电效应。光线传感器通常采用光敏二极管或光敏电阻等光电器件进行工作。光敏二极管在光线照射下，会产生与光强成正比的电流；光敏电阻的原理是其电阻值随光照强度变化而改变，光照越强电阻值越小。手机通过检测这些光电器件的电信号变化，来感知周围环境的光线强度，从而自动调节手机屏幕的亮度，以适应不同的光照条件，达到节省电量和保护用户视力的目的。

5. 距离传感器

工作原理：常用的是红外距离传感器，基于红外光的反射原理。红外距离传感器由红外发射管和红外接收管组成，红外发射管发射红外光，当有物体靠近手机时，红外光会被物体反射回来，被红外接收管接收。根据发射光与接收光之间的时间差或光强变化，手机可以计算出物体与手机之间的距离。在打电话时，红外距离传感器可检测手机与脸部的距离，当手机贴近脸部时屏幕自动关闭，既能防止误操作又能节省电量。

6. 指纹传感器

常见的指纹传感器有电容式指纹传感器、光学指纹传感器和超声波指纹传感器，它们的工作原理分别如下。

电容式指纹传感器：利用人体指纹的纹路与传感器表面形成的电容差异来识别指纹。传感器表面由许多微小的电容感应单元组成，当手指触摸传感器时，指纹的凸起部分和凹陷部分与感应单元形成的电容不同，通过检测这些电容值的变化，形成指纹图像。

光学指纹传感器：通过光学成像原理获取指纹图像。利用光线照射手指，指纹的纹路会因反射和折射的不同形成明暗对比，传感器通过拍摄指纹图像并进行分析识别。

超声波指纹传感器：向手指发射超声波，超声波遇到指纹表面会产生反射，不同的指纹纹路对超声波的反射强度和时间不同，传感器通过检测反射波来构建指纹的三维图像，完成指纹识别。

7. 气压传感器

工作原理：基于压阻效应或电容效应。基于压阻效应的传感器如 MEMS 气压传感器，在这类传感器中通常有一个对压力敏感的薄膜结构，当外界气压变化时，薄膜会发生形变。基于压阻效应的传感器，薄膜的形变会导致其表面的压阻材料的电阻发生变化；基于电容效应的传感器，其薄膜的形变会改变电容两极板之间的距离或面积，从而使电容值发生改变，通过检测电阻或电容的变化，手机可以测量出当前的气压值，进而用于海拔高度计算，以及辅助 GPS 提高定位精度。

8. 心率传感器

工作原理：大多采用光电透射测量法。由于心脏跳动时，手指部位的血液流量和血管容积会发生周期性变化，因此利用 LED 光照射手指时，手指对绿光的吸收量也会产生周期性变化。传感器中的光电二极管接收经过手指透射或反射回来的光，并将光信号转换为电信号，通过分析电信号的变化频率，就可以计算出心率。

9. 环境温度传感器

工作原理：基于半导体的温度特性。环境温度传感器一般采用负温度系数传感器（Negative Temperature Coefficient Sensor，也称 NTC 热敏电阻）或热电偶等温度敏感元件。NTC 热敏电阻的电阻值随温度升高而降低，通过测量其电阻值的变化，经过电路转换和计算，可得出环境温度。热电偶则是利用两种不同金属导体的接触点在不同温度下产生热电动势的原理，通过测量热电动势来获取温度信息，用于监测手机内部及周围环境的温度，防止手机因过热而影响性能或损坏。

问题思考：现实生活中还有哪些手机传感器应用？大体列举一下，并说明其基本工作原理。

1.4 无线传感器网络

1.4.1 无线传感器网络简介

20 世纪 90 年代末，随着现代传感器、无线通信、现代网络、嵌入式计算、MEMS、集成电路、分布式信息处理与人工智能等新兴技术的发展与融合，以及新材料、新工艺的出现，传感器技术向微型化、无线化、数字化、网络化、智能化方向迅速发展。由此研制出了各种具有感知、通信与计算功能的智能微型传感器。由大量部署在监测区域内的微型传感器节点构成的无线传感器网络（Wireless Sensor Network，WSN），通过无线通信方式智能组网，形成一个自组织网络系统，具有信号采集、实时监测、信息传输、协同处理、信息服务等功能，能感知、采集和处理网络覆盖区域中感知对象的各种信息，并将处理后的信息传递给用户。

WSN 在现代农业中的应用如图 1.1 所示。

在图 1.1 中，各种先进的农用传感器包括土壤传感器、作物苗情传感器、电化学离子敏传感器（对土壤 N、P、K、重金属含量快速检测）、生物传感器（用于禽流感快速检测、高致性细菌检测等）、气敏传感器（进行食品品质、气体污染、排放监测）。这种 WSN 应用主要特点如下：

（1）广域、自组织、高可靠性、节能；

（2）短程通信与远程通信相结合（如 ZigBee、Bluetooth、Wireless LAN 等）；

（3）固定终端与移动终端相结合。

WSN 可以使人们在任何时间、地点和环境条件下，获取大量翔实可靠的物理世界的信息，这种具有智能获取、传输和处理信息功能的网络化智能传感器，正在逐步形成 IT 领域的新兴产业。它可以广泛应用于军事、科研、环境、交通、医疗、制造、反恐、抗灾、家居等领域。

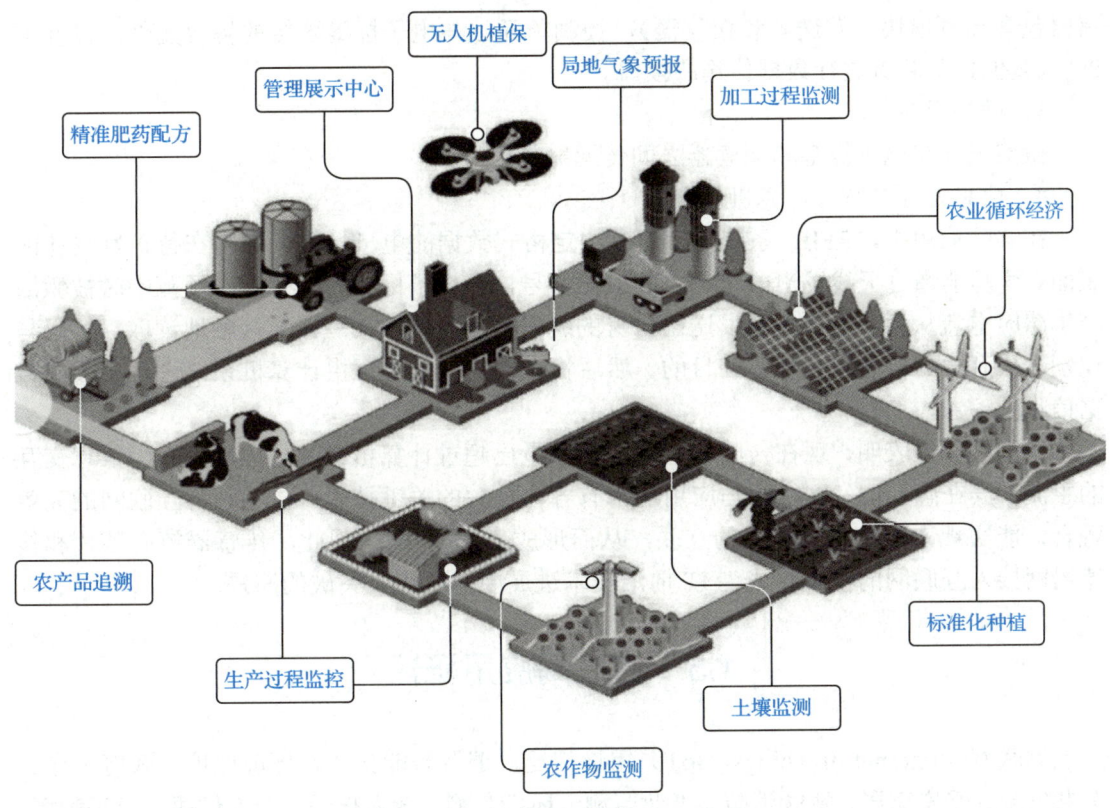

图 1.1　WSN 在现代农业中的应用

WSN 系统是一个学科交叉综合、知识高度集成的热点研究领域，正受到各方面的高度关注。美国国防部在 2000 年时就把 WSN 定为五大国防建设领域之一；美国研究机构和媒体认为它是 21 世纪世界最具有影响力的高技术领域四大支柱型产业之一，是改变世界的十大新兴技术之一。日本在 2004 年就把 WSN 定为四项重点战略之一。

1.4.2　基于射频识别的无线传感器网络

基于射频识别（Radio Frequency Identification，RFID）的 WSN 是目前最常见的一种 WSN 类型。RFID 是一种利用无线射频方式在读写器和电子标签之间进行非接触的双向数据传输，以达到目标识别和数据交换目的的技术。它能够通过各类集成化的微型传感器协作来进行实时监测、感知和采集各种环境或监测对象的信息，将客观世界的物理信号转换成电信号，从而实现物理世界、计算机世界与人类社会的沟通。

通常，RFID 系统由电子标签、读写器、微型天线和信息处理系统组成。

1）电子标签

电子标签即应答器，它由耦合元件和微电子芯片组成，黏附在物体上，内部存储待识别物体的信息。通常电子标签没有自备的供电电源，其工作所需要的能量由读写器通过耦合元件传递给电子标签。

2）读写器

读写器又称扫描器，它能通过发出射频信号来扫描电子标签，从而获取数据信息。读写器包含高频模块（发送器和接收器）、控制单元、与电子标签连接的耦合元件，以及与 PC 或其他控制装置进行数据传输的接口。

3）微型天线

微型天线在电子标签和阅读器之间传递射频信号。

4）信息处理系统（计算机系统）

在实际应用中，RFID 系统内存储有约定格式数据的电子标签，黏附在待识别物体的表面。读写器通过天线发出一定频率的射频信号，当电子标签进入感应磁场范围时被激活产生感应电流从而获得能量，发送出自身的编码等信息，被读写器无接触地读取、解码与识别，从而达到自动识别物体的目的。然后将识别的信息送至主计算机系统进行相关的数据信息处理。

据有关研究表明，现在传感器之间的信息量已超过计算机或其他应用，成为信息交互的主流。其在感知层、网络层与应用层都有各自攻关的关键技术。传感网与互联网的高效融合，能实现人与物、物与物的互联，从而形成"物联网"。因此，传感器核心芯片和传感器网接入互联网的技术将成为 IT 前沿技术进展中需要优先突破的瓶颈。

1.5 物联网应用概述

物联网（Internet of Things，IoT）用途广泛，遍及智能交通、环境保护、政府工作、公共安全、平安家居、智能消防、工业监测、环境监测、老人护理、个人健康、花卉栽培、水系监测、食品溯源、敌情侦查和情报搜集等多个领域。

物联网应用简明示意图如图 1.2 所示。

物联网中的传感器技术应用

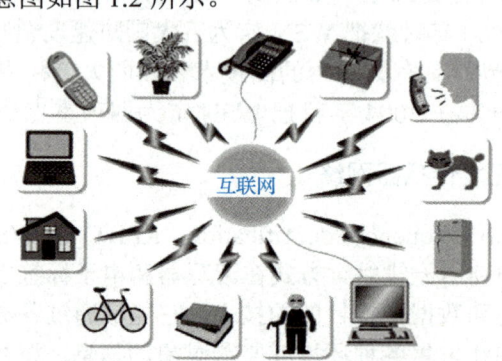

图 1.2 物联网应用简明示意图

物联网的定义如下：通过 RFID 标签、红外感应器、全球定位系统、激光扫描器等信息传感设备，按约定的协议，把任何物体与互联网相连接，进行信息交换和通信，以实现对物体的智能化识别、定位、跟踪、监控和管理的一种网络。

对照上述定义，物联网的基本特点可以归纳如下。

（1）全面感知：利用 RFID、传感器、二维码及其他各种感知设备随时随地采集各种动态对象，全面感知世界。

(2) 可靠的传送：利用以太网、无线网、移动网将感知的信息进行实时传送。

(3) 智能控制：对物体实现智能化的控制和管理，真正实现人与物的沟通。

物联网结构示意图如图 1.3 所示。其中 RFID 已经成为市场最为关注的技术之一。RFID 是 20 世纪 90 年代开始兴起的一种自动识别技术，是目前比较先进的一种非接触识别技术。

以简单 RFID 系统为基础，结合已有的网络技术、数据库技术、中间件技术等，构筑一个由大量联网的读写器和无数移动的标签组成的，比互联网更为庞大的物联网成为 RFID 技术发展的趋势。

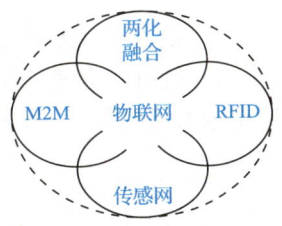

图 1.3　物联网结构示意图

在"物联网"中，RFID 标签中存储着规范而具有互用性的信息，通过无线数据通信网络把它们自动采集到中央信息系统，实现物品（商品）的识别，进而通过开放性的计算机网络实现信息交换和共享，实现对物品的"透明"管理。

从本质上看，物联网是现代信息技术发展到一定阶段后出现的一种聚合性应用与升级技术，它将各种感知技术、现代网络技术和人工智能与自动化技术聚合与集成应用，使人与物智慧对话，创造一个智慧的世界。

物联网的本质概括起来主要体现在三个方面：一是互联网特征，即对需要联网的事物一定要实现互联互通；二是识别与通信特征，即纳入物联网的"物"一定要具备自动识别与物物（M2M）通信的功能；三是智能化特征，即网络系统应具有自动化、自我反馈与智能控制的特点。

物联网的技术架构和应用模式如下。

(1) 从技术架构上看，物联网可分为三层：感知层、网络层和应用层。

① 感知层由各种传感器以及传感器网关构成，包括二氧化碳浓度传感器、温度传感器、湿度传感器、二维码标签、RFID 标签和读写器、摄像头、GPS 等感知终端。

感知层的作用相当于人的眼、耳、鼻、舌和皮肤等神经末梢，它是物联网获知识别物体、采集信息的来源，其主要功能是识别物体、采集信息。

② 网络层由各种私有网络、互联网、有线和无线通信网、网络管理系统和云计算平台等组成，相当于人的神经中枢和大脑，负责传递和处理感知层获取的信息。

③ 应用层是物联网和用户（包括人、组织和其他系统）的接口，它与行业需求相结合，实现物联网的智能应用，如图 1.4 所示。

物联网的行业特性主要体现在其应用领域内，目前绿色农业、工业监控、公共安全、城市管理、远程医疗、智能家居、智能交通和环境监测等各个行业均有物联网应用的尝试，某些行业已经积累了一些成功的案例。

图 1.4　物联网的智能应用

在线测试

1. 校内：10.60.64.7（内网），进入后选择左上角的"测验"来进行测试。
2. 校外：登录 www.zjooc.cn，搜索"传感器与检测技术"（负责人：浙江万里学院，钱裕禄），选课后，进入测验和考试。

拓展练习题

一、单项选择题（30 题）

1. （　　）在日常家电中常用来检测温度。
   A．光敏传感器　　B．温度传感器　　C．压力传感器　　D．超声波传感器
2. MEMS 技术的核心特点是（　　）。
   A．高功耗　　　　　　　　　　　　B．微型化与集成化
   C．仅用于军事领域　　　　　　　　D．无法与电子电路兼容
3. 智能手机中用于检测屏幕旋转的传感器是（　　）。
   A．加速度计　　B．陀螺仪　　　　C．光传感器　　　D．气压计
4. WSN 的典型通信协议是（　　）。
   A．HTTP　　　　B．ZigBee　　　　C．USB　　　　　D．HDMI
5. 物联网三层架构中的"感知层"主要依赖（　　）。
   A．云计算　　　　　　　　　　　　B．传感器与传感器网关
   C．用户界面　　　　　　　　　　　D．数据库
6. 人工智能技术在传感器应用中的主要作用是（　　）。
   A．降低传感器成本　　　　　　　　B．数据智能分析与决策
   C．延长电池寿命　　　　　　　　　D．提高机械强度
7. （　　）是 MEMS 传感器的典型应用。
   A．汽车安全气囊　　　　　　　　　B．电灯泡
   C．机械手表　　　　　　　　　　　D．传统温度计
8. 湿度传感器常用于（　　）。
   A．空调　　　　B．微波炉　　　　C．电风扇　　　　D．电熨斗
9. 智能手机的指纹识别功能主要基于（　　）。
   A．电容式传感器　　　　　　　　　B．红外传感器
   C．磁力计　　　　　　　　　　　　D．气压传感器
10. WSN 中节点的能源供应通常依赖（　　）。
    A．核能　　　　　　　　　　　　　B．太阳能或电池
    C．水力发电　　　　　　　　　　　D．火力发电

11．物联网中"智能家居"的典型传感器应用是（　　）。
　　A．地震监测　　B．智能门锁　　C．工业机器人　　D．卫星导航
12．人工智能算法中常用于传感器数据分类的是（　　）。
　　A．线性回归　　　　　　　　　B．支持向量机（SVM）
　　C．冒泡排序　　　　　　　　　D．傅里叶变换
13．MEMS制造中常用的材料是（　　）。
　　A．木材　　B．硅　　C．塑料　　D．陶瓷
14．（　　）是智能手机气压计的主要功能。
　　A．测量海拔高度　　　　　　　B．检测屏幕亮度
　　C．识别指纹　　　　　　　　　D．监测心率
15．WSN的缺点是（　　）。
　　A．传输距离无限　　　　　　　B．节点能源有限
　　C．成本高昂　　　　　　　　　D．无法组网
16．物联网中"车联网"依赖的传感器技术是（　　）。
　　A．GPS和雷达　　B．温度传感器　　C．湿度传感器　　D．光敏传感器
17．人工智能技术结合传感器可实现（　　）。
　　A．数据采集　　B．预测性维护　　C．机械组装　　D．材料合成
18．日常应用中，烟雾报警器的核心传感器是（　　）。
　　A．气敏传感器　　B．加速度计　　C．陀螺仪　　D．磁力计
19．MEMS加速度计常用于检测（　　）。
　　A．声音频率　　B．运动状态　　C．光照强度　　D．磁场方向
20．智能手机中用于调节屏幕亮度的传感器是（　　）。
　　A．光传感器　　B．压力传感器　　C．陀螺仪　　D．指纹传感器
21．WSN的拓扑结构中，节点间通过（　　）通信。
　　A．有线电缆　　B．无线多跳　　C．蓝牙直连　　D．光纤传输
22．物联网中农业监测系统的典型传感器是（　　）。
　　A．土壤湿度传感器　　　　　　B．超声波传感器
　　C．磁力计　　　　　　　　　　D．气压计
23．人工智能技术中，传感器数据标注的目的是（　　）。
　　A．提高传感器精度　　　　　　B．训练机器学习模型
　　C．降低功耗　　　　　　　　　D．简化硬件设计
24．（　　）是MEMS的典型制造工艺。
　　A．锻造　　B．光刻　　C．焊接　　D．冲压
25．智能手机中用于导航的传感器组合是（　　）。
　　A．GPS+加速度计　　　　　　　B．光传感器+陀螺仪
　　C．温度传感器+气压计　　　　 D．湿度传感器+磁力计

26. WSN 在环境监测中的优势是（   ）。
    A．实时数据采集   B．高功耗
    C．需要人工干预   D．部署成本高
27. 物联网中"智能电表"的核心功能是（   ）。
    A．电能计量与远程传输   B．温度监测
    C．图像识别   D．声音录制
28. 人工智能技术中，传感器融合是指（   ）。
    A．多传感器数据协同处理   B．传感器机械组装
    C．降低传感器数量   D．提高单一传感器精度
29. MEMS 话筒的主要优点是（   ）。
    A．体积小、抗干扰   B．功耗高
    C．仅用于工业场景   D．无法集成
30. 智能手机的"计步器"功能主要依赖（   ）。
    A．加速度计   B．气压计   C．磁力计   D．湿度传感器

二、多项选择题（10 题）

1. MEMS 技术的特点包括（   ）。
    A．微型化   B．低功耗   C．高成本   D．可批量生产
2. 智能手机中可能集成的传感器有（   ）。
    A．陀螺仪   B．光传感器   C．磁力计   D．超声波传感器
3. WSN 的组成部分包括（   ）。
    A．传感器节点   B．基站   C．用户终端   D．卫星
4. 物联网的典型应用场景包括（   ）。
    A．智能家居   B．工业自动化 C．医疗监测   D．农业灌溉
5. 人工智能技术在传感器中的应用方向包括（   ）。
    A．数据降噪   B．模式识别   C．预测分析   D．机械控制
6. 在日常应用中，温度传感器可能用于（   ）。
    A．冰箱   B．空调   C．电热水壶   D．微波炉
7. MEMS 传感器的制造材料可能包括（   ）。
    A．硅   B．聚合物   C．金属   D．陶瓷
8. WSN 的局限性包括（   ）。
    A．能源受限   B．通信距离短 C．部署复杂   D．成本高昂
9. 智能手机中用于健康监测的传感器可能包括（   ）。
    A．心率传感器   B．血氧传感器 C．气压计   D．加速度计
10. 物联网感知层的关键技术包括（   ）。
    A．RFID   B．传感器   C．云计算   D．5G 通信

三、简答题（8题）

1. 简述 MEMS 传感器的定义及其在智能手机中的应用。
2. WSN 的主要优势是什么？
3. 列举智能手机中三种常见的传感器及其功能。
4. 物联网的三层架构是什么？简要说明各层的功能。
5. 解释人工智能技术如何提升传感器数据处理的效率。
6. 举例说明传感器在智能家居中的具体应用场景。
7. 为什么 MEMS 技术能够实现传感器的微型化？
8. 简述 WSN 在环境监测中的典型应用案例。

四、应用分析题（5题）

1. 分析智能手环中可能集成的传感器及其功能。
2. 某工厂计划部署 WSN 监测车间温湿度，请设计网络拓扑结构并说明节点部署策略。
3. 基于 MEMS 加速度计，设计一个跌倒检测系统并说明其工作原理。
4. 分析自动驾驶汽车中多传感器融合的必要性及实现方式。
5. 某农业物联网项目需监测土壤参数，请选择合适的传感器并设计数据传输方案。

五、应用综述题（5题）

1. 综述传感器技术在智慧城市建设中的关键作用。
2. 结合人工智能技术，探讨未来传感器在医疗健康领域的发展趋势。
3. 分析 MEMS 技术对消费电子产品微型化的推动作用。
4. 从能源管理角度，论述 WSN 在工业物联网中的优化方案。
5. 讨论物联网与人工智能融合背景下，传感器技术的挑战与机遇。

第 2 章 光电传感器及其应用

教 学 目 标

本章内容主要是以"光电传感器的典型应用""典型光电器件的项目化应用"和"光电效应及对应典型器件"三大模块来落实的。

通过本章的学习,掌握光电效应,包括外光电效应和内光电效应(光电导效应和光生伏特效应),熟悉不同光电效应对应的光电器件及其应用场合;掌握光电传感器的基本应用电路,尤其是光敏电阻、光敏二极管和光敏三极管的应用电路;熟悉光电传感器在现实生活中的典型应用,掌握光电传感器的应用分析和设计方法。

教 学 重 点

知识要点	能力要求	相关知识
光电效应及对应典型器件	(1)掌握光电效应 (2)熟悉不同的光电器件及其原理	光电效应、光电器件
典型光电器件的项目化应用	(1)了解光敏电阻和声音传感器的原理 (2)学会应用电路的分析、制作和调试	(1)声光延时开关电路的设计 (2)光敏二极管在路灯控制器中的应用

第 2 章 光电传感器及其应用

本章在熟悉光电效应及对应光电元件的基本结构、工作原理、特性基础知识的基础上,以典型光电传感器应用项目设计,即"声光控延时开关电路的设计"和"光敏二极管在路灯控制器中的应用"两个项目为载体,进一步学习典型光电器件的基本应用电路、设计考虑和制作及调试方法等,以综合项目实现来提高典型应用实例分析能力和制作调试技能技巧,最终达到提出问题和解决问题能力的培养目标。从知识点的完整性和实用性角度考虑,内容形式上编排了知识点链接模块。

光电传感器将光信号转换成电信号,可以利用某些材料的光电特性实现对光信号的检测。常见的光电传感器有光电管、光敏电阻、光敏二极管、光敏三极管、光电池等器件。光电传感器广泛应用于各种光控电路产品,如对光线的调节、控制及需要调节光线的一些家用电子产品,以及数码照相机等。

在本模块的学习中,以"做中学"和"学中做"的项目化形式实施,可以使学生掌握各种光电传感器的类型、特点、应用场合及信号处理电路,理解信号处理电路的工作原理及测量方法,掌握光电传感器的选用原则,为学生从事相关工作打下基础。

2.1 光电传感器的典型应用

1. 光电管在电影放映机上的应用

影片放映时,光源、胶片的声迹和光电管的位置被安放在同一条直线上,如图 2.1 所示,最终光电管接收的信号通过还原、放大后就是对应的声音信号了。

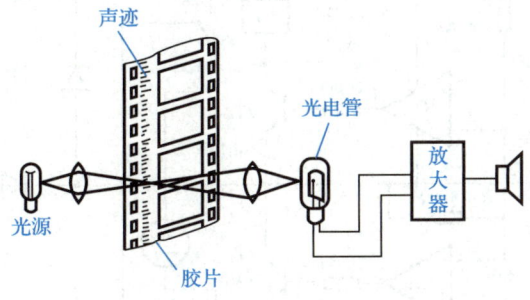

图 2.1 电影放映声迹示意图

2. 条形码扫描笔

条形码扫描笔在生活中已经被广泛应用。条形码扫描笔笔头结构示意图如图 2.2 所示,条形码扫描笔输出的脉冲列如图 2.3 所示。

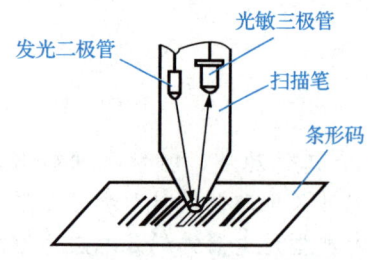
图 2.2 条形码扫描笔笔头结构示意图

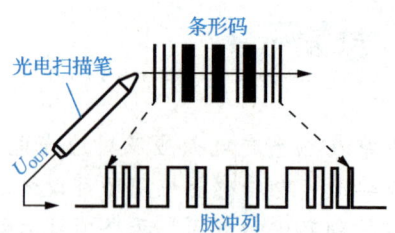
图 2.3 条形码扫描笔输出的脉冲列

实际上黑色线条吸收发光二极管发出的光线，白色间隔反射光线，对应的光敏三极管根据反射光是否被接收给出对应的信号，条形码扫描笔输出的脉冲列经过放大、整形后就得到一串 0、1 代码，然后调动原先数据库中的商品存储信息，就可以完成检索或交易了。

3. 太阳能自动跟踪接收装置

太阳能自动跟踪接收装置示意图如图 2.4 所示，对应的自动跟踪控制电路如图 2.5 所示。

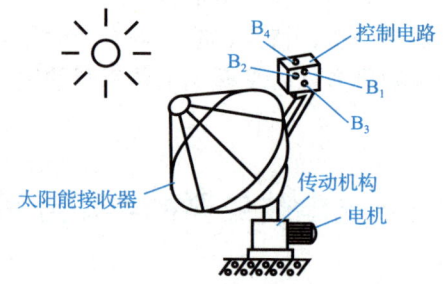
图 2.4 太阳能自动跟踪接收装置示意图

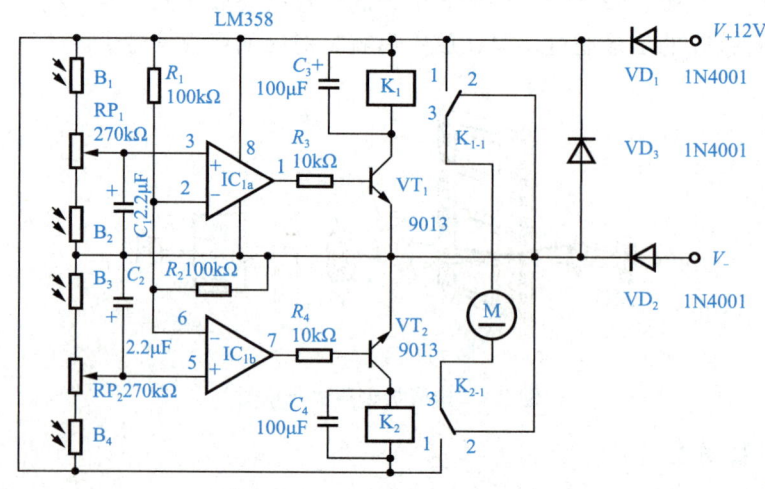
图 2.5 太阳能自动跟踪控制器电路

图 2.5 所示的控制器采用四个光敏传感器和两个比较器,分别构成两个光控比较器控制电动机的正反转,使太阳能接收器自动跟踪太阳转动。

对照控制电路,双运放 LM358 与 R_1、R_2 构成两个比较器,光敏电阻 B_1、B_2 与电位器 RP_1 和光敏电阻 B_3、B_4 与电位器 RP_2 分别组成光敏传感器电路。为了能根据环境光线的强弱自动进行补偿,将 B_1 和 B_3 安装在控制电路外壳的一侧,将 B_2 和 B_4 安装在控制电路外壳的另一侧。

当 B_1、B_2、B_3 和 B_4 同时受到环境自然光照射时,RP_1 和 RP_2 中心点电压不变。如果只有 B_1 和 B_3 受阳光照射,B_1 内阻减小,IC_{1a} 同相端电位升高,输出端输出高电位,三极管 VT_1 导通,继电器 K_1 工作,其触点 3 与触点 1 闭合;同时 B_3 内阻减小,IC_{1b} 的同相端电位下降,K_2 不工作,其转换触点 3 与触点 2 仍处于闭合状态,电动机正向转动。

同理,如果只有 B_2 和 B_4 受阳光照射,继电器 K_2 工作,K_1 停止工作,电动机反向转动;当太阳能接收器旋转至面向太阳时,控制电路两侧光照度相同,继电器 K_1、K_2 同时工作,电动机停止转动。

4. 注油液位控制装置

注油液位控制装置示意图如图 2.6 所示。图 2.6 中 DF 是控制进油的电磁阀,油箱的一侧有一根可显示液位的透明玻璃管,在玻璃管上套有一个光电传感器(由指示灯泡和光敏二极管组成),它可以沿玻璃管上下移动,以设定所控注油的液位。注油液位控制电路如图 2.7 所示。

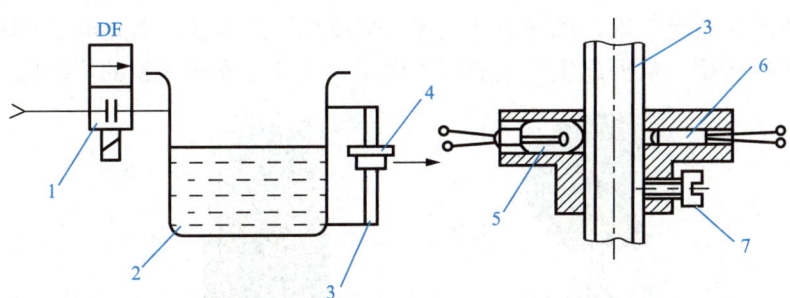

1—电磁阀;2—油箱;3—透明玻璃管;4—光电传感器;5—灯泡;6—光敏二极管;7—紧固螺钉。

图 2.6 注油液位控制装置示意图

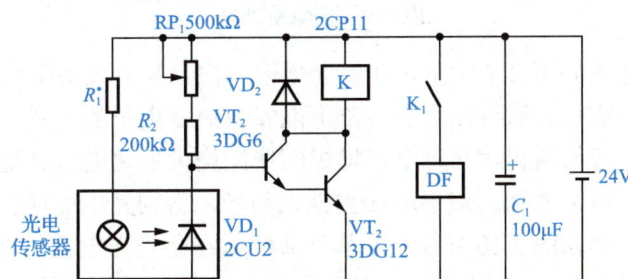

图 2.7 注油液位控制电路

如图 2.7 所示，当液位低于设定的位置时，灯泡发出的光经玻璃管壁的散射，到达光敏二极管的光很微弱，光敏二极管呈较大的阻值，此时 VT_1 和 VT_2 导通，继电器 K 工作，其常开触点 K_1 闭合，电磁阀 DF 得电工作，由关闭状态转为开启状态，油源开始向油箱注油；当液位上升超过设定的位置时，灯泡发出的光经透明玻璃管内油柱形成的透镜，使光敏二极管接收到强光，其内阻变小，电磁阀 DF 失电关闭。

2.2　光电效应及对应典型器件

用光照射某一物体时，可以看作物体受到一连串能量为 hf 的光子的轰击，组成该物体的材料吸收光子能量而发生相应电效应，这种物理现象称为光电效应。将被测物理量通过光量的变化转换为电量变化，它的工作基础就是光电效应。光电效应可以分为外光电效应和内光电效应，其中内光电效应可以分为光电导效应和光生伏特效应。

光电效应及光电器件

2.2.1　外光电效应及对应器件

在光线的作用下能使电子逸出物体表面，在回路中形成光电流的现象称为外光电效应。基于外光电效应的光电元件有光电管、光电倍增管、紫外光电管、光电摄像管等。

光电管外形如图 2.8 所示，在真空玻璃管内装入两个电极——光电阴极与光电阳极，光电管的阴极受到适当的光线照射后发射电子，这些电子在电压作用下被阳极吸引，形成光电流。在玻璃管内充入氩、氖等惰性气体，构成充气光电管，当光电子被阳极吸引时会对惰性气体进行轰击，从而产生更多的自由电子，提高了光电转换的灵敏度。

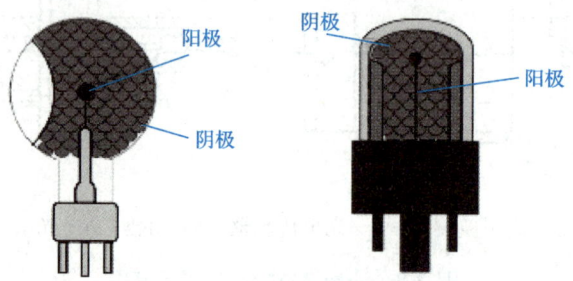

图 2.8　光电管外形

光电倍增管示意图如图 2.9 所示，在一个玻璃泡内除装有光电阴极和光电阳极外，还有若干个倍增极，倍增极上涂有在电子轰击下能发射更多电子的材料，前一级倍增极反射的电子恰好轰击后一级倍增极，在每个倍增极间依次增大加速电压。光电倍增管的灵敏度高，适合在微弱光环境下使用，但不能接受强光刺激，否则光电倍增管容易损坏。

紫外光电管的外形如图 2.10 所示，当紫外线照射在紫外光电管阴极板上时，电子克服金属表面对它的束缚而逸出金属表面，形成电子发射。紫外光电管多用于紫外线测量、火焰监测等。

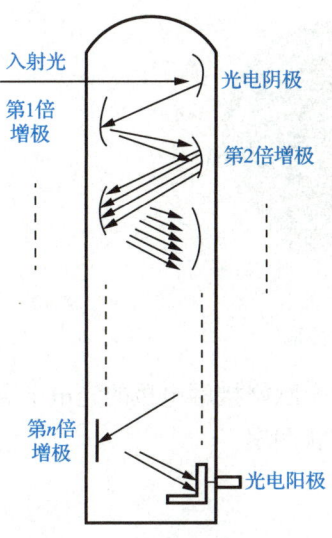

图 2.9 光电倍增管示意图

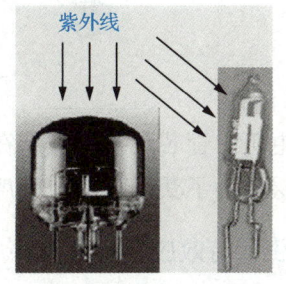

图 2.10 紫外光电管的外形

2.2.2 光电导效应及对应器件

光电导效应是指在一定波长光照作用下，物体导电性能发生改变的现象。光电导效应产生的自由电子停留在物体内部，不发生电子逸出，实质上是当入射光照射到半导体表面时，半导体吸入入射光子的能量，通过本征半导体激发产生电子-空穴对，使载流子浓度增加，从而使半导体的电导率增大。

光敏电阻是基于光电导效应的，它是纯电阻元件，其阻值随光照增强而减小。按光谱特性及其工作波长，光敏电阻可分为紫外光、红外光和可见光光敏电阻。光敏电阻具有灵敏度高、体积小、重量轻、光谱响应范围宽、机械强度高、耐冲击和振动、寿命长等优点。制作光敏电阻的材料有硫化镉（CdS）、硫化铅（PbS）、硒化铟（In_2Se_3）、硒化镉（CdSe）、硒化铅（PbSe）等。光敏电阻的主要特点是无极性。

常用的光敏电阻内部构造和常见外形分别如图 2.11 和图 2.12 所示。

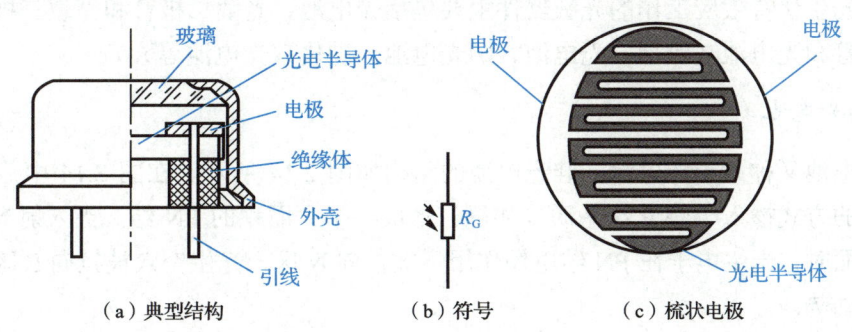

（a）典型结构　　（b）符号　　（c）梳状电极

图 2.11 光敏电阻内部构造

图 2.12　光敏电阻常见外形

光敏电阻的管芯是一块安装在绝缘衬底上带有两个欧姆接触电极的光电半导体，一般都做成薄层。为了获得高的灵敏度，电极一般采用梳状图案。

2.2.3　光生伏特效应及对应器件

光生伏特效应是指在光线的作用下，能使物体产生一定方向的电动势的现象。它的内部工作原理示意图如图 2.13 所示。

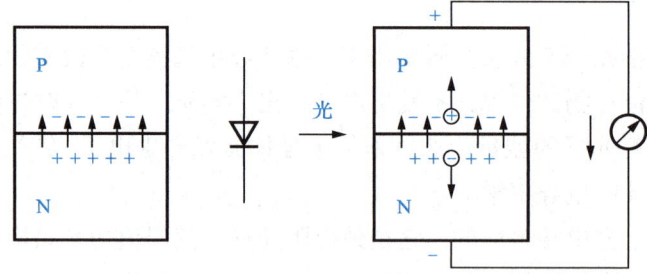

图 2.13　光生伏特效应的内部工作原理示意图

如图 2.13 所示，光生伏特效应的工作过程如下：

无光照时，阻挡层→内建电场→PN 结；有光照时，光照射→光电子-空穴对→内建电场作用→光生电子被拉向 N 区，光生空穴被拉向 P 区→光电动势。

利用光生伏特效应工作的光敏器件主要包括光电池、光敏二极管和光敏三极管，以及光敏晶闸管和光电池（包括硅光电池、硒光电池、砷化镓光电池等）。

1. 硅光电池

硅光电池又称太阳能电池。硅光电池的结构如图 2.14 所示。在图 2.14 中，N 型硅片上用扩散的方式掺入一些 P 型杂质（如硼）形成一个大面积的 PN 结，当入射光照射到 P 型电极表面时，光生电子在 PN 结电场作用下被拉向 N 区，光生空穴被拉向 P 区，从而形成光生电动势。

一个典型硅光电池的光电特性如图 2.15 所示，其中 1 表示开路电压曲线，表明开路电压为对数特性；2 表示短路电流曲线，表明短路电流为线性特性。

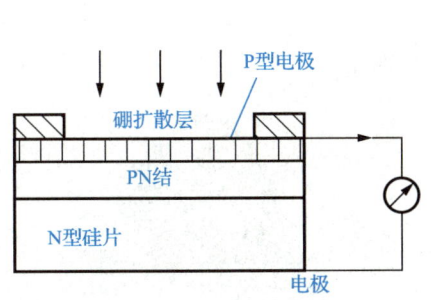

图 2.14 硅光电池的结构

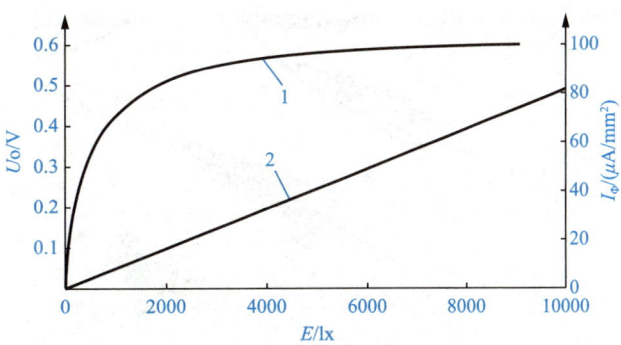

图 2.15 一个典型硅光电池的光电特性

需要注意的是，用硅光电池作为测量元件时，应把它当作电流源的形式来使用，不宜用作电压源。受温度特性的影响，用硅光电池作为测量元件时，最好能保持温度恒定或采取温度补偿措施。

2. 光敏二极管

将光敏二极管的 PN 结设置在透明管壳顶部的正下方，光照射到光敏二极管的 PN 结时，电子-空穴对数量增加，光电流与照度成正比。

红外发射管和红外接收对管外形如图 2.16 所示。

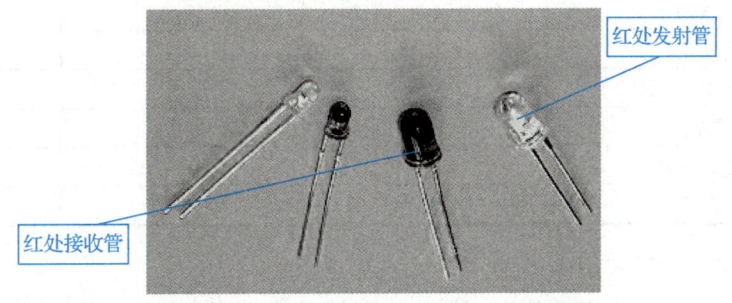

图 2.16 红外发射管和红外接收对管外形

PIN 光敏二极管是在 P 区和 N 区之间插入一层电阻率很大的 I 层，从而减小了 PN 结的电容，提高了工作频率，其外形如图 2.17 所示。PIN 光敏二极管的工作电压（反向偏置电压）高，光电转换效率高，暗电流小，其灵敏度比普通的光敏二极管高得多，响应频率可达数十兆赫，可用作各种数字与模拟光纤传输系统、各种家电遥控器的接收管（红外波段）、UHF 频带小信号开关、中波频带到 1000MHz 之间电流控制、可变衰减器、各种通信设备收发天线的高频功率开关切换和 RF 领域的高速开关等。特殊结构的 PIN 光敏二极管还可用于测量紫外线等。

硅雪崩光敏二极管是采用 N+P-πP+型结构的可见光和近红外探测器，它具有高响应度、高信噪比等特点，可广泛应用于微光信号检测、长距离光纤通信、激光测距、激光制导等光电信息传输和光电对抗系统。雪崩光电二极管（Avalanche Photodiode，APD）外形如图 2.18 所示。

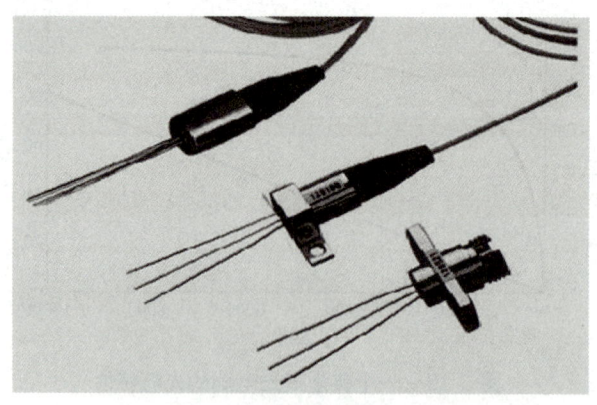
图 2.17　PIN 光敏二极管外形

图 2.18　雪崩光电二极管外形

GD3250 系列硅雪崩光敏二极管的特性参数见表 2-1。

表 2-1　GD3250 系列硅雪崩光敏二极管的特性参数

参数	GD3250-A	GD3250-B	GD3250-C
光电面直径/mm	0.2	0.5	0.8
工作电压/V	100～150	100～150	150～250
暗电流/nA	≤15	≤25	≤35
响应度/(V/w)	60	60	60
上升时间/ns	≤1	≤3	≤4
噪声等效功率/[Pw/(Hz$^{1/2}$)]	0.05	0.07	0.09
结电容/pF	≤1	≤1.5	≤2
使用温度范围/℃	-20～40	-20～40	-20～40
封装形式	TO 型、光纤型	TO 型	TO 型

光敏二极管在实际应用中需要注意以下几点。

（1）光敏二极管的温度系数为 -2mV/℃，它为短路电流温度系数的 10 倍以上，因此常用于测量精度不高的场合。

（2）光敏二极管在实际使用时，有暗电流存在。一般来说，磷砷化镓（GaAsP）光敏二极管的漏电流为硅二极管的 1/10。

（3）对硅光敏二极管来说，波长大于 1100nm 的光几乎不产生电流，也就是说它不吸收波长大于 1100nm 的光；GaAsP 光敏二极管其峰值波长在可见光范围内，因此，检测可见光时，不加紫外线截止滤光片，其暗电流小，开路电压大。

（4）光敏二极管的响应特性基本上是由 PN 结的结电容 C_j 与负载电阻 R_L 决定的。二极管的反偏压越大，PN 结电容 C_j 越小，因此，在高速响应电路中，必须加反向电压（也称反偏）使用，但暗电流也增大。

3. 光敏三极管

光敏三极管（亦称光电晶体管）有两个 PN 结，与普通三极管相似，有电流增益，但灵敏度比光敏二极管高。大多数光敏三极管的基极没有引出线，只有正负两个引脚（c、e），所以其外形与光敏二极管相似，从外观上很难区分。光敏三极管的外形和内部结构分别如图 2.19 和图 2.20 所示。

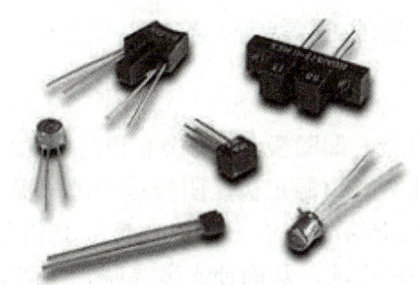

图 2.19 光敏三极管的外形

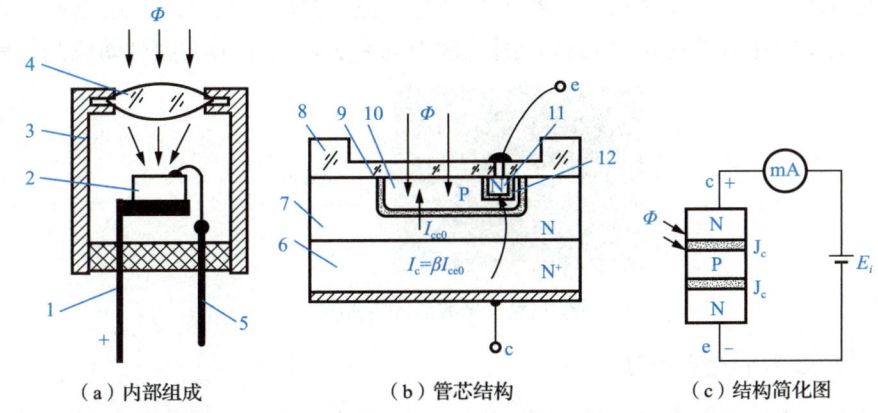

（a）内部组成　　　（b）管芯结构　　　（c）结构简化图

1—集电极引脚；2—管芯；3—外壳；4—玻璃聚光镜；5—发射极引脚；6—N^+衬底；
7—N 型集电区；8—SiO_2 保护圈；9—集电结；10—P 型基区；11—N 型发射区；12—发射结。

图 2.20 光敏三极管的内部结构

对不同波长的入射光，不同材料制成的光敏三极管的相对灵敏度 K 是不同的，即使是同一种材料，只要控制 PN 结的制造工艺，也能获得不同的光谱特性。例如，通常硅光敏三极管的 K-λ 曲线的峰值波长仅为 $0.8\mu m$，但由于控制了 PN 结的厚度以及掺杂程度，现在已经分别制作出了对红外光、可见光及紫外光敏感的光敏晶体管。

硅光敏三极管的光谱特性如图 2.21 所示。图 2.21 中，1 表示对中红外光敏感的光敏三极管；2 是普通的硅光敏三极管，它的峰值波长为 $0.8\mu m$；3 表示对可见光敏感的光敏三极管。由此可见，在实际应用中如何选取合适的光敏三极管也是十分关键的。其他有关光敏晶体管的伏安特性、温度特性和光电特性等就不再一一展开了。

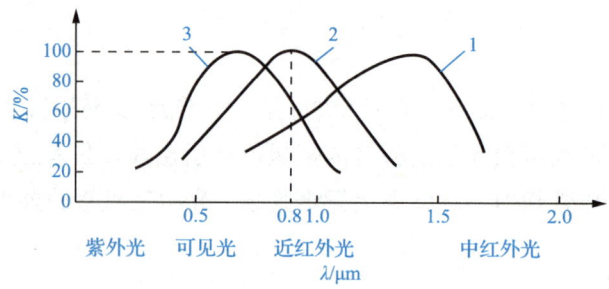

图 2.21　硅光敏三极管的光谱特性

4. 光敏晶闸管

光敏晶闸管有三个引出电极，即阳极 a、阴极 k 和门极 g。它的顶部有一个玻璃透镜，光敏晶闸管的阳极与负载串联后接电源正极，阴极接电源负极，门极可悬空。

光敏晶闸管外形如图 2.22 所示。当有一定光照度的光信号通过玻璃窗口照射到正向阻断的 PN 结上时，将产生门极电流，从而使光敏晶闸管从阻断状态变为导通状态。导通后，即使光照消失，光敏晶闸管仍维持导通。要切断已触发导通的光敏晶闸管，必须使阳极与阴极的电压反向，或使负载电流小于其维持电流。光敏晶闸管的导通电流比光敏三极管大得多，工作电压有的可达数百伏，因此输出功率大，可用于工业自动检测控制。

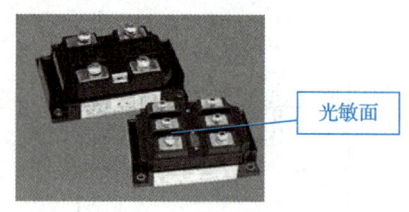

图 2.22　光敏晶闸管外形

5. 光电耦合器和光电断路器

光电耦合器由发光源和受光器两部分组成。把发光源和受光器组装在同一密闭的壳体内，彼此之间用透明绝缘体隔离。发光源的引脚为输入端，受光器的引脚为输出端，常见的发光源为发光二极管，受光器为光敏二极管、光敏三极管等。

光电耦合器在输入端加入电信号使发光源发光，光的强度取决于激励电流的大小，当光照射到与发光源封装在一起的受光器上后，因光电效应而产生了光电流，由受光器的引脚输出端引出，这样就实现了"电—光—电"的转换。

光电耦合器的种类较多，常见有光敏二极管型、光敏三极管型、光敏电阻型、光控晶闸管型、光电达林顿型、集成电路型等；光电耦合器的外形有金属圆壳封装、塑封双列直插等。光电耦合器的常见应用电路有开关电路、光耦合的可控硅开关电路及用于双稳态输出的光耦合电路、电平转换电路和高压稳压电路等。

光电断路器是光电耦合器的一种形式，它主要用于计数、控制和检测等。各种光电断路器的基本应用电路如图 2.23 所示，各光电断路器均构成电子开关形式。

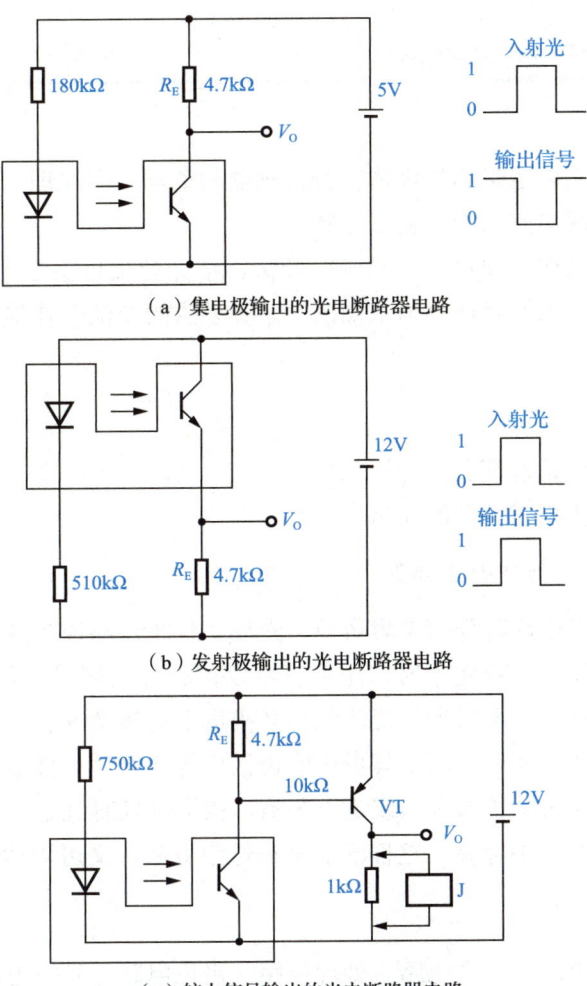

(a) 集电极输出的光电断路器电路

(b) 发射极输出的光电断路器电路

(c) 较大信号输出的光电断路器电路

图 2.23　光电断路器的基本应用电路

在图 2.23（a）所示的电路中，发光二极管或红外发射管发出光线，照射到对面的光电接收管上，输出低电平；当遮挡物插入凹槽时光线被遮断，光电接收管阻值很大，输出高电平。如果把遮挡物设计成带孔的转盘，则可以用来检测转速。图 2.23（b）中电路的功能与图 2.23（a）类似。图 2.23（c）增加了一个三极管 VT，可以增加光电断路器的检测灵敏度和负荷能力。在日常生活中，普通的插卡式电源开关可用于宾馆客房和集体宿舍，其信号检测部分就可以用光电断路器来实现。

2.3　典型光电器件的项目化应用

下面讲解光敏电阻、光敏二极管（光敏三极管）等的项目化应用设计与制作。

项目一　声光控延时开关电路的设计

【项目目标】

知识目标：掌握光敏电阻和驻极体声音传感器的基本工作原理；学会分析声光控延时开关的工作原理；理解单向可控硅的工作特性。

能力目标：通过制作、调试声光控延时开关，培养学生自主学习和探究问题的能力。

情感目标：激发学生的好奇心与求知欲，培养学生的交流合作能力和评价能力，提高学生安全用电意识。

【项目重点与难点】

项目重点：声光控延时开关的分析和制作。

项目难点：声光控延时开关的调试。

光电开关的优缺点

【项目分析与任务实施】

声光控延时开关是集声控、光控、延时自动控制技术于一体的开关。当光照强度低于特定值时，用声音可以控制开关的"开启"，若干分钟后开关"自动关闭"，可用来代替住宅小区楼道里的按动开关。只有在天黑以后，当有人走过楼梯通道发出脚步声或说话声等声音时，楼道灯会自动点亮，提供照明，当人们进入家门或走出公寓，楼道灯延时几分钟后会自动熄灭。在白天，即使有声音楼道灯也不会亮，这样既能延长灯泡寿命，又可以达到节能的目的。

1. 电路原理

整个电路由电源电路、放大电路、处理电路（声控电路、光控电路）及延时电路等部分组成。电源由家用 220V 交流电源供电，光控电路对外界光亮程度的感应会产生相对应的电压信号，从而实现白天灯泡不亮晚上遇到声响时，通过声控电路使灯泡自动点亮。声控电路将声音信号转变为电信号，从而实现自动控制。延时电路的作用是在声音消失后延长一段光照时间，以增强电路的实用性。实际操作时选用 IC CD4011 集成块为延时电路，选用 1A 单向可控硅以及性能稳定的光敏电阻和优质的驻极体组成的声光控动作电路，此电路的优点是节省能源，制作容易。

图 2.24 所示为声光控延时开关原理图。在该电路中，220V 的交流电经过灯泡和全桥整流后一路加在单向可控硅上，另一路经 R_1 限流后给本电路供电。由于一开始单向可控硅无触发信号，开关呈关断状态，灯不亮。

图 2.24 中，C_2 为主滤波电容，四个二极管（$VD_1 \sim VD_4$）整流桥为本电路提供稳定的工作电压；VT 9014 和 R_2 组成的放大电路对话筒 DS_1 送来的微弱信号进行放大，然后送入四输入与非门 IC CD4011 芯片进一步放大，经 C_3 正极给其充电，很快 C_3 就充到了门电路的翻转电压。

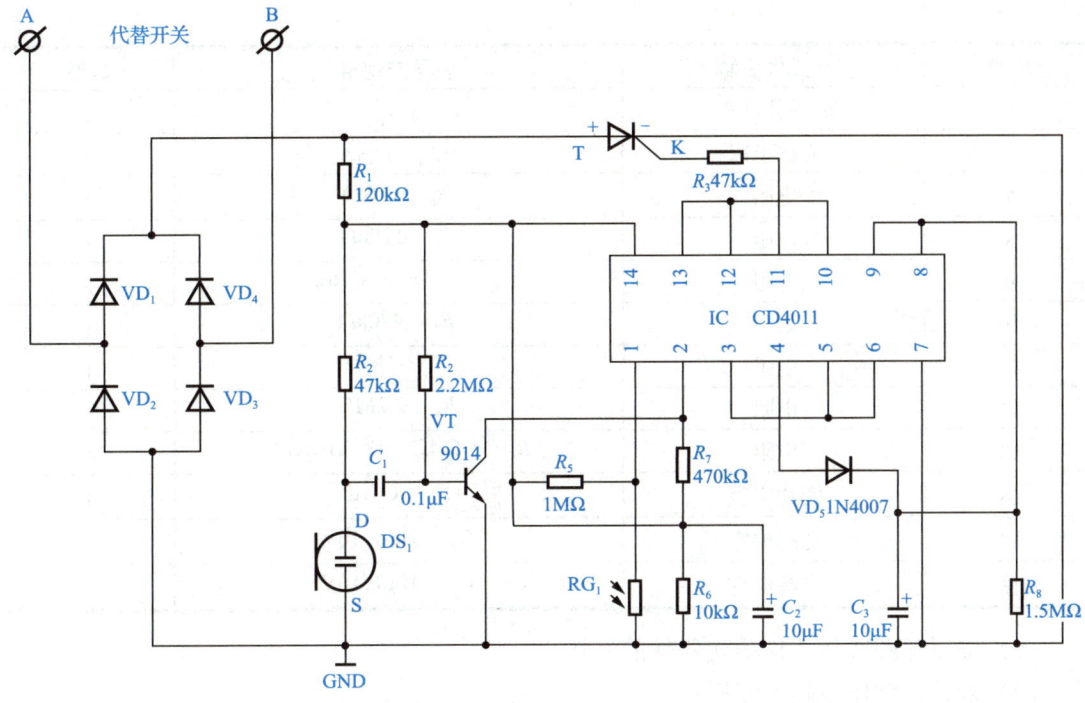

图 2.24 声光控延时开关原理图

当有光时，1B 输入为低电平，不论 1A 为高电平还是低电平，最后 IC CD4011 芯片的 11 个引脚输出的都是低电平，即单向可控硅都截止，则灯不亮。当无光但有声音信号时，IC CD4011 芯片中 1 引脚输出高电平，2 引脚输出高电平，则通过 R_3 输出信号为高电平使单向可控硅导通，电灯点亮。

在这个过程中，声音信号瞬时即可触发开关。这是因为当声音信号传来时，C_3 上的电压很快就充到了电源电压，而这时即使声音信号消失，C_3 也能通过 R_8 进行放电。所以 C_2 上将维持一段时间的高电平，这个高电平将维持单向可控硅导通，这就是延时的效果。灯亮后所能延时的长短取决于 C_3 上维持高电平的时间长短，所以选择 C_3 的大小，可以控制延时的长短。当 C_3 上的电压低时，IC CD4011 芯片的 10 引脚输出高电平，11 引脚输出低电平，单向可控硅的控制端就没了触发信号。

2. 电路制作

图 2.24 中主要电路元器件的型号与规格见表 2-2。

表 2-2 电路元器件的型号与规格

序号	元器件名称	型号与规格	数量
1	集成电路	IC CD4011	1
2	单向可控硅	T MCR100-6 或 406	1
3	三极管	VT 9014	1
4	整流二极管	$VD_1 \sim VD_5$ 1N4007	5

续表

序号	元器件名称	型号与规格	数量
5	驻极体话筒	DS_1	1
6	光敏电阻	RG_1　625A	1
7	电阻	R_6　10kΩ	1
8	电阻	R_1　120kΩ	1
9	电阻	R_2、R_3　47kΩ	2
10	电阻	R_7　470kΩ	1
11	电阻	R_5　1MΩ	1
12	电阻	R_4　2.2MΩ	1
13	电阻	R_8　1.5MΩ（或5.1MΩ）	1
14	瓷片电容	C_1　0.1μF	1
15	电解电容	C_2　10μF/16V	1
16	电解电容	C_3　10μF/16V	1

（1）按原理图选择并检测元器件的好坏。

（2）设计、制作印制电路板。

（3）焊接电路。

3. 电路调试

实际调试时，用布等物将光敏电阻的光挡住，用手轻拍驻极体，这时灯应亮。若用光照射光敏电阻，再用手重拍驻极体，这时灯不亮，说明光敏电阻完好。

4. 问题思考

（1）延时开关电路中的延时时间如何计算？

（2）简要描述单向可控硅的工作特性。

（3）C_1、C_2、C_3各自的作用是什么？

（4）电路中单向可控硅导通、截止如何实现？

（5）画出图2.24中将控制开关接到实际应用电路中的简图。

（6）从传感器信号检测的角度思考一下，哪些因素可能会影响检测结果？

【知识点链接】

1. 光敏电阻的主要技术参数

光敏电阻具有很高的灵敏度，很好的光谱特性，光谱响应的范围可从紫外区到红外区，而且体积小、重量轻、性能稳定、价格低，因此应用比较广泛；但因其具有一定的非线性特征，所以光敏电阻常用于光电开关实现光电控制。光敏电阻制造技术成熟，生产厂家众多。表2-3列出了光敏电阻的主要技术参数，供设计电路时参考。

第 2 章 光电传感器及其应用

表 2-3 光敏电阻的主要技术参数

规格	型号	最大电压/V	最大功耗/mW	环境温度/℃	光谱峰值/nm	亮电阻/kΩ	暗电阻/MΩ	响应时间 升	响应时间 降
Φ3 系列	GL3516	100	50	−30～70	540	5～10	0.6	30	30
	GL3526	100	50	−30～70	540	10～20	1	30	30
	GL3537-1	100	50	−30～70	540	20～30	2	30	30
	GL3537-2	100	50	−30～70	540	30～50	3	30	30
	GL3547-1	100	50	−30～70	540	50～100	5	30	30
	GL3547-2	100	50	−30～70	540	100～200	10	30	30
Φ4 系列	GL4516	150	50	−30～70	540	5～10	0.6	30	30
	GL4526	150	50	−30～70	540	10～20	1	30	30
	GL4537-1	150	50	−30～70	540	20～30	2	30	30
	GL4527-2	150	50	−30～70	540	30～50	3	30	30
	GL4548-1	150	50	−30～70	540	50～100	5	30	30
	GL4548-2	150	50	−30～70	540	100～200	10	30	30
Φ5 系列	GL5516	150	90	−30～70	540	5～10	0.5	30	30
	GL5528	150	100	−30～70	540	10～20	1	20	30
	GL5537-1	150	100	−30～70	540	20～30	2	20	30
	GL5537-2	150	100	−30～70	540	30～50	3	20	30
	GL5539	150	100	−30～70	540	50～100	5	20	30
	GL5549	150	100	−30～70	540	100～200	10	20	30
	GL5606	150	100	−30～70	560	4～7	0.5	30	30
	GL5616	150	100	−30～70	560	5～10	0.8	30	30
	GL5626	150	100	−30～70	560	10～20	2	20	30
	GL5637-1	150	100	−30～70	560	20～30	3	20	30
	GL5637-2	150	100	−30～70	560	30～50	4	20	30
	GL5639	150	100	−30～70	560	50～100	8	20	30
	GL5649	150	100	−30～70	560	100～200	15	20	30
Φ7 系列	GL7516	150	100	−30～70	540	5～10	0.5	30	30
	GL7528	150	100	−30～70	540	10～20	1	30	30
	GL7537-1	150	150	−30～70	560	20～30	2	30	30
	GL7537-2	150	150	−30～70	560	30～50	4	30	30
	GL7539	150	150	−30～70	560	50～100	8	30	30
Φ10 系列	GL10516	200	150	−30～70	560	5～10	1	30	30
	GL10528	200	150	−30～70	560	10～20	2	30	30
	GL10537-1	200	150	−30～70	560	20～30	3	30	30
	GL10537-2	200	150	−30～70	560	30～50	5	30	30
	GL10539	250	200	−30～70	560	50～100	8	30	30

续表

规格	型号	最大电压/V	最大功耗/mW	环境温度/℃	光谱峰值/nm	亮电阻/kΩ	暗电阻/MΩ	响应时间 升	响应时间 降
Φ12 系列	GL12516	250	200	−30～70	560	5～10	1	30	30
	GL12528	250	200	−30～70	560	10～20	2	30	30
	GL12537-1	250	200	−30～70	560	20～30	3	30	30
	GL12537-2	250	200	−30～70	560	30～50	5	30	30
	GL12539	250	200	−30～70	560	50～100	8	30	30
Φ20 系列	GL20516	500	500	−30～70	560	5～10	1	30	30
	GL20528	500	500	−30～70	560	10～20	2	30	30
	GL20537-1	500	500	−30～70	560	20～30	3	30	30
	GL20537-2	500	500	−30～70	560	30～50	5	30	30
	GL20539	500	500	−30～70	560	50～100	8	30	30

注：1．亮电阻：有光照时的电阻值，表中数据为光照在 10lx 时的电阻值。
　　2．暗电阻：无光照时的电阻值。

2．光敏电阻基本应用电路

常见的光敏电阻基本应用电路如图 2.25 所示，其中图 2.25（a）表示 U_o 与光照变化趋势相同的电路，图 2.25（b）表示 U_o 与光照变化趋势相反的电路。

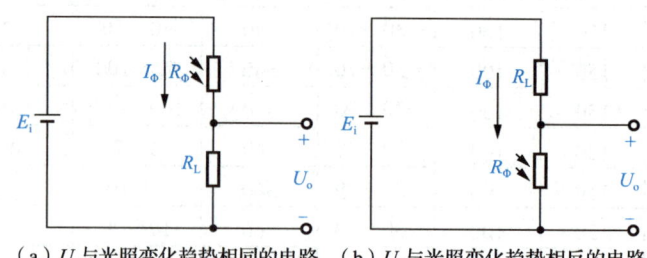

（a）U_o 与光照变化趋势相同的电路　（b）U_o 与光照变化趋势相反的电路

图 2.25　光敏电阻基本应用电路

项目二　光敏二极管在路灯控制器中的应用

【项目目标】

知识目标：熟悉光敏二极管、光敏三极管的基本工作原理；了解光敏二极管或光敏三极管应用电路的工作过程分析；掌握此类应用电路设计要点。

能力目标：通过设计、制作和调试路灯控制器，培养学生自主学习、协作研究和解决问题的能力。

情感目标：激发学生的好奇心与求知欲，培养学生的交流合作能力和评价能力，提高学生的学习兴趣和技能技巧。

【项目重点与难点】

项目重点：路灯控制器的分析、设计和制作。

项目难点：路灯控制器的调试。

光电开关的应用领域

【项目分析与任务实施】

在光控电路中，除了使用光敏电阻，还可以使用光敏二极管、光敏三极管。本项目要求学生利用光敏二极管设计一个简单的控制电路来实现路灯的自动控制，从而对光敏二极管、光敏三极管的控制电路有一个基本的了解。不管是光敏二极管还是光敏三极管，其基本原理都是将光转换成电流，其检测电路将该光电流转换成电压，然后由该电压来控制相应的控制电路，最终实现自动控制。

光电开关的类型

从性能指标来看，在相同光照条件下，光敏三极管的光电流比光敏二极管的光电流要大得多，相对来说，前者的性价比高于后者，所以在实际应用中要尽可能地选用光敏三极管。

1. 电路原理

图 2.26 所示为路灯控制电路，整个电路由感光器件（此处为光敏二极管，也可用光敏三极管来代替）、整形电路、放大电路和继电器控制电路等几部分组成。

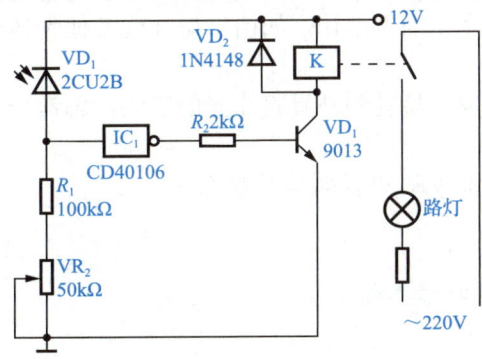

图 2.26　路灯控制电路

图 2.26 中 IC_1 为 CD 40106，它的引脚图如图 2.27 所示，在这里它既能起到整形的作用，同时也可提高电路的抗干扰的能力；VT_1 为驱动三极管，实现对继电器的控制。

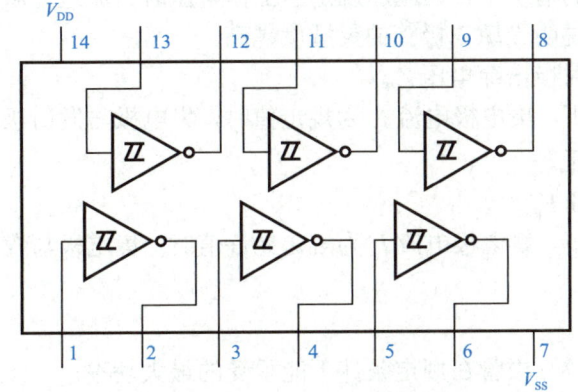

图 2.27　CD 40106 芯片引脚图

通过调节 VR_1 可以调节起控亮度（起控点）；而 VD_2 为续流二极管，对继电器 K 有保护作用。

如图 2.26 所示，VD_1 为光敏二极管，此处为反向偏置接法，光线较暗时，VD_1 产生的光电流很小，则 IC_1 输入电压相对较小（此处为小于 3V），此时，IC_1 输出高电平（4.9V），VT_1 导通，继电器 K 得电，常开触点闭合，被控电路导通工作。

当光线逐渐增强时，VD_1 中的光电流逐渐增大。当 IC_1 输入电压超过 3V 时，其输出电压变为低电平（0.1V），VT_1 截止，继电器 K 失电，常开触点断开，被控电路停止工作。

2. 电路制作与调试

（1）根据电路选择合适的元器件。

（2）制作电路板并焊接电路，也可用万能板搭建。

（3）调试电路：电路制作完成后，适当调节 VR_1，改变电路的起控点，以便达到控制的要求；调节为 VD_1 提供的光线，观察被控电器是否按设计要求工作。

3. 注意事项和问题思考

（1）光敏二极管为控制器的感光部分，因此安装时要保证光敏二极管能顺利感受到光照的变化，并要防止干扰产生的误动作，如由于树叶或其他物体的遮挡导致传感器感受不到光的变化。

（2）此类控制电路比较容易受到外界直流光的影响，思考一下如何采用调制光的方式来避免此类影响。

（3）电路中为什么调节 VR_1 可以调节起控点呢？

【知识点链接】

1. 光敏三极管的主要技术参数

（1）暗电流 I_D。

在无光照的情况下，集电极与发射极之间的电压为规定值时，流过集电极的反向漏电流称为光敏三极管的暗电流。

（2）光电流 I_L。

在规定光照强度的情况下，当施加规定的工作电压时，流过光敏三极管的电流称为光电流，光电流越大，说明光敏三极管的灵敏度越高。

（3）集电极—发射极击穿电压 V_{CE}。

在无光照的情况下，集电极电流 I_c 为规定值时，集电极与发射极之间的电压降称为集电极—发射极击穿电压。

（4）最高工作电压 V_{RM}。

在无光照的情况下，集电极电流 I_c 为规定允许值时，集电极与发射极之间的电压降称为最高工作电压。

（5）最大功率 P_M。

最大功率是指光敏三极管在规定条件下能承受的最大功率。

表 2-4 列出了国产光敏三极管的主要技术参数，供设计电路时参考。

表2-4 国产光敏三极管的主要技术参数

型号	反向击穿电压 V_{CE}/V	最高工作电压 V_{RM}/V	暗电流 I_D/μA	光电流 I_L/mA	峰值波长 λ_P/Å	最大功耗 P_M/mW	开关时间/μs t_r	t_d	t_t	t_s	环境温度/°C
3DU21	≥15	≥10	≤0.3	1~2		30	3	2	3	1	−40~125
3DU22	≥45	≥30				50					
3DU23	≥75	≥50				100					
3DU31	≥15	≥10		>2.0	—	30					
3DU32	≥45	≥30				50					
3DU33	≥75	≥50				100					
3DU51A	≥15	≥10	≤0.2	≥0.3		30					−55~125
3DU51	≥15	≥10		≥0.5							
3DU52	≥45	≥30			—						
3DU53	≥75	≥50									
3DU54	≥45	≥30		≥1.0	—		—	—	—	—	
3DU011	≥15	≥10	≤0.3	0.05~0.1		30					−40~125
3DU012	≥45	≥30				50					
3DU013	≥75	≥50				100					
3DU11	≥15	≥10	≤0.3	0.5~1	8800	30	3	2	3	1	−40~125
3DU12	≥45	≥30				50					
3DU13	≥75	≥50				100					

2. 光敏二极管的主要技术参数

表2-5 列出了国产光敏二极管的主要技术参数,供设计电路时参考。

表2-5 国产光敏二极管的主要技术参数

型号	最高反向电压/V	暗电流/μA	光电流/μA	光灵敏度/(μA/μW)	结电容/pF
2CU1A	10	≤0.2	≥80	≥0.4	≤5.0
2CU1B	20				
2CU1C	30				
2CU1D	40				
2CU2A	10	≤0.1	≥30	≥0.4	≤3.0
2CU2B	20				
2CU2C	30				
2CU2D	40				
2CU5A	10	—	≥10		≤3.0
2CU5B	30				
2CU5C	50				
2CU79	30	≤1×10⁻²	≥2.0	≥0.4	≤30
2CU79A		≤1×10⁻³			
2CU79B		≤1×10⁻⁴			
2CU80	30	≤5×10⁻²	≥3.5	0.45	≤30
2CU80A		≤5×10⁻³			
2CU80B		≤5×10⁻⁴			

注:测试条件为2856K 钨丝光源,照度1000lx。

3. 光敏二极管的基本应用电路

图 2.28 所示为光敏二极管反偏接法，在没有光照时，由于二极管反向偏置，所以反向电流很小，这时的电流称为暗电流，相当于普通二极管的反向饱和漏电流。当光照射在二极管的 PN 结（又称耗尽层）上时，在 PN 结附近产生的电子-空穴对数量也随之增加，光电流也相应增大，光电流与照度成正比。

另外，利用反相器可将光敏二极管的输出电压转换成 TTL 电平，如图 2.29 所示。这里可以思考一下，当光照增强，$U_i < 1/2 V_{DD}$ 时，反相器翻转，输出变为什么电平？

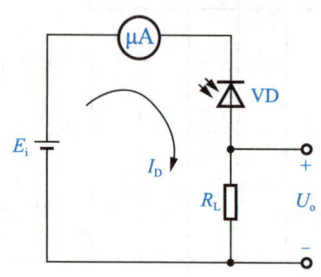

图 2.28 光敏二极管反偏接法　　　　图 2.29 将光敏二极管的输出电压转换成 TTL 电平

光敏二极管与晶体管组合应用电路如图 2.30 所示。

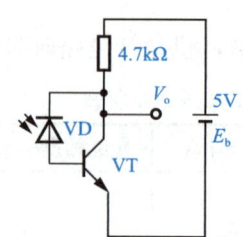

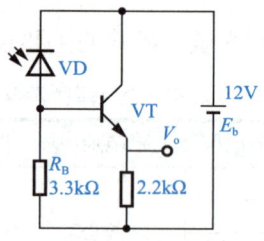

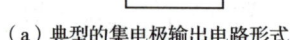

（a）典型的集电极输出电路形式　　　（b）典型的发射极输出电路形式

图 2.30 光敏二极管与晶体管组合应用电路

图 2.30（a）所示为典型的集电极输出电路形式，适用于脉冲入射光电路，输出信号与输入信号的相位相反，输出信号一般较大。

图 2.30（b）所示为典型的发射极输出电路形式，适用于模拟信号电路，电阻 R_B 可以减小暗电流，输出信号与输入信号的相位相同，输出信号一般较小。

光敏二极管 VD 与运算放大器 A 组合应用电路如图 2.31 所示。

图 2.31（a）所示为无偏置电路，可用于测量宽范围的入射光，响应特性不如图 2.31（b）所示的反向偏置电路。反向偏置电路的响应速度快，输入信号与输出信号同相位。

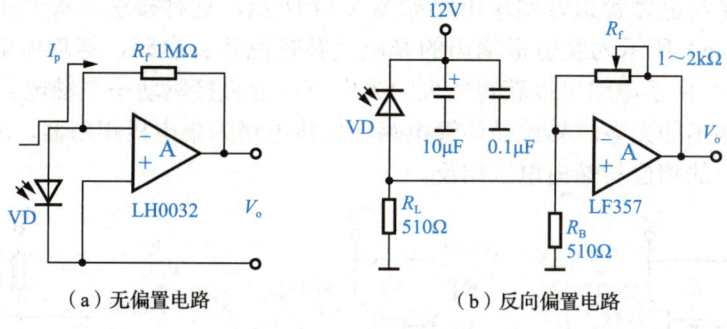

(a) 无偏置电路　　　　　　　　(b) 反向偏置电路

图 2.31　光敏二极管 VD 与运算放大器 A 组合应用电路

4. 光敏三极管基本应用电路

光敏三极管光控继电器电路如图 2.32 所示，图中光敏三极管的工作原理与前述光敏二极管类似，主要也是光电流的作用。

这里需要特别指出，图 2.32 中的 VD 和继电器这样组合应用主要是为了保护继电器，这里的 VD 称为续流二极管。采用这种接法，再利用继电器的吸合和释放去控制后续的执行机构，就能达到控制电路或其他的目的了。

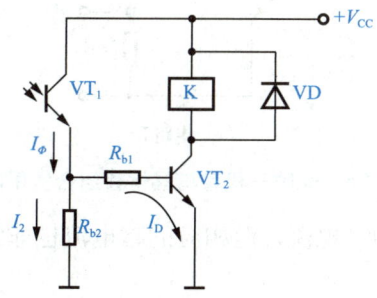

图 2.32　光敏三极管光控继电器电路

单个光敏三极管的实用电路如图 2.33 所示。

图 2.33（a）所示的电路适用于脉冲光检测，图 2.33（b）所示的电路适用于脉冲入射光检测，而图 2.33（c）所示的电路适用于模拟光信号的测量。

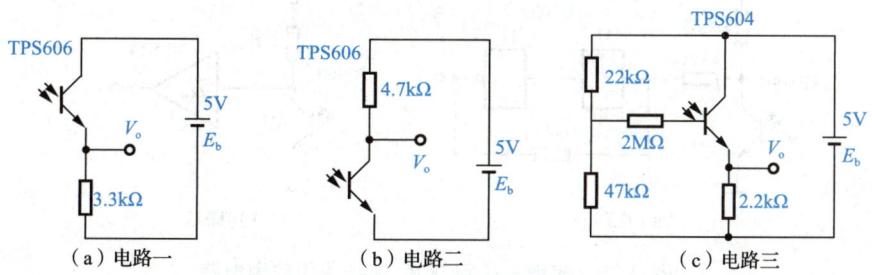

(a) 电路一　　　　　(b) 电路二　　　　　(c) 电路三

图 2.33　单个光敏三极管的实用电路

光敏三极管与晶体管组合实用电路如图 2.34 所示，这种接法又称光电达林顿晶体管电路。图 2.34（a）所示为发射极输出的光电达林顿晶体管电路，其总体电路为射极跟随器；图 2.34（b）所示电路可以获得较大的光电流，能直接驱动小型继电器；图 2.34（c）所示为集电极输出的光电达林顿晶体管电路，总体电路为集电极跟随器，能获得较高的输出电压，入射光的相位与输出电压相反。

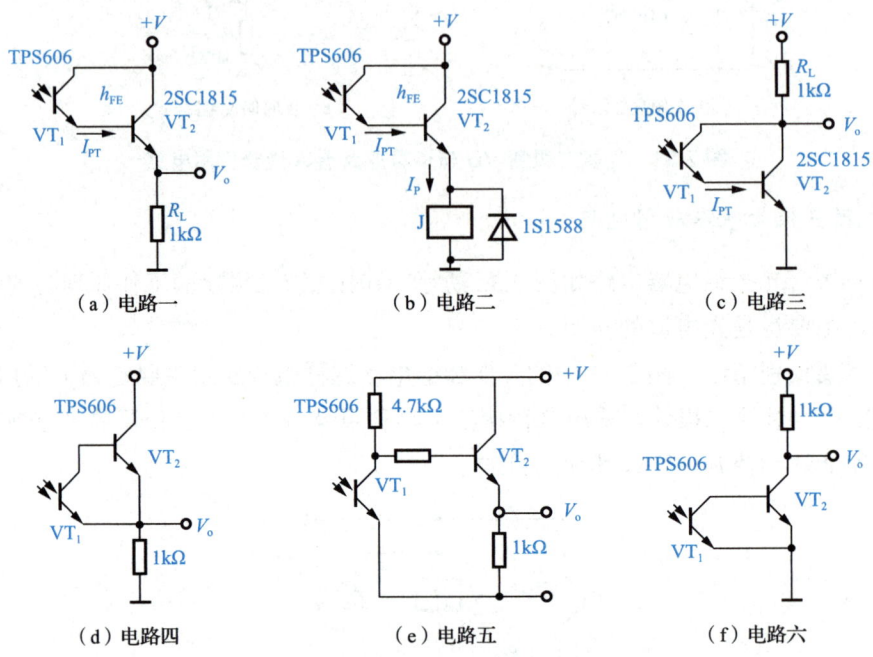

图 2.34 光敏三极管与晶体管组合实用电路

上述电路都能获得较大的光电流，但相应的暗电流也非常大，所以只限于低速光电开关的应用。

图 2.34（d）所示为倒置的光电达林顿晶体管电路，总体上是发射极跟随器电路；图 2.34（e）所示为其改进型电路，相对来说，后者能获得更高的输出电压；图 2.34（f）所示为倒置的光电达林顿晶体管电路，总电路为集电极跟随器。

光敏三极管与 IC 组合使用时性能会有极大改善，其应用电路如图 2.35 所示。

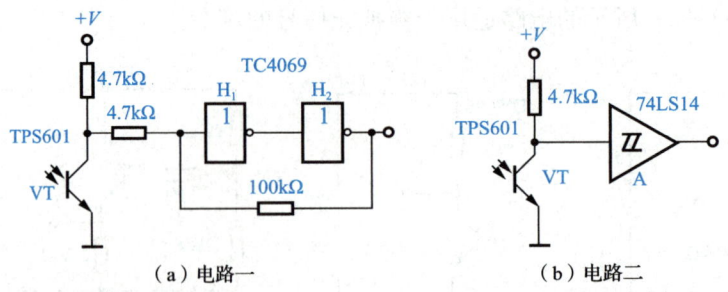

图 2.35 光敏三极管与 IC 组合使用应用电路

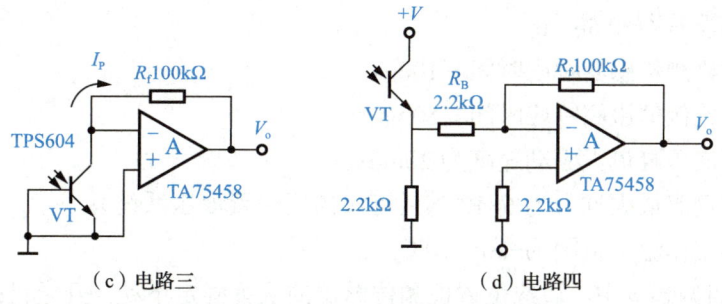

（c）电路三　　　　　　　　　　（d）电路四

图 2.35　光敏三极管与 IC 组合使用应用电路（续）

图 2.35（a）所示为光敏三极管与反相器组合应用电路，采用两个反相器构成施密特电路，由于施密特电路的上升特性陡峭，抗噪声能力强，多用于各种数字电路的接口电路。

图 2.35（b）所示为光敏三极管与施密特触发器的组合应用电路，是图 2.35（a）的简化电路，由于这里的 74LS14 的内电路具有施密特特性，对波形有整形作用，可以得到矩形脉冲信号。

图 2.35（c）所示为光敏三极管作为光敏二极管的应用电路，响应特性显著改善，且通过运算放大器的反馈电阻得到输出电压。

图 2.35（d）所示为光敏三极管与运算放大器组合应用电路，电路中光敏三极管的发射极输出电压，改变 R_f/R_B 就能改变电路的增益。

实际应用中，还有其他应用电路接法，这里不再赘述。

2.4　工程项目设计实例

下面讲解被测物遮挡部分光的应用实例"光电式带材跑偏测控系统"。

在带材生产线上，由于带材横向厚度及压辊压力不均等原因，导致带材边缘或纵向标志线与加工机械的中心线不平行或不重合，从而发生带材横向运行偏差，称为"跑偏"。以带材边缘纵向为基准，实行边缘位置控制称为"纠偏"。

光电式带材跑偏测控系统示意图如图 2.36 所示。

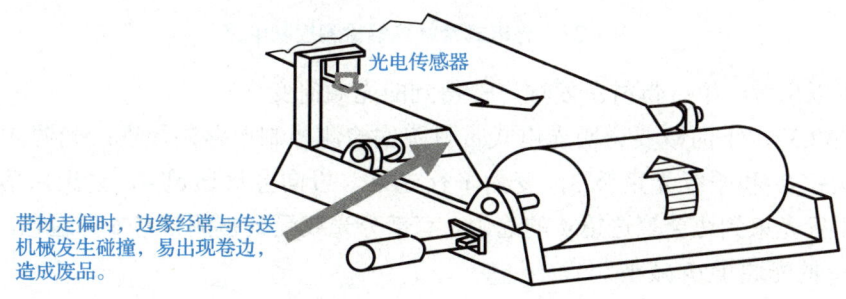

图 2.36　光电式带材跑偏测控系统示意图

光电式带材跑偏测控系统指标如下：
① 带钢最大传送速度为 10m/s；
② 纠偏最大动态范围为 ±100mm；

③ 纠偏误差为±0.5mm；

④ 跑偏检测传感器响应时间≤100μs；

⑤ 液压比例伺服阀响应时间≤50ms；

⑥ 伺服液压缸最大驱动速度为 20mm/s；

⑦ 电液伺服最大推力为 6×10４N（可按需要配置液压系统）；

⑧ 环境工作温度范围为-20～70℃。

在带钢纠偏装置中，边缘位置检测传感器的位置固定不动，开卷机的开卷辊可左右移动。在伺服液压缸的推动下，开卷机构（包括减速箱和开卷辊等）沿着导轨做垂直于带材行进方向的纠偏运动。

光电式带材跑偏检测控制电路如图 2.37 所示。

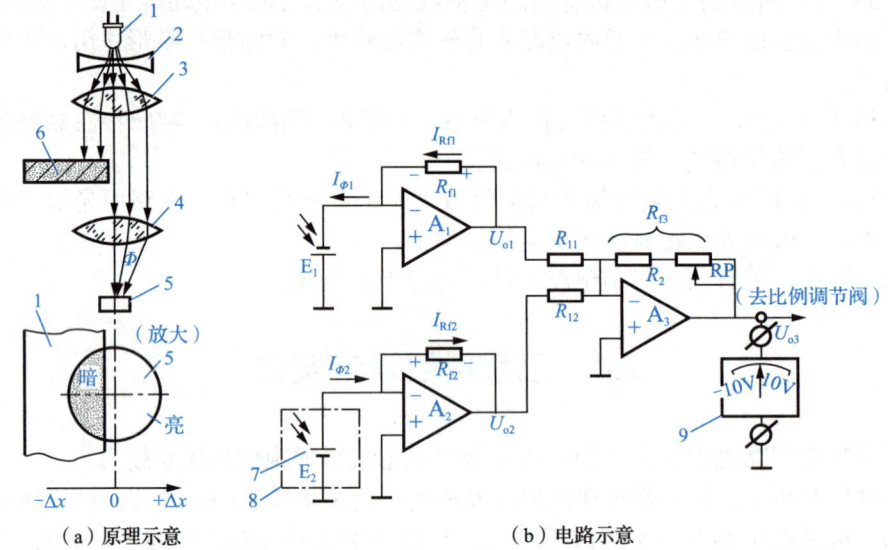

（a）原理示意　　　　　　　　（b）电路示意

1—LED 光源；2—扩束透镜；3—平行光束镜；4—会聚透镜；5—光电池 E_1；6—带材；
7—温度补偿光电池 E_2；8—遮光罩；9—跑偏指示。

图 2.37　光电式带材跑偏检测控制电路

这里可以思考一下：带材左偏时，E_1 得到的光如何变化？

对照图 2.37，下面概要说明光电式带材跑偏检测控制电路的原理：光源 1 发出的光线经扩束透镜 2 和平行光束镜 3，变为平行光束，投向会聚透镜 4，会聚后落到光电池 E_1 上。在平行光束到达会聚透镜 4 的途中，有部分光线受到被测带材 6 的遮挡，从而使到达光电池 E_1 的光通量 Φ 减小。

E_1、E_2 是相同型号的光电池，E_1 作为测量元件装在带材下方，而 E_2 用遮光罩罩住，与 A_2 共同起温度补偿的作用。

而实际上，带材左偏时，输出电压表的指针偏向右边，为正值。

光电式带材跑偏的光电检测装置如图 2.38 所示。

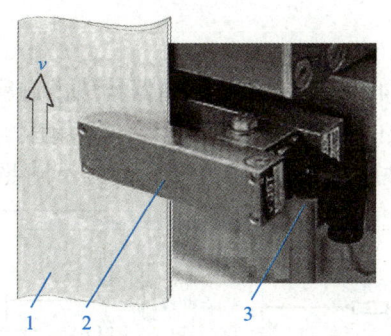

1—带材；2—边缘位置检测传感器；3—电源及信号线连接座

图 2.38 光电式带材跑偏的光电检测装置

图 2.39 所示为光电式带材跑偏的连续闭环控制原理图。当带材未跑偏时，跑偏检测传感器输出的偏差信号为零；当边缘位置检测传感器检测到带材向左偏离中心位置时，偏差信号为正值，控制电液伺服比例调节阀和压力油，使液压缸的活塞向右做横向移动，直到带材的位置偏差消除，光电检测器的输出信号为零。

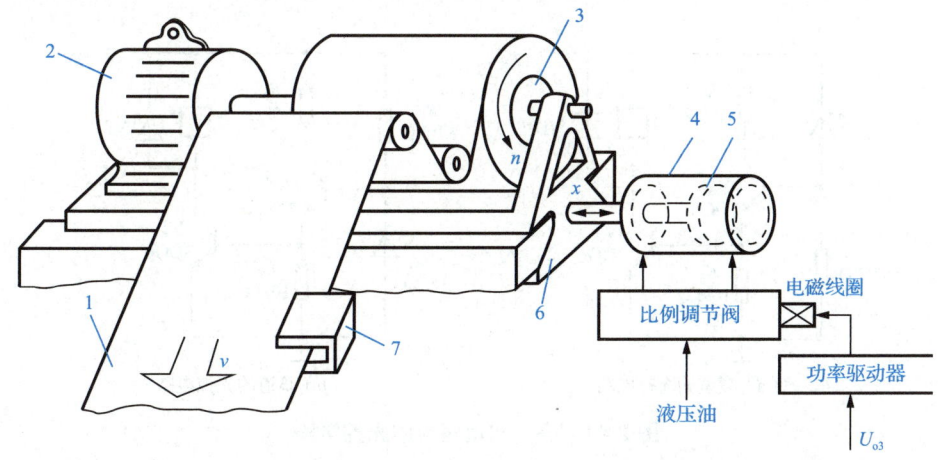

1—被测带材；2—开卷电动机；3—开卷辊；4—伺服液压缸；5—活塞；
6—滑台；7—光电边缘位置检测传感器。

图 2.39 光电式带材跑偏的连续闭环控制原理图

2.5 合 作 研 讨

1．查阅相关资料，说明太阳能电池在当前各个领域的应用情况，并结合光电池的基本工作原理说明不同太阳能电池应用的工作机理。

2．查阅相关资料说明各类光电开关的具体应用、工作机理等，尤其是光电耦合开关。

3．通过查阅相关资料来说明光幕的应用和工作原理。

4．显示光电传感器在实际应用中，经常会受到自然光（如日光灯、太阳光等）的干扰，结合所学知识说明如何避免这些干扰？能否给出相对比较通用的实现电路。

思考题

1. 异常报警电路如图 2.40 所示,它用反向器构成的施密特电路捕捉光敏电阻的阻值变化,其输出使 NE 555 构成的振荡器工作。电路中采用压电蜂鸣器 B 报警,它也可以识别有无光照射在 cds 上,同时通过调整电位器 RP 适应不同照度的电平。

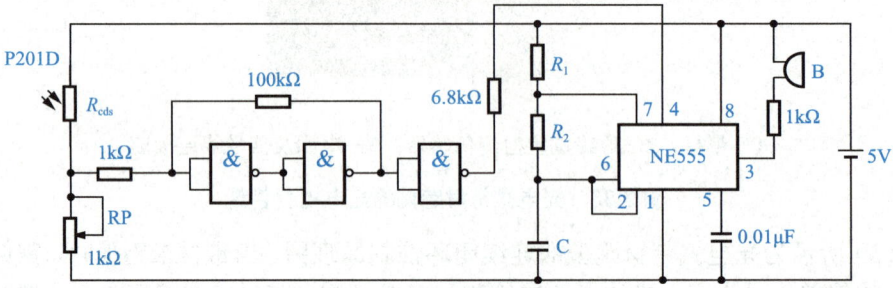

图 2.40　异常报警器电路

2. 亮道、暗道对应的光控电路如图 2.41 所示,试对电路的工作过程做概要的分析说明。

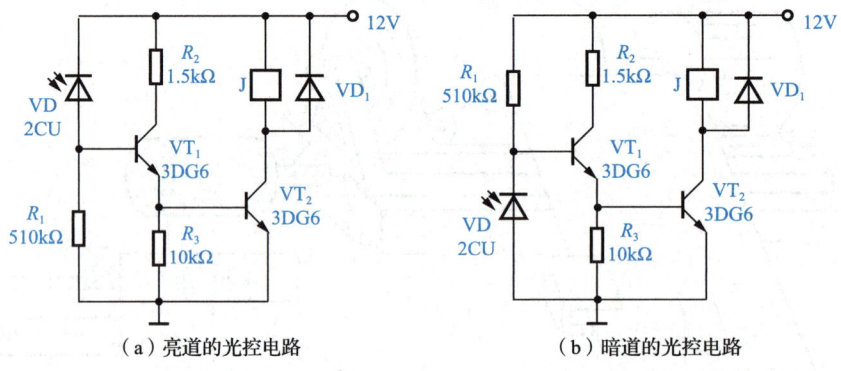

（a）亮道的光控电路　　　　　　（b）暗道的光控电路

图 2.41　亮、暗道对应的光控电路

3. 光控开关电路如图 2.42 所示,试结合前面所学知识对电路的工作机理做必要的说明,并说明这类电路可能的应用场合。

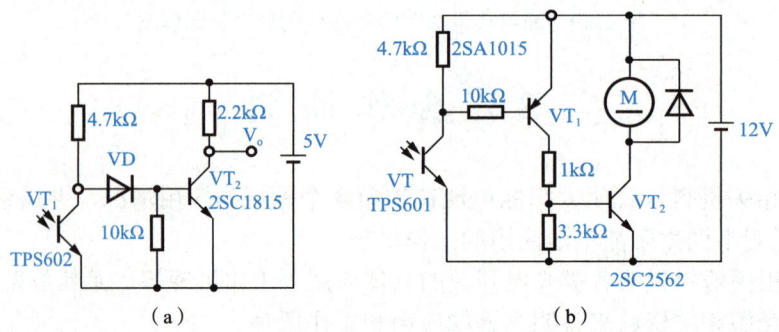

（a）　　　　　　　　　（b）

图 2.42　光控开关电路

第 2 章 光电传感器及其应用

在线测试

1. 校内：10.60.64.7（内网），进入后选择左上角的"测验"来进行测试。
2. 校外：登录 www.zjooc.cn，搜索"传感器与检测技术"（负责人：浙江万里学院，钱裕禄），选课后，进入测验和考试。

拓展练习题

一、单项选择题（20 题）

1. 光电传感器在（　　）场景中属于典型应用。
   A．温度控制　　　B．路灯自动开关　　C．压力检测　　　D．湿度测量
2. 外光电效应的典型器件是（　　）。
   A．光敏电阻　　　B．光电二极管　　　C．光电管　　　　D．光电池
3. 光电导效应对应的器件是（　　）。
   A．光电三极管　　B．光敏电阻　　　　C．光电二极管　　D．光电池
4. 器件（　　）采用内光电效应。
   A．光电倍增管　　B．光敏电阻　　　　C．光电管　　　　D．光电开关
5. 光电传感器用于烟雾报警器时，主要利用的原理是（　　）。
   A．光的反射　　　B．光的散射　　　　C．光的折射　　　D．光的干涉
6. 光电二极管工作在（　　）模式下可作为光检测器。
   A．正向偏置　　　B．反向偏置　　　　C．零偏置　　　　D．任意偏置
7. 光敏电阻的阻值变化与光照强度的关系是（　　）。
   A．正相关　　　　B．负相关　　　　　C．无规律　　　　D．指数关系
8. 以下光电器件中响应速度最快的是（　　）。
   A．光敏电阻　　　B．光电二极管　　　C．光电池　　　　D．光电三极管
9. 光电耦合器的核心功能是（　　）。
   A．放大光信号　　　　　　　　　　　B．隔离电信号
   C．转换光能为电能　　　　　　　　　D．调节光强度
10. 在自动门控制系统中，光电传感器主要用于检测（　　）。
    A．温度变化　　　B．人体接近　　　　C．声音信号　　　D．压力变化
11. 光电池的输出特性与（　　）直接相关。
    A．光照面积　　　B．环境湿度　　　　C．温度波动　　　D．磁场强度
12. 光电传感器的线性度是指（　　）。
    A．输出与输入的非线性误差　　　　　B．灵敏度范围
    C．响应时间　　　　　　　　　　　　D．抗干扰能力

13．在光电效应中，爱因斯坦方程描述的关系是（　　）。
　　A．光强与电流　　　　　　　　　B．光子能量与逸出功
　　C．波长与频率　　　　　　　　　D．电压与电阻
14．光电三极管相较于光电二极管的优势是（　　）。
　　A．响应速度快　　B．灵敏度高　　C．输出电流大　　D．成本低
15．（　　）传感器适用于高速计数系统。
　　A．光敏电阻　　　B．光电池　　　C．光电编码器　　D．光电管
16．光敏电阻的暗电流是指（　　）。
　　A．无光照时的电流　　　　　　　B．最大光照时的电流
　　C．短路电流　　　　　　　　　　D．反向电流
17．光电传感器在工业机器人中常用于（　　）。
　　A．路径规划　　　B．障碍物检测　C．动力驱动　　　D．数据存储
18．在光生伏特效应中，开路电压的大小主要取决于（　　）。
　　A．光照强度　　　　　　　　　　B．材料禁带宽度
　　C．温度　　　　　　　　　　　　D．器件面积
19．光电传感器设计时需考虑的环境因素是（　　）。
　　A．电磁干扰　　　B．光照稳定性　C．机械振动　　　D．以上都是
20．以下器件中需要外部电源供电才能工作的是（　　）。
　　A．光电池　　　　B．光电二极管　C．光电三极管　　D．光敏电阻

二、多项选择题（3题）

1．光电传感器的典型应用包括（　　）。
　　A．条形码扫描　　B．红外测温　　C．自动对焦相机　D．液位检测
2．光敏电阻的特性包括（　　）。
　　A．光谱响应范围宽　　　　　　　B．响应速度快
　　C．温度敏感性低　　　　　　　　D．成本低
3．在工程项目设计中，光电传感器选型需考虑的因素有（　　）。
　　A．检测距离　　　　　　　　　　B．环境光干扰
　　C．输出信号类型　　　　　　　　D．外观颜色

三、简答题（10题）

1．简述光电效应的分类及对应的典型器件。
2．光电二极管与光电池的工作原理有何区别？
3．光敏电阻的暗电阻和亮电阻分别指什么？
4．光电耦合器的主要作用是什么？举例说明其应用场景。
5．简述光电传感器在自动门控制系统中的工作流程。

6. 什么是光电导效应？列举一种基于该效应的器件。
7. 如何通过实验验证光电二极管的伏安特性？
8. 光电传感器在烟雾报警器中的信号处理流程包括哪些步骤？
9. 光电三极管与普通三极管的主要区别是什么？
10. 列举三种提高光电传感器抗干扰能力的方法。

四、应用分析题（5题）

1. 某工厂的流水线需检测零件是否到位，请设计一个基于光电传感器的检测方案，并说明器件选型依据。
2. 分析光电式烟雾报警器中散射式与透射式检测方式各有哪些优缺点。
3. 某光电开关在强光环境下误触发，请分析可能的原因并提出改进措施。
4. 设计一个基于光电池的太阳能充电电路，画出原理框图并说明关键参数。
5. 某光电编码器输出信号不稳定，可能由哪些因素引起？如何排查故障？

五、应用综述题（5题）

1. 结合智能家居场景，论述光电传感器在其中的综合应用及技术挑战。
2. 从材料、结构和工艺角度，分析如何提升光电池的转换效率。
3. 设计一个基于多光电传感器的工业安全监控系统，说明功能模块及实现方案。
4. 比较光电传感器与超声波传感器在自动避障机器人中的适用性差异。
5. 针对"智慧农业"需求，提出一套光电传感器应用方案，并阐述其经济性与可行性。

第 3 章
红外传感器及其应用

教学目标

本章内容主要包括"红外传感器概述"和"典型红外器件的项目化应用"两部分。

通过本章的学习,了解红外线的基本特性,熟悉红外线分别作为光线和红外辐射时的原理;理解红外传感器的基本原理,熟悉不同型号的热释电传感器应用情况,学会分析红外传感器应用电路;掌握红外传感器应用电路的设计、制作和调试方法。

教学重点

知识要点	能力要求	相关知识
红外传感器概述	(1) 了解红外线的基本特性 (2) 理解热敏、光敏型红外传感器的原理	红外传感器的基本原理
典型红外器件的项目化应用	(1) 掌握红外传感器应用电路的分析方法 (2) 掌握应用电路设计、制作和调试方法 (3) 熟悉红外传感器的其他应用	(1) 热释电公共照明控制开关 (2) 红外感应烘手器电路

第3章 红外传感器及其应用

本模块内容单独成章主要是考虑红外传感器在现实生活中各个领域应用的广泛性。通过本章的学习，可以了解红外线的基本特性有哪些；能列举现实生活中红外线传感器（红外探测器）的典型应用实例；了解红外探测器的不同分类及其工作机理和工作场合；等等。以"热释电红外传感器在公共照明控制开关中的应用"和"红外感应烘手器电路的组装与调试"两个项目来进一步说明红外传感器的使用方法和制作及调试技巧。

前面讲述的光电传感器主要侧重的是"可见光"方面的内容。从"红外线也是电磁波的一种形式"的角度考虑，红外传感器属于光电传感器的一种，它的基本应用电路与前述的均类似；但红外线也是一种热辐射，这是我们在讲光电效应时未曾涉及的。考虑到现实生活中红外传感器应用的广泛性和普遍性，也为了更好地区分不同的应用场景，所以单独设置了本章。

3.1 红外传感器的典型应用

红外辐射俗称红外线，它是一种不可见光，由于其是位于可见光中红色光以外的光线，故称红外线，它的波长范围为 0.76～1000μm，如图 3.1 所示。工程上又把红外线所占据的波段分为三个部分，即近红外、中红外、远红外。

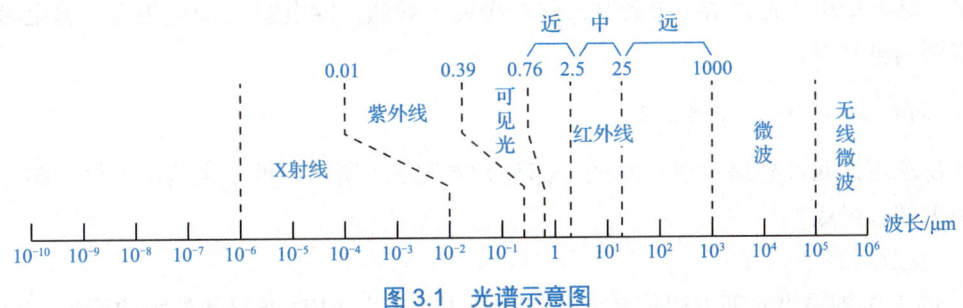

图 3.1 光谱示意图

红外辐射本质上是一种热辐射。任何物体，只要它的温度高于绝对零度（-273.15℃），就会向外部空间以红外线的方式辐射能量。当达到热平衡时，物体散发和吸收的辐射一样多。物体红外辐射的强度和波长分布取决于物体的温度和辐射率等。物体的温度越高，辐射的红外线越多，辐射的能量就越强；另外，红外线被物体吸收后可以转化成热能。

另外，红外线作为电磁波的一种形式，和所有的电磁波一样，是以波的形式在空间中直线传播的，具有电磁波的一般特性，如反射、折射、散射、干涉和吸收等。红外线在真空中传播的速度等于波的频率与波长的乘积。

红外传感器在现实生活中有很多应用，下面讲解红外水龙头和红外遥控器的典型应用。

1. 红外水龙头应用

红外水龙头应用电路如图3.2所示。图3.2中，以IC_2 LM567构成的电路作为选频电路，实现对电磁阀门的控制，当VT_2输出的脉冲频率与IC_2的选频频率一致时，IC_2的8引脚输出低电平。电路中VD续流二极管，可以保护继电器K。

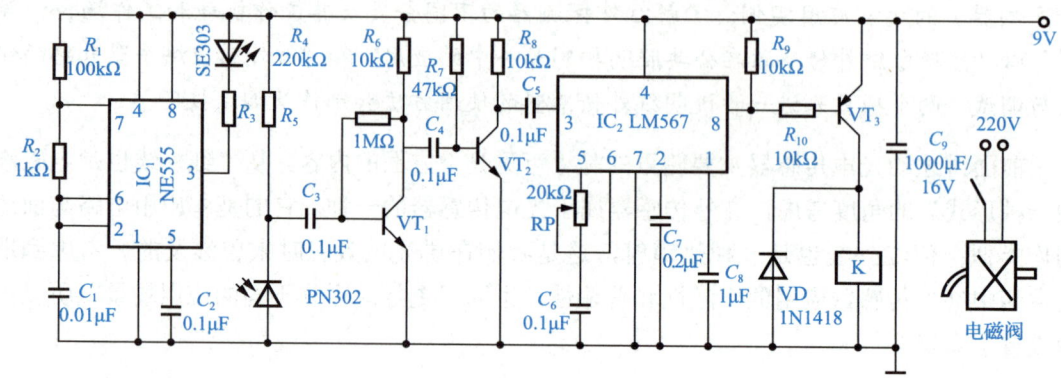

图3.2 红外水龙头应用电路

红外水龙头的基本工作过程：平时由于红外线接收器一直处于未被照射的状态，IC_2的8引脚输出高电平，VT_3处于截止状态，继电器处于释放状态，水阀门的电磁阀不通电，处于关闭状态。当有人手伸至红外线控制器下方时，由于人手的反射，使PN302接收到红外发射管发出的红外线信号，经过VT_1、VT_2放大，与IC_2的选频一致，IC_2的8引脚输出低电平。这一低电平通过R_{10}加至VT_3的基极使其导通，继电器K通电吸合，将电磁阀接通，水阀门被打开。

2. 简易家用六路红外遥控器

简易家用六路红外遥控器电路图（部分）如图3.3所示，整个电路由发射电路和接收电路两大部分组成。

1）发射电路

IC的1引脚输出内部编码信号，经VT_1放大后驱动LED发出红外脉冲信号。IC内部振荡器工作在76（38×2）kHz的频率，再经二分频产生38kHz的载频。C_2为脉冲间隔时间定时电容器。K_1～K_6为编码按钮，其中K_1、K_2采用连续发射方式。

2）接收电路

CX20106接收到的红外脉冲信号经内部处理后，由IC_1的7引脚输出，经IC_2的13引脚输入，内部解码后，在A～F各端输出相应的开关信号，通过外接的三极管驱动继电器控制对应电器的开关，发光管作为工作指示。

特别说明：图中只画出了一路输出驱动电路，其余相同。IC_2的12引脚M端为选择端，当外接开关S使其接通电源时，IC_2选择互锁方式；当使其接地时，IC_2选择自锁方式。

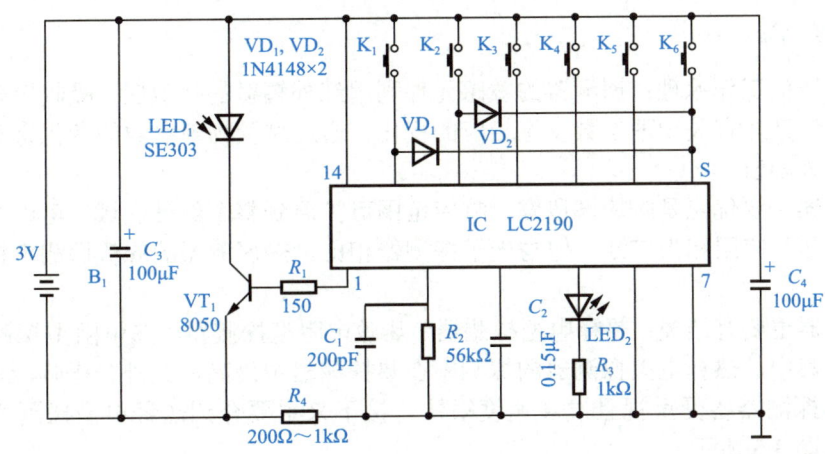

（a）发射电路

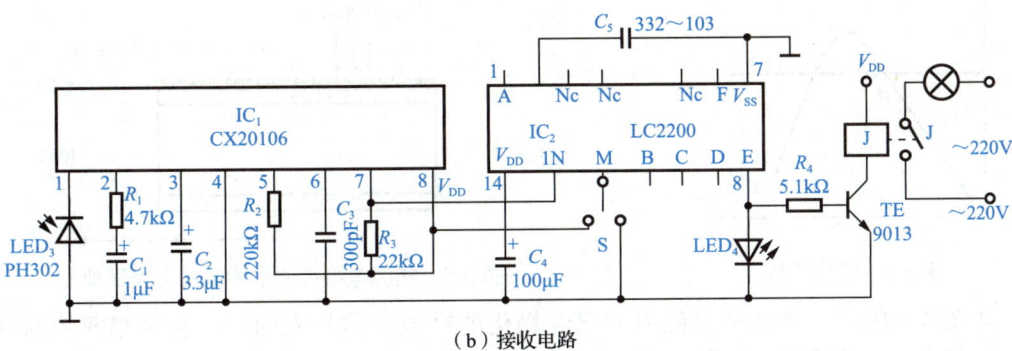

（b）接收电路

图 3.3　简易家用六路红外遥控器电路图（部分）

3.2　红外热释电效应和常用器件

将红外辐射转换为电能的装置称为红外传感器，按其工作原理可以分为热敏型红外传感器和光敏型（或称光子型、量子型）红外传感器两类。

热敏型红外传感器将吸收的红外线转变为热能，使器件自身的温度发生变化，包括热电偶式、热电阻式和热释电式等。热敏型红外传感器响应的红外光谱范围宽，如图 3.4 所示的曲线 1，它能在常温下工作，价格便宜，但响应速度慢和灵敏度较低。

红外传感器的应用

光敏型红外传感器直接把红外光能转换为电能，其工作原理是光电效应。通常光敏型红外传感器在低温下工作，灵敏度很高，响应速度快，但其响应的红外光谱范围较窄（图 3.4 所示的曲线 2）。

红外传感器一般由光学系统、探测器、信号调理电路及显示单元等组成。红外探测器是红外传感器的核心。红外探测器是利用红外辐射与物质相互作用所呈现的物理效应来探测红外辐射的。红外探测器根据探测机理的不同，分为热探测器和光子探测器两大类。

1. 热探测器

热探测器的工作原理：探测器的敏感元件利用红外辐射的热效应，吸收辐射能后温度升高，进而使某些有关物理参数发生相应的变化，通过测量物理参数的变化来确定探测器所吸收的红外辐射。

热探测器主要优点是响应波段宽，响应范围可扩展到整个红外区域，可以在常温下工作，使用方便且应用相当广泛。但与光子探测器相比，热探测器的峰值探测率较低，响应时间长。

热探测器主要有四类：热释电型探测器、热敏电阻型探测器、热电阻型探测器和气体型探测器。其中，热释电型探测器的探测率在热探测器中最高，红外光谱响应范围最宽，因此这种热探测器备受重视且发展速度很快。接下来主要介绍热释电型探测器，其基本工作原理如图 3.5 所示。

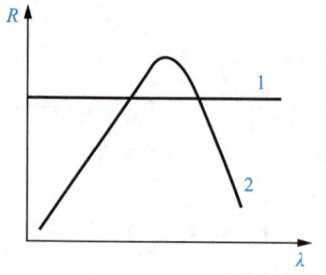

图 3.4　响应曲线

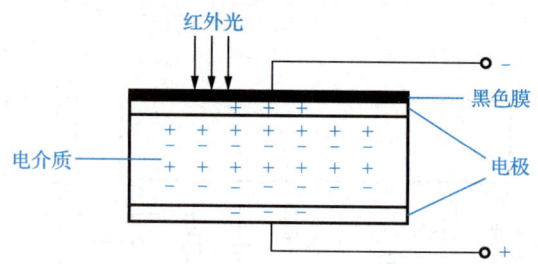

图 3.5　热释电型探测器的基本工作原理

如图 3.5 所示，当红外光照射到已经极化的铁电体薄片表面时，会引起薄片温度升高，使其极化强度降低，表面电荷减少，这相当于释放了一部分电荷，因此，这种热探测器被称为热释电型探测器，也称热释电红外传感器。铁电体的极化强度（单位面积上的电荷）与温度有关。电介质的极化矢量与所加电场的关系如图 3.6 所示。

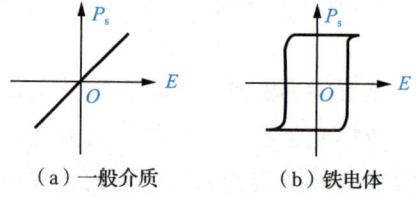

图 3.6　电介质的极化矢量与所加电场的关系

如果将负载电阻与铁电体薄片相连，则负载电阻上便会产生一个电信号输出。输出信号的强弱取决于薄片温度变化的快慢，从而反映出入射的红外辐射的强弱，热释电红外传感器的电压响应率与入射光辐射率变化的速率成正比。

2. 光子探测器

光子探测器的工作原理：利用入射光辐射的光子流与探测器材料中的电子互相作用，从而改变电子的能量状态，引起光子效应。根据光子效应制成的红外探测器称为光子探测器。通过光子探测器测量材料电子性质的变化，可以确定红外辐射的强度。实际上这里所提到的光子效应与前面讲到的光电效应的原理是一样的。

第3章 红外传感器及其应用

3.3 典型红外器件的项目化应用

下面通过热"热释电红外传感器在公共照明控制开关中的应用"和"红外感应烘手器电路的组装和调试"两个项目化应用设计与制作来达到知识点落实和教学目标实现的要求。

项目一 热释电红外传感器在公共照明控制开关中的应用

【项目目标】

知识目标：学习热释电红外传感器的基本工作原理、结构和特性；学会公共照明控制开关电路的分析；熟悉不同型号热释电传感器的应用情况。

能力目标：通过讨论、确定方案、制作和调试公共照明控制开关等过程，培养学生团队协作、自主学习和解决问题的能力。

情感目标：激发学生的好奇心与求知欲，提高学生的学习兴趣和学习主观能动性，培养学生的交流合作能力和评价能力。

【项目重点与难点】

项目重点：热释电红外传感器应用电路的分析和制作。

项目难点：公共照明控制开关的应用调试。

【项目分析与任务实施】

现实生活中，公共照明广泛地应用于各种场合，为了保证公共照明的节能效果，需要根据光照和人体移动情况来实现开关的控制。本项目主要利用热释电红外传感器来设计控制开关电路，依据人体移动和光照情况来实现开关的控制。即夜晚当行人走近时，照明灯自动亮一段时间后熄灭；白天照明灯自动停止工作。

1. 电路原理

公共照明控制开关电路原理如图3.7所示。

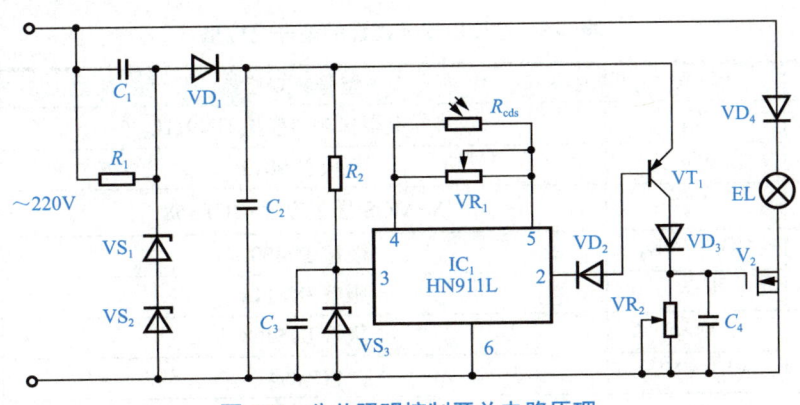

图3.7 公共照明控制开关电路原理

感应开关的主要元件是热释电型探测器模块 IC_1 HN911L，白天或夜晚无人走近时 IC_1 的 2 引脚输出高电平；当检测到有人走近时，IC_1 的 2 引脚端输出低电平。

电路中 C_1 对 220V 交流电降压，VS_1、VS_2 对负半波旁路且对正半波消波稳压，经 VD_1 整流、C_2 滤波后得到 12V 直流电压。12V 电压除为三极管 VT_1 提供电源外，经 R_2 降压、VS_3 稳压、C_3 滤波后得到 6V 直流的电压，作为 IC_1 的电源。

V_2 是一个 V-MOS 场效应管，它的输入阻抗极高，在栅源间的电容充电后，电容电压可保持很长时间，在这段时间里，V-MOS 导通，本电路正是利用这一特点来达到延时功能的。另外，本电路中的 VR_1 为 IC_1 的增益调节电阻，VR_2 为照明延时时间调整电位器。R_{cds} 为光敏电阻，白天受光照时，电阻很小，使 IC_1 增益很低，2 引脚不输出电平；夜晚 R_{cds} 电阻很大，IC_1 恢复工作。

公共照明控制开关电路的整个工作过程可以分为以下三种场景。

1）没人不亮灯

当 IC_1 未探测到红外信号时，它的 2 引脚输出高电平，此时 VT_1 无基极偏置而截止，所以 V_2 亦截止，EL 不亮。

2）有人亮灯

当有人进入探测区域时，移动人体发出的红外线被传感器接收，经 IC_1 处理，IC_1 的 2 引脚输出低电平，VT_1 导通，12V 直流电压经 VT_1、VD_3 给电容 C_4 充电，V_2 迅速饱和导通，EL 亮。

3）亮灯延时后熄灭

人走后，IC_1 HN911L 的 2 引脚恢复高电平，VT_1 截止，这时 C_4 放电期间仍维持 V_2 继续导通；随着 C_4 上电压的下降，V_2 由饱和区进入放大区直至截止区，EL 亦相应地由亮逐渐变暗直至熄灭。

2. 电路制作与调试

（1）按原理图选择并检测元器件的好坏。图 3.7 中主要电路元器件的型号或规格见表 3-1 所示。

表 3-1　主要电路元器件的型号或规格

序号	符号	型号或规格	数量
1	IC_1	热释电型探测器模块 HN911L	1
2	VT_1	三极管 9012	1
3	V_2	V-MOS 场效应管 BUZ358	1
4	VD_1、VD_3	极管 1N4007	2
5	VD_2	极管 IN4148	1
6	VD_4	极管 IN5408	1
7	$VS_1 \sim VS_3$	2CW54	3
8	EL	灯泡 220V、40W	1

续表

序号	符号	型号或规格	数量
9	$C_1 \sim C_4$	电容	4
10	R_{cds}	光敏电阻	1
11	R_1、R_2	电阻	2
12	VR_1、VR_2	电位器	2

（2）设计、制作、焊接电路。根据 IC_1 的大小，选择焊接用电路板，将 IC_1 的传感面朝外用胶水贴在电路板上，其余元件按原理图焊接，用软线与 IC_1 连接。光敏元件 R_{cds} 与 IC_1 以同样的方法安装，以便同时受光。如要增大探测距离，可在传感器前安装菲涅耳透镜。

3. 电路调试

调试电路时，首先断开光敏电阻 R_{cds}，调节 VR_1，使人通过传感器旁边时灯泡点亮。然后焊接光敏电阻 R_{cds}，遮住光线细调 VR_1。最后调节 VR_2 以调整灯泡发光的延迟时间。

【知识点链接】

1. 热释电红外探测模块 HN911L

热释电红外传感器利用热释电效应制作而成。热释电效应是指某些晶体受热时其两个相对表面产生数量相等、极性相反的电荷的电极化现象，这种晶体称为热电元件。热释电红外传感器由热电元件、结型场效应管、电阻、二极管、滤光片及外壳等组成，其结构如图 3.8 所示。它是探测人体用的红外传感器，应用于防盗报警、自动控制和非接触开关等领域。

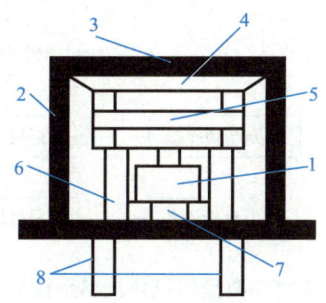

1—FET 管；2—外壳；3—窗口；4—滤光片；5—PZT 热电元件；
6—支撑环；7—电路元件；8—引脚。

图 3.8 热释电红外传感器结构

滤光片对于太阳光和荧光灯光的短波长具有高的反射率，而对人体辐射出的红外线有高的透过性。热释电红外传感器原理如图 3.9 所示。

常见的热释电红外传感器还有 P228、LS-064、LHI958 和专门用于测温的热释电红外传感器，测温范围为-80～1500℃。

HN911L 是一个将热释电传感器、放大器、信号处理电路、延时电路和高低电平输出电路集成在一起的热释电红外探测模块，其应用电路如图 3.10 所示。无人靠近时 1 引脚输出低电平，2 引脚输出高电平；当检测到人体移动时，1 引脚输出高电平，2 引脚输出低电平。

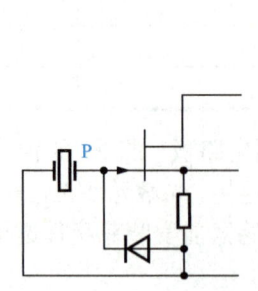

图 3.9　热释电红外传感器原理

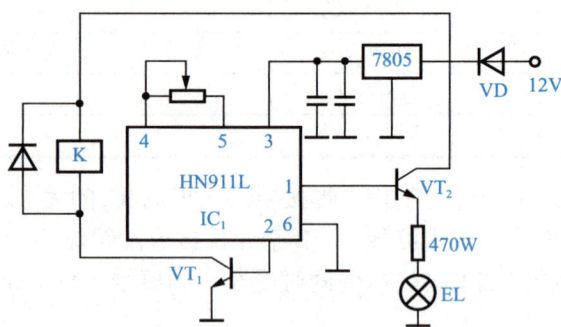

图 3.10　HN911L 应用电路

2. 热释电红外传感系统

以红外线为测量介质的系统称为红外传感系统。按照其功能可以分成五类，即温度计和辐射计系统，用于测量温度、辐射和光谱；搜索和跟踪系统，用于搜索和跟踪红外目标，确定其空间位置并对它的运动进行跟踪；热成像系统，可产生整个目标红外辐射的分布图像；红外测距和通信系统，用于测量距离和进行通信；混合系统，由以上各类系统中的两个或者多个组合而成。

典型的红外传感系统框图如图 3.11 所示。

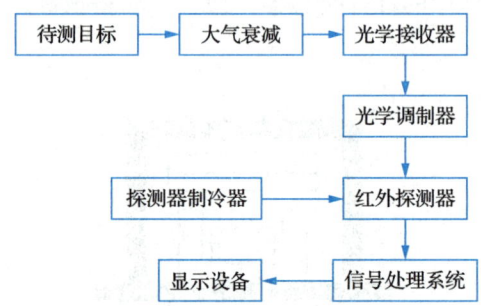

图 3.11　典型的红外传感系统框图

待测目标是指具有红外辐射特性的对象；大气衰减是指由于各种气体分子以及溶胶粒的散射和吸收，使待测目标发出的红外辐射发生衰减；光学接收器是指接收部分红外辐射并传输给红外传感器，相当于雷达天线，常用的是物镜；这里的光学调制器是指将来自待测目标的辐射调制成交变的辐射光，提供目标方位信息，并且可以滤除大面积的干扰信号，又称调制盘和斩波器；红外探测器是红外传感系统的核心，它利用红外辐射与物质相互作用所呈现出来的物理效应探测红外辐射，按照工作原理分为光敏探测器和热敏探测器两类；探测器制冷器指的是由于某些探测器必须在低温下工作，因此相应的系统必须有制冷设备，经过制冷，探测器可以缩短响应时间，提高灵敏度；信号处理系统是指将探测的信号进行放大、滤波，并从中提取有用的信息，然后将这些信息转化为适当的格式，传送到控制设备或者显示器中；显示设备是红外传感系统的终端设备，常用的有示波器、显像管、红外感光材料、指示仪器和记录仪等。

下面举几个相关应用实例简要说明一下。

1）非接触激光红外测温仪

非接触激光红外测温仪是利用热辐射体在红外波段的辐射通量来测量温度的。当物体的温度低于1000℃时，它向外辐射的就不再是可见光而是红外光了，则可用红外探测器检测其温度。非接触激光红外测温仪的原理框图如图3.12所示。

红外测温仪

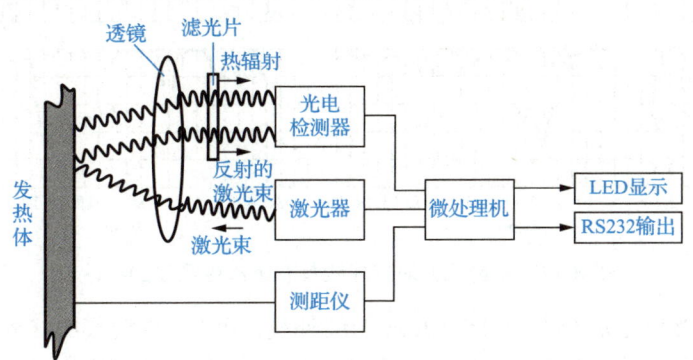

图3.12 非接触激光红外测温仪的原理框图

2）红外热像仪

红外热像仪的工作原理如图3.13所示，红外热像仪可以将红外辐射转换成可见光进行显示。它是利用物体自身的红外辐射来摄取物体热辐射图像的，并且能通过快速扫描，精确地摄取反映被测物体温差信息的热图像。

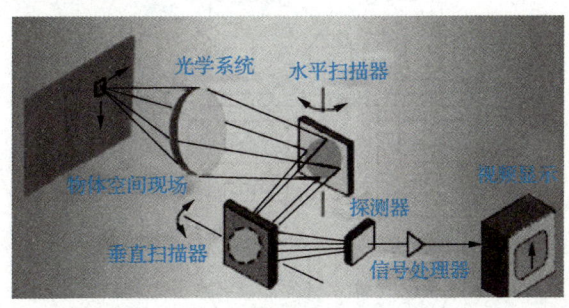

图3.13 红外热像仪的工作原理

热像技术应用于温度分布检测、飞行器表面温度检测、无损探测、安全生产监控、夜间机场状况检测、海岸线检测等。

3）红外线气体分析仪

红外线气体分析仪是根据气体对红外线具有选择性吸收的特性来分析气体成分的。不同气体其吸收波段（吸收带）不同。从图3.14中可以看出，CO气体对波长为4.65μm附近的红外线具有很强的吸收能力，CO_2气体则对波长为2.78μm和4.26μm附近以及波长大于13μm的范围的红外线有较强的吸收能力。如果要分析CO气体，则可以利用4.26μm附近的吸收波段进行。

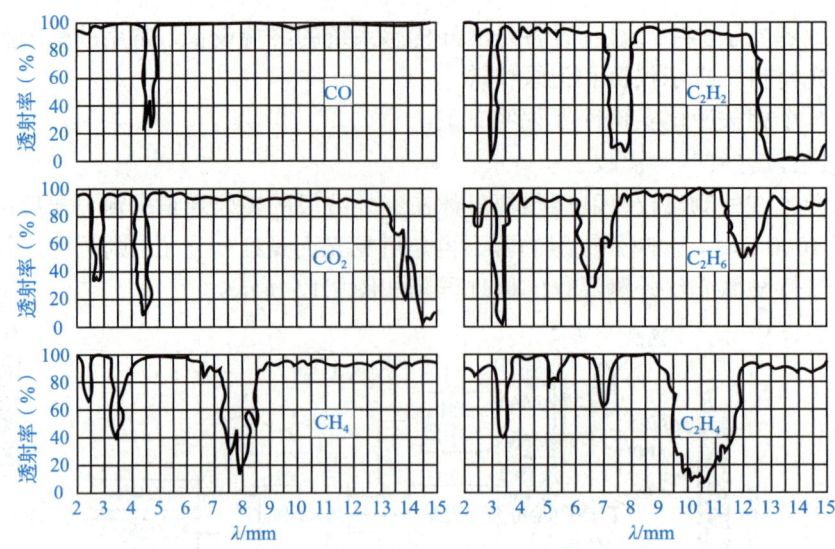

图 3.14 各种气体对红外线具有选择性吸收的特性

光源由镍铬丝通电加热发出 3～10μm 的红外线,切光片将连续的红外线调制成脉冲状的红外线,以便于红外线检测器对信号的检测。红外探测器是薄膜电容型的,它有两个吸收气室(滤波气室和参比气室),充以被测气体,当它吸收了红外辐射能量后,气体温度升高,导致室内压力增大。红外线气体分析仪结构原理如图 3.15 所示。滤波气室中通入被分析气体,参比气室中封入不吸收红外线的气体(如 N_2 等)。

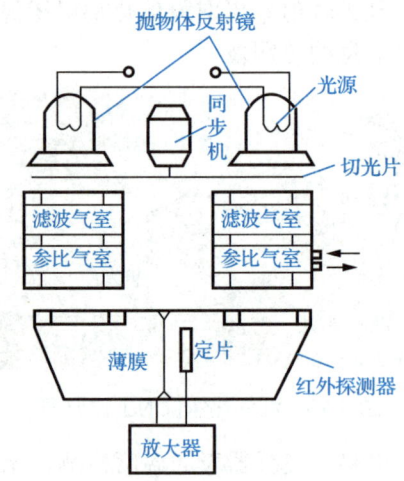

图 3.15 红外线气体分析仪结构原理

测量时(如分析气体中 CO 的含量),两束红外线经反射、切光后射入滤波气室和参比气室,由于滤波气室中含有一定量的 CO 气体,该气体对波长为 4.65μm 附近的红外线有较强的吸收能力,而参比气室中气体不吸收红外线,这样射入红外探测器的两个吸收气室的红外线造成能量差异,使两吸收气室内压力不同,测量边的压力减小,于是薄膜偏向定片方向,改变了薄膜电容两电极间的距离,也就改变了电容。被测气体的浓度越大,两束光强的差值越大，则电容的变化量也越大，因此电容变化量反映了被分析气体中被测气体的浓度。

设置滤波气室的目的是消除干扰气体对测量结果的影响。所谓干扰气体是指与被测气体吸收红外线波段有部分重叠的气体，如 CO 气体和 CO_2 气体在 4～5μm 波段内红外吸收光谱有部分重叠，则 CO_2 气体的存在对分析 CO 气体带来影响，这种影响称为干扰。为此在测量边和参比边各设置了一个封有干扰气体的滤波气室，它能将与 CO_2 气体对应的红外线吸收波段的能量全部吸收，因此左右两边吸收气室的红外能量之差只与被测气体（如 CO）的浓度有关。

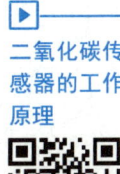

二氧化碳传感器的工作原理

另外，红外吸收型 CO_2 气体传感器的工作原理如下：红外吸收型 CO_2 气体传感器是基于气体的吸收光谱随物质的不同而存在差异的原理制成的。不同气体的分子化学结构不同，对不同波长的红外辐射的吸收程度就不同，因此，不同波长的红外辐射依次照射到样品物质时，某些波长的辐射能被样品物质选择吸收而变弱，产生红外吸收光谱，故当知道某种物质的红外吸收光谱时，便能从中获得该物质在红外区的吸收峰。同一种物质具有不同浓度时，在同一吸收峰位置有不同的吸收强度，吸收强度与浓度成正比。因此通过检测气体对光的波长和强度的影响，便可以确定气体的浓度。

项目二　红外感应烘手器电路的组装与调试

【项目目标】

知识目标：掌握量子型红外传感器的基本工作原理；学会分析红外发射电路和红外接收电路的工作原理；熟悉整个红外感应烘手器电路的工作过程。

能力目标：通过分析、设计红外感应烘手器控制电路，培养学生自主学习和探究问题的能力，并通过组装电路来提高学生制作和调试的技能技巧。

情感目标：提高学生的学习兴趣和主观能动性，激发学生的好奇心与求知欲，培养学生的交流合作能力和评价能力。

【项目重点与难点】

项目重点：红外发射电路和红外接收电路的分析和设计。

项目难点：红外感应烘手器的组装与调试。

【项目分析与任务实施】

根据红外感应的情况，红外感应烘手器中的继电器作出相应反应，以使烘手电动机启动或停止。红外感应烘手器电路主要由电源电路、红外发射电路、红外接收电路、继电器驱动电路组成。

1. 电路原理

红外感应烘手器采用电容降压法得到所需要的电压，与用变压器相比，电容降压电源体积小、经济、可靠、效率高。红外感应烘手器控制电路原理如图 3.16 所示。

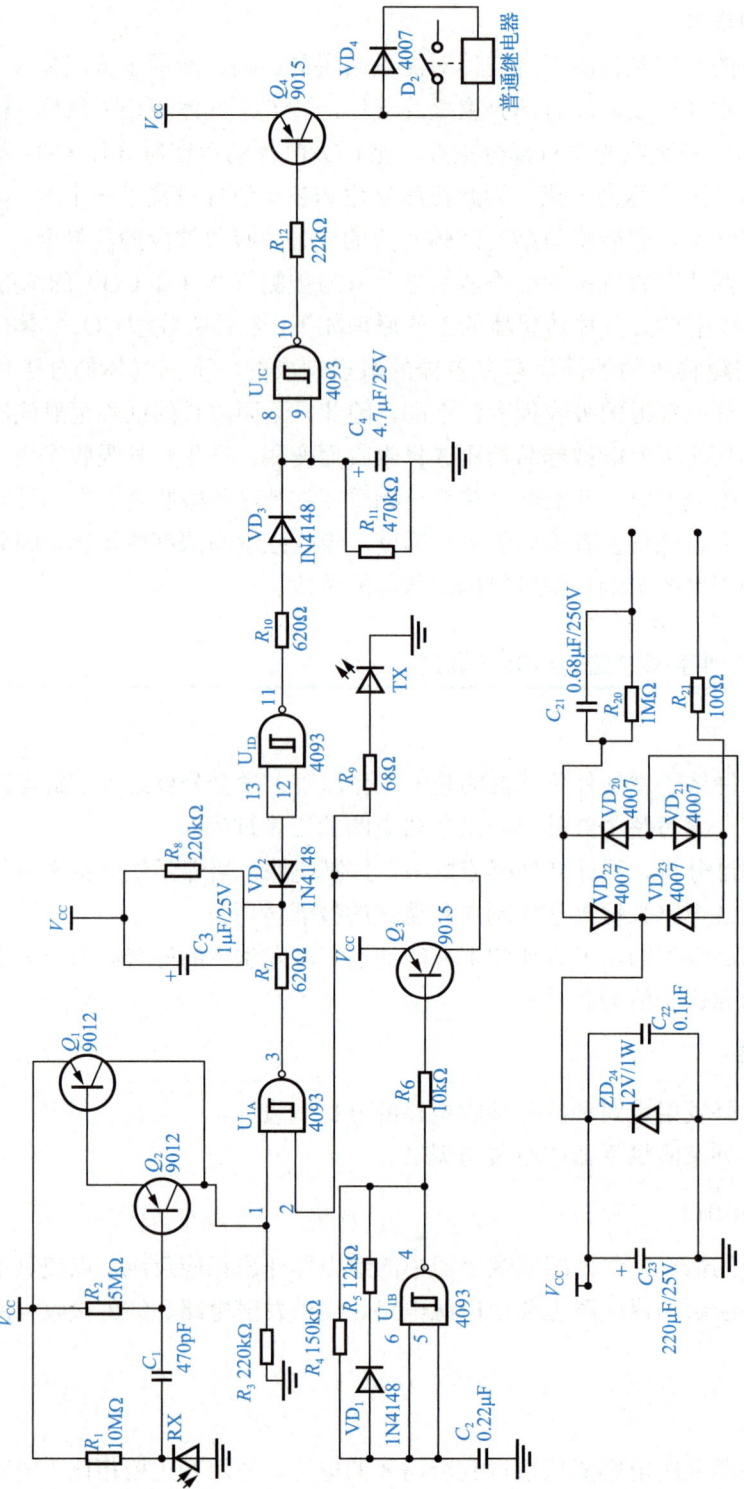

图 3.16 红外烘手器控制电路原理

第3章 红外传感器及其应用

在图 3.16 中，红外发射电路由 R_4、R_5、R_6、R_9、C_2、VD_1、TX、U_{1B}（4093）、Q_3 组成；红外接收电路由 R_1、R_2、R_3、C_1、Q_1、Q_2、RX 组成；C_4、R_{11} 组成（动作）延时电路，延时的长短由电容和电阻的大小决定；R_{12}、Q_4 组成继电器驱动电路；C_3、R_8 用于调整电路动作响应灵敏度，当电容短时间充放电时，既能稳定电平信号，也能起到抗干扰的作用。

如图 3.16 所示，接通 220V 的交流电后，可以经电容降压得到所需要的 12V 电压，也可以直接用外接电源提供 12V 的直流电，调试过程中最好利用外接电源提供 12V 的直流电，以防触电。经外发射管 TX 发射红外线，若红外接收电路接收不到红外信号，U_{1A} 的 1 引脚由于 R_3 的下拉作用保持低电平，无论 U_{1A} 的 2 引脚电平为高或为低，U_{1A} 的 3 引脚得到的信号都是高电平，经 R_7 到 VD_2，由于二极管的单向导电性，U_{1D} 的 13 引脚、12 引脚保持高电平，U_{1D} 的 11 引脚为低电平不变，信号经 R_{10} 到 VD_3，同理，由于二极管的单向导电性，U_{1C} 的 8 引脚、9 引脚保持低电平不变，U_{1C} 的 10 引脚为高电平不变，三极管 Q_4 截止，继电器不动作。

当有物体靠近发射接收头前方时，红外线接收电路接收到信号，U_{1A} 的 1 引脚和 2 引脚的电平信号同时为高电平时，U_{1A} 的 3 引脚得到低电平信号，经 R_7 到 VD_2，由于二极管的单向导电性，电容 C_3 迅速放电，U_{1D} 的 13 引脚、12 引脚同时变为低电平，U_{1D} 的 11 引脚翻转为高电平，信号经 R_{10} 到 VD_3，同理由于二极管的单向导电性，U_{1C} 的 8 引脚、9 引脚变为高电平，并对电容 C_4 充电，U_{1C} 的 10 引脚翻转为低电平，三极管 Q_4 导通，继电器动作，接通控制电路。当物体离开发射、接收头前方时，红外线接电路接收不到信号，U_{1A} 的 1 引脚由于 R_3 的下拉作用保持低电平，无论 U_{1A} 的 2 引脚为高电平或低电平，U_{1A} 的 3 引脚得到的信号都是高电平，经 R_7 到 VD_2，由于二极管的单向导电性，U_{1D} 的 11 引脚、12 引脚保持高电平不变，U_{1D} 的 13 引脚为低电平不变，信号经 R_{10} 到 VD_3，同理，由于二极管的单向导电性，由于电容 C_4 的电容较大，U_{1C} 的 8 引脚、9 引脚的电平到达足够翻转电压时，U_{1C} 的 10 引脚翻转为高电平，三极管 Q_4 截止，继电器不动作。

2. 电路制作

（1）按原理图选择并检测元器件的好坏。

图 3.17 中主要电路元器件的型号或参数见表 3-2。

表 3-2 红外感应烘手器电路元器件型号或参数

序号	名称或符号	型号或参数	数量	序号	名称或符号	型号或参数	数量
1	R_1	10MΩ	1	5	R_5	12kΩ	1
2	R_2	5MΩ	1	6	R_6	10kΩ	1
3	R_3，R_8	220kΩ	2	7	R_7，R_{10}	620Ω	2
4	R_4	150kΩ	1	8	R_9	68Ω	1

续表

序号	名称或符号	型号或参数	数量	序号	名称或符号	型号或参数	数量
9	R_{11}	470kΩ	1	20	二极管 VD_1、VD_2、VD_3	1N 4148	3
10	R_{12}	22kΩ	1	21	二极管 ZD_4、二极管 ZD_{20}、二极管 ZD_{21}、二极管 ZD_{22}、二极管 ZD_{23}	4007	5
11	R_{20}	1MΩ	1	22	稳压二极管 ZD_{24}	12V/1W	1
12	R_{21}	100Ω	1	23	继电器 BLY		1
13	C_1	470pF	1	24	三极管 Q_1、Q_2	9012	2
14	C_2	0.22μF	1	25	三极管 Q_3、Q_4	9015	2
15	C_3	1μF/25V	1	26	红外接收管 RX		1
16	C_4	4.7μF/25V	1	27	红外发射管 TX		1
17	C_{21}	0.68μF/250V	1	28	U_{1A}、U_{1B}、U_{1C}、U_{1D}	4093	4
18	C_{22}	0.1μF	1	29	DIP14 座	—	1
19	C_{23}	220μF/25V	1	30	电路板	—	1

（2）设计、制作印制电路板。

（3）组装并焊接电路。

3. 电路调试

调试并实现红外感应烘手器的基本功能，包括电源电路、红外发射电路、红外接收电路、继电器驱动电路和延时电路等是否工作正常；整体电路调试，观察输出信号。

接通电源，在接收到红外信号的情况下，测试三极管 Q_2、Q_3、Q_4 的 b、c、e 的电位；接通电源，在接收不到红外信号的情况下，测试三极管 Q_2、Q_3、Q_4 的 b、c、e 的电位；在接收到红外信号的情况下，测试 Q_2 的信号，记录波形并估计信号频率。

4. 问题思考

（1）二极管 VD_4 和 ZD_{24} 各起什么作用？二极管 VD_{20}、VD_{21}、VD_{22}、VD_{23} 各起什么作用？

（2）电容 C_1、C_{23}、C_2、C_4 各起到什么作用？

【知识点链接】

1. 常见红外传感器的发光电路和受光电路

1）红外发射电路

常见的红外发射电路通常采用 NE555 构成的多谐振荡器来实现，如图 3.17 所示使得发射的红外线按一定频率送出。

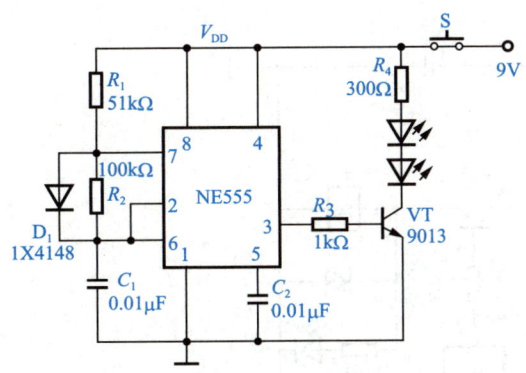

图 3.17　NE555 构成的红外发射电路

2）红外传感器发光电路和受光电路

图 3.18 所示为红外传感器发光电路和受光电路，常用于遥控器和光控电路等。

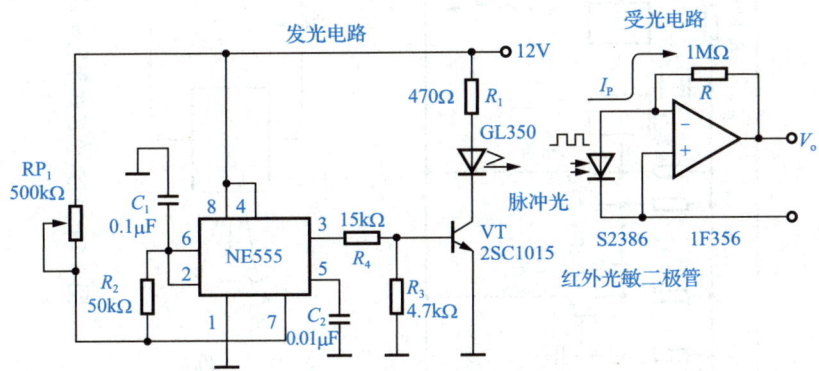

图 3.18　红外传感器发光电路和受光电路

2. 红外感应烘手器的相关电路

1）红外感应烘手器电路图

红外感应烘手器电路如图 3.19 所示。

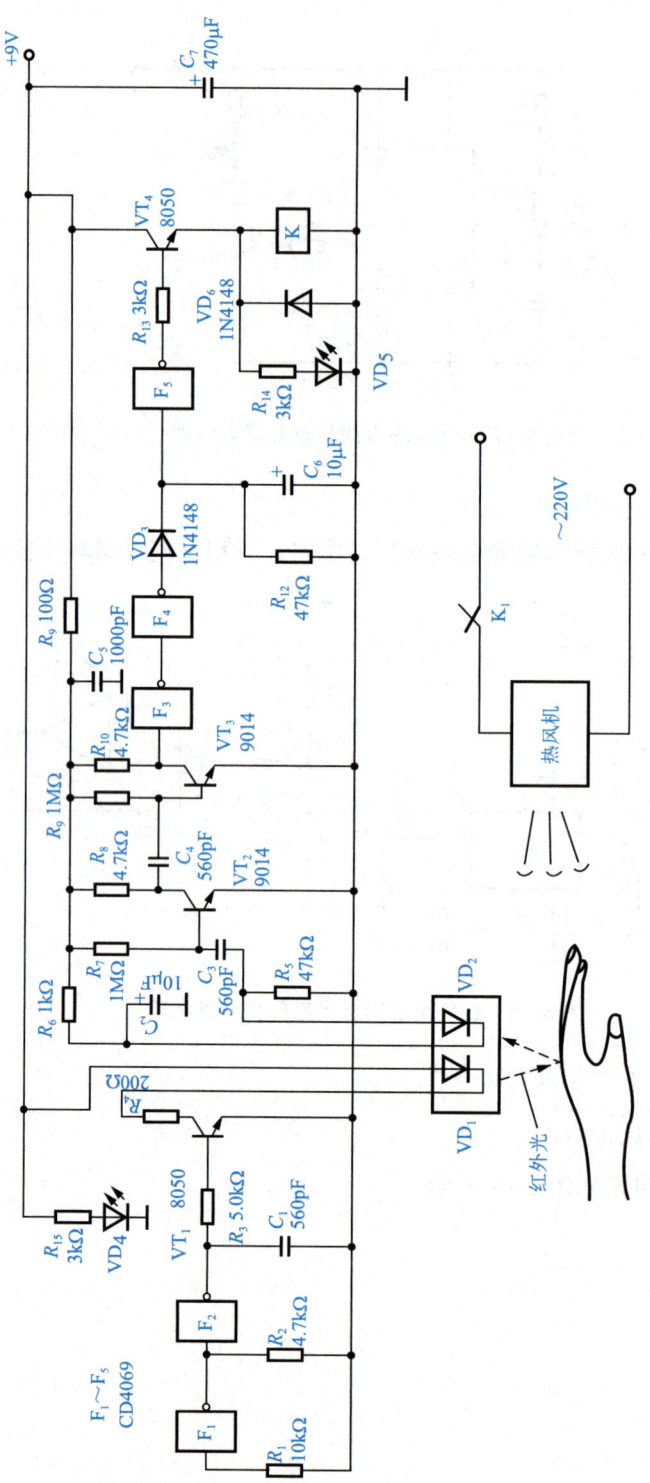

图 3.19 红外感应烘手器电路

由图 3.19 可见，它是由五个反相器 CD4069 组成的红外控制电路。反相器 F_1 和 F_2、半导体三极管 VT_1 及红外发射二极管 VD_1 等组成红外光脉冲信号发射电路。红外光敏二极管 VD_2 及后续电路组成红外光脉冲的接收、放大、整形、滤波及开关电路。

当将手放到烘手器的下方 10～15cm 时，VD_2 接收信号并转换成脉冲电压信号，经 VT_2、VT_3 放大，再经反相器 F_3、F_4 整形，并通过 VD_3 向 C_6 充电变为高电平，经 F_5 变为低电平，使 VT_4 导通，继电器得电工作，其触点 K_1 闭合，接通电热风机电源，热风吹手，同时 VD_5 亮，告知启动。为防止人手晃动致使电路不能连续工作，电路中由 VD_3、R_{12}、C_6 组成延时关机电路。当手离开光控部分时，C_6 通过 R_{12} 需要一段时间，因此短时间内 C_6 上仍可保持高电平，使后级电路保持原工作状态不变，延时时间一般是 3s。

2）红外感应烘手器应用电路

红外感应烘手器电路如图 3.20 所示。

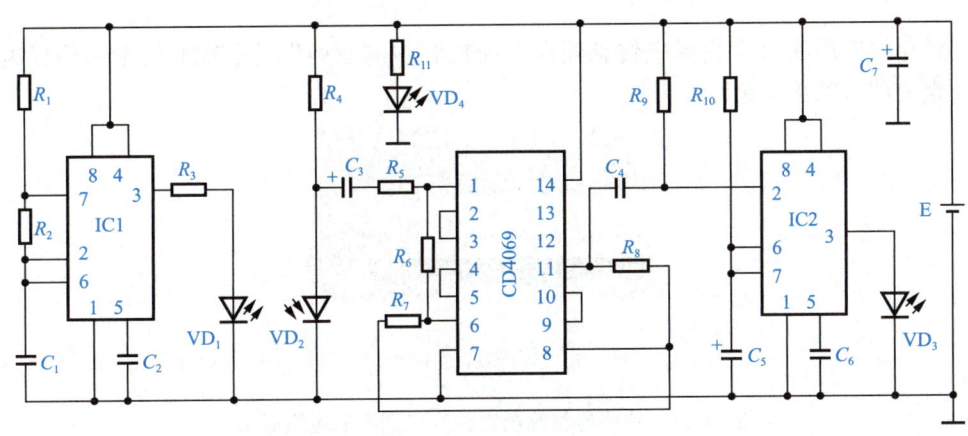

图 3.20 红外感应烘手器电路

由图 3.20 可见，整体电路主要单元电路包括 NE555 多谐振荡器电路、红外检测电路、反相器构成的施密特触发器、微分电路和 NE555 单稳态触发器。

红外检测电路采用脉冲式主动红外线检测电路，由红外发射二极管 VD_1 和红外接收二极管 VD_2 等组成。对红外线发射和接收管来说，通常用的红外发光二极管（如 SE303 白色与 PH303），其外形和发光二极管 LED 相似，发出红外光（近红外线约 0.93μm），管压降约 1.4V，工作电流一般小于 20mA，为了适应不同的工作电压，回路中常串有限流电阻。发射红外线去控制相应的受控装置时，其控制的距离与发射功率成正比。

反相器构成的施密特触发器是为保证单稳态触发器可靠触发，对电压放大器输出的信号进行的整形；电路中 C_4 和 R_9 组成微分电路，其作用是将整形电路输出的方波信号微分为触发脉冲去触发单稳态触发器；而电路中延时驱动电路采用 NE555 时基电路构成的单稳态触发器。

3. 红外线传感器在"避障小车""寻迹小车"中的应用

"避障小车"主要是应用红外线传感器的测距原理：红外测距传感器利用红外信号遇到障碍物距离的不同反射的强度也不同的原理，进行障碍物远近的检测。红外测距传感器具有一对红外信号发射二极管与接收二极管，发射二极管发射特定频率的红外信号，接收二极管接收这种频率的红外信号，当红外信号的检测方向遇到障碍物时，红外信号反射回来被接收二极管接收，经过处理之后，通过数字传感器接口返回到机器人主机，机器人即可利用返回的红外信号来识别周围环境的变化。而"寻迹小车"通常是利用预设的"痕迹"白色部分反射红外光，而黑色痕迹吸收红外光，接收二极管接收不到红外线，通过这种信号的变化组合来达到控制目的，具体这方面的知识可查阅相关资料。

3.4 工程项目设计实例

下面介绍应用实例"热释电传感器在空调控制中的应用"。图 3.21 所示为热释电传感器在智能空调中的应用展示。

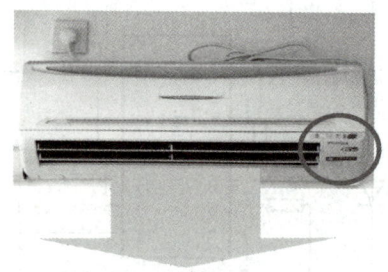

图 3.21 热释电传感器在智能空调中的应用展示

图 3.21 中，智能空调能检测出屋内是否有人，微处理器据此自动调节空调的出风量，以达到节能的目的。图 3.21 中圈起来的部分可以放大为图 3.22 所示的红外热释电检测范围示意图。

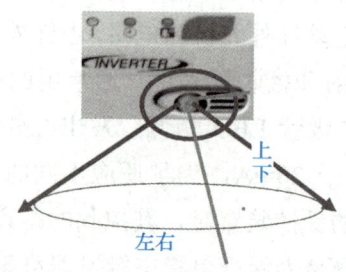

图 3.22 红外热释电检测范围示意图

在智能空调中，热释电传感器的菲涅尔透镜做成球形，从而能感受到屋内一定空间角范围里是否有人，以及人是静止的还是走动的。

思考一下：**热释电传感器的应用还有哪些？**

3.5 合作研讨

查阅红外传感器发送和接收的相关资料，就下列话题具体应用进行讨论：
（1）红外线调光控制电路；
（2）红外线遥控器电路；
（3）红外线商品导购员；
（4）红外线水龙头控制电路；
（5）红外线防盗报警器；
（6）热释电红外探测器与控制电路；
（7）其他相关的红外传感器应用。

思考题

1．查阅资料，了解当前常用的红外线传感器型号、基本功能指标和相关参数、具体应用场合和应用时的注意事项等。

2．应用以前学过的电路、模电和数电等课程知识，结合前面所学的红外线传感器相关知识对下面两个应用电路作相关分析，要求叙述清楚整个工作过程。

红外防盗报警电路和红外遥控器发射电路分别如图 3.23 和图 3.24 所示。

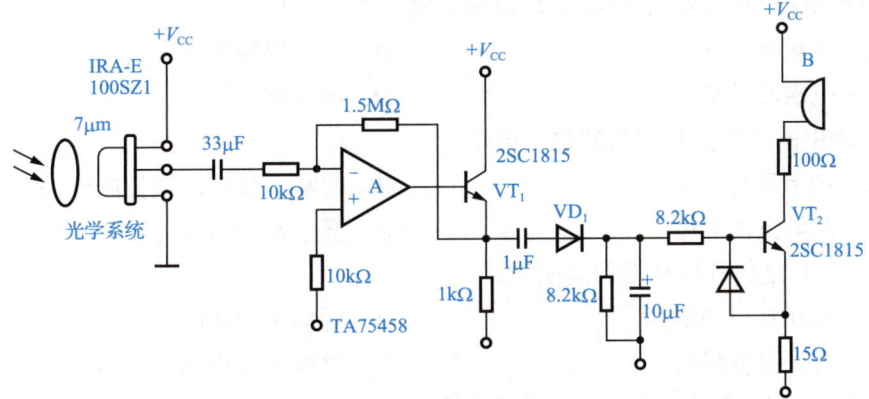

图 3.23　红外防盗报警电路

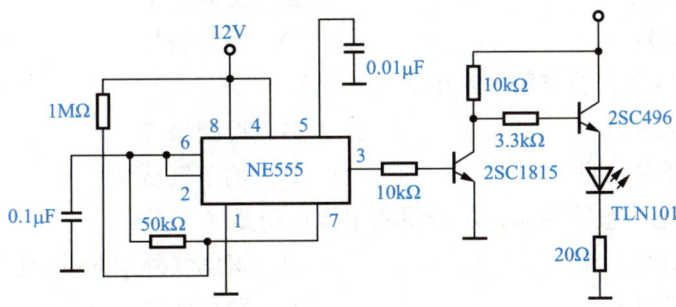

图 3.24　红外遥控器发射电路

在线测试

1. 校内：10.60.64.7（内网），进入后选择左上角的"测验"来进行测试。
2. 校外：登录 www.zjooc.cn，搜索"传感器与检测技术"（负责人：浙江万里学院，钱裕禄），选课后，进入测验和考试。

拓展练习题

一、单项选择题（20 题）

1. 红外传感器的主要应用领域不包括（　　）。
   A．温度测量　　B．运动检测　　C．超声波成像　　D．安防报警
2. 红外热释电效应的本质是材料因（　　）变化产生电荷。
   A．温度梯度　　B．光照强度　　C．磁场变化　　D．湿度变化
3. 下列材料常用于红外热释电传感器的是（　　）。
   A．硅　　　　　　　　　　　　B．锆钛酸铅（PZT）
   C．铜　　　　　　　　　　　　D．铝
4. 热释电红外传感器的核心工作原理是检测（　　）。
   A．可见光变化　　　　　　　　B．人体辐射的红外光
   C．电磁波频率　　　　　　　　D．磁场强度
5. 空调中的红外热释电传感器主要用于（　　）。
   A．调节风速　　　　　　　　　B．检测人体活动以控制开关
   C．测量室内湿度　　　　　　　D．显示温度数值
6. （　　）是红外传感器的局限性。
   A．无法穿透玻璃　　　　　　　B．对静止物体敏感
   C．易受温度影响　　　　　　　D．需要复杂电路
7. 热释电传感器输出的信号类型通常是（　　）。
   A．直流电压　　　　　　　　　B．交流电压
   C．脉冲信号　　　　　　　　　D．数字信号
8. 红外传感器在智能家居中常用于（　　）。
   A．控制水流量　　　　　　　　B．检测烟雾
   C．自动开关照明　　　　　　　D．调节气压
9. 红外热释电传感器的菲涅尔透镜的主要作用是（　　）。
   A．放大信号　　　　　　　　　B．聚焦红外辐射并分区探测
   C．过滤可见光　　　　　　　　D．降低噪声

10．下列场景中不适合使用红外传感器的是（　　）。
　　A．夜间监控　　　　　　　　　　B．高温熔炉温度检测
　　C．自动门感应　　　　　　　　　D．人体体温测量
11．红外热释电传感器的灵敏度受（　　）因素影响最大。
　　A．环境湿度　　　　　　　　　　B．环境温度变化速率
　　C．光照强度　　　　　　　　　　D．空气压强
12．红外传感器在火灾报警系统中的功能主要是检测（　　）。
　　A．烟雾浓度　　　　　　　　　　B．火焰的特定波长红外辐射
　　C．温度升高速率　　　　　　　　D．二氧化碳浓度
13．热释电传感器的信号处理电路中通常包含（　　）。
　　A．高通滤波器　　　　　　　　　B．低通滤波器
　　C．带通滤波器　　　　　　　　　D．全通滤波器
14．红外传感器在电视遥控器中主要用于（　　）。
　　A．接收声音信号　　　　　　　　B．发射编码红外脉冲
　　C．调节屏幕亮度　　　　　　　　D．检测环境光线
15．以下器件属于主动式红外传感器的是（　　）。
　　A．热释电传感器　　　　　　　　B．红外LED+光电二极管组合
　　C．热电堆　　　　　　　　　　　D．热敏电阻
16．红外热释电传感器对（　　）运动最敏感。
　　A．匀速直线运动　　　　　　　　B．突然的横向移动
　　C．静止物体　　　　　　　　　　D．旋转运动
17．热释电传感器的典型工作波长范围是（　　）。
　　A．0.1～1μm　　B．1～20μm　　C．20～100μm　　D．100～1000μm
18．红外传感器的抗干扰措施不包括（　　）。
　　A．使用菲涅尔透镜　　　　　　　B．增加环境光照
　　C．信号滤波　　　　　　　　　　D．温度补偿
19．在工程项目设计中，红外传感器布局需避免（　　）。
　　A．靠近热源　　B．正对窗户　　C．隐蔽安装　　D．多角度覆盖
20．红外传感器在智能马桶中的应用主要是（　　）。
　　A．检测水位　　　　　　　　　　B．感应人体接近以自动开盖
　　C．调节水温　　　　　　　　　　D．控制冲水量

二、多项选择题（5题）

1．红外传感器的典型应用包括（　　）。
　　A．火灾报警　　B．自动门控制　　C．心率监测　　D．金属探伤

2. 热释电传感器的组成部分包括（　　）。
   A．热释电材料　　B．菲涅尔透镜　　C．电磁线圈　　D．信号处理电路
3. 红外传感器在安防系统中的应用场景包括（　　）。
   A．人体入侵检测　　　　　　　　B．玻璃破碎检测
   C．视频监控补光　　　　　　　　D．电子围栏
4. 影响红外传感器性能的环境因素包括（　　）。
   A．环境温度波动　　　　　　　　B．空气湿度
   C．背景红外辐射（如阳光）　　　D．电磁干扰
5. 红外热释电传感器的设计优化方向包括（　　）。
   A．提高灵敏度　　　　　　　　　B．降低功耗
   C．增强抗干扰能力　　　　　　　D．缩小体积

三、简答题（10题）

1. 简述红外热释电效应的基本原理。
2. 列举热释电红外传感器的三个典型应用场景。
3. 菲涅尔透镜在红外传感器中的作用是什么？
4. 红外传感器与超声波传感器在运动检测中的主要区别是什么？
5. 热释电传感器为何需要信号滤波电路？
6. 说明红外传感器在智能空调中的工作流程。
7. 红外传感器的"视场角"是指什么？如何优化？
8. 热释电传感器对静止人体不敏感的原因是什么？
9. 列举两种提高红外传感器抗干扰能力的方法。
10. 给出红外传感器在工业自动化中的一项应用案例。

四、应用分析题（5题）

1. 分析空调中红外热释电传感器的工作流程。
2. 设计一个基于红外传感器的自动照明系统，说明关键模块。
3. 某安防系统误报率高，可能的原因及解决方案。
4. 红外传感器在智能马桶中的应用如何实现低功耗设计？
5. 分析热释电传感器在高温环境下的性能衰减原因及应对措施。

五、应用综述题（5题）

1. 综述红外热释电传感器在智能家居中的集成方案及挑战。
2. 比较红外传感器与微波传感器在安防领域的优缺点。
3. 讨论红外传感器在工业4.0中的潜在应用场景。
4. 分析未来红外传感器技术的发展趋势。
5. 设计一个基于红外传感器的智能节能系统，说明其架构与创新点。

第 4 章
霍尔传感器及其应用

 教 学 目 标

本章内容主要包括"霍尔传感器的典型应用""霍尔元件与集成霍尔传感器"和"集成霍尔传感器的项目化应用"等,其中项目化应用是"霍尔开关集成传感器在转速仪中的应用"。

通过本章的学习,了解霍尔传感器在现实生活中的应用情况;理解霍尔效应的基本原理,熟悉霍尔元件及其在应用中需要考虑的问题,掌握几种典型的集成霍尔传感器;掌握集成霍尔传感器典型应用电路的分析、设计和调试方法。

 教 学 重 点

知识要点	能力要求	相关知识
霍尔效应与霍尔元件	(1) 了解霍尔传感器的典型应用情况 (2) 理解霍尔效应的基本原理 (3) 熟悉霍尔元件和集成霍尔传感器	霍尔效应、霍尔传感器
集成霍尔传感器的项目化应用	(1) 了解现实生活中霍尔开关的应用 (2) 理解霍尔传感器的工作原理 (3) 掌握集成霍尔传感器典型应用电路的分析、设计和调试方法	霍尔开关集成传感器在转速仪中的应用

引言

本章主要介绍常见的几种磁电效应、了解它们各自对应的传感器和应用场合；霍尔元件的符号、基本工作原理、基本应用电路；集成霍尔传感器及其应用电路；霍尔传感器的实际应用情况等。本章的重点突显在集成霍尔传感器及其应用电路上，通过"霍尔开关集成传感器在转速仪中的应用"项目来突显这一知识点，实例中主要采用集成霍尔传感器来进行应用调试。

简单地说，由于磁场强度的变化引起电量变化的现象，称为磁电效应。磁电效应主要包括磁阻效应、形状效应和霍尔效应等。

半导体材料的电阻率随磁场强度的增强而变大，这种现象称为磁阻效应，利用磁阻效应制成的元件称为磁敏电阻。

最常见的形状效应是磁致伸缩效应（详见第 8 章）。稀土超磁致伸缩材料是目前性能最好的超磁致伸缩材料之一，稀土超磁致伸缩材料可将电磁能或电磁信息转换成机械能或声能（或机械位移信息或声信息），相反也可以将机械能（或机械位移信息与声信息）转换成电磁能（或电磁信息），它是重要的能量与信息转换功能材料，可用于制作大功率声呐传感器，第 8 章超声波传感器及其应用中会对这些内容展开讲解。

4.1 霍尔传感器的典型应用

4.1.1 霍尔传感器在汽车中的应用

霍尔传感器在汽车电子系统中的应用非常广泛，下面主要介绍霍尔传感器在汽车防抱死制动系统（Antilock Brake System，ABS）和无触点汽车电子点火装置两方面的应用。

霍尔传感器的典型应用

霍尔传感器及其应用

1. 霍尔转速传感器

在汽车制动时，如果车轮抱死滑移，车轮与路面间的侧向附着力将完全消失。如果只是前轮（转向轮）制动到抱死滑移而后轮还在滚动，汽车将失去转向能力。如果只是后轮制动到抱死滑移而前轮还在滚动，即使受到很小的侧向干扰力，汽车也将产生侧滑（甩尾），这些问题都极易造成严重的交通事故。因此，汽车在制动时不希望车轮制动到抱死滑移，而是希望车轮制动到边滚边滑的状态。由实验得知，汽车车轮的滑动率在15%~20%时，轮胎与路面间有最大的附着系数。所以为了充分发挥轮胎与路面间的这种潜在的附着能力，目前大多数汽车都装备了 ABS。

通常 ABS 是在普通制动系统的基础上加装车轮速度传感器、ABS 电控单元、制动压力调节装置等组成的，具体组成如图 4.1 所示。

第4章 霍尔传感器及其应用

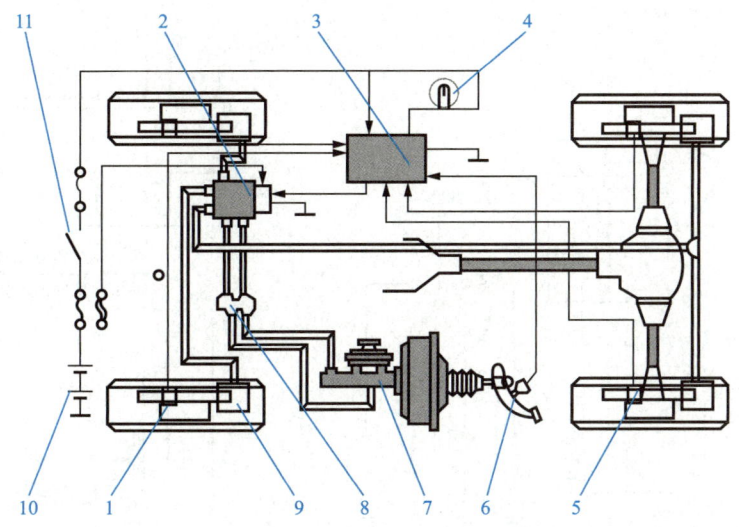

1—前轮速度传感器；2—制动压力调节装置；3—ABS 电控单元；4—ABS 报警灯；5—后轮速度传感器；6—停车灯开关；7—制动主缸；8—比例分配阀；9—制动轮缸；10—蓄电池；11—点火开关。

图 4.1　ABS 组成（分置式）

霍尔转速传感器的作用是检测车轮的速度，并将速度信号输入 ABS 电控单元。图 4.2 所示为霍尔转速传感器在车轮上的安装位置。若汽车在制动时车轮被抱死，将会产生危险。用霍尔转速传感器来检测车轮的转动状态有助于控制制动压力的大小。

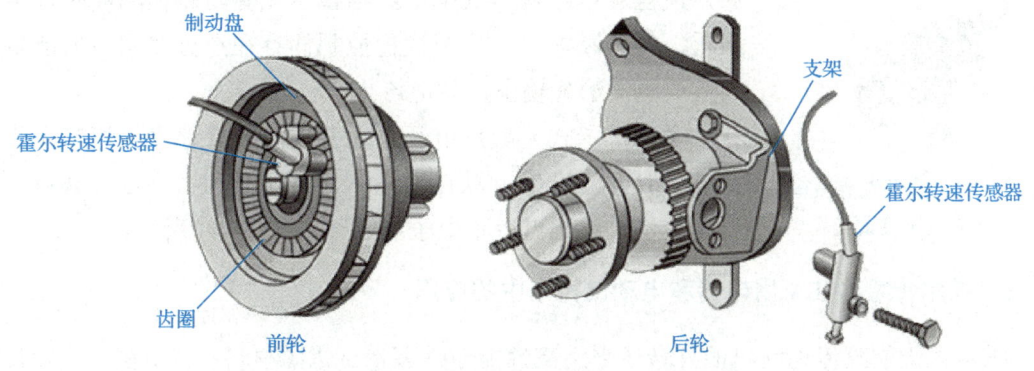

图 4.2　霍尔转速传感器在车轮上的安装位置

霍尔转速传感器具有以下优点：其一是输出信号电压幅值不受转速的影响；其二是响应频率高，其响应频率高达 20kHz，相当于车速为 1000km/h 时所检测的信号频率；其三是抗电磁波干扰能力强。因此，霍尔转速传感器不仅广泛应用于 ABS 轮速检测，也广泛应用于其他控制系统的转速检测。

2. 霍尔式无触点汽车电子点火装置

霍尔式无触点汽车电子点火装置电路和波形如图 4.3 所示。

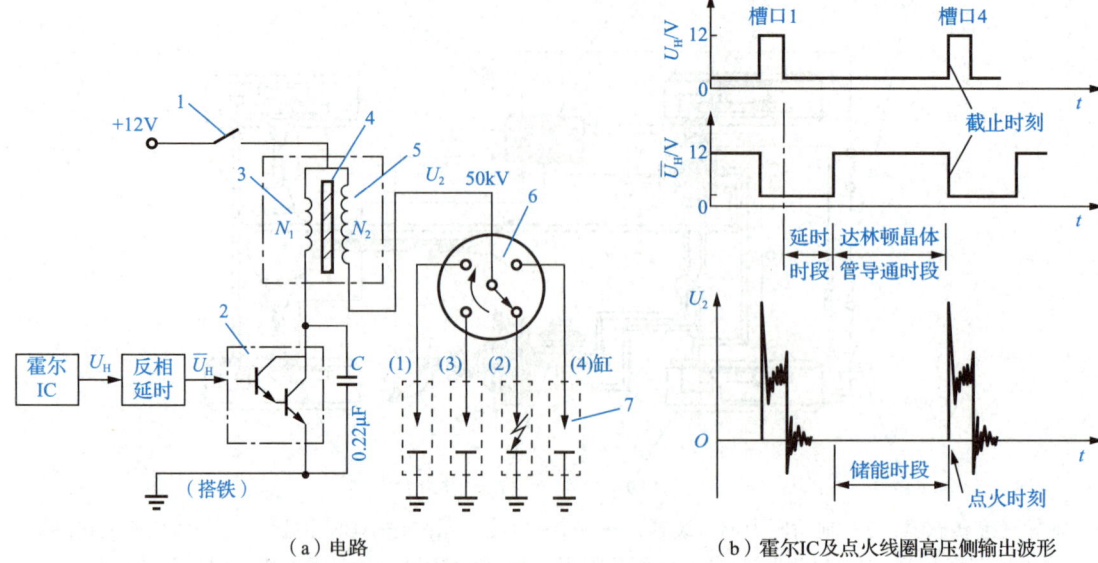

（a）电路　　　　　　　　　　（b）霍尔IC及点火线圈高压侧输出波形

1—点火开关；2—达林顿晶体管功率开关；3—点火线圈低压侧；4—点火线圈铁芯；
5—点火线圈高压侧；6—分火头；7—火花塞。

图4.3　霍尔式无触点汽车电子点火装置电路和波形

霍尔式无触点电子点火装置的基本原理：当霍尔元件有磁力线通过时，则磁体闭合接通，使霍尔电路输出低电平；当霍尔元件与磁体隔离时，电路截止，输出高电平，这个过程控制储存在点火线圈中的能量以高压放电的形式输出，放电点火。

图4.4　霍尔式无触点汽车电子点火装置

采用霍尔式无触点电子点火装置能较好地克服汽车合金触点点火时间不准确、触点易烧坏、高速时动力不足等缺点。常见的霍尔式无触点汽车电子点火装置如图4.4所示。

4.1.2　霍尔传感器在家用电器和电动自行车中的应用

霍尔式无刷直流电动机的外转子采用高性能钕铁硼稀土永磁材料；三个霍尔位置传感器产生六个状态编码信号，控制逆变桥各功率管的通断，使三相内定子线圈与外转子之间产生连续转矩。霍尔式无刷直流电动机具有效率高、无火花、可靠性强等特点。

霍尔式无刷直流电动机取消了换向器和电刷，而采用霍尔元件来检测转子和定子之间的相对位置，其输出信号经放大、整形后触发电子线路，从而控制电枢电流的换向，维持电动机的正常运转。由于霍尔式无刷直流电动机不产生电火花及电刷磨损等问题，所以它在录像机、CD唱片机、光驱等家用电器中得到越来越广泛的应用。

霍尔式无刷直流电动机在电动自行车中的应用如图4.5所示，电动自行车的霍尔式无刷直流电动机如图4.6所示。

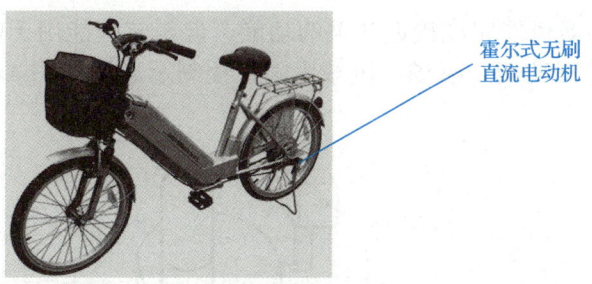

图 4.5　霍尔式无刷直流电动机在电动自行车中的应用

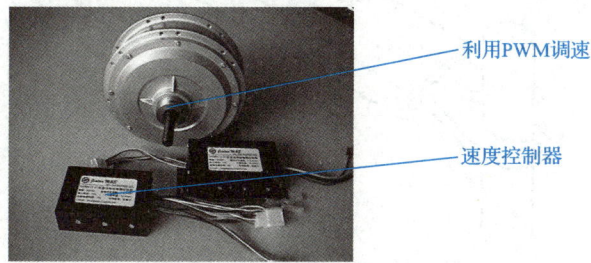

图 4.6　电动自行车的霍尔式无刷直流电动机

另外,还有一些光驱用的霍尔式无刷直流电动机,其内部结构如图 4.7 所示。

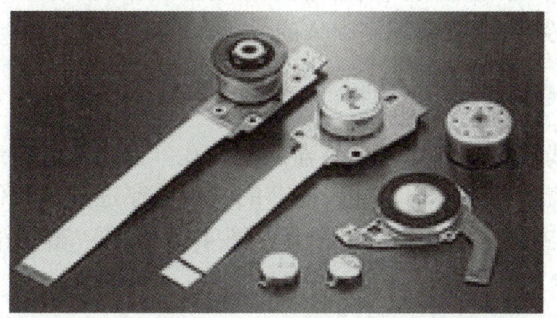

图 4.7　光驱用的霍尔式无刷直流电动机内部结构

4.1.3　霍尔传感器在机械手限位控制中的应用

当磁铁的有效磁极接近并达到动作距离时,霍尔式接近开关动作,霍尔式接近开关一般还配一块钕铁硼磁铁。常见的霍尔式接近开关外观如图 4.8 所示。

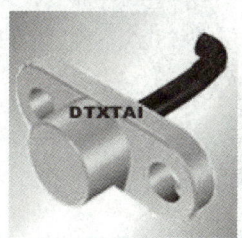  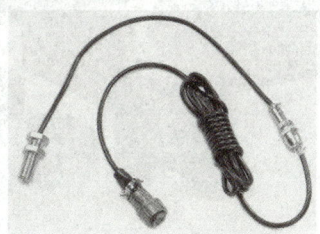

图 4.8　常见的霍尔式接近开关外观

用集成霍尔传感器也能完成接近开关的功能，但是它只能用于铁磁材料的检测，并且还需要建立一个较强的闭合磁场。机械手限位控制示意图如图4.9所示，图中1表示机械手的手臂。

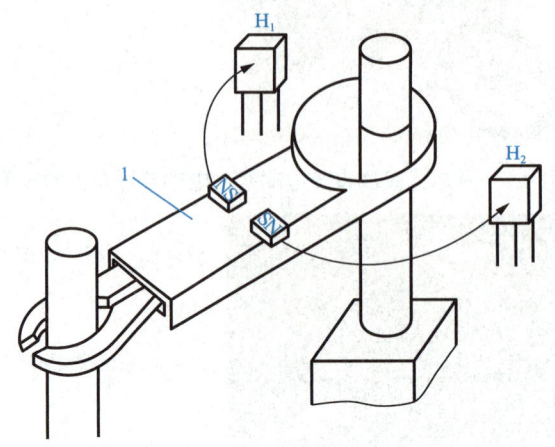

图4.9 机械手限位控制示意图

在图4.9中，当磁铁随运动部件移动到距霍尔接近开关几毫米时，集成霍尔传感器的输出由高电平变为低电平，经驱动电路使继电器吸合或释放，控制运动部件停止移动（否则将撞坏集成霍尔传感器），从而起到限位的作用。

4.1.4 霍尔传感器在电流检测中的应用

将被测电流的导线穿过霍尔电流传感器的检测孔，当有电流通过导线时，在导线周围将产生磁场，磁力线集中在铁芯内，并在铁芯的缺口处穿过霍尔元件，从而产生与电流成正比的霍尔电压。测电流的各种霍尔传感器如图4.10所示，霍尔钳形电流表（交、直流两用）如图4.11所示。

图4.10 测电流的各种霍尔电流传感器

图4.11 霍尔钳形电流表（交、直流两用）

4.2 霍尔元件与集成霍尔传感器

4.2.1 霍尔元件

霍尔传感器和磁传感器有什么区别

将金属或半导体薄片置于磁感应强度为 B 的磁场中，磁场方向垂直于它，当有电流 I 流过它时，电子受到洛伦兹力的作用，向内侧偏移，在金属或半导体薄片的对应方向的端面之间建立起霍尔电势，也就是在垂直于电流和磁场的方向上将产生电势 U_H，这种现象称为霍尔效应（示意图如图4.12所示），这种电势称为霍尔电势，金属或半导体薄片称为霍尔元件。

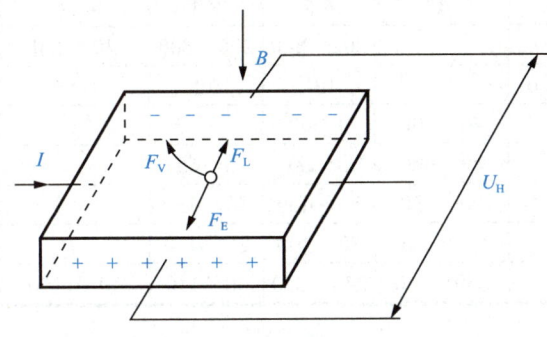

图 4.12 霍尔效应示意图

作用在半导体薄片上的磁感应强度越强，霍尔电势也就越高。当 B 垂直于霍尔元件时，U_H 可用下式表示

$$U_H = K_H \cdot I \cdot B \tag{4-1}$$

其中，K_H 为霍尔元件的灵敏度，或称霍尔系数；I 为输入电流。

1. 霍尔元件的基本工作原理

霍尔元件的基本工作原理是基于霍尔效应的，其元件符号如图 4.13 所示。

图 4.13 霍尔元件符号

磁场不垂直于霍尔元件时的霍尔电势：若 B 不垂直于霍尔元件，而是与其法线成某一角度 θ 时，实际上作用于霍尔元件上的有效磁感应强度是其法线方向（与薄片垂直的方向）的分量，即 $B \cdot \cos\theta$，这时的霍尔电势为

$$U_H = K_H \cdot I \cdot B \cdot \cos\theta \tag{4-2}$$

结论：U_H 与 I、B 成正比，且当磁场的方向改变时，霍尔电势的方向也随之改变；如果所施加的磁场为交变磁场，则霍尔电势为同频率交变电势。

维持 I、θ 不变，则 $U_H = f(B)$，该条件下的霍尔元件的应用有测量磁场强度的高斯计、测量转速的霍尔转速表、磁性产品计数器、霍尔式角编码器，以及基于微小位移测量原理的霍尔式加速度计、微压力计等。

维持 I、B 不变，则 $U_H = f(\theta)$，该条件下的霍尔元件的应用有角位移测量仪等。

维持 θ 不变，则 $U_H = f(I \cdot B)$，即传感器的输出 E_H 与 I、B 的乘积成正比，该条件下的霍尔元件的应用有模拟乘法器、霍尔式功率计等。

目前，霍尔元件常用的材料有硅（Si）、锑化铟（InSb）、砷化铟（InAs）、锗（Ge）、砷化镓（GaAs）等，其中硅是用得最多的材料，它的灵敏度高，温度特性、线性度均较好。

2. 霍尔元件的主要技术指标

典型霍尔元件的主要技术指标见表4-1。

表4-1 典型霍尔元件的主要技术指标

型号	材料	控制电流/mA	霍尔电压/mV，0.1T	输入电阻/Ω	输出电阻/Ω	灵敏度/(mV/mA·T)	不等位电势/mV	温度系数/(%/℃)
EA218	InAs	100	>8.5	3	1.5	>0.35	<0.5	0.1
FA24	InAs	100	>13	6.5	2.4	>0.75	<1	0.07
VHG-110	GaAs	5	5～10	200～800	200～800	30～220	<U_H的20%	−0.05
AG1	Ge	最大20	>5	40	30	>2.5	—	−0.02
MF07FZZ	InSb	10	40～290	8～60	8～65	—	±10	−2
MF19FZZ	InSb	10	80～600	8～60	8～65	—	±10	−2
MH07FZZ	InSb	10	80～120	80～400	80～430	—	±10	−0.3
MH19FZZ	InSb	10	150～250	80～400	80～430	—	±10	−0.3
KH-400A	InSb	5	250～550	240～550	50～110	50～1100	10	<−0.3

1）输入电阻

霍尔元件两激励电流端的直流电阻称为输入电阻，它的数值从几十欧到几百欧不等，视不同型号的元件而定。

温度升高，输入电阻变小，从而使输入电流变大，最终引起霍尔电势变大。为了减少这种影响，最好采用恒流源作为激励源。

2）输出电阻

两个霍尔电势输出端之间的电阻称为输出电阻，它的数值与输入电阻为同一数量级。输出电阻的值也会随温度改变而改变。

选择适当的负载电阻 R_L 与之匹配，可以使由温度引起的霍尔电势的漂移减至最小。

3）控制电流

当供给霍尔元件的电压确定后，根据额定功耗可知道额定控制电流 I_c。由于霍尔电势随激励电流的增大而增大，故在应用中总希望选用较大的控制电流。但控制电流增大，会使霍尔元件的功耗增大，温度升高，从而引起霍尔电势的漂移增大，因此每种型号的霍尔元件均规定了相应的最大激励电流，一般为几毫安到几十毫安。

4）灵敏度

灵敏度的计算公式为 $K_H = E_H/(IB)$，它的单位为 mV/（mA·T）。灵敏度是指在单位控制电流和单位磁感应强度作用下，霍尔元件输出端的开路电压。

5）最大磁感应强度

当磁感应强度超过 B_M 时，霍尔电势非线性误差明显增大，则 B_M 为最大磁感应强度。

6）不等位电势

在额定激励电流下，当外加磁场为零时，霍尔元件输出端之间的开路电压称为不等位电势，单位为 mV。

7）霍尔电势温度系数

在一定磁场强度和激励电流的作用下，温度每变化 1℃时霍尔电势变化的百分数称为霍尔电势温度系数。它与霍尔元件的材料有关，一般约为 0.1%/℃。在要求较高的场合，应选择温漂小的霍尔元件。

3. 霍尔元件的测量电路

霍尔元件的测量电路如图 4.14 所示。控制电流由电源 E 供给，R 用来改变控制电流，R_L 为输出霍尔电压 U_H 的负载电阻，通常它是显示仪表或放大器的输入阻抗。

由于霍尔元件的输出电压与控制电流成正比，另外输入电阻 R_i 随温度而变化从而影响测量的精度，所以在实际应用中为了提高测量精度，通常采用恒流源或恒压源供电，其电路如图 4.15 所示。

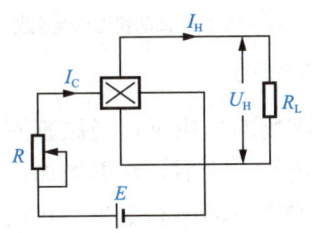

图 4.14　霍尔元件的测量电路

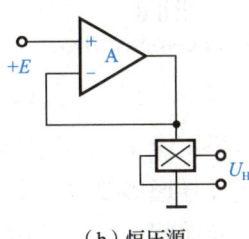

（a）恒流源　　（b）恒压源

图 4.15　霍尔传感器实用电路

霍尔元件的输出电压一般较小，需要用放大电路放大其输出电压。为了获得较好的放大效果，通常采用差分放大的电路，如图 4.16 所示。

如果测量效果仍然不能满足要求的话，可以采用运算放大器进行放大，从而提高测量精度，减小测量误差，电路如图 4.17 所示。

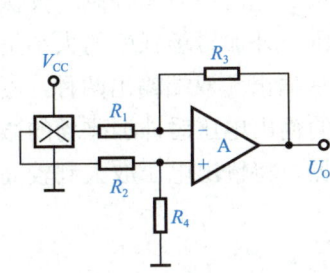

图 4.16　采用差分放大的电路

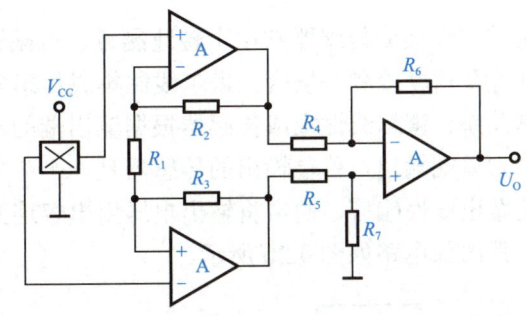

图 4.17　采用运算放大器的电路

4.2.2 集成霍尔传感器

随着微电子技术的发展，将霍尔元件、恒流源、放大电路等集成到一起就构成了集成霍尔传感器，它具有体积小、灵敏度高、输出幅度大、温漂小、对电源稳定性要求低等优点。目前根据使用场合的不同，集成霍尔传感器主要有开关型（霍尔开关集成传感器）和线性型（霍尔线性集成传感器）两大类。

集成霍尔传感器

1. 霍尔开关集成传感器

霍尔开关集成传感器（也称开关型集成霍尔传感器）是将霍尔元件、稳压电路、放大器、施密特触发器、OC 门等组装在同一个芯片上而构成的。典型的霍尔开关集成传感器有 UGN-3020、UGN-3050 等，这种集成传感器一般对外为三只引脚，分别是电源、地及输出端。UGN-3020 的外形、内部电路和输出特性曲线如图 4.18 所示。

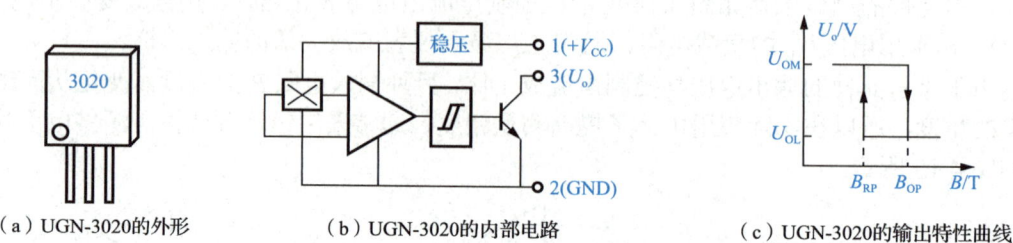

（a）UGN-3020 的外形　　　　（b）UGN-3020 的内部电路　　　　（c）UGN-3020 的输出特性曲线

图 4.18　UGN-3020 的外形、内部电路和输出特性曲线

图 4.18（c）所示为 UGN-3020 输出磁电特性曲线，在外磁场的作用下，当磁感应强度超过导通阈值 B_{OP} 时，霍尔电路输出管导通，OC 门输出低电平。之后，B 再增加，仍保持导通状态。若外加磁场 B 降低到 B_{RP} 时，输出管截止，OC 门输出高电平。我们称 B_{OP} 为工作点，B_{RP} 为释放点，$B_{OP} - B_{RP} = B_H$ 称为回差。回差的存在使开关电路的抗干扰能力增强。

霍尔开关集成传感器常用于接近开关、速度检测及位置检测，其典型应用电路如图 4.19 所示，电路结构非常简单，输出端通常需要接一个上拉电阻。

2. 霍尔线性集成传感器

霍尔线性集成传感器常用于转速测量、机械设备限位开关、电流检测与控制、安保系统、位置及角度检测等场合。霍尔线性集成传感器的输出电压与外加磁场强度的大小呈线性比例关系。霍尔线性集成传感器根据输出端的不同分为单端输出和双端输出两种，用得较多的为单端输出。单端输出的传感器是一个三端器件，它的输出电压对外加磁场的微小变化能做出线性响应，通常将输出电压用电容连到外接放大器，将输出电压放大到较高的电平，其内部电路如图 4.20 所示。

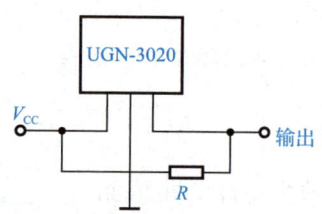
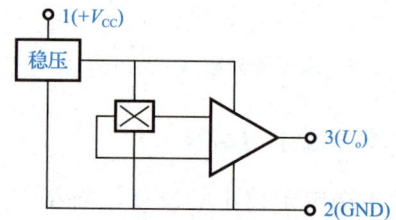

图 4.19　霍尔开关集成传感器的典型应用电路　　　图 4.20　霍尔线性集成传感器的内部电路

霍尔线性集成传感器的典型产品有 UGN-3501、SL3501T 等，它们各自的输出特性曲线如图 4.21 和图 4.22 所示。

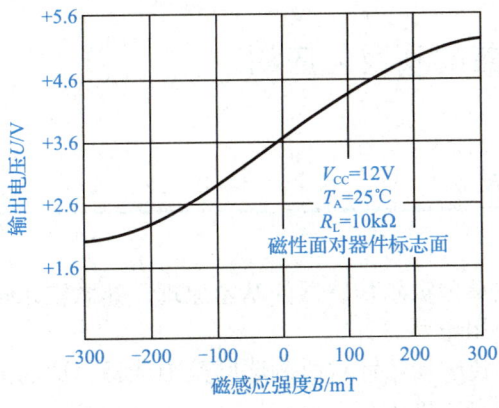

图 4.21　UGN-3501 的输出特性曲线

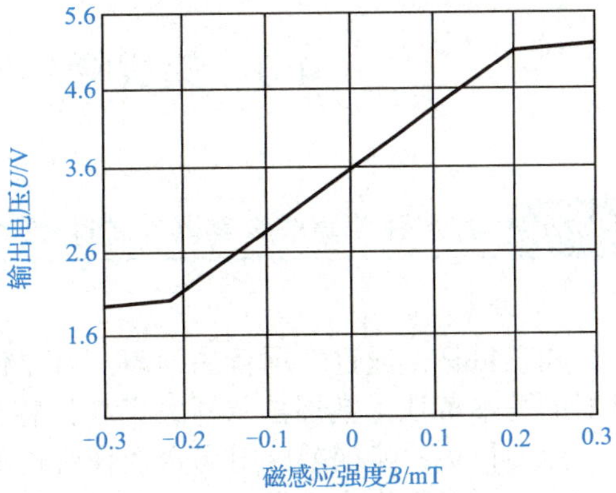

图 4.22　SL3501T 的输出特性曲线

霍尔线性集成传感器双端输出的电路结构如图 4.23 所示。

双端输出的传感器是一个 8 引脚双列直插封装的器件，它可提供差动、射极跟随输出，还可提供输出失调调零，其典型产品是 SL3501M，其内部电路如图 4.24 所示。

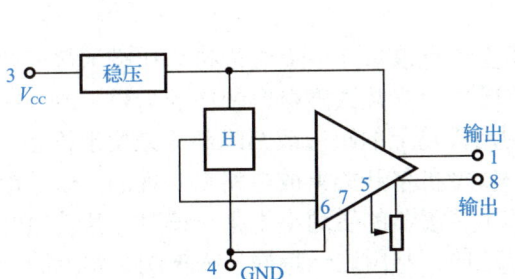

图 4.23　霍尔线性集成传感器双端输出的
　　　　　电路结构

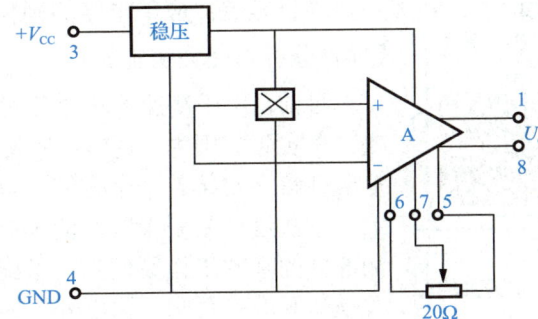

图 4.24　SL3501M 的内部电路

SL3501M 的输出特性曲线如图 4.25 所示。

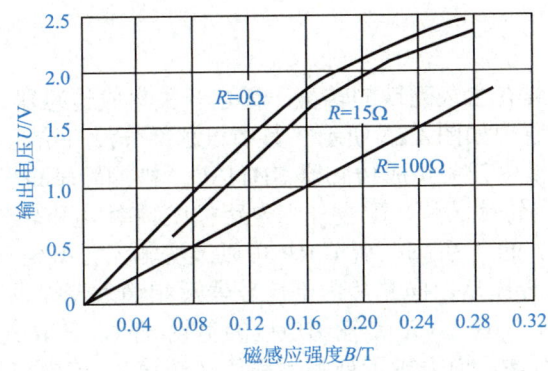

图 4.25　SL3501M 的输出特性曲线

4.3 集成霍尔传感器的项目化应用

| 项目 | 霍尔开关集成传感器在转速仪中的应用 |

【项目目标】

知识目标：通过本项目的学习，可以使学生掌握霍尔传感器的基本原理，熟悉霍尔传感器的基本特性，掌握霍尔开关集成传感器的应用电路。

能力目标：能根据应用场合选择合适的霍尔传感器，针对所测速度范围选择合适的测量方法；提升学生自主学习、探究问题和解决问题的能力。

情感目标：培养学生的交流协作能力和评价能力，提高相关技能和技巧；激发学生的好奇心与求知欲；增加学生的学习兴趣和学习的主观能动性。

【项目重点与难点】

项目重点：转速仪电路的分析和设计。

项目难点：应用电路的制作与调试。

霍尔开关的优点

霍尔开关的类型

【项目分析与任务实施】

目前，用于测速的霍尔传感器主要有霍尔开关集成传感器和霍尔接近开关。在实际应用中，通常在被测旋转轴上安装铁磁材料制造的齿轮，或者在非磁性盘上安装若干个磁钢，可利用齿轮上的缺口或凹陷部分来实现检测。

本次设计是采用国产的 SH113D 型霍尔开关集成电路来实现的，信号检测部分的基本工作原理为：当施加于传感器的磁通小于某一值时，其输出开关是断开的；否则，输出开关为导通的。利用这一特性，在被测转轴上装一个非磁性转盘，并在转盘四周均匀地安装若干个磁钢（磁钢数量越多，每转一圈产生的脉冲数就越多），每转一圈可以产生若干个脉冲信号。通过 F/V（频率/电压）转换电路，将传感器输出的脉冲信号转换成与之成比例的模拟电压，即可推动指针式仪表进行指示转速。

1. 电路原理

霍尔转速仪主要由装有永久磁铁的转盘、霍尔开关集成传感器、F/V 转换电路、表头及电源几部分组成，其原理如图 4.26 所示，其中电源部分没有给出。

图 4.26 中，IC_1 为霍尔开关集成传感器 SH113D，被测转轴每转一圈产生 1 个脉冲信号。LM2917 为 F/V 专用转换芯片，配合外围电路构成频率/电压转换电路。被测信号经过电位器 RP_1 接入 LM2917 的 1 引脚，调节 RP_1 可以改变输入频率信号的幅度。12V 直流电源经过 R_2、二极管 VD_1 分压后，向芯片内部比较器反相输入端提供 0.6V 的参考电压（即输入信号的幅度必须大于 0.6V）。R_4 是输出电压的负载电阻，其取值范围是 4.3kΩ～10kΩ。0～10V 电压表接在 R_4 两端，用来指示被测频率值（转速）。该电路的输出电压为

$$U_\circ = f \cdot V_{CC} \cdot RP_2 \cdot C_1 \qquad (4-2)$$

由上式可知，在 V_{CC}、RP_2、C_1 一定的情况下，输出电压 $U_\circ$ 只与 f 成正比，f 改变则

U_o 也改变，根据 U_o 的值即可得出 f 的值。

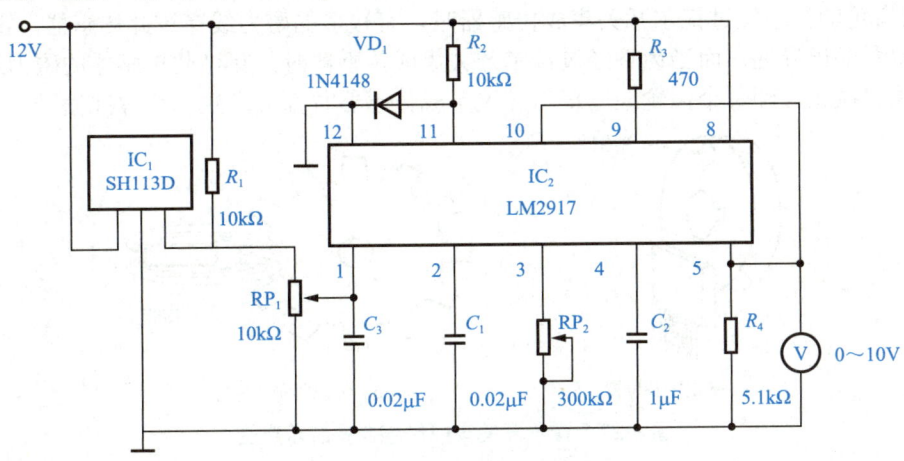

图 4.26 霍尔转速仪原理

电路中，若电源电压取 12V，当传感器输出信号频率为 166.6Hz（即转速为最大值 9 999 转/分，这是测量仪的最大量程）时，表头应指示在最大值 10V 处，根据式（4-2）可得 $RP_2 \cdot C_1 = 5ms$，若 C_1 取 0.02μF，则 RP_2 的值为 250kΩ，为了增加调节范围，RP_2 取 300kΩ。这样，输出电压在一定范围内可调，理论上输出电压最高可达 12V。

2. 电路制作

（1）根据霍尔转速仪原理图，选择合适的元器件制作电路，其中 IC_1 SH113D 为外接。

（2）电路制作完成后，即可进行电路调试。

3. 电路调试

电路调试主要有两个内容：一是对分度进行标定；二是调节输入 IC_2 LM2917 的信号幅度。

1）分度标定

分度标定可以进行现场调试，也可进行通过模拟装置进行。为了调试及教学方便，可以用信号发生器提供脉冲信号，模拟传感器输出信号。将信号发生器输出电缆接到 RP_1 上端，调节频率调节旋钮使输出信号频率为 166.6Hz，调节 RP_2，使电压表指示为 10V 即可。

2）信号幅度调节

信号幅度调节调节前，首先安装好霍尔开关集成传感器，将其三根线与电路对应端相连，启动机器，正常情况下，电压表应指示转速。若不能指示转速或不准确，则可调节 RP_1 加大输入 IC_2 LM2917 的信号幅度，使电压表指示稳定即可。

4. 注意事项

应用霍尔开关集成传感器测量转速，霍尔开关集成传感器安装的位置与被测物距离视安装方式而定，一般为几到十几毫米。如图 4.27（a）所示，在圆盘上安装一个磁钢，霍尔开关集成传感器则安装在圆盘旋转时磁钢经过的地方。圆盘上磁钢的数目可以为 1 个、2 个、4 个、8 个等，磁钢要均匀地分布在圆盘的一面。图 4.27（b）适用于原转轴上已经有磁性齿轮的场合，此时工作磁钢固定在霍尔开关集成传感器的背面（外壳上没有打印标志的一面），当齿轮的齿顶经过霍尔开关集成传感器时，有较多的磁力线穿过此传感器，霍尔开关集成传感器输出导通；而当齿谷经过霍尔开关集成传感器时，穿过此传感器的磁力线较少，传感器输出截止，即每个齿轮经过霍尔开关集成传感器时都会产生一个脉冲信号。

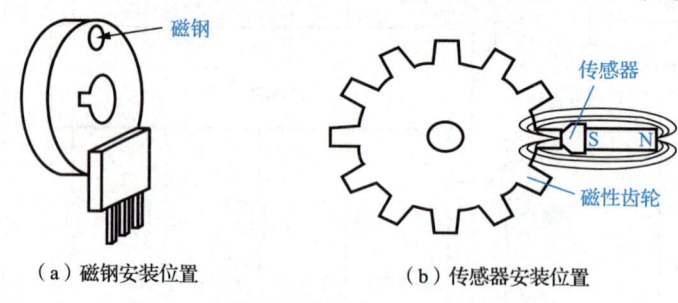

（a）磁钢安装位置　　　　（b）传感器安装位置

图 4.27　霍尔开关集成传感器安装示意图

【知识点链接】

1. 霍尔开关集成传感接口电路

霍尔开关集成传感接口电路如图 4.28（a）至图 4.28（f）所示。

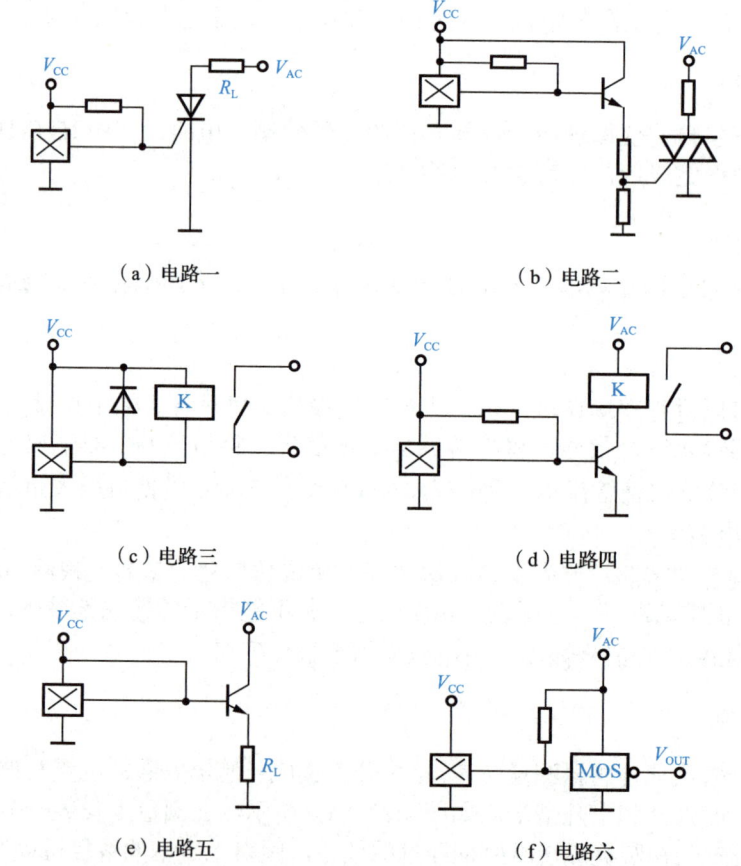

（a）电路一　　　　（b）电路二

（c）电路三　　　　（d）电路四

（e）电路五　　　　（f）电路六

图 4.28　霍尔开关集成传感器的接口电路

2. 霍尔开关集成传感器的主要参数

霍尔开关集成传感器的型号很多。美国产霍尔开关集成传感器常用型号主要有 UGN/UGS 系列，其主要参数见表 4-2。

表 4-2　美国产霍尔开关集成传感器的主要参数

型号	导通磁通/mT		截止磁通/mT	
	最大值	典型值	典型值	最小值
UGN/UGS　3019L	50	42	30	10
UGN/UGS　3020L	35	22	16	5
UGN/UGS　3040L	20	15	10	5

国产霍尔开关集成传感器常用型号有 SH111～SH113，各有 A、B、C、D 四种类型，其主要参数见表 4-3。

表 4-3　国产霍尔开关集成传感器的主要参数

型号		截止电源电流/mA	导通电源电流/mA	输出低电平/V	高电平输出电流/μA	导通磁通/mT	截止磁通/mT
SH111 SH112 SH113	A	≤5	≤8	≤0.4	≤10	80	10
	B					60	10
	C					40	10
	D					20	10

3. 霍尔转速表

霍尔转速表原理如图 4.29 所示。在被测转速的转轴上安装一个齿盘，也可选取机械系统中的一个齿轮，将线性型霍尔元件及磁路系统靠近齿盘，齿盘的转动使磁路的磁阻随气隙的改变而周期性地变化，霍尔元件输出的微小脉冲信号经隔直、放大、整形后可以确定被测物的转速。

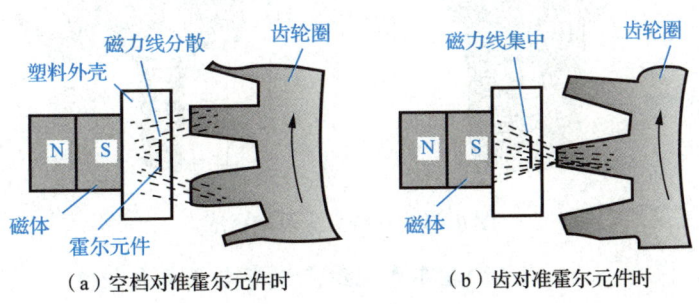

(a) 空档对准霍尔元件时　　(b) 齿对准霍尔元件时

图 4.29　霍尔转速表原理

如图 4.29 (a) 所示，当齿轮的空当对准霍尔元件时，磁力线较为分散地穿过霍尔元件，产生的霍尔电势较小，所以输出为低电平；而对图 4.29 (b) 这种情况，当齿对准霍尔元件时，磁力线集中穿过霍尔元件，可产生较大的霍尔电势，放大、整形后输出高电平。

霍尔转速表的其他安装方法如图 4.30 所示。

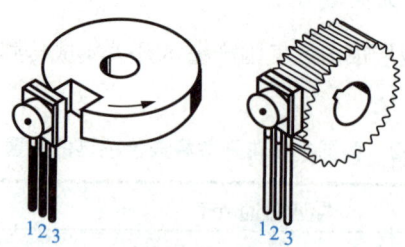

图 4.30　霍尔转速表的其他安装方法

图 4.30 中，只要黑色金属旋转体的表面存在缺口或凸起，就可产生磁场强度的脉动，从而引起霍尔电势的变化，产生转速信号。

4.4　工程项目设计实例

下面讲解应用实例"霍尔电子点火系统"。

1. 传统点火系统组成

传统点火系统组成如图 4.31 所示。

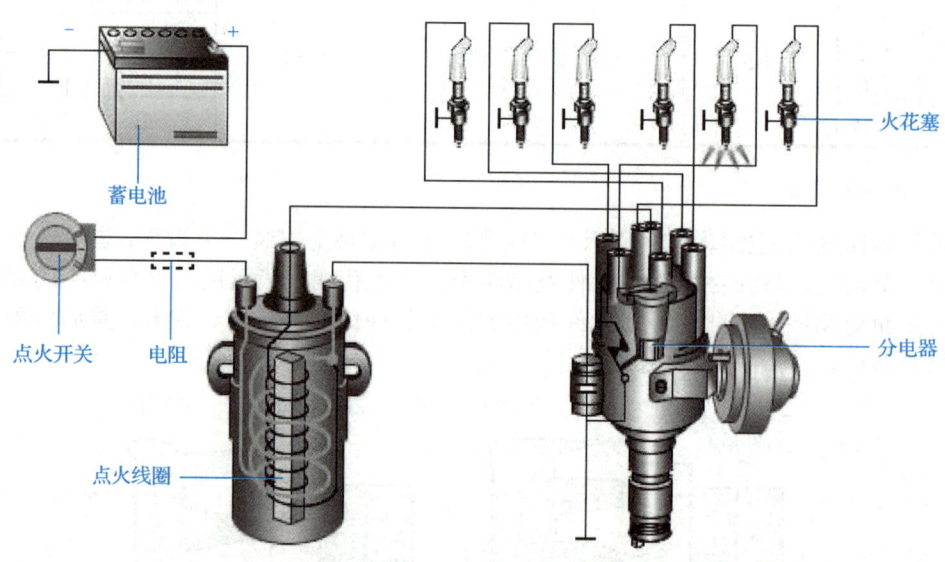

图 4.31　传统点火系统组成

2. 霍尔式无触点汽车电子点火装置

图 4.32　霍尔式无触点汽车电子点火装置

霍尔式无触点汽车电子点火装置如图 4.32 所示。

采用霍尔式无触点电子点火装置能较好地克服汽车合金触点点火时间不准确、触点易烧坏、高速时动力不足等缺点。

下面通过桑塔纳汽车霍尔式分电器（示意图如图 4.33 所

示）来说明霍尔式无触点汽车电子点火装置的工作原理。

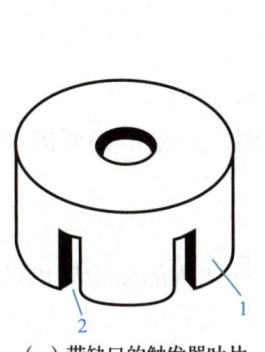
（a）带缺口的触发器叶片

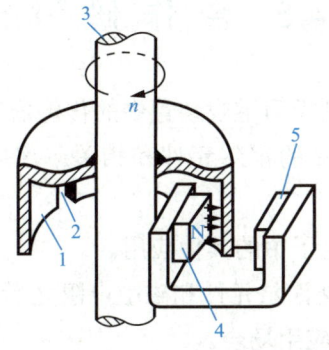
（b）触发器叶片与永久磁铁及霍尔集成电路之间的安装关系

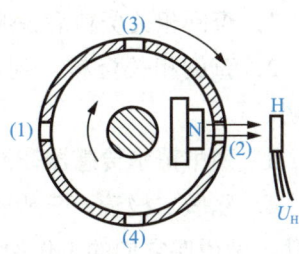
（c）叶片位置与点火正时的关系

1—触发器叶片；2—槽口；3—分电器转轴；4—永久磁铁；5—霍尔集成电路（PNP 型霍尔 IC）。

图 4.33　桑塔纳汽车霍尔式分电器示意图

霍尔式无触点汽车电子点火电路及波形如图 4.34 所示。

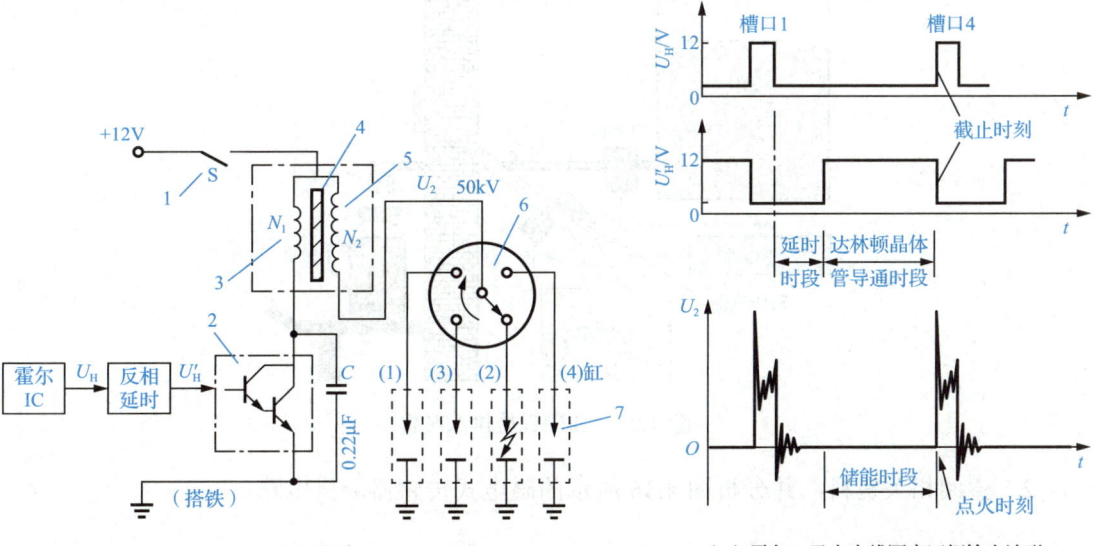

(a) 电路　　　　　　　　　　　　　　　　(b) 霍尔IC及点火线圈高压侧输出波形

1—点火开关；2—达林顿晶体管功率开关；3—点火线圈低压侧；4—点火线圈铁芯；
5—点火线圈高压侧；6—分火头；7—火花塞。

图 4.34　霍尔式无触点汽车电子点火电路及波形

当叶片遮挡在 PNP 型霍尔 IC 面前时，PNP 型霍尔 IC 的输出为低电平，晶体管功率开关处于导通状态，点火线圈低压侧有较大电流通过，并以磁场能量的形式储存在点火线圈铁芯中。

当叶片槽口转到 PNP 型霍尔 IC 面前时，PNP 型霍尔 IC 输出跳变为高电平，经反相变为低电平，达林顿晶体管截止，切断点火线圈的低压侧电流。由于没有续流元件，因此存储在点火线圈铁芯中的磁场能量在高压侧感应出 30kV～50kV 的高电压。

4.5 合 作 研 讨

1．查阅相关资料后说明大型投币游戏装置中的传感器工作原理。

2．查阅相关资料，列举常见的霍尔元件和相关应用电路实例，并给出必要的分析说明。

3．列举霍尔传感器在汽车电子中的其他应用。

4．磁敏二极管、三极管是继霍尔元件和磁敏电阻之后迅速发展起来的新型磁电转换元件，试说明它们的工作原理和应用场合。

5．查找磁敏电阻应用实例，概括其在日常生活中的应用情况。

思考题

1．如图 4.35 所示，说明自动凭票供水装置的工作过程和对应传感器的工作原理。

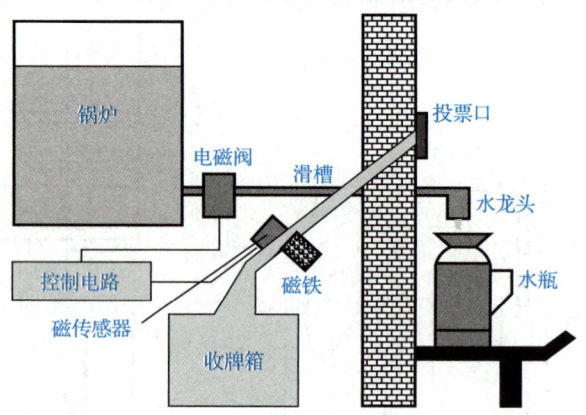

图 4.35 自动凭票供水装置

2．查阅相关资料，并分析图 4.36 所示的磁电式传感器测量电路。

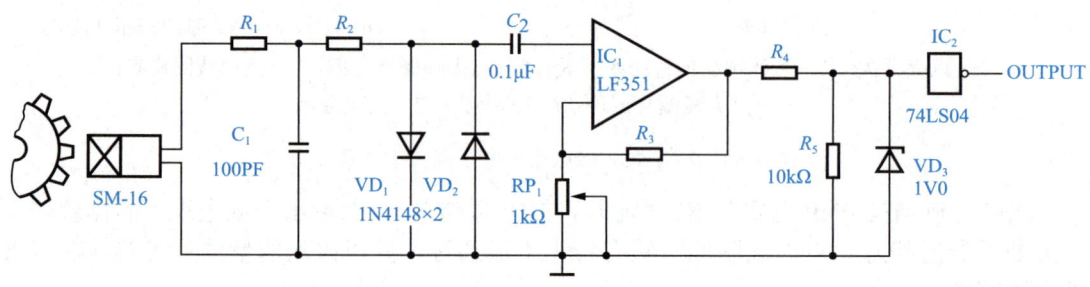

图 4.36 磁电式传感器测量电路

第 4 章 霍尔传感器及其应用

1．校内：10.60.64.7（内网），进入后选择左上角的"测验"来进行测试。
2．校外：登录 www.zjooc.cn，搜索"传感器与检测技术"（负责人：浙江万里学院，钱裕禄），选课后，进入测验和考试。

拓展练习题

一、单项选择题（20 题）

1．霍尔效应发现者是（　　）。
　　A．麦克斯韦　　　B．霍尔　　　　C．法拉第　　　　D．特斯拉
2．霍尔电压与（　　）成正比。
　　A．电流　　　　　B．温度　　　　C．磁场强度　　　D．湿度
3．汽车 ABS 系统主要利用霍尔传感器检测（　　）。
　　A．轮胎压力　　　B．轮速　　　　C．发动机温度　　D．燃油量
4．集成霍尔传感器的突出优势是（　　）。
　　A．耐高温　　　　　　　　　　　 B．自带信号处理电路
　　C．体积庞大　　　　　　　　　　 D．价格昂贵
5．磁阻效应是指材料电阻随（　　）变化。
　　A．温度　　　　　B．磁场　　　　C．光照　　　　　D．压力
6．汽车电子点火系统霍尔传感器用于检测（　　）。
　　A．曲轴位置　　　B．车速　　　　C．油压　　　　　D．冷却液温度
7．各向异性磁阻效应主要应用于（　　）。
　　A．温度传感器　　B．磁头读取　　C．压力传感器　　D．光电传感器
8．霍尔元件的常用材料是（　　）。
　　A．硅　　　　　　B．锗化铟　　　C．铜　　　　　　D．铝
9．霍尔传感器在无刷电机中的作用是（　　）。
　　A．检测转速　　　B．换向控制　　C．温度监测　　　D．振动检测
10．磁敏二极管的工作原理基于（　　）。
　　A．光敏效应　　　B．磁阻效应　　C．热电效应　　　D．压电效应
11．锁存型霍尔传感器的特性是（　　）。
　　A．输出随磁场线性变化　　　　　 B．磁场消失后保持当前状态
　　C．仅响应温度变化　　　　　　　 D．需要持续供电维持输出
12．以下方法常用于霍尔传感器的温度补偿的是（　　）。
　　A．增加供电电压　　　　　　　　 B．串联热敏电阻
　　C．并联电容滤波　　　　　　　　 D．减少传感器体积

89

13. 霍尔元件选用锗化铟的主要原因是（　　）。
　　A．成本低廉　　　　　　　　　B．霍尔系数高
　　C．耐高温性能好　　　　　　　D．机械强度高
14. 电动车窗防夹功能中，霍尔传感器主要用于检测（　　）。
　　A．车窗温度　　　　　　　　　B．电机电流变化
　　C．玻璃透光度　　　　　　　　D．外部磁场强度
15. 磁阻传感器在电子罗盘中的作用是（　　）。
　　A．测量地磁方向　　　　　　　B．检测加速度
　　C．计算海拔高度　　　　　　　D．监测温度变化
16. 设计汽车测速系统时，霍尔传感器需重点考虑的工程参数是（　　）。
　　A．齿轮齿数与传感器间距　　　B．环境湿度
　　C．传感器颜色　　　　　　　　D．磁场频率范围
17. 各向异性磁阻效应的特性是（　　）。
　　A．电阻变化与磁场方向无关　　B．电阻随磁场方向改变
　　C．仅对垂直磁场敏感　　　　　D．灵敏度与温度成正比
18. 无刷电机中，霍尔传感器通常安装在（　　）。
　　A．定子绕组内部　　　　　　　B．转子磁极附近
　　C．电机外壳表面　　　　　　　D．电源接线端
19. 在形状效应优化传感器设计时，长宽比增加会（　　）。
　　A．降低灵敏度　　　　　　　　B．增强各向异性
　　C．减少功耗　　　　　　　　　D．提高线性度
20. 巨磁阻效应最重要的应用领域是（　　）。
　　A．温度传感器　　　　　　　　B．硬盘数据读取头
　　C．压力传感器　　　　　　　　D．光强检测

二、多项选择题（5题）

1. 霍尔传感器的典型应用包括（　　）。
　　A．位置检测　　B．速度测量　　C．电流检测　　D．温度补偿
2. 磁敏传感器种类包含（　　）。
　　A．霍尔传感器　B．磁阻传感器　C．磁敏二极管　D．光电传感器
3. 汽车中应用霍尔传感器的系统有（　　）。
　　A．ABS　　　　B．电子点火　　C．自动雨刷　　D．空调控制
4. 影响霍尔传感器精度的因素有（　　）。
　　A．温度漂移　　B．磁场均匀性　C．供电电压　　D．环境湿度
5. 磁阻效应类型包括（　　）。
　　A．普通磁阻　　B．巨磁阻　　　C．异质磁阻　　D．量子磁阻

三、简答题（10题）

1. 简述霍尔效应的基本原理。
2. 列举霍尔传感器的三个典型应用场景。
3. 说明 ABS 系统工作原理中霍尔传感器的作用。
4. 比较开关型与线性型集成霍尔传感器的区别。
5. 写出霍尔电压计算公式并解释参数的含义。
6. 分析温度对霍尔传感器的影响及补偿方法。
7. 描述汽车电子点火系统中霍尔传感器的安装位置及作用。
8. 解释磁阻效应在硬盘读取头中的应用原理。
9. 说明形状效应在传感器设计中的意义。
10. 列举三种磁敏传感器的类型及其特点。

四、应用分析题（4题）

霍尔传感器的应用

1. 分析霍尔转速传感器在汽车测速系统中的应用方案。
2. 设计基于霍尔传感器的电动车窗防夹系统方案。
3. 对比分析霍尔传感器与光电传感器在位置检测中的优劣。
4. 针对工业生产线设计物料计数系统（需包含霍尔传感器选型）。

五、应用综述题（5题）

1. 叙述智能汽车中霍尔传感器的应用现状与发展趋势。
2. 论述磁敏传感器在物联网领域的应用前景。
3. 分析工业 4.0 背景下磁传感器技术的发展方向。
4. 比较霍尔传感器与磁阻传感器的性能特点及应用领域。
5. 撰写关于磁敏传感器在智能家居中的创新应用报告。

第 5 章
气敏传感器及其应用

 教 学 目 标

本章内容主要包括"气敏传感器的典型应用""半导体气敏传感器""气敏传感器的项目化应用"等,采用"酒精检测模块的设计"和"可燃气体泄漏报警和控制电路的设计"两个应用项目来贯彻电路分析、设计和制作方法。

通过本章的学习,了解气敏传感器的应用,理解半导体气敏传感器的工作原理,熟悉半导体气敏传感器应用注意事项;掌握半导体气敏传感器的检测电路,学会正确选择相应的气敏传感器;熟悉应用控制的工作机理,掌握典型气体检测电路的设计与调试方法。

 教 学 重 点

知识要点	能力要求	相关知识
气敏传感器的典型应用	(1) 理解传感器的特性和技术指标 (2) 熟悉气敏传感器的特点 (3) 了解传感器基本接口电路	(1) 实用瓦斯报警器 (2) 实用酒精测试仪 (3) 醉驾报警控制电路
半导体气敏传感器	(1) 了解半导体气敏传感器的生活应用 (2) 理解半导体气敏传感器的基本工作原理 (3) 熟悉半导体气敏传感器在应用中的注意事项	半导体气敏传感器的简介
气敏传感器的项目化应用	(1) 学会正确选择气敏传感器 (2) 熟悉各种气敏传感器的特点 (3) 掌握典型气体检测电路的分析和调试方法	(1) 酒精检测模块的设计 (2) 可燃气体泄漏报警和控制电路的设计

第 5 章 气敏传感器及其应用

引言

本章主要介绍现实生活中应用最广的半导体气敏传感器的基本工作原理、典型气体检测电路和实际应用中需要注意的相关事项等。具体知识点通过"酒精检测模块的设计"和"可燃气体泄漏报警和控制电路的设计"两个设计项目来落实。

气敏传感器最早用于有毒、有害、可燃性气体的泄漏检测和报警,防止意外事故的发生,保证安全生产。目前气敏传感器广泛应用于工业领域天然气、煤气、石油化工等部门的易燃、易爆、有毒、有害气体的检测,并进行预报和自动控制,如防治公害方面的污染气体检测、家庭中的煤气泄漏和火灾报警、化工生产中的气体成分检测与控制、煤矿瓦斯浓度的检测与报警、环境污染情况的监测、燃烧情况的检测与控制等。气敏传感器的主要检测对象及应用场合见表 5-1。

表 5-1 气敏传感器主要检测对象及应用场合

分 类	主要检测对象	应用场合
易燃、易爆气体	液化气、焦炉煤气、气炉煤气、天然气	家庭
	甲烷	煤矿
	氢气	冶金、实验室
工业气体	燃烧过程气体(调节燃/空比)	内燃机、锅炉
	一氧化碳(防止不完全燃烧)	内燃机、冶炼厂
	水蒸气(食品加工)	电子灶
环境气体	氧气	地下工程、家庭
	水蒸气(调节湿度、防止结露)	电子设备、汽车和温室等
	污染气体(SO_X、NO_X、Cl_2 等)	工业区
其他	烟雾、驾驶人呼出的酒精	火灾预防、事故报警

气敏传感器是一种检测特定气体并把它转换为电信号的传感器,它不但可以检测出某种气体的存在与否,还能检测气体的浓度差异。气体的浓度不同,气敏传感器输出的电信号大小也不同。

由于气体的种类繁多,性质各异,因此用于气体检测的传感器也很多。按构成材料不同,气敏传感器可分为半导体气敏传感器和非半导体气敏传感器两大类;按工作原理不同,气敏传感器通常可以分为半导体气敏传感器、固体电介质式传感器、催化燃烧式气敏传感器和电化学式气敏传感器。目前使用最多的是半导体气敏传感器。

气敏传感器

5.1 气敏传感器的典型应用

1. 实用瓦斯报警器

实用瓦斯报警器适用于小型煤矿及家庭。其电路（图5.1）包含由气敏元件和电位器RP组成的气体检测电路，以及时基电路NE555和其外围元件组成的多谐振荡器。

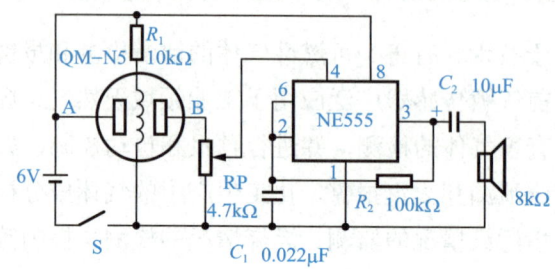

图 5.1　实用瓦斯报警器电路

如图5.1所示，当无瓦斯气体时，气敏元件QM-N5 A、B之间导电率很小，由RP触点输出的电压小于0.7V，NE555的4引脚被强行复位，振荡器处于不工作状态；当有瓦斯气体时，A、B之间导电率迅速增加，4引脚输出高电平，振荡器工作。这里可通过调节RP使报警器适应在不同气体、不同浓度环境下的报警。

2. 实用酒精测试仪

气敏传感器选用TGS-812（对CO、酒精敏感，可用于测试汽车尾气及酒精浓度）。

如图5.2所示的应用电路，无酒精时，IC的5引脚电平为低电平；当气敏传感器探测到酒精时，其内阻变低，从而使IC的5引脚电平变高，IC根据5引脚的电平高低来确定依次点亮发光二极管的级数。

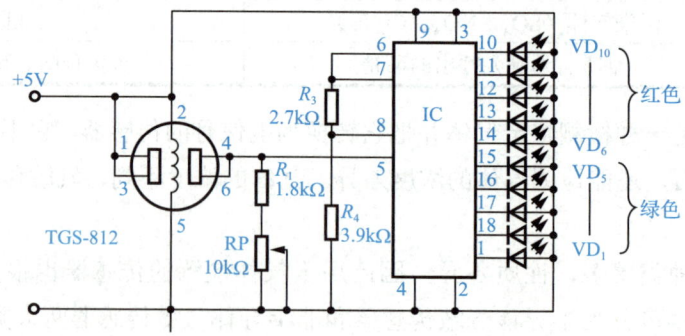

图 5.2　酒精检测报警控制器

5个绿色的发光二极管代表安全水平，表示酒精的含量不超过0.05%；5个红色的发光二极管代表达到预警水平。需要指出，采用氧化锡气敏元件（对CO、酒精敏感）容易误判。

3. 醉驾监控报警电路

图 5.3 所示的醉驾监控报警电路采用 QM-NJ9 型酒精气敏元件，并能在驾驶员饮酒上车后，强制切断点火电路，使车辆无法启动。

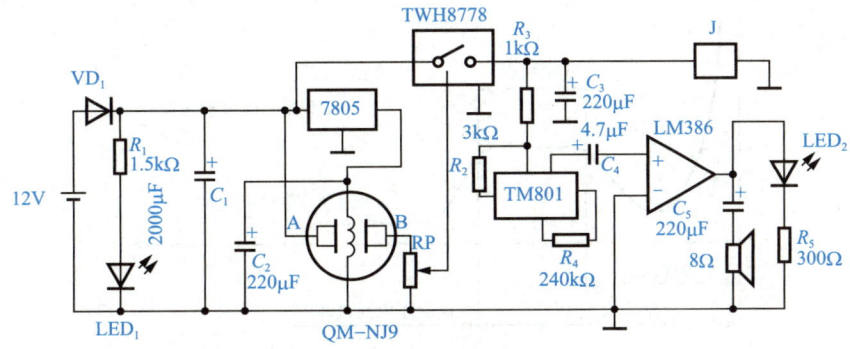

图 5.3 醉驾监控报警电路

该报警设备可安装在各种机动车上用来限制驾驶人酒后驾车。醉驾监控报警电路主要由气敏检测电路、7805 三端稳压器（主要用来提高传感器的工作稳定性）、控制开关 TWH8778、语音报警电路 TM801、放大器 LM386 等组成。

QM-NJ9 型酒精气敏元件探测到酒精后，A、B 间内阻减小，RP 输出电压升高（其电压值随酒精浓度的增加而升高），到达 1.6V 时，TWH8778 控制开关导通，TM801 发出报警语音信号，经 LM386 放大后驱动扬声器发声——"酒后别驾车"，同时发光二极管（LED_2）闪光报警，继电器 J 得电工作，切断点火电路。

5.2 半导体气敏传感器

半导体气敏传感器是利用半导体气敏元件同气体接触，使得半导体器件电参数改变，从而可以检测气体的类别、浓度和成分。它是利用气体的吸附使半导体本身的电导率发生变化这一机理来进行检测的，通常是将检测到的气体的成分和浓度转换为电阻变化，再转换为电压或电流变化。

气敏传感器工作原理

半导体气敏传感器的敏感元件采用金属氧化物材料，分为 N 型、P 型和混合型三种。N 型材料主要有 TiO_2（二氧化钛）、SnO_2（二氧化锡，又称氧化锡）、Fe_2O_3（三氧化二铁）、ZnO（氧化锌）等；P 型材料主要有 MoO_2（二氧化钼）、NiO（氧化镍）、Cu_2O（氧化亚铜）、Cr_2O_3（氧化铬，又称三氧化二铬）等。

半导体气敏传感器检测气体时的电阻值变化曲线如图 5.4 所示，在洁净大气中经过预热后的半导体气敏元件电阻值处于稳定状态，其电阻值会随被测气体的吸附情况而发生变化。电阻值的变化规律视半导体材料而定：气体浓度增加，P 型半导体气敏元件的电阻值上升，N 型半导体气敏元件的电阻值下降。氧化锡传感器可用于对甲烷、丙烷、一氧化碳、氢气、酒精蒸气、硫化氢等可燃气体进行测量。具体地，氧化锡金属氧化物半导体气敏材料在 200~300℃ 的温度条件下，可以吸附空气中的氧气，形成氧的负离子吸附，使半导体中的电子密度减少，从而使其电阻值增加。

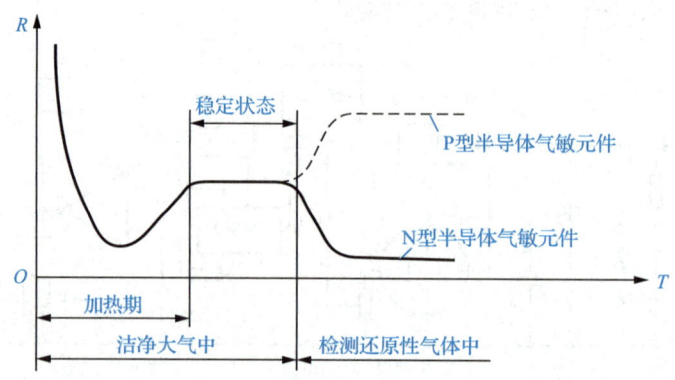

图 5.4　半导体气敏传感器检测气体时的电阻值变化曲线

当遇到有能供给电子的可燃气体时，原来吸附的氧的负离子脱附，而由可燃气体以正离子状态吸附在金属氧化物半导体表面；氧的负离子脱附放出电子，可燃性气体以正离子状态吸附也要放出电子，从而使氧化物半导体导电电子密度增加，电阻值下降。可燃性气体不存在时，金属氧化物半导体又会自动恢复氧的负离子吸附，使电阻值升高到初始状态。

可以看出，电阻值的变化是伴随着金属氧化物半导体表面对气体的吸附和释放而发生的，加速这种反应通常要用加热器对气敏元件进行加热。

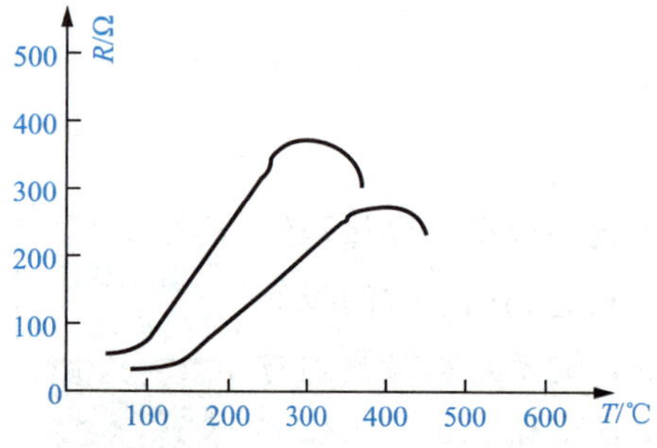

在实际操作中，需要保证加热的时间，同时明确一点，平时待工作的半导体气敏传感器必须处于图 5.4 中的"稳定状态"，只有这样才能确保安全。

气敏电阻与温度的关系如图 5.5 所示，由图可见，温度对气敏电阻的影响是非常大的，因此在实际应用中减少温度的影响是十分重要的。

图 5.5　气敏电阻与温度的关系

而所谓还原性气体就是在化学反应中能给出电子、化学价升高的气体。还原性气体多数属于可燃性气体，如汽油蒸气、酒精蒸气、甲烷、乙烷、煤气、氢气等。测量还原性气体的气敏电阻一般是用氧化锡、氧化锌或三氧化二铁等金属氧化物粉料添加少量铂催化剂、激活剂及其他添加剂，按一定比例烧结而成的半导体器件。金属氧化物气敏传感器通常就是指测量氧浓度的传感器。

半导体气敏传感器的灵敏度特性曲线如图 5.6 所示，从图中可以明显看出气体的种类和浓度高低是影响曲线变化的重要因素。

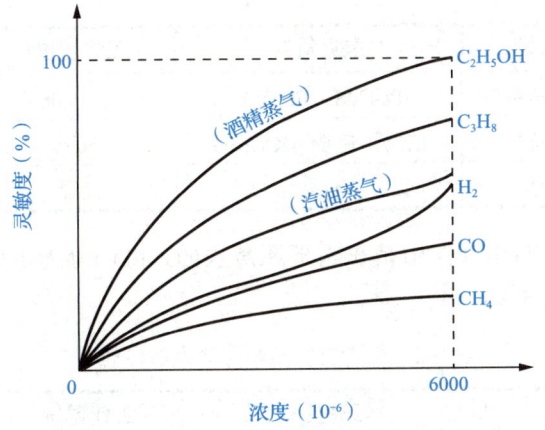

图 5.6 半导体气敏传感器的灵敏度特性曲线

这里需要特别指出不同半导体气敏传感器的气体选择性问题,图 5.7 所示为酒精传感器的气体选择性。尽管这种传感器对不同气体都有敏感性,但是它对酒精蒸气最敏感。这也是我们在实际应用中选择传感器时的一个很重要的参考依据。

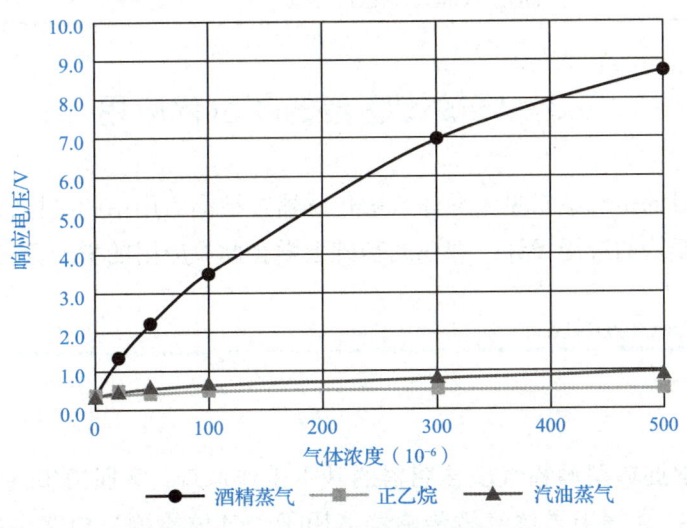

图 5.7 酒精传感器的气体选择性

半导体气敏传感器按半导体的物理性质又可以分为电阻型和非电阻型两种,其测量类型、常见材料、工作温度及主要测量气体见表 5-2。

表 5-2 半导体气敏传感器分类及参数

类型	测量类型	常见材料	工作温度	主要测量气体
电阻型	表面控制型	SnO_2、ZnO	室温至 450℃	可燃气
	体控制型	La_{1-x}、CoO_2、γ-Fe_2O_3、TiO_2、CoO、MgO、SnO_2	300~450℃、700℃以上	酒精蒸气、可燃气

续表

类型	测量类型	常见材料	工作温度	主要测量气体
非电阻型	二极管整流特性	Pt-CdS、Pt-TiO$_2$	室温～200℃	H$_2$、CO、酒精蒸气
	晶体管特性	铂栅、钯栅 MOSFET	150℃	H$_2$、H$_2$S
	表面电位	Ag$_2$O	室温	—

按照半导体与气体的相互作用是在内部还是表面,可以分为表面控制型和体相控制型两大类,具体信息见表 5-3。

表 5-3　两大类型的半导体气敏传感器

类型	特性	常见材料	工作温度	主要检测的气体
表面控制型	电导率整流特性（二极管）、阈值电压（晶体管）	SnO$_2$、Pd-SnO$_2$、ZnO、Pd-ZnO、Pd-CdS、Pd-TiO$_2$、Pd-MOSFET	室温～450℃	NO$_2$、H$_2$、CO、酒精蒸气、H$_2$S、NH$_3$、其他可燃气
体相控制型	电导率	La$_{1-x}$、CoO$_2$、γ-Fe$_2$O$_3$、TiO$_2$、CoO、MgO、SnO$_2$	300～450℃	酒精蒸气、O$_2$、其他可燃气

5.3　气敏传感器的项目化应用

本项目主要目的是归纳常见半导体气敏传感器在检测应用中的共性特点,以酒精气体检测为例来进行模块的应用设计,并在此基础上学会此类应用的举一反三和知识拓展。

项目一　酒精检测模块的设计

【项目目标】

知识目标:掌握典型酒精气敏传感器的基本工作原理;掌握酒精气体检测电路的实际模型分析方法;掌握半导体气敏传感器应用于"气体检测"电路中的共性特点。掌握气敏传感器的特点,了解其主要参数,学会正确选用气敏传感器,并能调试相关应用电路。

能力目标:要求学生自己设计、制作和调试酒精气体检测电路、分压电路和电压比较器电路等,并最终形成酒精气体检测模块,以过程的实施来培养学生自主学习、问题探究和批判性质疑等能力。

情感目标:增加学生的学习兴趣和学习的主观能动性,激发学生的好奇心与求知欲,培养学生的交流协作能力和评价能力,提高相关技能和技巧。

【项目重点与难点】

项目重点：酒精气体检测电路、分压电路和电压比较器电路的分析。

项目难点：酒精气体检测模块的制作与调试。

【项目分析与任务实施】

酒精气体检测在现实生活中的应用非常广泛，尤其是在"酒驾"和"醉驾"测试中较为常见。本项目主要涉及的是酒精气体浓度高低的检测。本项目的实施，主要是考虑酒精气体的浓度该如何检测，并最终给出一个适合应用处理的输出信号，后续的单片机处理或者其他实现等不作考虑。

1. 电路原理

图 5.8 所示为典型的酒精气体检测电路。电路中 MQ-3 对应 6 个引脚的这种接法是常见的，这里的 R_1 所在回路这种接法主要是为了加热，R_2 和 MQ-3 接成了分压电路，RP 和 U_{1A} 接成了电压比较器电路，LED 指示灯主要是显示输出的是高电平还是低电平。

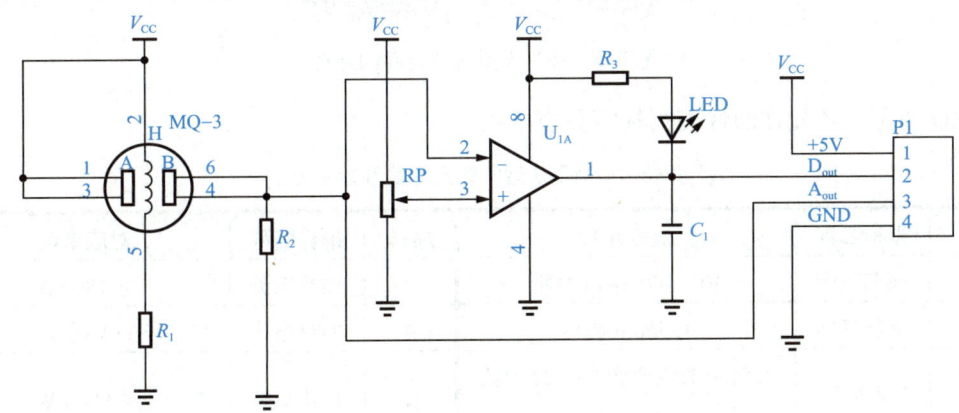

图 5.8　典型的酒精气体检测电路

2. 电路制作与调试

（1）根据电路选择合适的元器件。

（2）制作电路板并焊接电路。

（3）调试电路。

3. 问题思考和知识点拓展

（1）思考一下如果这里的检测对象是 CO 气体或者是其他还原性气体，该如何改动相关电路？或将在此电路上作哪些相关变动后可得到所需要的气体检测电路？

（2）此模块在实际调试中需要考虑哪些问题？

（3）为什么需要考虑预热？为什么把酒精直接擦在传感器表面会导致检测结果不准确？

（4）在图 5.8 的基础上构建一个此类检测的共性模型。

【知识点链接】

MQ-3 型气敏元件是以氧化锡为主体材料的 N 型半导体气敏传感器，当元件接触酒精蒸气时，其电导率随气体浓度的增加而迅速升高。

MQ-3 型气敏元件主要用于酒精等有机液体蒸气的检测，对汽油蒸气有抗干扰能力，驱动回路简单、灵敏度高、响应速度快、寿命长、工作稳定，常用于机动车驾驶员及其他严禁酒后作业人员的现场检测；也用于其他场所酒精蒸气的检测。

MQ-3 型气敏元件的外形如图 5.9 所示，对应的 6 个针状管脚中，其中 4 个用于信号的取出，另外 2 个用于提供加热电流。

图 5.9　MQ-3 型气敏元件的外形

MQ-3 型气敏元件的性能指标等见表 5-4。

表 5-4　MQ-3 型气敏元件的性能指标

序号	指标名称	对应参数	序号	指标名称	对应参数
1	探测范围	10~1000ppm 酒精	8	加热电流	≤180mA
2	特征气体	125ppm 酒精	9	加热电压	5.0V±0.2V
3	灵敏度	空气中的阻值/检测气体中的阻值≥5	10	加热功率	≤900mW
4	敏感体电阻	1kΩ~20kΩ（空气中）	11	测量电压	≤24V
5	响应时间	≤10s（70% Response）	12	恢复时间	≤30s（70% Response）
6	工作条件	环境温度：-20~+55℃；湿度：≤95%RH；环境含氧量：21%	13	贮存条件	温度：-20~70℃；湿度：≤70%RH
7	加热电阻	31Ω±3Ω	—	—	—

注：ppm 是 parts per million 的缩写，意为"百万分之一"，它表示空气中某种气体的浓度比例。

MQ-3 型气敏元件的灵敏度特性曲线如图 5.10 所示，检测环境温度为 20℃，湿度为 65%RH，氧气浓度为 21%，负载电阻 R_L=200kΩ，图中 R_s 指的是元件在不同气体、不同浓度下的电阻值；R_0 为元件在洁净空气中的电阻值。

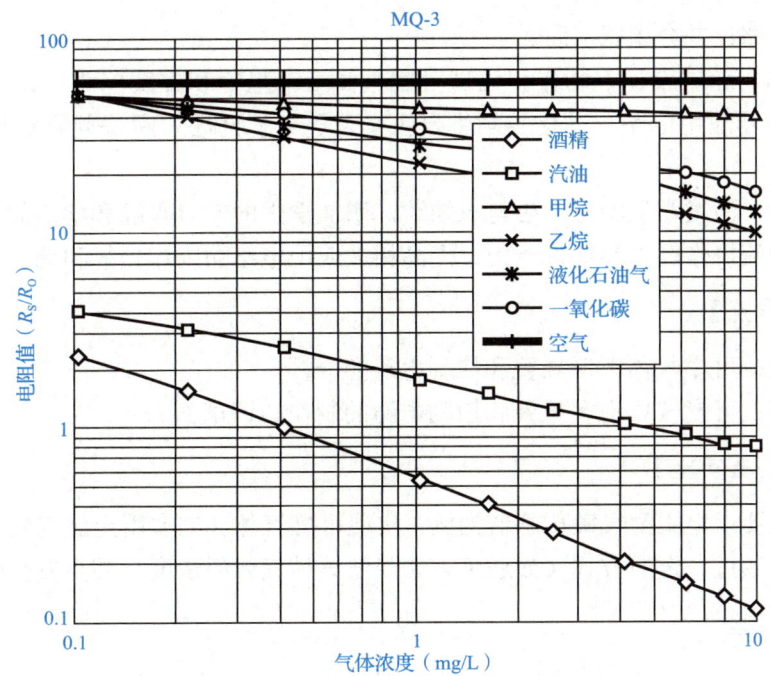

图 5.10 MQ-3 型气敏元件的灵敏度特性曲线

MQ-3 型气敏元件的温湿度特性曲线如图 5.11 所示。

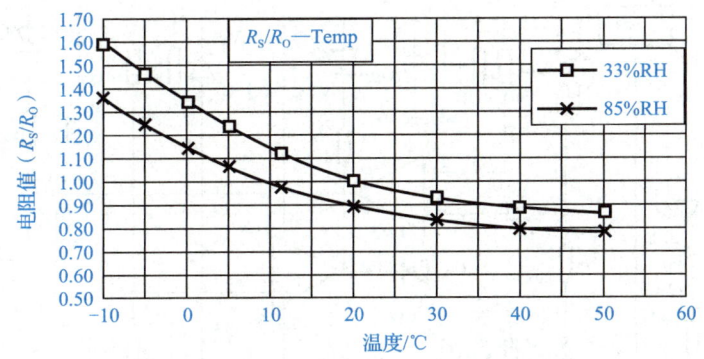

图 5.11 MQ-3 型气敏元件的温湿度特性曲线

图 5.11 中，R_o 表示在 20℃和 33%RH 条件下，200ppm 的酒精蒸气中元件的电阻；R_s 表示不同温度、湿度下，200ppm 的酒精蒸气中元件的电阻。

项目二 可燃气体泄漏报警和控制电路的设计

【项目目标】

知识目标：掌握气敏传感器的特点，了解其主要参数，并学会正确选用气敏传感器；学会分析可燃气体泄漏报警和控制电路的工作机理；能应用气敏传感器设计有害气体泄漏报警与控制电路，并会调试电路。

能力目标：通过设计、制作和调试可燃气体泄漏报警和控制电路，让学生学会调试此类气敏传感器应用电路，并培养学生自主学习、分析问题、解决问题和批判性质疑等能力。

情感目标：激发学生的好奇心与求知欲，增加学生的学习兴趣和学习的主观能动性，培养学生的交流协作能力和评价能力，提高相关应用电路的制作技能和调试技巧。

【项目重点与难点】

项目重点：可燃气体泄漏报警和控制电路的分析。

项目难点：可燃气体泄漏报警和控制电路的制作与调试。

【项目分析与任务实施】

本项目主要以电阻型气敏传感器为例，实现可燃气体（如家用天然气或液化气）的检测与报警，并通过一定的方式（如通风）来降低该种气体的浓度，减少安全隐患。

1. 电路原理

利用 MQ-6 设计制作的可燃气体泄漏报警与控制电路原理图如图 5.12 所示。该报警器主要由传感器检测电路、传感器预热电路、报警与控制电路和电源电路四部分组成。

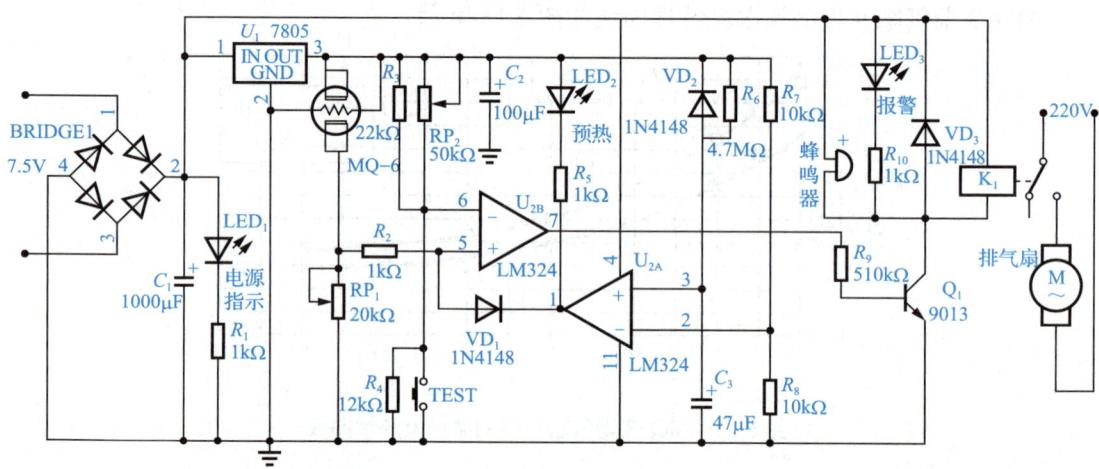

图 5.12 可燃气体泄漏报警与控制电路原理图

传感器检测电路由 MQ-6、RP_1、RP_2、R_2、R_3、R_4 及 U_{2B} 组成，RP_1 用于调节传感器的灵敏度，RP_2 用于调节报警电路的起控浓度，调节 RP_2 可以使 U_{2B} 反相端电位在 2.25～5V 之间变化。

传感器预热电路由 VD_1、VD_2、U_{2A}、R_5、R_6、R_7、R_8、C_3 和 LED_2 组成，主要是防止在接通电一段时间内传感器检测电路发生误动作；在接通电源的一段时间内（其延时时间可由估算公式 $t = 1.1R_6C_3$ 来计算），使 U_{2A} 输出电压为 0，使 VD_1 导通，封锁了传感器的输出信号，防止传感器检测电路在预热阶段发生误动作。

另外，报警与控制电路由 R_9、R_{10}、Q_1、LED_3、VD_3、K_1、蜂鸣器及排气扇组成，当 Q_1 导通时，蜂鸣器、LED_3 发出声光报警信号，且 K_1 得电，常开触点闭合，排气扇电机得电，启动电扇，将室内空气排出，以降低气体浓度。TEST 开关用于电路测试，不管在什么状态下，只要按下 TEST 开关，U_{2B} 就会输出较高的电压，使 Q_1 导通，发出报警信号。

电源部分由 $BRIDGE_1$、C_1、U_1、C_2 及 LED_1、R_1 组成，变压器将 220V 市电降为 7.5V 的交流电压，经 $BRIDGE_1$ 和 C_1 整流、滤波后得到 9V 的直流电压，一方面作为 LM324 和报警与控制电路的供电电源，另一方面经 U_1 稳压后作为其他电路的电源。

对照图 5.12 所示，整个电路的工作过程可描述如下：在接通电源时，预热控制电路起作用，U_{2A} 输出电压为 0，VD_1 导通，使 U_{2B} 同相端电压较低（小于反相端电压），此时 U_{2B} 输出电压为 0，Q_1 截止，报警与控制电路不动作。经过一段时间（长短取决于 R_6 对 C_3 的充电时间）后，U_{2A} 的同相端电压高于反相端电压，U_{2A} 输出高电压，VD_1 截止，传感器检测信号可以到达 U_{2B}。此时，若被测气体浓度高于报警点，则 U_{2B} 的同相端电位高于反相端电压，U_{2B} 输出高电压，Q_1 导通，发出声光报警信号；若被测气体浓度低于报警点，则 U_{2B} 反相端电位高于同相端电压，U_{2B} 输出低电压，Q_1 截止，报警电路不工作。

2. 电路制作和调试

按原理图选择合适的元器件，制作相关印制电路板（Printed-Circuit Board，PCB）并焊接好电路即可，其中继电器 K_1 应选择固态继电器或者密封性较好的电磁继电器。

电路制作完成后，先进行灵敏度的调节。采用标准浓度的被测气体进行调节，通过调节 RP_1 使 U_{2B} 同相端电位高于 2.25V 即可［若是线性电路，则要求测量最大浓度（如 1000ppm）时，其输出电压不高于 5V］。灵敏度调节完成后，设置控制浓度，即当被测气体浓度达到多高时，电路会发出报警信号。将报警器置入标准浓度的被测气体，调节 RP_2，使电路刚好发出报警信号即可。

3. 问题思考和注意事项

（1）为什么要设置预热电路部分？主要是基于哪些方面的考虑？

（2）VD_1、VD_2 和 VD_3 各自的作用是什么？

（3）如果换成检测其他气体，此电路总体是否可用？如果可用，通常需作哪些方面的考虑和参数调整？

【知识点链接】

1. MQ-6 型气敏传感器简介

MQ-6 型气敏传感器是一种电阻型气体传感器，其引脚排列及应用电路如图 5.13 所示。在图 5.13 中，当 MQ-6 型气敏传感器置于浓度不同的某种气体中时，其 A、B 间的敏感电阻值不同（电路连接时将两个 A 引脚接到一起，两个 B 引脚接到一起），根据电阻值变化即可知道气体浓度。

在实际测量中,通常将传感器和电阻串联,图 5.13(b)为 MQ-6 气敏传感器的测试电路,其中 R_L 为负载电阻。由图 5.13 可知,在 R_L 一定的情况下,当气体浓度不同时,传感器的敏感体电阻值改变,输出电压 V_{out} 也就不同,即

$$V_{out} = \frac{R_L}{R_L + R_S} V_C$$

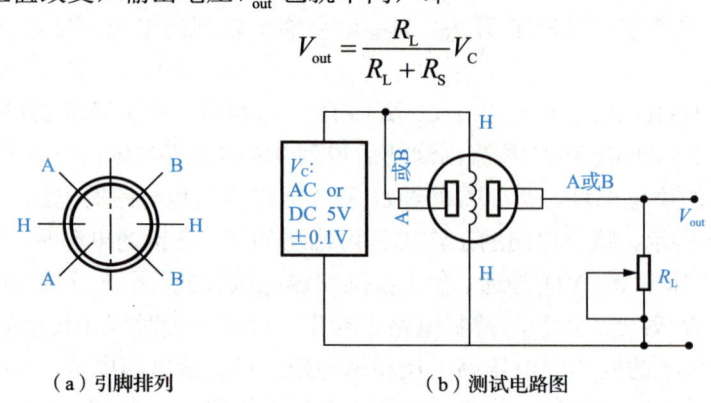

(a)引脚排列　　　　　　　　　(b)测试电路图

图 5.13　MQ-6 型气敏传感器引脚排列及应用电路

图 5.14 所示为 MQ-6 型气敏传感器的外形,而表 5-5 为 MQ-6 型气敏传感器的主要参数。

图 5.14　MQ-6 型气敏传感器的外形

表 5-5　MQ-6 型气敏传感器的主要参数

名称	参数	名称	参数
适用气体	液化气、异丁烷、丙烷	加热电阻	31Ω±3Ω
探测范围	100～10000ppm	加热电流	≤180mA
特征气体	1 000ppm 异丁烷	加热电压	5V±0.2V
灵敏度	空气中的阻值/检测气体中的阻值≥5	加热功率	≤900mW
响应时间	≤10s	测量电压	≤24V
敏感体电阻	1kΩ～20kΩ(2 000ppm 异丁烷)	工作条件	温度:-10～50℃　湿度:≤95%RH
恢复时间	≤30s	储存条件	温度:-20～70℃　湿度:≤70%RH

一般情况下，气体浓度越高，其敏感体电阻值越小，图 5.15 给出了 MQ-6 气敏传感器灵敏度特性曲线。

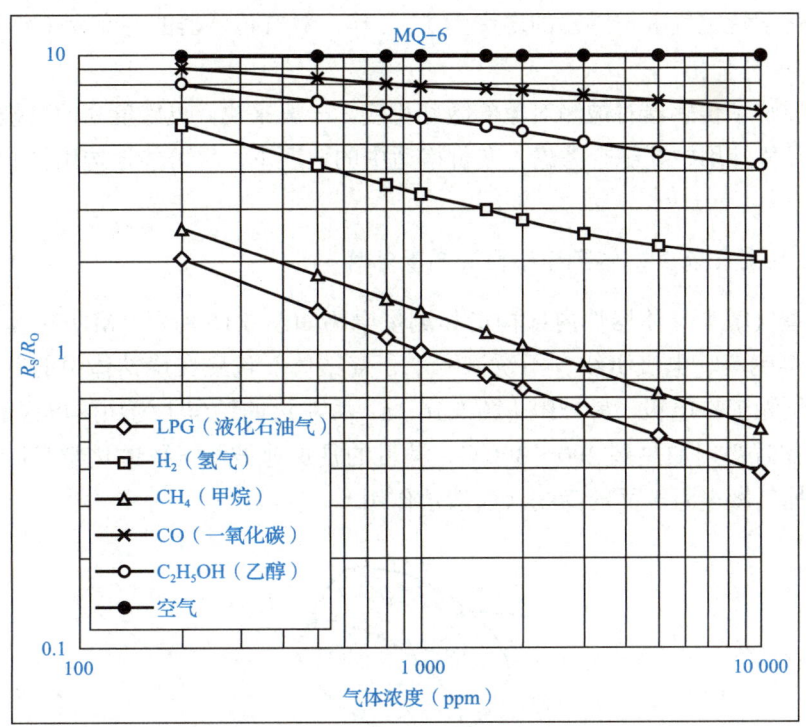

图 5.15　MQ-6 气敏传感器灵敏度特性曲线

测试条件：温度 20℃、相对湿度 65%、氧气浓度 21% 和 R_L =20kΩ。图 5.15 中 R_S 表示器件在不同气体、不同浓度下的电阻值，而 R_O 表示器件在洁净空气中的电阻值。

2. 气敏传感器的选用原则

气敏传感器的种类较多，使用范围较广。不同类型的气敏传感器性能差异大，在工程应用中，应根据具体的使用场合、要求进行合理选择。

1）使用场合

气体检测主要分为工业和民用两种情况，不管是哪一种场合，气体检测的主要目的是实现安全生产，保护生命和财产的安全。就其应用目的而言，检测主要有三个方面：测毒、测爆和其他检测。测毒主要是检测有毒气体的浓度不能超标，以免工作人员中毒；测爆则是检测可燃气体的含量，超标则报警，避免发生爆炸事故；其他检测主要是为了避免间接伤害，如驾驶人酒后驾车的酒精浓度检测与报警。

同一种气敏传感器对不同气体的敏感程度不同，只能对某些气体实现更好的检测，因此在实际应用中，应根据被检测气体的不同选择合适的传感器。

2）使用寿命

不同气敏传感器因其制造工艺不同，其寿命也不尽相同，针对不同的使用场合和检测对象，应选择相对应的传感器。例如，对一些不太方便安装的场所，应选择使用寿命比较长的传感器。光离子传感器的寿命为 4 年左右，电化学传感器的寿命取决于电解液的多少和有无，电化学特定气敏传感器的寿命为 1~2 年，氧气传感器的寿命为 1 年左右。

3）灵敏度与价格

灵敏度反映了传感器对被测对象的敏感程度，一般来说，灵敏度高的气敏传感器其价格也贵，在具体使用中要综合考虑。在价格适中的情况下，尽可能地选用灵敏度高的气敏传感器。

3. MQ-N 型气敏半导体器件结构及测量电路

MQ-N 型气敏半导体器件内部构造和测量电路如图 5.16 所示。MQ-N 型气敏半导体器件是由塑料底座、电极引线、不锈钢网罩、烧结体及包裹在烧结体中的两组铂丝组成的。一组铂丝为工作电极，另一组［图 5.16（a）中左边的铂丝］为加热电极兼工作电极。气敏电阻工作时必须加热到 200~300℃，其目的是加速被测气体的化学吸附和电离的过程，并燃烧掉气敏电阻表面的污物（起清洁作用）。

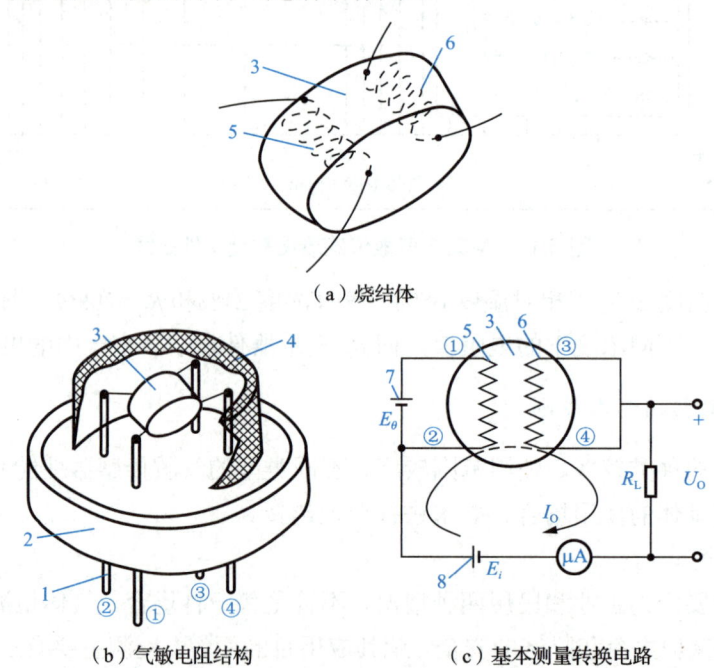

（a）烧结体

（b）气敏电阻结构　　　（c）基本测量转换电路

1—引脚；2—塑料底座；3—烧结体；4—不锈钢网罩；5—加热电极；
6—工作电极；7—加热回路电源；8—测量回路电源。

图 5.16　MQ-N 型气敏半导体器件内部构造和测量电路

实际中常用到的 MQ-N5 型气敏传感器（图 5.17），其外形和带有温度补偿的气体报警电路如图 5.17（a）和图 5.17（c）所示。

第 5 章 气敏传感器及其应用

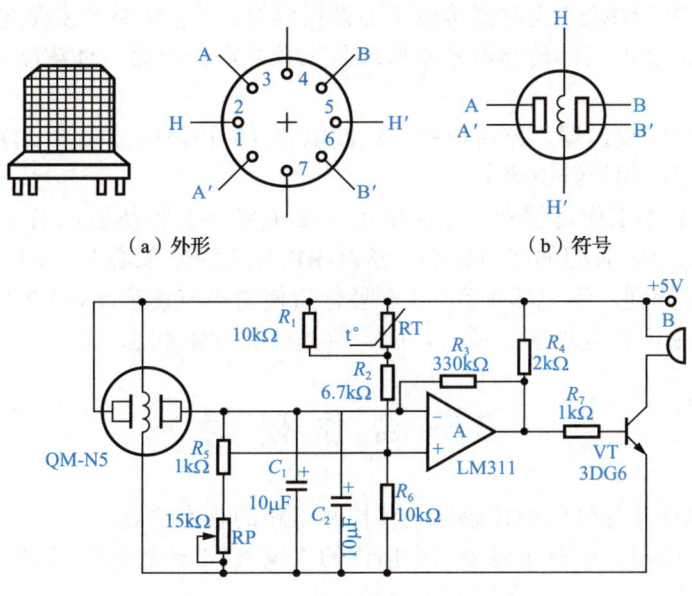

(a) 外形　　　　　　　(b) 符号

(c) 带有温湿度补偿的气体报警电路

图 5.17　MQ-N5 型气敏传感器

5.4　工程项目设计实例

下面讲解应用实例"家用可燃气体浓度检测报警电路"。

某家用可燃气体浓度检测报警电路如图 5.18 所示。

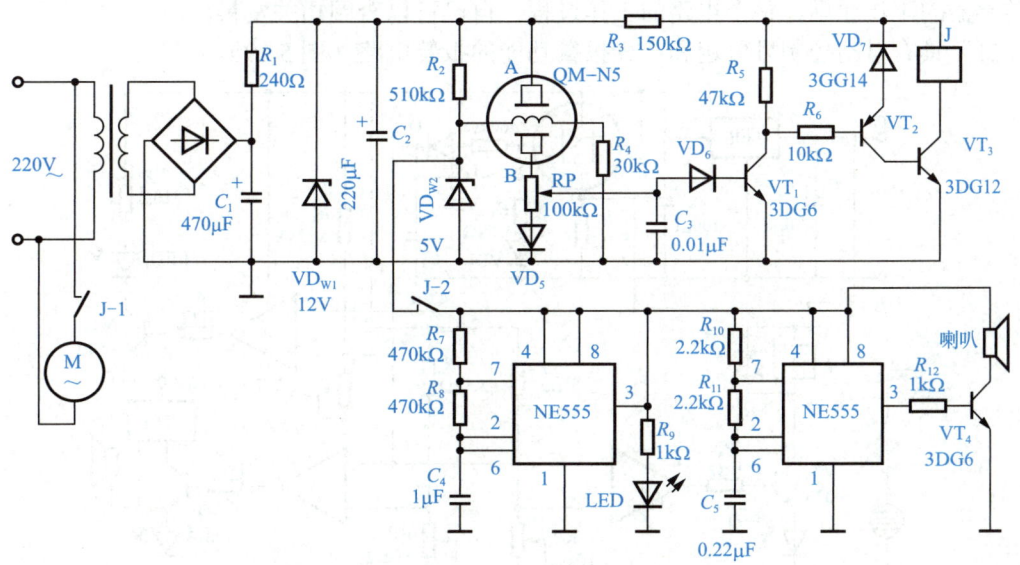

图 5.18　某家用可燃气体浓度检测报警电路

图 5.18 电路中：NE555 定时器构成了多谐振荡器，在总电路中主要起到按一定频率的声光报警作用；涉及的气体传感器基本原理是在预热后，可燃气体浓度增加，QM-N5 阻值减小。

电源电路由电源变压器、整流电路、滤波电容 C_1 和稳压二极管 ZD_{w1} 组成。这里的 VD_7 为续流二极管，保护继电器 J。

整个电路的基本工作过程为：电源供电，在 QM-N5 预热后，当检测到可燃气体的浓度加大时，QM-N5 对应的阻值减小，这样 RP 对应的分压增大，VT_1 导通，集电极低电平，VT_2、VT_3 导通，继电器工作，J-1 吸合后使得排气扇启动，J-2 使得 NE555 构成的多谐振荡器发生声光电报警。反之，就一直处于待检测状态。

5.5 合作研讨

1．归纳、总结半导体气敏传感器气体检测电路的基本要点。

2．查阅相关资料，区分平时生活中所讲的"煤气""天然气""瓦斯"和"沼气"等，包括它们的主要成分。

3．查阅资料说明 CO 中毒和 CO 爆炸、甲醛致癌和甲醛容易引起白血病、瓦斯爆炸的发生条件、酒后驾车和醉驾等，进一步了解气体成分和浓度在气体传感器检测中的联系。

4．列举生活中的其他有关气敏传感器应用的例子，以图文并茂的形式并结合视频说明最好。

思考题

结合所学传感器原理和生活经验分析下列气敏传感器应用实例电路，注意突出对应气敏传感器的工作原理，整个电路的工作过程，自己可以查阅相关资料。

（1）具有自动控制排气扇和声光报警功能的报警电路（图 5.19）。

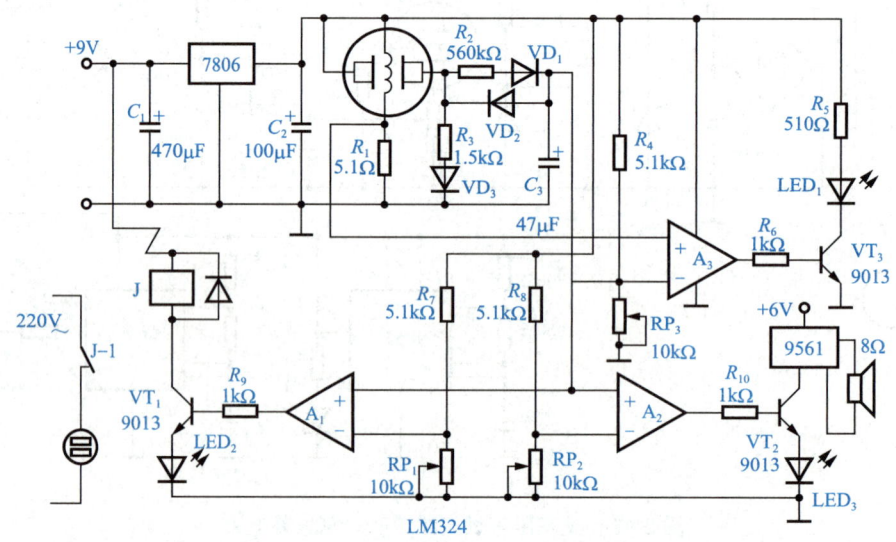

图 5.19 具有自动控排气扇和声光报警功能的报警电路

(2)气敏传感器的线性化电路(图 5.20)。

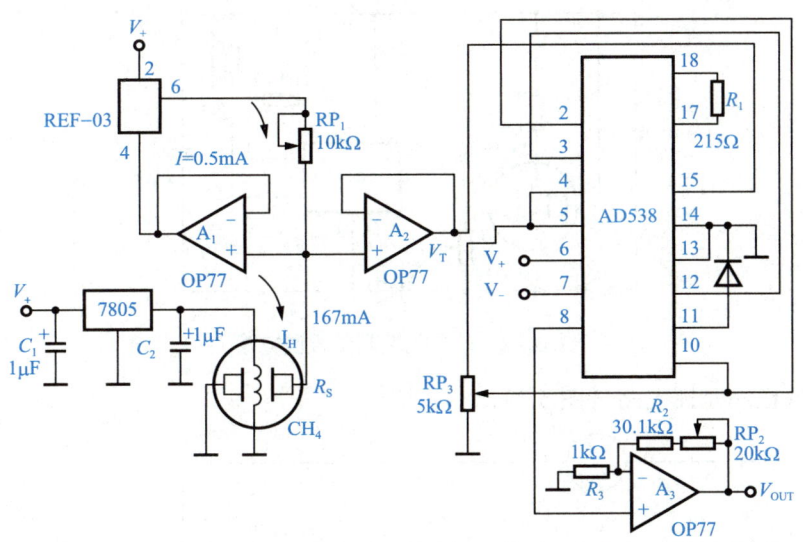

图 5.20 气敏传感器的线性化电路

(3)家用可燃气体浓度检测报警电路(图 5.18)。

(4) CO 检测换气报警自动控制电路(图 5.21)。

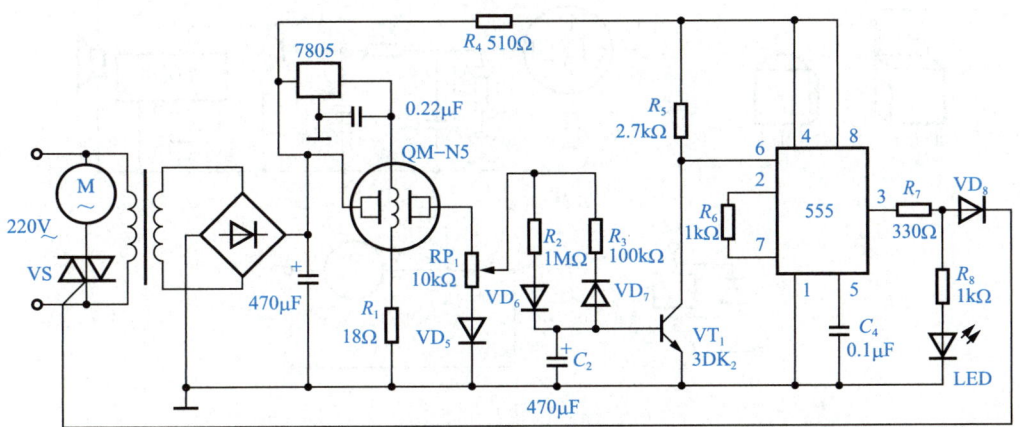

图 5.21 CO 检测换气报警自动控制电路

（5）矿井瓦斯超限报警电路（图5.22）。

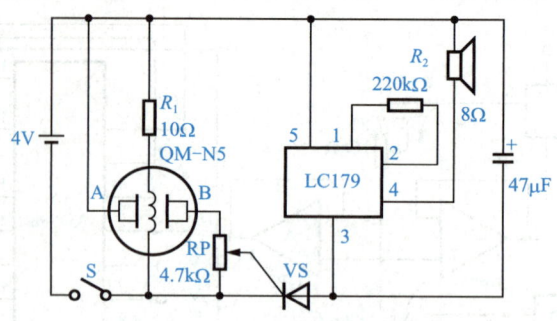

图5.22 矿井瓦斯超限报警电路

（6）煤气检测监控电路（图5.23）。

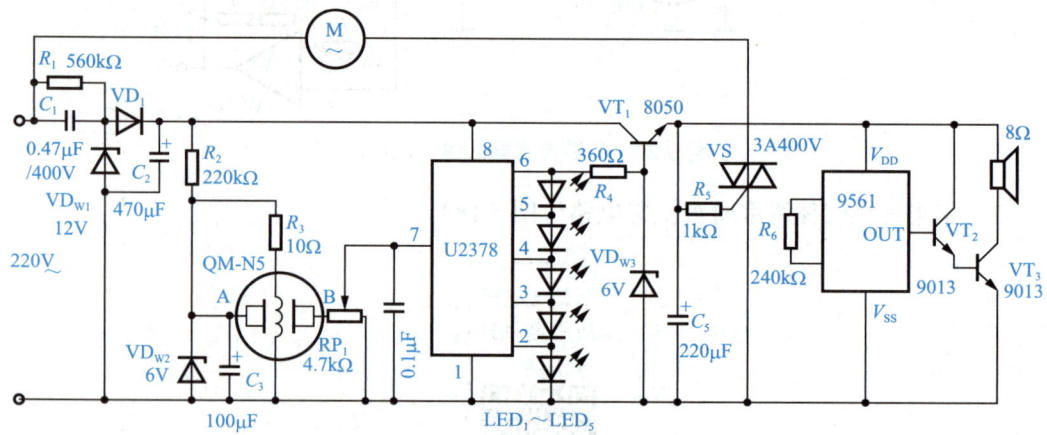

图5.23 煤气检测监控电路

（7）有害气体报警电路（图5.24）。

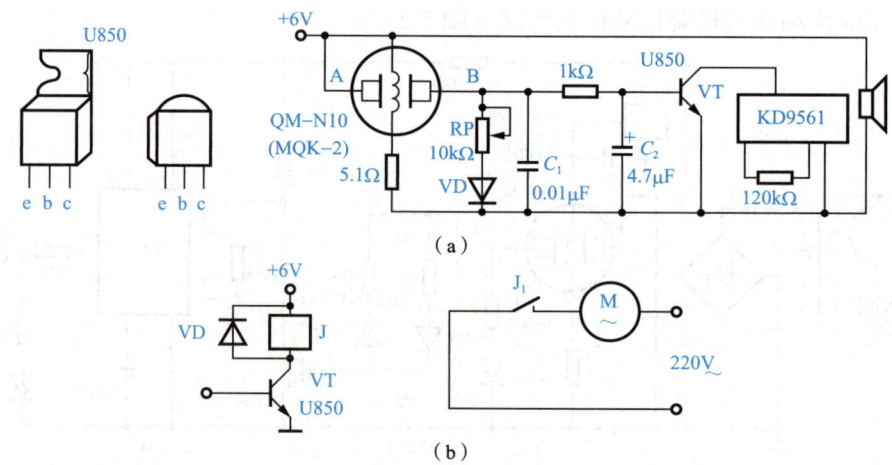

图5.24 有害气体报警电路

(8) 瓦斯报警电路（图 5.25）。

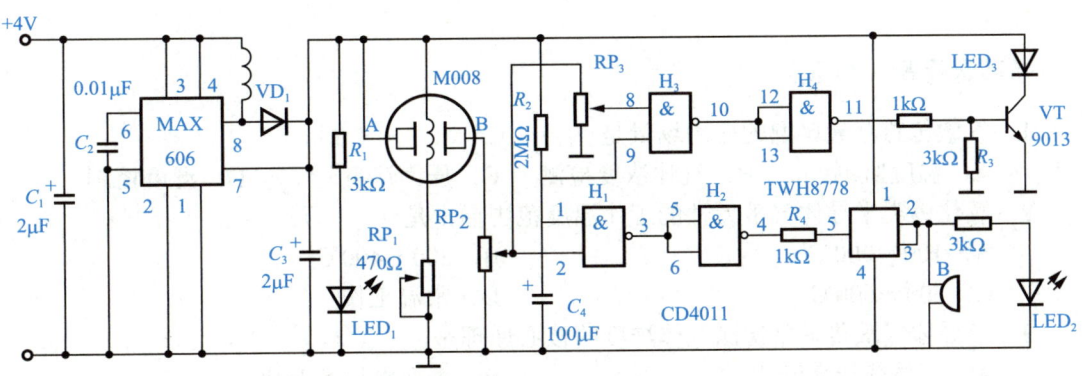

图 5.25　瓦斯报警电路

(9) 多功能厨房专用报警控制器电路（图 5.26）。

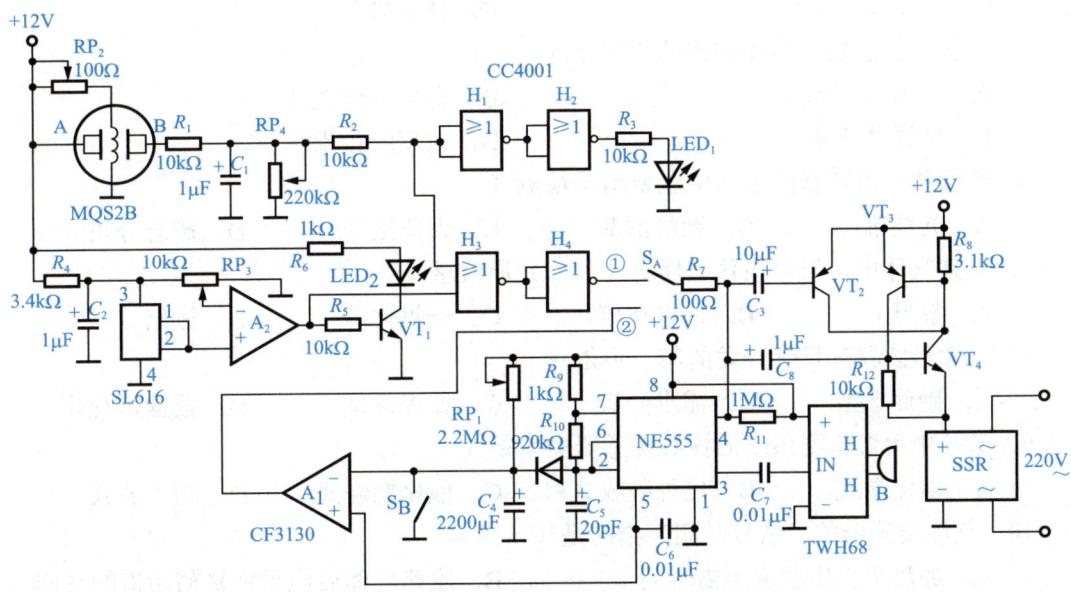

图 5.26　多功能厨房专用报警控制器电路

在线测试

1. 校内：10.60.64.7（内网），进入后选择左上角的"测验"来进行测试。
2. 校外：登录 www.zjooc.cn，搜索"传感器与检测技术"（负责人：浙江万里学院，钱裕禄），选课后，进入测验和考试。

拓展练习题

一、单项选择题（20题）

1. 气敏传感器最典型的应用场景是（　　）。
   A．温度监测　　　B．气体浓度检测　　C．压力测量　　　D．湿度控制
2. 氧化锡类半导体气敏元件的工作温度范围通常是（　　）。
   A．100～200℃　　　　　　　　　　　　B．200～400℃
   C．500～600℃　　　　　　　　　　　　D．常温工作
3. 半导体气敏传感器检测气体浓度的核心原理是（　　）。
   A．气体热导率变化　　　　　　　　　　B．表面电导率变化
   C．气体质量变化　　　　　　　　　　　D．光学吸收变化
4. 在危险气体检测系统中，报警阈值设置应该（　　）。
   A．等于爆炸下限　　　　　　　　　　　B．低于爆炸下限的20%
   C．高于爆炸上限　　　　　　　　　　　D．任意设置
5. 氧化锡传感器表面添加钯的作用是（　　）。
   A．降低工作温度　　　　　　　　　　　B．提高机械强度
   C．增强催化活性　　　　　　　　　　　D．改变颜色指示
6. 气敏传感器在智能家居中主要用于检测（　　）。
   A．光线强度　　　B．燃气泄漏　　　　C．人体运动　　　D．声音分贝
7. 下列气体中，氧化锡传感器对（　　）最敏感。
   A．氧气　　　　　B．二氧化碳　　　　C．一氧化碳　　　D．氮气
8. 气敏传感器项目化开发的第一步是（　　）。
   A．硬件选型　　　B．需求分析　　　　C．编程调试　　　D．数据可视化
9. 矿井中甲烷检测系统的核心传感器类型是（　　）。
   A．电化学式　　　B．红外吸收式　　　C．催化燃烧式　　D．超声波式
10. 气敏传感器的"恢复时间"指的是（　　）。
    A．加热至工作温度所需时间　　　　　　B．脱离气体后电阻恢复初始值的时间
    C．传感器寿命周期　　　　　　　　　　D．数据传输延迟
11. 气敏传感器在汽车尾气检测中主要用于分析（　　）。
    A．氧气浓度　　　B．轮胎压力　　　　C．发动机温度　　D．燃油黏度
12. 半导体气敏传感器的选择性差，主要是因为（　　）。
    A．工作温度低　　　　　　　　　　　　B．对多种气体有交叉敏感
    C．响应时间慢　　　　　　　　　　　　D．成本过高
13. 氧化锡传感器对（　　）气体响应最明显。
    A．水蒸气　　　　B．一氧化碳　　　　C．氧气　　　　　D．氮气

14. 气敏传感器标定过程中必须使用的设备是（　　）。
    A．示波器　　　　　　　　　　　B．标准气体发生器
    C．频谱分析仪　　　　　　　　　D．压力泵
15. 危险气体检测系统的冗余设计通常包括（　　）。
    A．双传感器备份　　　　　　　　B．增加报警音量
    C．更换外壳颜色　　　　　　　　D．降低功耗
16. 氧化锡传感器的加热电极材料通常为（　　）。
    A．铜　　　　B．铂　　　　C．铝　　　　D．银
17. 气敏传感器输出信号的处理步骤中，不包括（　　）。
    A．放大　　　B．滤波　　　C．温度补偿　　　D．改变气体种类
18. 催化燃烧式传感器更适合检测（　　）。
    A．惰性气体　　B．可燃性气体　　C．酸性气体　　D．水蒸气
19. 气敏传感器长期暴露于高浓度目标气体会导致（　　）。
    A．灵敏度升高　　　　　　　　　B．永久性中毒
    C．响应时间缩短　　　　　　　　D．无须维护
20. 智能家居中，气敏传感器常与（　　）系统联动。
    A．空调控温　　B．安防报警　　C．音乐播放　　D．窗帘控制

二、多项选择题（5题）

1. 气敏传感器的典型应用领域包括（　　）。
    A．工业安全监测　　　　　　　　B．室内空气质量检测
    C．汽车尾气分析　　　　　　　　D．食品保质期监测
    E．地震预警
2. 氧化锡气敏传感器的特性包括（　　）。
    A．对还原性气体敏感　　　　　　B．工作温度较高
    C．线性输出特性　　　　　　　　D．需要定期校准
    E．完全免维护
3. 危险气体检测系统设计需考虑的因素（　　）。
    A．防爆等级　　　　　　　　　　B．传感器响应时间
    C．报警阈值设置　　　　　　　　D．外观颜色
    E．用户界面字体
4. 半导体气敏传感器的缺点包括（　　）。
    A．功耗高　　B．选择性差　　C．寿命短　　D．成本低廉
    E．无须加热
5. 危险气体检测系统设计案例分析需包含（　　）。
    A．传感器选型依据　　　　　　　B．防爆结构设计
    C．用户界面美观性　　　　　　　D．数据通信协议
    E．包装材料环保性

三、简答题（10题）

1. 简述半导体气敏传感器的基本工作原理。
2. 列举气敏传感器在智能家居中的三个应用场景。
3. 说明氧化锡传感器加热清洗的作用。
4. 简述气敏传感器项目化开发的基本流程。
5. 说明氧化锡传感器的"老化"现象及应对措施。
6. 列举气敏传感器在环境监测中的三种应用。
7. 为何半导体气敏传感器需要加热元件？
8. 简述催化燃烧式与半导体式传感器的区别。
9. 危险气体检测系统为何需要防爆设计？
10. 气敏传感器标定的核心目的是什么？

四、应用分析题（5题）

1. 某工厂硫化氢检测系统频繁误报警，请分析可能的原因及解决方案。
2. 比较催化燃烧式和半导体式气敏传感器的适用场景。
3. 分析温湿度变化对氧化锡传感器性能的影响。
4. 设计厨房燃气报警系统时应如何选择传感器类型？
5. 某矿井需同时检测甲烷和一氧化碳，请提出系统设计方案。

五、应用综述题（5题）

1. 论述物联网时代气敏传感器的发展趋势。
2. 综述金属氧化物半导体气敏材料的改性研究方向。
3. 分析智能城市中气敏传感器的系统集成方案。
4. 探讨人工智能在气体检测数据分析中的应用前景。
5. 论述危险气体检测系统的冗余设计原则。

第 6 章 温度传感器及其应用

教学目标

本章首先介绍热电阻（铂热电阻、铜电阻）、热敏电阻（PTC、NTC 和 CTR）和热电偶等，以及它们各自的基本工作原理、测温原理和应用注意事项等；其次介绍目前应用较多的集成温度传感器（包括模拟的和数字的两类）及其应用情况；最后以项目化的形式来说明温度传感器的应用情况。

通过本章的学习，了解各种温度传感器的分类和应用场合，理解各种温度传感器的基本工作原理；熟悉热电偶的相关知识点，包括测温原理、基本应用电路和应用注意事项等；熟悉各种典型的集成温度传感及其在现实生活中的应用情况；熟悉一些典型的温度传感器应用电路，学会分析和调试电路。

教学重点

知识要点	能力要求	相关知识
温度传感器的典型应用	（1）熟悉 DS18B20 的结构特点和应用注意事项 （2）掌握典型的集成温度传感器应用电路	（1）电暖气温度检测控制电路 （2）计算机机房温控电路
温度传感器及其工作原理	（1）了解温度传感器的种类和应用场合 （2）理解各种温度传感器的基本工作原理 （3）理解热电效应，掌握热电偶的测温原理 （4）熟悉热电偶应用中需要注意的问题 （5）熟悉各种典型的集成温度传感器及其应用	（1）阻式温度传感器 （2）热电偶 （3）集成温度传感器
温度传感器的项目化应用	（1）熟悉测温的基本应用电路 （2）理解实现测温的工作机理 （3）学会分析应用电路	（1）阻式温度传感器测温 （2）集成温度传感器测温

引言

本章主要介绍温度传感器，包括常见的分立元件式的温度传感器热电阻、热敏电阻、热电偶和集成温度传感器等，并突出其工作原理、常见应用和应用时的注意事项等。在知识的纵深上，以典型温度传感器的常见应用实例为载体来进行说明，在项目设置上也有别于前面的几个章节。

温度是表征物体冷热程度的物理量，它体现了物体内部分子运动状态的特征。温度是不能直接测量的，它只能通过物体随温度变化的某些特性（如体积、长度、电阻等）来间接测量。

温度传感器的应用

温度是与人类生活、工作关系最密切的，也是各门学科与工程研究设计中经常遇到和必须精确测定的物理量，在冶金、石化、塑料、发酵、孵化等行业，温度是影响生产成败和产品质量的重要工艺参数，是测量和控制的重点内容。从工业炉温、环境气温到人体温度，从空间、海洋到家用电器，各个领域都离不开测温和控温。另外有些电子产品还需对它们自身的温度进行测量，如计算机要监控 CPU 的温度，发动机控制器要知道功率驱动集成电路的温度等。

温度传感器概述

衡量温度高低的尺度称为"温度标尺"，简称温标，它规定了温度的零点和基本测量单位。目前国际上使用较多的温标是热力学温标和摄氏温标。热力学温标的单位是 K，摄氏温标的单位是℃，两者的关系为 0℃≈273.15K。

6.1 温度传感器的典型应用

1. 电暖气温度检测控制电路

常见的电暖气温度检测控制电路如图 6.1 所示。

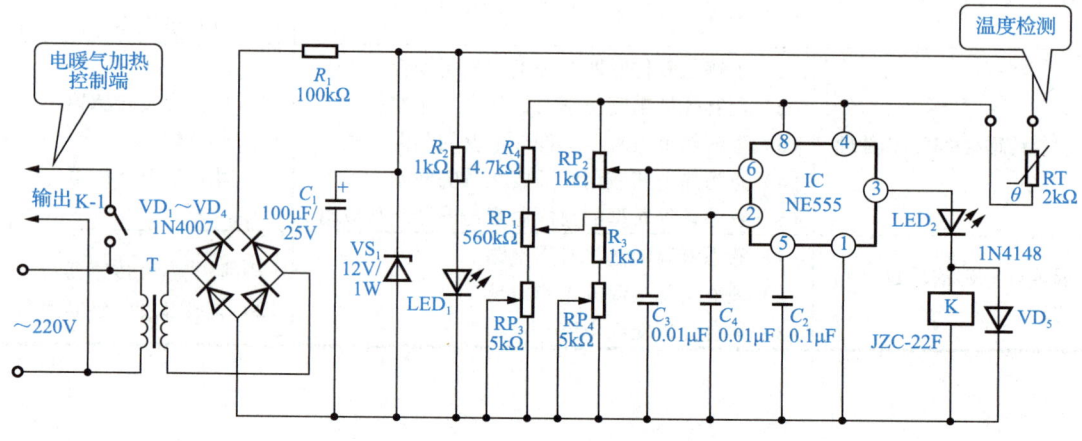

图 6.1 电暖气温度检测控制电路

对照图 6.1 电路：电源电路主要由交流输入部分、电源开关 K-1、降压变压器 T、桥式整流电路（$VD_1 \sim VD_4$）、电阻器 R_1、电源指示灯 LED_1、滤波电容器 C_1 和稳压二极管 VS_1 构成的。

对应的温度传感器是 NTC 热敏电阻，当温度升高，其阻值减小；当温度下降，其阻值增大。从电路结构、接法和本身要实现的温控要求来看，使用 NTC 热敏电阻最适合。

电暖气温度检测控制电路工作过程：当该电路测试到环境温度较低时，热敏电阻器 RT 的电阻值变大，集成电路 IC 的②引脚、⑥引脚电压降低，③引脚输出高电平，LED_2 被点亮，继电器 K 吸合，其常开触头将电加热器的工作电源接通，使环境温度升高；同样当环境温度升高到一定温度时，RT 的电阻值变小，集成电路 IC 的②引脚、⑥引脚电压升高，③引脚输出低电平，LED_2 熄灭，继电器 K 释放，其常开触头将电加热器的工作电源切断，使环境温度逐渐下降。

2. 计算机机房温控电路

采用 TC620 温度传感器的计算机机房温控电路如图 6.2 所示，由温度传感、控制器件、上下限温度显示器、继电器控制电机电路、海浪模拟发声电路和电源电路等组成。

对照图 6.2 电路，电源电路由 220V 交流输入、R_9 和 C_3 并联电路降压、$VD_4 \sim VD_7$ 组成的全桥整流、C_2 滤波、$IC_4$7806 稳压。海浪模拟发生电路由 HFC520 声音模拟芯片及必要的驱动元器件、VD_2、VD_3、VT_5、VT_6 和扬声器 B 组成。

整个电路的工作过程如下。

（1）当温度升高到上限控温点，TC620 的 5 引脚输出高电平：经 VT_3 和 VT_4 作用，此时集电极低电平，继电器 K_1 吸合，从而启动电动机 M；同时 HFC520 的触发端受到正脉冲触发，发出模拟海浪声音电信号，经 VT_5 和 VT_6 作用，驱动扬声器 B 发出模拟海浪声。

（2）一段时间后，当温度下降到下限控温点时，TC620 的 5 引脚输出低电平，此时继电器 K_1 释放，电动机 M 不工作；同时 HFC520 没达到触发条件，模拟海浪声消失。此后温度再次升高到上限温控点时，重复前述工作过程。

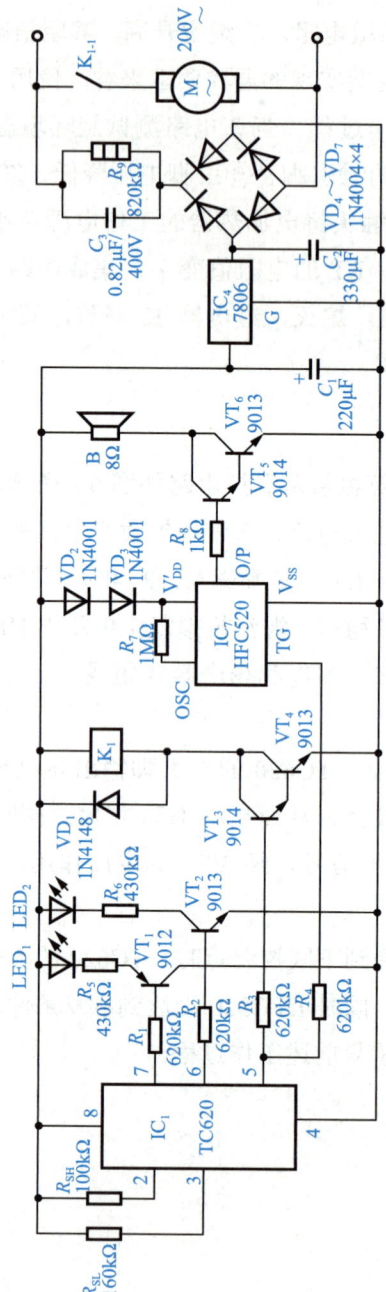

图 6.2 采用 TC620 温度传感器的计算机机房温控电路

第 6 章　温度传感器及其应用

6.2　温度传感器及其工作原理

温度变送传感器的工作原理

能够把温度的变化转化为电量（电压、电流或阻抗等）变化的传感器称为温度传感器。用来测量温度的传感器种类很多，常用的有热敏电阻、热电阻、PN 结、热电偶，以及为简化测量电路而开发的集成温度传感器。

将温度变化转换为电阻变化的元件主要有热电阻和热敏电阻；将温度变化转换为电势的传感器主要有热电偶和 PN 结式传感器；将热辐射转换为电学量的器件有热电探测器、红外探测器等。常见的温度传感器类型及测温范围见表 6-1。

表 6-1　常见的温度传感器类型及测温范围

温度传感器类型	测温范围
晶体温敏传感器	$-100 \sim 220℃$
热敏电阻	$-200 \sim 880℃$
集成温度传感器	$-55 \sim 150℃$
铂电阻	$-180 \sim 600℃$，$\alpha = 0.003916/℃$
铜电阻	$0 \sim 200℃$，$\alpha = 0.004250/℃$
双金属片	$0 \sim 300℃$
水银温度计	$-20 \sim 350℃$
酒精温度计	$-60 \sim 100℃$
热电偶 R（铂铑-铂热电偶）	$200 \sim 1400℃$
热电偶 K（镍铬-镍铝热电偶）	$0 \sim 1000℃$
热电偶 E（镍铬-康铜热电偶）	$-200 \sim 700℃$
热电偶 J（铁-康铜热电偶）	$0 \sim 600℃$
光高温度计	$800 \sim 2000℃$
辐射温度计	$0 \sim 2000℃$

按测温方法不同，温度传感器分为接触式和非接触式两种。接触式温度传感器测温是基于热平衡原理，即测温敏感元件必须与被测介质接触，使两者处于平衡状态，具有同一温度，如水银温度计、热敏电阻、热电偶等。

非接触式温度传感器测温是利用热辐射原理，测温的敏感元件不与被测介质接触，利用物体的热辐射随温度变化的原理测定物体温度，故又称辐射测温，其应用如辐射温度计等。

6.2.1　阻式温度传感器

阻式温度传感器按感温元件的材质不同可分为导体与半导体两类，其工作原理是利用导体、半导体电阻随温度变化的特性。在导体中，当温度升高时，原子围绕其平衡位置的振动幅度增大，从而导致电子弥散程度加大，降低了电子的平均速度，电阻增大。对于绝大多数金属，具有正的温度系数，电阻随温度升高而增大。

1. 热电阻（金属）

热电阻温度传感器的工作原理如下：金属材料的电阻率随温度变化而变化，致使它的电阻值随温度变化而变化，并且当温度升高时电阻值增大，温度降低时电阻值减小。对于特定的热电阻，其电阻值与温度之间可建立单值函数关系，只要测得其电阻值便可得出它的温度。目前使用较多的热电阻材料是铂、镍和铜。金属热电阻参数比较见表 6-2。

表 6-2 金属热电阻参数比较

材料	铂	铜	镍
适用温度范围/℃	−200～600	−50～150	−100～300
0～100℃之间电阻温度系数平均值×10^{-3} (/℃)	3.92～3.98	4.25～4.28	6.21～6.34
化学稳定性	在氧化性介质中性能稳定，不宜在还原性介质中使用，尤其是高温下	超过 100℃易氧化	超过 180℃易氧化
温度特性	近于线性，性能稳定，精度高	近于线性	近于线性，性能一致性差，灵敏度高
应用	高精度测量，可作标准	适于低温、无水分、无侵蚀性介质	一般测量

1）铂热电阻

铂热电阻的电阻值与温度的关系在 0～600℃时为

$$R_t = R_0(1 + At + Bt^2) \tag{6-1}$$

在 −200～0℃时为

$$R_t = R_0[1 + At + Bt^2 + C(t-100)t^3] \tag{6-2}$$

式中，R_t 是温度为 t 时的电阻值；R_0 是温度为 0℃时的电阻值；t 为任意温度；A、B、C 为温度系数。

在式（6-1）和式（6-2）中，R_0 不同，R_t 与 t 关系也不同。铂的物理、化学性能稳定，测量精度高、电阻率较高；铂丝在 0℃以上，其电阻值与温度之间具有较好的线性度。因此铂电阻除可作为温度标准外，还广泛用于高精度的工业测量。

2）铜热电阻

当测量精度不高，测量范围不大时，可用铜热电阻代替铂热电阻，这样可以降低成本。铜热电阻在日常生活中应用比较广泛，主要依赖于它的高性价比。

对铜热电阻来说，在 −50～150℃时，铜热电阻的电阻值与温度呈线性关系

$$R_t = R_0(1 + \alpha t) \tag{6-3}$$

式中，$\alpha = 4.25 \times 10^{-3} \sim 4.28 \times 10^{-3}$ /℃，为铜热电阻的温度系数。

铜热电阻的缺点是电阻率低，体积大，热惯性大，在 100℃以上易氧化。

目前热电阻已经标准化，通常以材料在 0℃时的电阻值作为标称电阻值，如 Pt100、Cu50。

2. 热敏电阻（半导体）

热敏电阻是由两种以上的金属氧化物如 Mn、Co、Ni、Fe 等的氧化物构成的烧结体，根据组成的不同，可以调整温度特性。各类热敏电阻的外形及结构如图 6.3 所示。

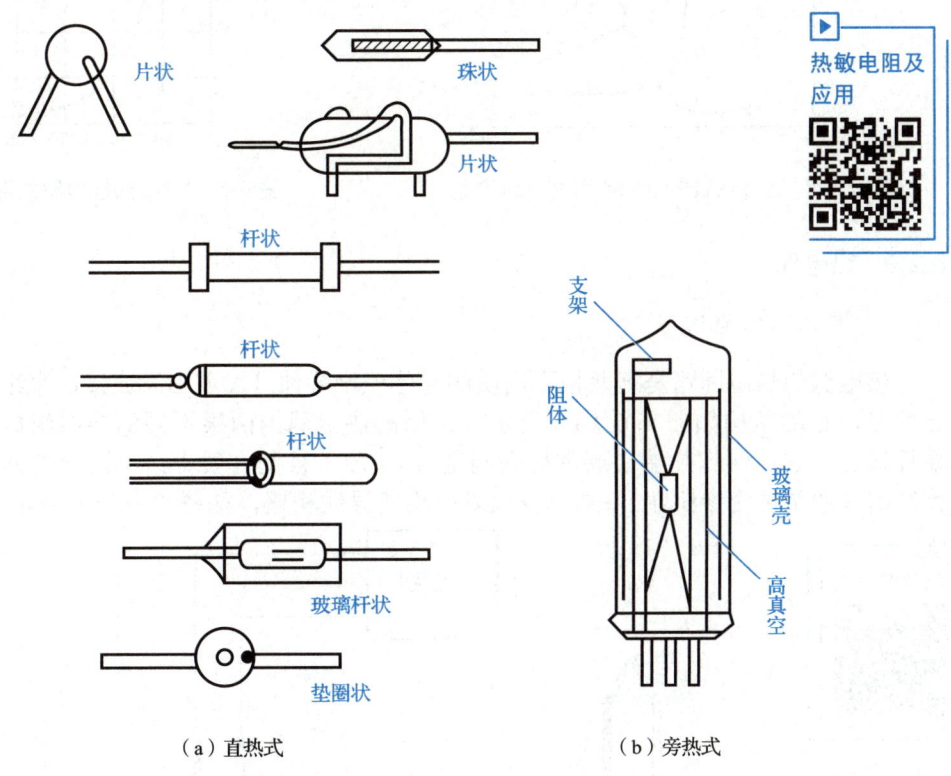

图 6.3 各类热敏电阻的外形及结构

热敏电阻是利用半导体的电阻随温度变化的特性制成的测温元件。热敏电阻，按电阻温度系数分为正温度系数（Positive Temperature Coefficient，PTC）热敏电阻和负温度系数（Negative Temperature Coefficient，NTC）热敏电阻；按阻值随温度变化的大小和变化速度分为缓变型热敏电阻和突变型热敏电阻；按受热方式分为直热式热敏电阻和旁热式热敏电阻。

图 6.4 所示为各种热敏电阻的典型特征示意图。对于具有负温度系数的热敏电阻，当温度升高时，载流子数目增加，电阻降低，因而具有负温度系数。

在温度测量中，主要采用 NTC 热敏电阻。NTC 热敏电阻的温度特性如图 6.5 所示。

热敏电阻的优点如下：电阻温度系数大，灵敏度高，比一般金属电阻大 10～100 倍；结构简单，体积小，可以测量"点"温度；体积小，热惯性小，适于动态测量；电阻率高，功耗小，导线电阻影响小，适于远距离的测量与控制。它的缺点为阻值与温度的关系呈非线性，元件的稳定性和互换性较差；需要注意自热引起的测量误差。

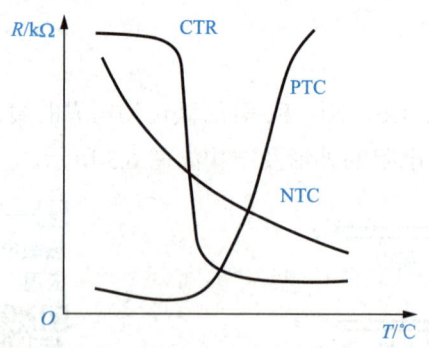

图 6.4　各种热敏电阻的典型特征示意图

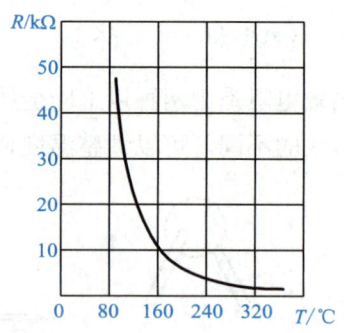

图 6.5　NTC 热敏电阻的温度特性

6.2.2　热电偶

1. 基本工作原理

热电偶的热电回路是把两根不同质的导体或半导体（A 和 B）连接起来组成的一个闭合回路，它的结构如图 6.6（a）所示。常用的热电偶由两根不同的导线组成，它们的一端焊接在一起，叫作热端（通常称为测量端），放入被测介质中；不连接的两个自由端叫作冷端（通常称为参比端），与测量仪表引出的导线相连，如图 6.6（b）所示。

热电偶

热电效应与热电偶

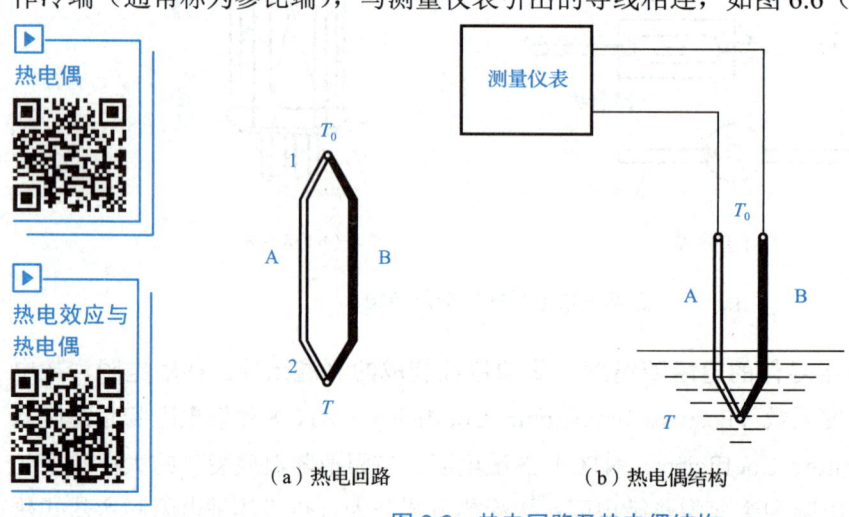

（a）热电回路　　　　（b）热电偶结构

图 6.6　热电回路及热电偶结构

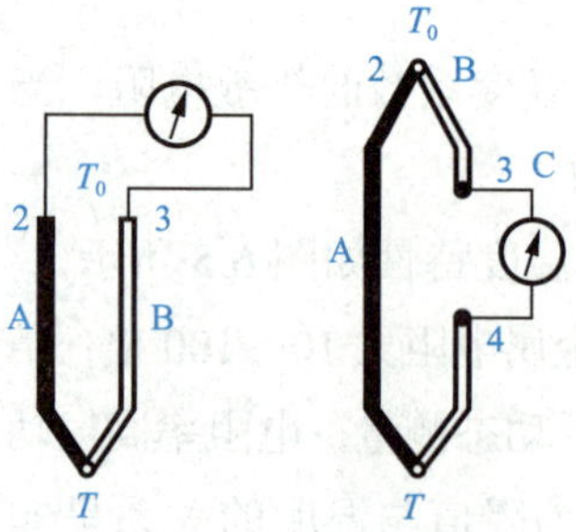

热电偶测温系统示意图如图 6.7 所示。

当两个导体两个接点 1 和 2 处于不同的温度 T 和 T_0 时，回路中有一定的电流，表明回路中有电势产生，称为热电势。热电势由接触电动势和温差电动势两部分组成。

热电效应即为上述产生热电势的效应。

2. 热电偶的测温原理

当热电偶的材料均匀时，热电偶的热电势大小与电极的

图 6.7　热电偶测温系统

几何尺寸无关，仅与热电偶材料的成分和冷端、热端的温差有关。当热端与冷端有温差时，测量仪表便能测出介质的温度。通常情况下，要求冷端的温度恒定，此时，热电偶的热电势就是被测介质温度的单值函数 $E_{AB} = \Phi(T)$，T 为测量端温度。

3. 热电偶应用中的相关问题

热电偶的使用温度：热电偶使用时有两种温度，一种是常用使用温度（在空气中连续使用的温度），另一种是过热使用温度（短时间内使用的温度），前者低于后者。

热电偶的使用温度与线径有关，线径越粗，使用温度越高。热电偶一般装入保护管内使用，保护管有以下几种形式：金属套管热电偶、铠装热电偶和绝缘层封装热电偶。

热电偶冷端的温度补偿：由热电偶测温原理可知，只有当热电偶的冷端温度保持不变时，热电势才是被测温度的单值函数。

工程上冷端温度常采用 0℃，但在实际使用时，冷端、热端靠得很近，冷端又暴露于空气中，冷端温度易受环境温度的影响，较难保持。通常采用以下补偿方法。

（1）补偿导线法：一般常用导线将热电偶的冷端延伸出来，使其置于恒温环境中。

（2）冷端温度补偿法：若冷端温度高于 0℃ 但恒定于 t_0 时，$E(T,0) = E(T,t_0) + E(t_0,0)$。

（3）电桥补偿法：利用不平衡电桥产生的电势来补偿热电偶因冷端温度不在 0℃ 时引起的热电势变化。不平衡电桥产生的电势能随环境温度自动调节变化。

4. 热电偶的基本应用电路

1）放大电路

热电偶的输出电压极小，其值为几十微伏每摄氏度。因此，要采用低失调电压运算放大器进行放大，注意运算放大器的合适选取，通常采用 ADOP07 来实现。

K 型热电偶的放大电路如图 6.8 所示。

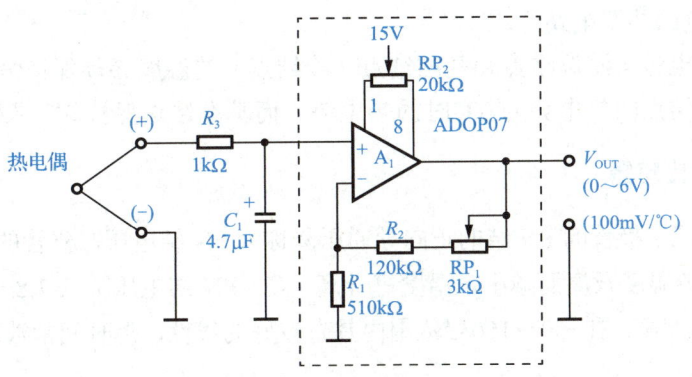

图 6.8 K 型热电偶的放大电路

2）线性化电路

如图 6.9 所示，K 型热电偶的热电势与温度呈非线性关系，因此热电偶在应用时需进行线性化处理。通常采用多项式线性化的方法，线性化电路的关键是求平方的运算，这里不作详细介绍。常用的线性化应用电路如图 6.10 所示。

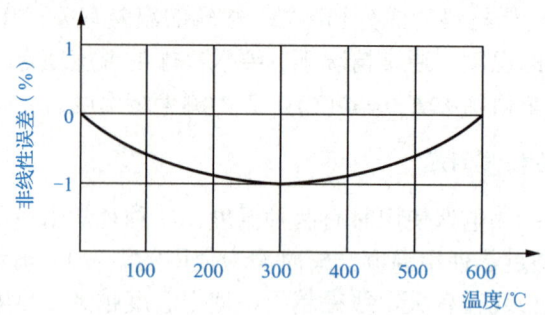

图 6.9　K 型热电偶的非线性特性曲线

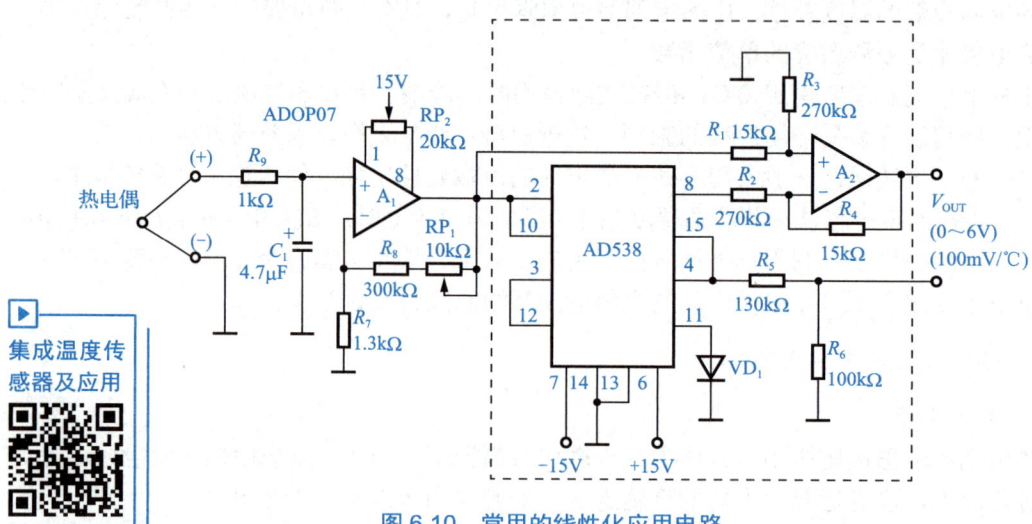

图 6.10　常用的线性化应用电路

3）基准结点的补偿电路

热电偶的热电势与测温结点和基准结点（冷结点）的温度必须保持恒定。热电偶国际标准中规定基准结点的热电势为 0℃时的热电势。而基准结点保持 0℃是很容易的。

6.2.3　集成温度传感器

晶体二极管或三极管的 PN 结的正向导通压降称为 PN 结电压，硅管的结电压常温下约 0.7V，并且大小随温度升高而减小，温度每升高 1℃，PN 结电压降低 1.8～2.2mV（随个体不同而异），灵敏度高；在-50～150℃范围内具有较好的线性，热时间常数为 0.2～2s，测温范围为-50～150℃。

集成温度传感器是将晶体管的 b～e 结作为温度敏感元件，将信号放大、调理电路甚至 A/D 转换或 U/F 转换等电路集成在一个芯片上制成的，按其输出信号的不同可分为以电压、电流、频率或周期形式输出的模拟集成温度传感器和以数字量形式输出的数字集成温度传感器。它的优点是体积小、使用简便、价格低廉、线性好、误差小，适合远距离测温、控温、免调试、理想线性输出等。

电压输出式集成温度传感器的灵敏度多为 10mV/℃（以摄氏温度 0℃作为电压的零点），电流输出式集成温度传感器的灵敏度多为 1μA/K（以绝对温度 0K 作为电流的零点）。数字集成温度传感器可以分为开关输出型、并行输出型、串行输出型等几种不同的形式。

1. 模拟集成温度传感器

1）电流输出式集成温度传感器

电流输出式集成温度传感器能产生一个与绝对温度成正比的电流作为输出，AD590、AD592、TMP17 等是电流输出式集成温度传感器的典型产品。AD590 引脚示意图如图 6.11 所示。

AD590 电流-电压转换电路如图 6.12 所示，图中增加负载电阻的阻值可提高输出电压。热力学温度成正比电路转换成摄氏温度成正比电路的 AD590 基本转换电路如图 6.13 所示。

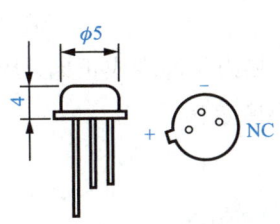

图 6.11　AD590 引脚示意图

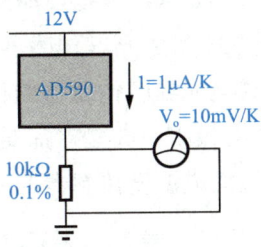

图 6.12　AD590 电流-电压转换电路

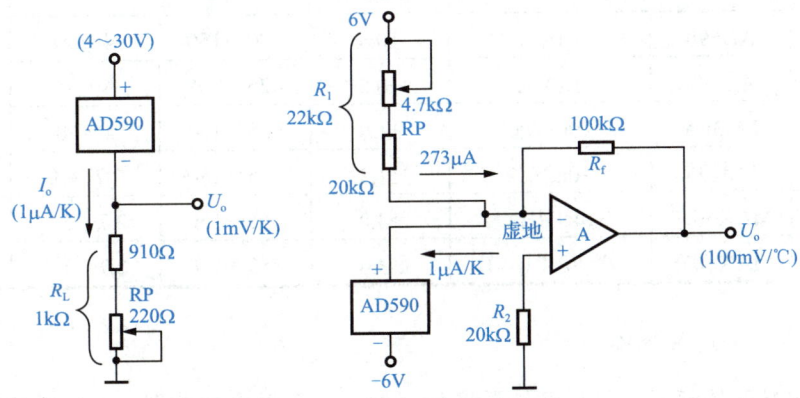

图 6.13　AD590 基本转换电路

图 6.13 中，1mV/K 表示输出电压 U_o 与热力学温度成正比，100mV/℃ 表示输出电压 U_o 与摄氏温度成正比。

2）电压输出式集成温度传感器

电压输出式集成温度传感器的特点是输出电压与热力学温度（或摄氏温度）成正比，电压温度系数 K_U 单位是 mV/K（或 mV/℃），典型产品有 LM35A、LM135 等。以热力学温度定标，灵敏度是 10mV/K。

LM35A 构成的摄氏温度测量电路及组装成的测温传感器如图 6.14 所示。

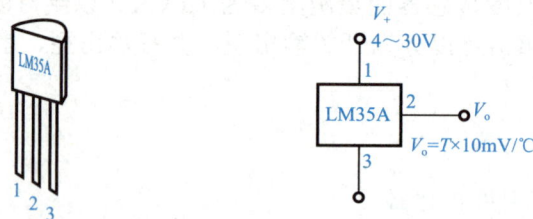

1—电源正极（$V+$）；2—输出（V_o）；3—地（GND）。

图 6.14　LM35A 构成的摄氏温度测量电路及组装成的测温传感器

3）频率输出式集成温度传感器

频率输出式集成温度传感器的特点是输出方波的频率与热力学温度成正比，频率温度系数 K_f 的单位是 Hz/K，典型产品是 MAX6677，以热力学温度定标。

4）周期输出式集成温度传感器

周期输出式集成温度传感器的特点是输出方波的周期与热力学温度成正比，周期温度系数 K_T 的单位是 μs/K，典型产品是 MAX6676，以热力学温度定标。

常用的模拟集成温度传感器的主要技术指标见表 6-3。

表 6-3　常用的模拟集成温度传感器的主要技术指标

种　类	型　号	温度系数	最大测量误差/℃	测量范围/℃	电源电压/V	生产厂商
电流输出式	AD590	1μA/K	±0.5	−50～150	4～30	ADI
	AD592	1μA/K	±0.5	−25～105	4～30	
电压输出式	LM35A	10mV/K	±1.0	−55～150	4～30	NSC
	LM135	10mV/K	±1.5	−55～150	2.7～10	
频率输出式	MAX6677	1/16～4Hz/K	±3.0	−55～150	2.7～5.5	MAXIM
周期输出式	MAX6676	10～6 401μs/K	±3.0	−55～150	2.7～5.5	

2. 数字集成温度传感器

数字集成温度传感器（又称智能温度传感器）内含温度传感器、A/D 转换器、存储器（或寄存器）和接口电路，采用了数字化技术，能以数据形式输出被测温度值，其优点是测温误差小、分辨率高、抗干扰能力强、能远距离传输、具有越限温度报警功能、带串行总线接口、适配各种微处理器等。

按输出的串行总线类型，数字集成温度传感器分为单线总线（1-Wire，如 DS18B20）、二线总线（包括 SMBus、I^2C 总线，如 AD7416）和四线总线（SPI 总线，如 LM15）等几种类型。

1）数字集成温度传感器 DS18B20

温度传感器的种类众多，但应用于高精度、高可靠性的场合时 DALLAS（达拉斯）公司生产的 DS18B20 表现出较好的性能。DS18B20 内部结构主要由温度传感器、64 位光刻 ROM、配置寄存器、非挥发的温度报警触发器 TH 和 TL 四部分组成。

DS18B20 的外形及管脚排列如图 6.15 所示，对应的内部构造如图 6.16 所示。

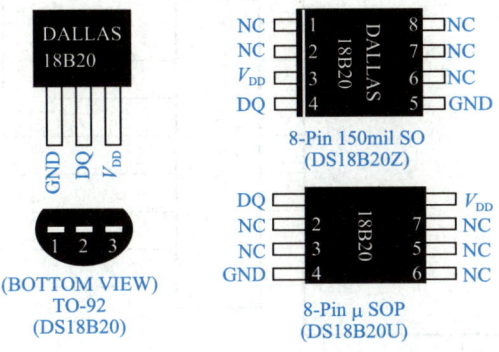

图 6.15 DS18B20 的外形及管脚排列

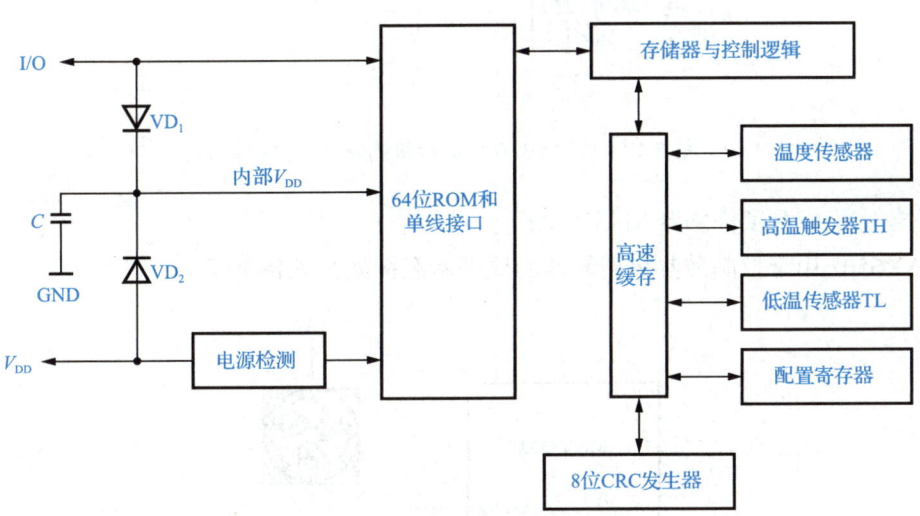

图 6.16 DS18B20 的内部构造

DS18B20 引脚定义：DQ 为数字信号输入/输出端；GND 为电源地；V_{DD} 为外接供电电源输入端（在寄生电源接线方式时接地）。

DS18B20 与单片机的硬件接口设计如图 6.17 所示。

图 6.17 中，DS18B20 采用外接电源方式，其 V_{DD} 端用 3～5.5V 电源供电。单片机直接驱动 LED，其中 P0.0～P0.7 口作段码驱动，P2.0～P2.7 口作位码驱动。DS18B20 的软件包括主程序、DS18B20 读写程序和显示程序。

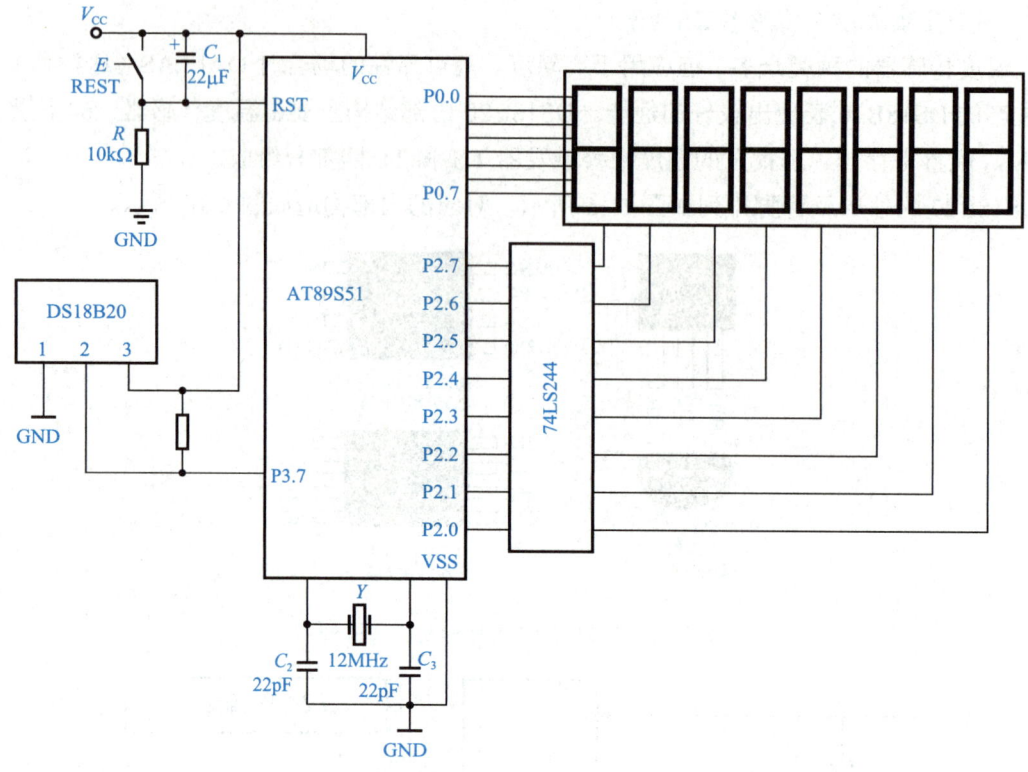

图 6.17 DS18B20 与单片机的硬件接口设计

2）数字集成温度传感器 MAX6502

MAX6502 用于控制散热风扇转速的原理示意图如图 6.18 所示。

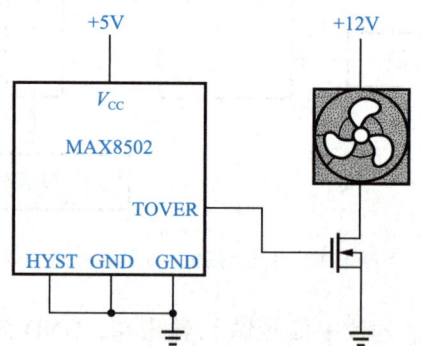

图 6.18 MAX6502 用于控制散热风扇转速的原理示意图

图 6.18 中，场效应管负责功率驱动，当 CPU 进行复杂运算时，散热风扇处于全速运行状态。

典型的数字集成温度传感器的主要技术指标见表 6-4。

表 6-4　典型的数字集成温度传感器的主要技术指标

型　号	最大测量误差/℃	测量范围/℃	电源电压/V	总线类型	生产厂商
DS18B20	±0.5	−55～125	3.0～5.5	单总线	DALLAS
DS1624	±0.5	−55～125	3.0～5.0	I^2C 总线	
AD7416	±2.0	−55～125	2.7～5.5	I^2C 总线	ADI
AD7814	±2.0	−55～125	2.7～5.5	SPI 总线	
LM74	±3.0	−55～125	3.0～5.0	SPI 总线	NSC
LM75	±3.0	−25～100	3.0～5.0	I^2C 总线	
MAX6502	±3.0	−55～125	3.0～5.5	I^2C 总线	MAXIM

6.3　温度传感器的项目化应用

现实生活和生产过程中，集成温度传感器的应用越来越广泛。本节涉及的有关温度传感器的应用设计实现由读者自己来做，这里仅给出一些常见的应用电路和需要注意的事项。

1. 以热敏电阻为温度传感器的测温电路

如图 6.19 所示，由固定电阻 R_1、R_2 和热敏电阻 RT 及 R_3＋VR_1 构成测温电桥，把温度的变化转化成微弱的电压变化；再由运算放大器 LM358 进行差分放大；运算放大器的输出端接 5V 的直流电压表头，用来显示温度值。

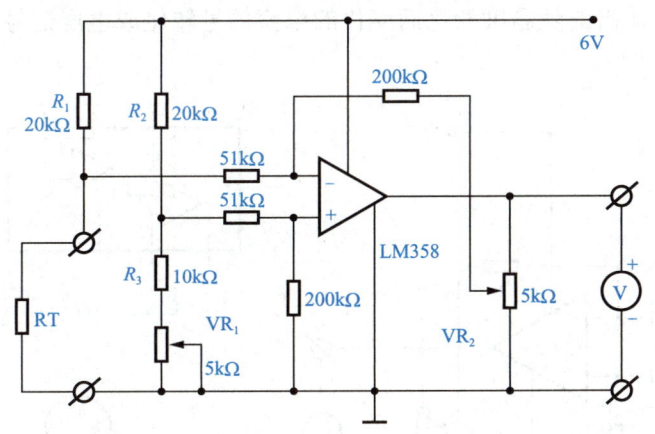

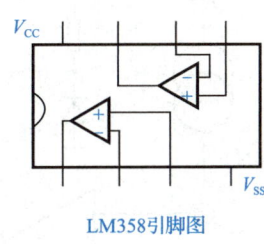

LM358引脚图

图 6.19　热敏电阻测温电路

电阻 R_1 与热敏电阻 RT 的节点接运算放大器的反相输入端，当被测温度升高时该点电位降低，运算放大器输出电压升高，表头指针偏转角度增大，以指示较高的温度值；反之当被测温度降低时，表头指针偏转角度减小，以指示较低的温度值。

VR_1 用于调"0"；VR_2 用于调节放大器的增益，即分度值。

2. 以铂热电阻为温度传感器的测温电路

铂热电阻测温电路如图 6.20 所示，这是一种恒温器电路。它可以检测印制电路板上功率晶体管周围的温度。

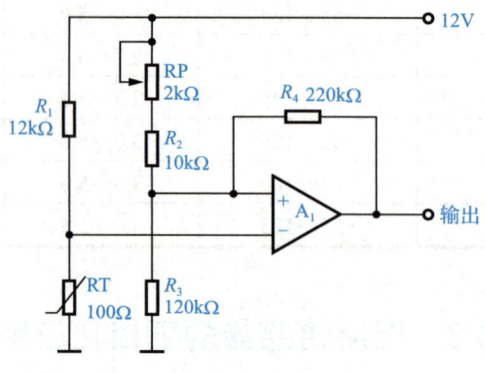

图 6.20　铂热电阻测温电路

对图 6.20 来说，当功率晶体管周围的温度低于 60℃时，A_1 的同相输入端电位（由 RP、R_2、R_3 分压确定）高于反相输入端，A_1 输出高电平；温度超过 60℃时，则 RT 阻值增大到 123.64Ω（0℃时为 100Ω），A_1 的反相输入端电位高于同相输入端电压，A_1 输出低电平，从而控制有关电路进行温度调节。

3. 以 AD590 为温度传感器的测温电路

AD590 测温电路如图 6.21 所示，电源正极经 AD590 后串接 10kΩ 的精密电阻（误差不超过 1%）R_1 后接地，将 AD590 输出的随温度变化而变化的电流信号转化成电压信号，即 A 点的电压。

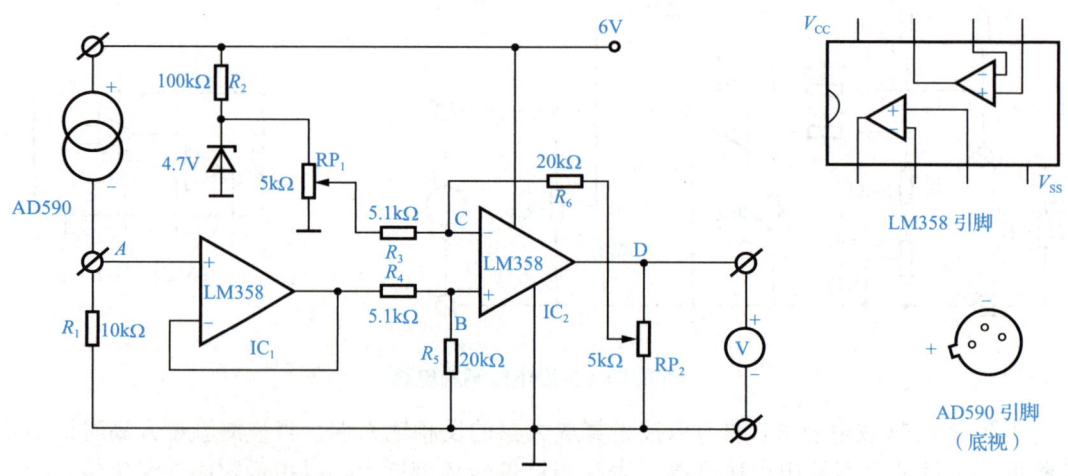

图 6.21　AD590 测温电路

温度与 A 点电压的关系见表 6-5。

表 6-5　温度与 A 点电压的关系

温度/℃	AD590 电流/μA	经 10kΩ 电阻后的转换电压/mV
0	273.2	2.732
10	283.2	2.832
20	293.2	2.932
30	303.2	3.032
40	313.2	3.132
50	323.2	3.232
60	333.2	3.332
100	373.2	3.732

由表 6-5 可见，温度每变化 1℃，AD590 的输出电流变化 1μA，在电阻 R_1 上引起的电压变化就等于 10mV，于是灵敏度为 10mV/℃。

为了增大后续放大器的输入阻抗，减小对 R_1 上电压信号的影响，转化后的电压信号经 IC_1 电压跟随器后到差分运算放大器 IC_2 的同相输入端，B 点的电压等于 A 点的电压。

由于 AD590 是按热力学温度分度的，0℃时的电流不等于 0，而是 273.2μA，经 10kΩ 电阻转换后的电压为 2.732V，因此需给 IC_2 的反相输入端 C 加上 2.732V 的固定电压进行差动放大，以使 0℃时运算放大器的输出电压为 0。

4．以 PN 结为温度传感器的测温电路

PN 结温度传感器测温电路（图 6.22）由固定电阻 R_1、R_2、PN 结 DT 及 R_3 + VR_1 构成测温电桥，把温度的变化转化成微弱的电压变化；再由运算放大器 LM358 进行差分放大；运算放大器的输出端接 5V 的直流电压表头，用来显示温度值。

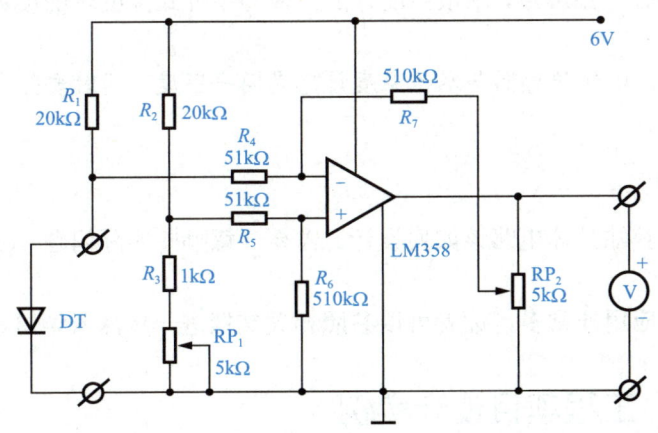
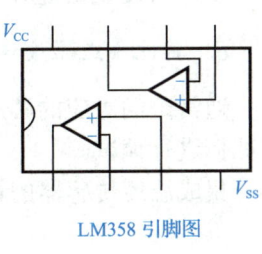

LM358 引脚图

图 6.22　PN 结温度传感器测温电路

电阻 R_1 与 PN 结 DT 的节点接运算放大器的反相输入端，当被测温度升高时该点电位降低，运算放大器输出电压升高，表头指针偏转角度增大，以指示较高的温度值；反之当被测温度降低时，表头指针偏转角度减小，以指示较低的温度值。RP_1 用于调"0"；RP_2 用于调节放大器的增益，即分度值。

实际制作中所需材料及调试过程中所需的配备主要有以下几种：

（1）二极管 1N4148（做温度传感器）；
（2）集成运算放大器 LM358；
（3）5kΩ 微调电位器、5V 电压表头；
（4）6V 稳压电源；
（5）实验板；
（6）电阻；
（7）水银温度计；
（8）盛水容器（为了减缓温度的变化速度，盛水量应不少于 1 升）；
（9）冰块；
（10）加热装置等。

5. 测温电路的调试过程

准备盛水容器、冷水、60℃以上热水、水银温度计、搅动棒等。

（1）把传感器和水银温度计放入盛水容器中，接通电路电源。加入冷水和热水（不断搅动），通过调节冷水、热水比例使水温为 20℃，调节电路的 RP_1 使表头指针正向偏转，然后回调 RP_1 使指针返回，指针刚刚指到 0V 刻度上时停止调节（表头指示的起点为定为 20℃）。

（2）容器中加热水和冷水，不断搅动，把水温调整到 30℃，通过调节电路的 RP_2 使表头指针指在 5V 刻度上。

（3）重复（1）、（2）步骤 2~3 次，调试完成。电压表头指示的电压值乘以 2 再加上 20 就等于所测温度。

（4）检验在 20~30℃范围内的任一温度点，水银温度计的读数与指针式温度表的读数是否一致，误差应不大于±1℃。

注意：调试过程中要不断搅动，以使传感器与水银温度计感受同一温度，同时要等水银温度计的读数稳定后再调试电路。

6. 其他集成温度传感器的应用

通常查阅对应的芯片资料就能获知具体电路该如何设计，需要注意哪些实际问题，以及如何进行调试。

集成温度传感器的相关资料和应用非常多，读者可以参照相关文档进一步深入学习。

6.4 工程项目设计实例

下面讲解热敏电阻的应用实例。

1. 热敏电阻用于继电器控制

热敏电阻用于继电器控制示意图如图 6.23 所示。

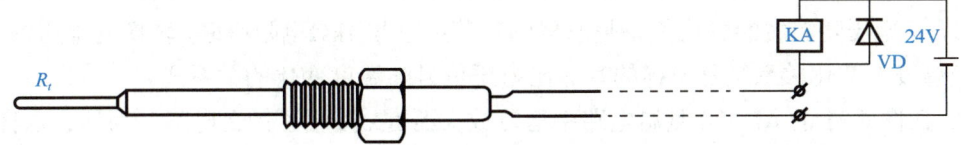

图 6.23　热敏电阻用于继电器控制示意图

如图 6.23 所示，在电动机的定子绕组中嵌入负温度突变型热敏电阻，并与继电器串联。当电动机过载时，定子电流增大，引起发热。当温度大于突变点时，电路中的电流可以由十分之几毫安突变为几十毫安，因此继电器动作，触发电动机保护电路，从而实现过热保护。

热电阻传感器

由以上分析可知，必须使用负温度系数的突变型热敏电阻与继电器串联。温度突变点应略高于电动机最高工作壳温（外壳温度）。VD 为续流二极管。

2. 热敏电阻用于自恢复熔断器

自恢复熔断器外形如图 6.24 所示。

高分子聚合物 PTC 热敏电阻由聚合物与导电晶粒等构成。导电晶粒在聚合物中构成链状导电通路。当正常工作电流通过（或元件处于正常环境温度）时，自恢复熔断器呈低阻状态。

当电路中有异常过电流，或环境温度超过额定值时，热量使聚合物迅速膨胀，切断导电晶粒所构成的导电通路，自恢复熔断器呈高阻状态；当电路中过电流（或超温状态）消失后，聚合物冷却，体积恢复正常，PTC 热敏电阻中的导电晶粒又重新构成导电通路。

图 6.24　自恢复熔断器外形

6.5　合 作 研 讨

1．简述温度传感器的概念及种类，不同种类的温度传感器分别基于什么原理？
2．热力学温度与摄氏温度的数值关系是怎样的？
3．热敏电阻温度传感器的主要优缺点是什么？主要应用在哪些地方？
4．热电阻传感器按制造材料划分主要有哪几种？各有什么特点？
5．PN 结温度传感器有哪些特性？测温范围是多少？
6．简述以 PN 结为温度传感器的测温电路的调试方法。
7．用镍铬-镍硅（K 型）热电偶测炉温。当冷端温度 T_0=30℃时，测得热电势为 $E(T, T_0)$=44.66mV，则实际炉温是多少度？

8．集成温度传感器分为哪两大类？模拟集成温度传感器按输出信号的不同又分哪几类？

9．AD590 的输出电流随温度的变化关系是怎样的？将它与 10kΩ 电阻串联，转换为电压信号后，电压随温度的变化关系是怎样的？若将它与 1kΩ 电阻串联，转换为电压信号后，电压随温度的变化关系又是怎样的？写出电压信号随温度变化的关系式。

10．在图 6.21 的 AD590 测温电路中运算放大器 IC_1 接成了什么电路？为什么这样做？

思考题

结合所学知识分析下列应用电路，要求叙述传感器工作机理和整个电路的工作过程。

（1）CPU 过热报警器电路（图 6.25）。

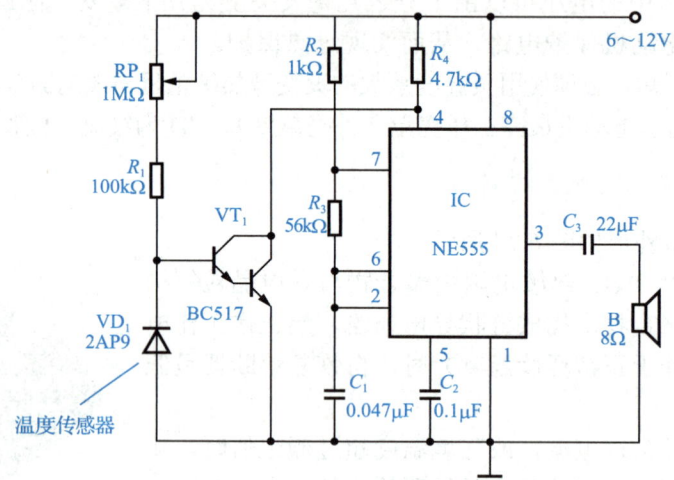

图 6.25　CPU 过热报警器电路

（2）电冰箱温度超标指示器电路（图 6.26）。

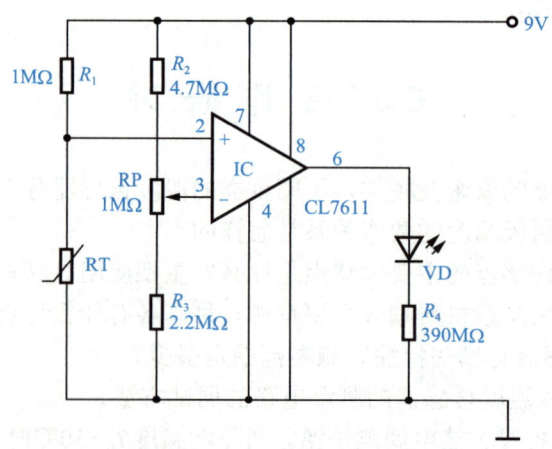

图 6.26　电冰箱温度超标指示器电路

（3）自动温奶器电路（图6.27）。

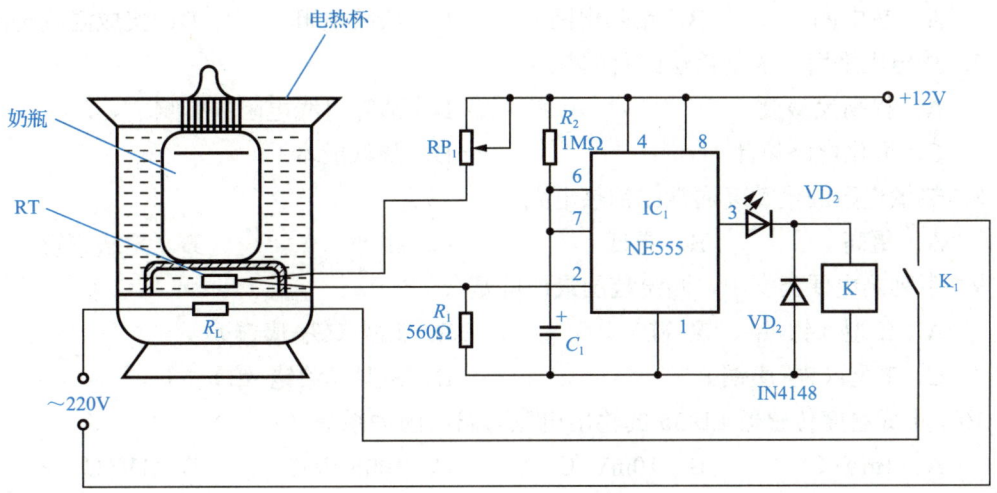

图6.27　自动温奶器电路

 **在线测试**

1．校内：10.60.64.7（内网），进入后选择左上角的"测验"来进行。

2．校外：登录www.zjooc.cn，搜索"传感器与检测技术"（负责人：浙江万里学院，钱裕禄），选课后，进入测验和考试。

拓展练习题

一、单项选择题（20题）

1．热电偶的工作原理基于（　　）物理效应。
　　A．压电效应　　B．霍尔效应　　C．塞贝克效应　　D．光电效应
2．铂热电阻Pt100在0℃时的标称电阻值为（　　）。
　　A．0Ω　　B．50Ω　　C．100Ω　　D．200Ω
3．下列温度传感器的电阻值随温度升高而显著减小的是（　　）。
　　A．PTC热敏电阻　　　　　　B．NTC热敏电阻
　　C．铂热电阻　　　　　　　　D．铜热电阻
4．集成温度传感器DS18B20的输出信号类型是（　　）。
　　A．模拟电压　　B．模拟电流　　C．数字信号　　D．频率信号
5．热电偶测温时，冷端补偿的主要目的是消除（　　）误差。
　　A．非线性误差　　　　　　　B．环境温度变化引起的误差
　　C．电磁干扰误差　　　　　　D．机械振动误差

6．下列温度传感器最适合测量1200℃以上的高温的是（　　）。
　　A．热电偶　　　　B．铂热电阻　　　C．热敏电阻　　　　D．集成温度传感器
7．热电阻采用三线制接法的目的是（　　）。
　　A．提高灵敏度　　　　　　　　　　B．消除引线电阻的影响
　　C．简化电路设计　　　　　　　　　D．降低成本
8．热敏电阻的灵敏度通常比铂热电阻（　　）。
　　A．更高　　　　　B．更低　　　　　C．相同　　　　　　D．无法比较
9．下列热电偶类型中，测温范围最广的是（　　）。
　　A．K型（镍-铬、镍-硅）　　　　　　B．J型（铁-康铜）
　　C．T型（铜-康铜）　　　　　　　　D．S型（铂铑-铂）
10．集成温度传感器LM35的输出电压与温度的关系是（　　）。
　　A．1mV/℃　　　B．10mV/℃　　　C．100mV/℃　　　D．1V/℃
11．热敏电阻的电阻温度特性曲线通常表现为（　　）。
　　A．线性关系　　　B．指数关系　　　C．对数关系　　　　D．二次函数关系
12．下列传感器中，响应速度最快的是（　　）。
　　A．铂热电阻　　　B．热电偶　　　　C．NTC热敏电阻　　D．双金属片
13．热电偶的极性可以通过（　　）的方法判断。
　　A．导线颜色标记　　　　　　　　　B．磁铁吸引
　　C．加热后电压方向　　　　　　　　D．电阻测量
14．K型热电偶的两种导体材料是（　　）。
　　A．铂和铑　　　　B．铜和康铜　　　C．镍铬和镍硅　　　D．铁和康铜
15．热电阻四线制接法的主要优势是（　　）。
　　A．提高测量速度　　　　　　　　　B．完全消除引线电阻影响
　　C．简化电路设计　　　　　　　　　D．降低成本
16．热敏电阻在医疗领域最常用于测量（　　）。
　　A．血压　　　　　B．体温　　　　　C．血氧　　　　　　D．心电信号
17．集成温度传感器DS18B20的通信接口是（　　）。
　　A．I^2C
　　C．单总线（1-Wire）　　　　　　　B．SPI
　　　　　　　　　　　　　　　　　　　D．UART
18．热电偶的灵敏度单位通常是（　　）。
　　A．Ω/℃　　　　　B．mV/℃　　　　C．mA/℃　　　　　D．V/℃
19．以下传感器必须进行冷端补偿的是（　　）。
　　A．热电偶　　　　B．铂热电阻　　　C．热敏电阻　　　　D．集成温度传感器
20．在工业高温炉温控系统中，优先选用的传感器是（　　）。
　　A．热电偶　　　　B．热敏电阻　　　C．双金属片　　　　D．红外传感器

二、多项选择题（5题）

1. 温度传感器选型时需考虑的主要因素包括（　　）。
   A．测量范围　　　B．精度要求　　　C．响应时间　　　D．成本
2. 下列材料中常用于制作热电阻的是（　　）。
   A．铂　　　　　　B．铜　　　　　　C．镍　　　　　　D．铁
3. 热电偶冷端补偿的常用方法包括（　　）。
   A．冰点槽法　　　B．软件补偿法　　C．电桥补偿法　　D．多传感器融合法
4. 集成温度传感器的优点包括（　　）。
   A．输出信号数字化　　　　　　　　B．无须外部校准
   C．抗干扰能力强　　　　　　　　　D．测温范围覆盖超高温
5. 热敏电阻的典型应用场景包括（　　）。
   A．电子体温计　　　　　　　　　　B．空调温度控制
   C．电机过热保护　　　　　　　　　D．高温熔炉监测

三、简答题（10题）

1. 简述热电偶的工作原理及冷端补偿的必要性。
2. 铂热电阻 Pt100 的命名含义是什么？
3. 热敏电阻分为哪两种类型？简述其电阻温度特性。
4. 与传统传感器相比，集成温度传感器的优势有哪些？
5. 三线制接法在热电阻测温中的作用是什么？
6. 热电偶与热电阻的主要区别有哪些？
7. 列举三种温度传感器的标定方法。
8. 为什么热敏电阻通常不适用于高精度测量？
9. 解释热电偶的"中间温度定律"。
10. 在工业应用中，如何选择热电偶的具体类型？

四、应用分析题（5题）

1. 某工厂需监测高温反应炉（800~1500℃）的温度，请选择合适的传感器并说明理由。
2. 设计一个基于热敏电阻的过温保护电路，说明其工作原理。
3. 某热电偶测温系统输出信号异常，列出可能的故障原因及排查步骤。
4. 分析铂热电阻（Pt100）采用四线制测量的优势及适用场景。
5. 在智能家居中，如何利用 DS18B20 实现多点温度监测？

五、应用综述题（5题）

1. 综述热电偶、热电阻和热敏电阻的优缺点及适用场景。
2. 设计一个工业锅炉温度监控系统，说明传感器选型、信号处理及控制策略。
3. 分析温度传感器在新能源汽车中的应用场景及技术挑战。

4．比较模拟温度传感器与数字温度传感器的性能差异及适用领域。

5．探讨物联网中温度传感器的技术发展趋势。

六、合作研讨题（5题）

1．小组讨论：如何为化工厂反应釜设计防爆型温度监测系统？需考虑传感器选型、防爆认证及安全冗余。

2．辩论：在智能手表体温监测中，应选择热敏电阻还是红外传感器？从精度、功耗、用户体验角度分析。

3．角色扮演：某公司计划开发家用智能恒温器，你作为工程师、产品经理、用户代表，分别提出不同的需求与解决方案。

4．案例分析：某气象站温度数据异常，可能由传感器故障、通信干扰或软件漏洞引起，请团队协作制定排查流程。

5．设计挑战：使用 Arduino 和常见温度传感器，设计一个"智能花盆"温湿度监控装置，要求成本低于 50 元。

第 7 章
湿度传感器及其应用

教 学 目 标

本章内容主要包括"湿度传感器""湿度传感器的典型应用"和"湿度传感器的项目化应用"等。

通过本章的学习,学生可以正确理解"温湿度"的概念,熟悉湿度的表示方法和湿度传感器的分类,理解湿度传感器的基本工作原理;了解现实生活中湿度传感器的应用情况等;掌握典型应用电路的分析、制作和调试方法,了解湿度传感器在应用中的注意事项等。

教 学 重 点

知识要点	能力要求	相关知识
湿度传感器	(1) 理解"温湿度"的概念,熟悉湿度的表示方法 (2) 熟悉湿度传感器的分类,理解其工作原理	湿度传感器的工作原理
湿度传感器在生活中的应用	(1) 了解生活中湿度传感器的应用情况 (2) 熟悉湿度传感器应用电路的工作机理	湿度传感器的典型应用
湿度传感器的应用电路	(1) 熟悉湿度传感器的特点,学会正确选用湿度传感器 (2) 学会调试湿度传感器应用电路	湿敏电阻在简易湿度计中的应用

本章内容主要围绕着以下几个问题展开，即相对湿度及其表示方法、露点（霜点），湿度传感器的基本应用情况，常用湿度传感器（湿敏电阻、湿敏电容等）的基本工作原理，湿度传感器应用电路设计要点考虑和湿度传感器有哪些基本应用电路等。本章所设的"湿敏电阻在简易湿度计中的应用"项目使湿度传感器的各方面内容有了一个纵深。

湿度检测在工农业生产、医疗卫生、食品加工及日常生活中有着非常重要的地位与作用，湿度检测结果直接关系到产品的质量，比如半导体制造中静电荷与湿度就有直接关系。

湿度传感器主要用于湿度测量和湿度控制。在湿度测量方面，湿度传感器的应用有气象观测，一般环境管理的湿度测量，微波炉、干燥设备、医疗设备、汽车的除湿设备、录像机等的湿度或露点检测等；在湿度控制方面，湿度传感器的应用有食品、医疗、农业、造纸业、纺织业，以及楼房、家庭空调管理，印刷、制药、食品加工等干燥度的控制，食品储存、微生物管理等的湿度调节。

通常"温湿度"放在一起讲，抛开温度而去单纯讲湿度没有意义，因为湿度受温度的影响非常大。

7.1 湿度传感器

7.1.1 湿度的表示方法

湿度是表示空气中水蒸气含量的物理量。水蒸气压是指在一定的温度条件下，混合气体中存在的水蒸气分压。而饱和蒸气压是指在同一温度下，混合气体中所含水蒸气压的最大值。温度越高，饱和蒸气压越大。湿度的表示方法有三种，即绝对湿度、相对湿度和露点（霜点）。以下介绍相对湿度和露点（霜点）的相关知识。

1. 相对湿度

一般情况下，我们所说的湿度均为相对湿度。相对湿度表示某一个温度下空气中实际所含水蒸气分压和同温度下饱和蒸气压的百分比，即

$$H_\mathrm{T} = \frac{P_\mathrm{W}}{P_\mathrm{N}} \times 100\% \tag{7-1}$$

相对湿度一般用%RH表示，为无量纲的值，其值范围为0～100%RH，如"70%RH"指的是空气中的相对湿度为70%。

相对湿度受温度、气压影响较大，当气体温度和压力改变时，因为饱和蒸气压的变化，所以即使气体中水蒸气压相同，其相对湿度也发生变化。

2. 露点（霜点）

水的饱和蒸气压随温度的降低而逐渐下降。在同样的空气水蒸气压下，温度越低，则空气的水蒸气压与同温度下水的饱和蒸气压差值越小。当空气温度下降到某一温度时，空气中的水蒸气压与同温度下水的饱和蒸气压相等。此时，空气中的水蒸气将向液相转化而凝结成露珠，相对湿度为100%RH，该温度称为空气的露点温度，简称露点。如果上述这一温度低于0℃时，水蒸气将结霜，则称为霜点温度，简称霜点。露点和霜点统称为露点。空气中水蒸气压越小，则露点越低，因而可用露点表示空气中的湿度。

降低温度会产生结露现象。露点与农作物的生长有很大关系，结露也严重影响电子仪器的正常工作，必须予以重视。例如，当环境的相对湿度增大时，物体表面就会附着一层水膜，并渗入材料内部。这不仅降低了绝缘强度，还会造成漏电、击穿和短路现象；潮湿还会加速金属材料的腐蚀并引起有机材料的霉烂。

7.1.2 湿度传感器的分类

目前湿度传感器的种类繁多，特性不同。不同湿度传感器的材料也会不同，有高分子材料、半导体陶瓷、电解质及其他材料。湿度传感器按工作原理来分，有电阻式和电容式两种，分别用符号 R_H 和 C_H 表示。

水是一种极强的电解质，水分子有较大的电偶极矩，在氢原子附近有极大的正电场，因而它有很强的电子亲和力，使得水分子易吸附在固体表面并渗透到固体内部。利用水分子这一特性制成的湿度传感器称为水分子亲和力型传感器，在现代工业上使用的湿度传感器大多是该类型，它将湿度的变化转换为阻抗或电容值的变化后输出。

7.1.3 湿度传感器的工作原理

湿度传感器的工作原理：在基片涂覆感湿材料形成感湿膜，空气中的水蒸气吸附于感湿材料后，元件的阻抗、介质常数发生很大的变化，从而制成湿敏元件。

1. 电阻式湿度传感器

电阻式湿度传感器简称湿敏电阻，它的核心部分为湿敏元件，湿敏元件一般由基体、电极和感湿层组成，图7.1所示为两种常见的湿敏元件结构。

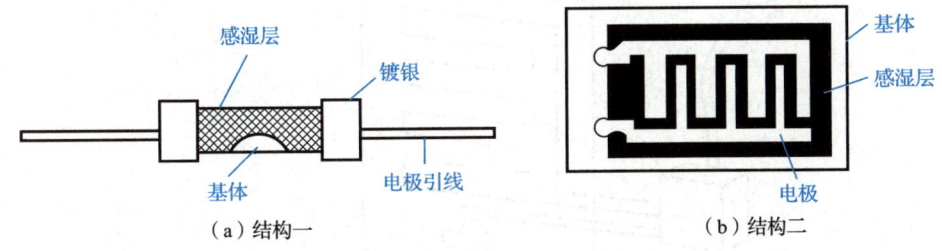

图 7.1 两种常见的湿敏元件结构

湿敏元件的工作方式主要是物理吸附和化学吸附，其基本原理如下：感湿层中水分子含量增多时，引起电极间电导率的上升（电解水在外电压作用下产生载流子运动）；反之，电极间的电导率下降。根据使用材料不同可以将湿敏元件分为高分子型和陶瓷型。

湿敏电阻具有以下优点：可以集中进行控制、便于遥测；不需要很大的检测空间；可方便地与数字电路相匹配。因此其被广泛应用。

2. 电容式湿度传感器

电容式湿度传感器是利用两个电极间的电介质随湿度变化引起电容值变化的特性而制成的。常见结构中，湿敏电容式湿度传感器的上、下电极中间夹着湿敏元件，并附着在玻璃或陶瓷基片上。若湿敏元件周围的湿度变化时，其介电常数会发生变化，则相应的电容量发生变化，因此通过检测电容量的变化就能检测周围的湿度。

检测电容变化可以采用湿敏与电感器构成 LC 谐振电路，作为其振荡频率变化取出的方法，也可以采用取出周期变化的方法。湿敏电容式湿度传感器的湿度检测范围宽、响应速度快、体积小、线性好、较稳定，很多湿度计都使用这种传感器。

7.2 湿度传感器的典型应用

湿度传感器在现实生活中有着广泛的应用。在具有粉尘作业和电火工品生产的车间，当因湿度小而产生静电时，常会发生爆炸事故；在大规模集成电路的生产过程中，当相对湿度低于 30%时，容易产生静电，从而影响生产；仓库的湿度过大，会使存放的物资变质，这些场合应严格控制湿度，用到湿度传感器。

另外，在农业的育苗、栽培、生产、保鲜等方面的湿度测量和控制；空调系统，计算机机房及工业生产中的湿度控制；粮食、烟草、纸张、药材、食品等的储藏管理；图书、资料、文物的保管；精密光学、电子、化工、机械加工的湿度控制；农业及饲料加工厂湿度控制；气象观测；等等，这些场合也会用到湿度传感器。

1. 浴室镜面水汽清除器

浴室镜面水汽清除器的结构和电路分别如图 7.2 和图 7.3 所示。

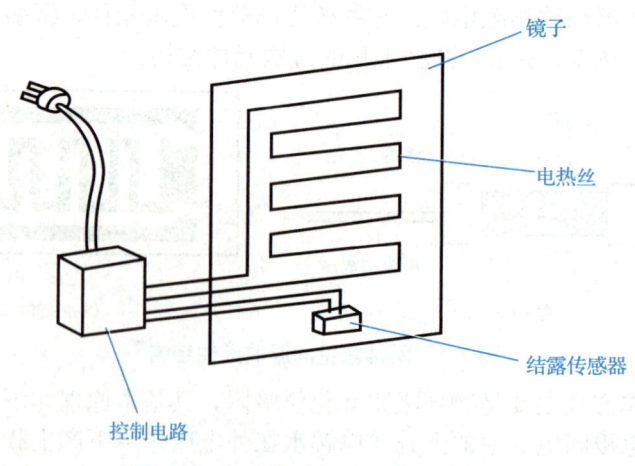

图 7.2　浴室镜面水汽清除器的结构

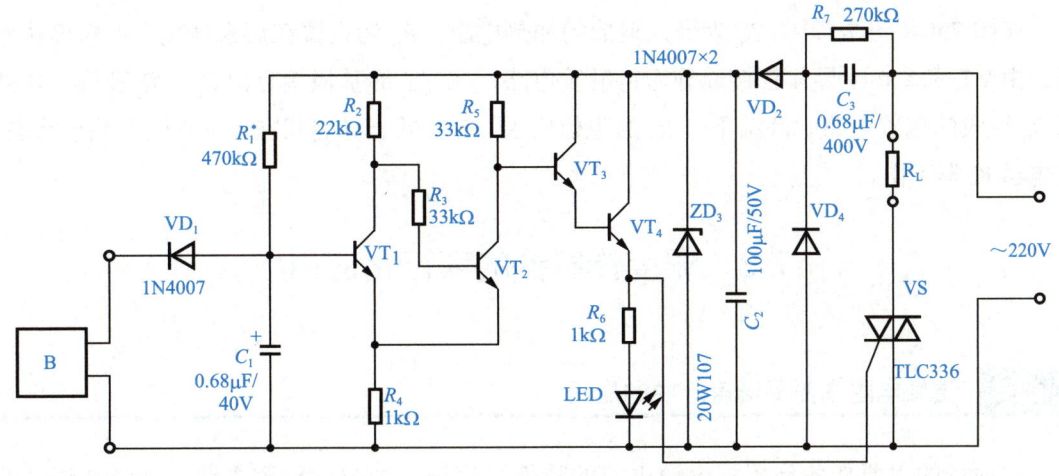

注：$VT_1 \sim VT_4$ 均为 2SC1317。

图 7.3 浴室镜面水汽清除器的电路

在现实生活中，浴室经常会出现水珠凝结在镜面上的情况，可采用结露传感器来检测水珠情况，并根据检测到的信号启动控制电路，最后通过加热器来消除水珠。

图 7.3 所示的电路中，B 为结露传感器，通常湿度较小时，其阻值也较小。

2. 汽车后玻璃除湿电路

汽车后玻璃除湿电路安装示意图如图 7.4 所示，对应的自动除湿电路如图 7.5 所示。

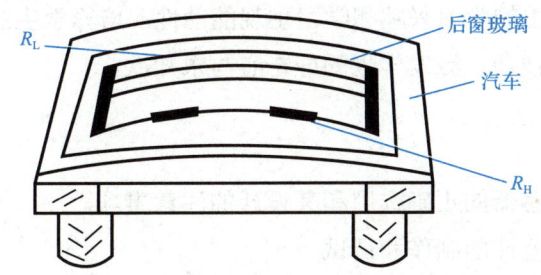

图 7.4 汽车后玻璃除湿电路安装示意图

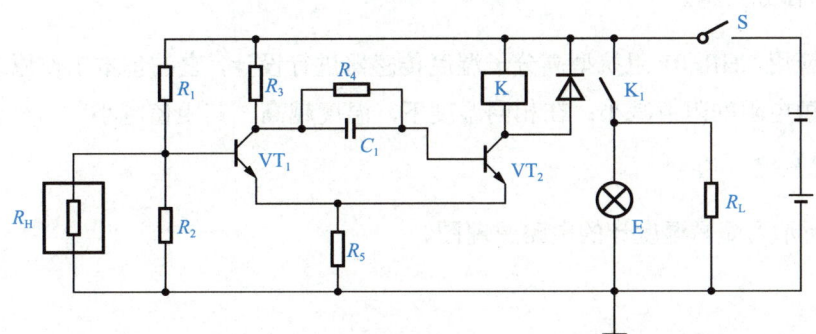

图 7.5 汽车后玻璃自动除湿电路

在图 7.4 和图 7.5 中，R_L 为嵌入玻璃的加热电阻，R_H 为设置在后窗玻璃上的湿度传感器，由 VT_1 和 VT_2 半导体管接成施密特触发电路，在 VT_1 的基极接有由 R_1、R_2 和湿度传感器 R_H 组成的偏置电路。常温下，R_H 的阻值较大，VT_1 处于导通状态，VT_2 处于截止状态，继电器 K 不工作。

7.3 湿度传感器的项目化应用

项目 湿敏电阻在简易湿度计中的应用

本项目的主要任务是根据湿敏电阻的特性，设计一个湿度检测电路，并学会调试此电路。

【项目目标】

知识目标：通过本项目的学习，学生掌握湿敏传感器的特点，了解主要参数，学会正确选用湿度传感器；学会调试湿敏传感器应用电路。

能力目标：能根据应用场合选择合适的湿度传感器；掌握湿度检测电路的设计与调试方法，为工程应用打下基础；提升探究问题和解决问题的能力。

情感目标：增加学生的学习兴趣和学习主观能动性；培养学生的交流协作能力和评价能力，提高相关技能和技巧；激发学生的好奇心与求知欲。

【项目重点与难点】

项目重点：湿度传感器的正确选用和其设计的注意事项。
项目难点：简易湿度计的制作和调试。

【项目分析与任务实施】

本项目应用 CHR-01 阻抗型高分子湿度传感器进行设计，它的基本工作原理是当湿度增加时，湿敏电阻的阻值减小；在相同湿度下，温度越高，其阻值越小。

1. 电路原理

图 7.6 所示为简易湿度计的电路原理图。

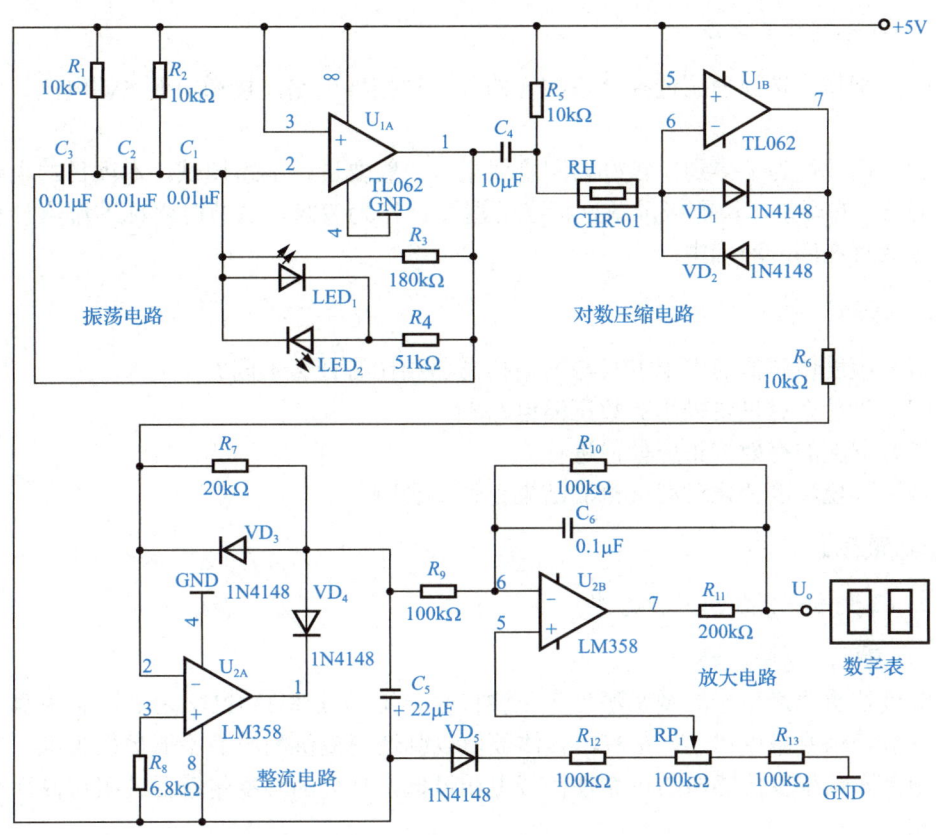

图 7.6 简易湿度计电路原理图

由图 7.6 可见，简易湿度计主要由五部分组成：振荡电路、对数压缩电路、整流电路、放大电路及显示器（数字表）组成。

图 7.6 中，U_{1A} 及外围元件 R_1、R_2、C_1、C_2 及 C_3 组成低频振荡器，它的输出频率为 900Hz、1.3V 的正弦波信号，作为湿敏元件的工作电压源，在它的反馈回路中并联两个 LED 发光二极管 LED_1、LED_2，以提高振荡幅值的稳定性。

U_{1B} 与 VD_1 和 VD_2 组成对数压缩电路，它是利用硅二极管 VD_1、VD_2 正向电压与电流呈对数关系的特性来实现对数压缩的，从而实现线性化处理，用来补偿湿敏元件的非线性。

由于硅二极管 VD_1、VD_2 具有-2mV/℃的温度特性，因此可以对湿敏元件起到一定的温度补偿作用。

U_{2A} 与 R_7、R_8、VD_3 和 VD_4 组成整流电路，将交流信号变换成与湿度成正比的电压信号。

U_{2B} 与 R_{10}、R_{11}、R_{12}、R_{13}、C_6、VD_5 及 RP_1 组成放大电路，并兼有温度补偿作用。调节 RP_1 可改变同相端的电位，还可调节输出电压；而 VD_5 也可起到温度补偿作用，通过该单元电路处理，可获得理想的补偿效果。

由于湿敏传感器在低湿度时的电阻值非常大，为了实现阻抗匹配，图 7.6 中 U_{1A} 和 U_{1B} 应选用高输入阻抗的集成运算放大器，图 7.6 中采用 TL062，其为场效应管输入电路，具有较高的输入阻抗。

2. 电路制作与调试

（1）制作：按原理图选择合适的元器件，焊接好电路，接通电源 5V 电源，电路即可工作。

（2）调试：为了得到比较好的测量效果，一般要进行电路调试。本项目的电路调试主要是对 RP_1 的调整，调前应准备好标准的湿度计作为参照，调节时将标准湿度计和自制作的电路放置在同一环境中。

3. 问题思考

（1）湿度传感器的供电方式与其他传感器相比有什么不同？
（2）为什么这里要采用对数压缩电路？
（3）湿度的有效校正应如何进行？
（4）环境温度变化对湿度检测结果有什么影响？

【知识点链接】

1. 湿度传感器使用的注意事项

1) 提供湿度传感器的波形

湿度传感器最理想的激励源为正弦波信号，工作频率在 1kHz 左右，且失真小，不含直流分量，信号幅度在 1V 左右，具体数值以制造商提供的产品手册数据为准。若电压过高，则会影响湿度传感器的可靠性；若电压过低，则会因湿度传感器的阻抗高而受到噪声的影响。

2) 对湿度传感器阻抗特性的处理方法

因湿敏传感器的"湿度-阻抗"特性呈指数规律变化，所以湿敏传感器的输出信号也是按指数规律变化的，在 30%～90%RH 范围内，电阻变化 10^4～10^5 倍，可利用对数压缩电路来解决，通常使用硅二极管正向压降和电流呈指数规律变化的特性来构成运算放大电路，而且要选高输入阻抗（场效应管）的放大电路实现处理。

3) 温度补偿

湿敏传感器的特性与温度关系密切，相同湿度下，温度不同时其电性能也不相同，因此要进行温度补偿。补偿的方法主要有两种：利用二极管构成对数压缩电路和利用负温度系数热敏电阻进行补偿。

4) 线性化电路

大多数情况下，湿敏传感器的输出与湿度并不是呈线性关系的，为了准确显示湿度值，必须加入线性化电路，使湿敏传感器的输出信号与湿度呈线性关系。线性化电路用得比较多的是折线法。

5) 其他注意事项

湿度传感器要安装在流动的空气环境中；延长引线时要注意：延长线应使用屏蔽线，最长距离不要超过 1m，且裸露部分的引线要尽量短；另外，进行温度补偿的时候，温度补偿元件的引线也要延长，要靠近湿度传感器安装，也采用屏蔽线。

2. CHR-01 阻抗型高分子湿度传感器

CHR-01 阻抗型高分子湿度传感器（也称 CHR-01 型湿敏传感器）外形尺寸及内部结构示意图如图 7.7 所示。

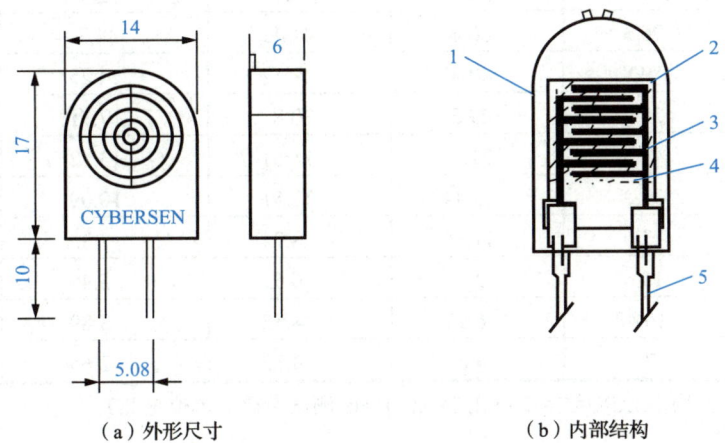

（a）外形尺寸　　　　　　　（b）内部结构

1—外壳（ABS）；2—基片（Al_2O_3）；3—电极；4—感湿材料；5—引脚

图 7.7　CHR-01 阻抗型高分子湿度传感器外形尺寸及内部结构示意图

表 7-1 列出了 CHR-01 型湿敏传感器的主要参数，表 7-2 列出它在不同温度和湿度下的阻抗。

表 7-1　CHR-01 型湿敏传感器的主要参数

工作电压	1V AC（50Hz～2kHz）
检测范围	20%～90%RH
检测精度	±5%
工作温度范围	0～85℃
最高使用温度	120℃
特征阻抗范围	30（21～40.5）kΩ（60%RH，25℃）
响应时间	≤12s（20%～90%）
湿度漂移/年	≤±2%RH
湿滞	≤1.5%RH

表 7-2　CHR-01 型湿敏传感器在不同温度和湿度下的阻抗

湿度	阻抗				
	15℃	25℃	35℃	40℃	55℃
30%	518.8	352.8	256.7	241.3	137
35%	347.6	261.8	143	137	80.33
40%	277.2	166.6	93.6	81.53	50

续表

湿度	阻抗				
	15℃	25℃	35℃	40℃	55℃
45%	172.8	92.8	60.3	52.7	33.38
50%	96.3	60.6	41.43	34.3	22.05
55%	70.8	40.4	29.12	24.25	15.88
60%	56.2	29.5	20.8	17.71	12.17
65%	43.3	21.1	15.61	13.12	9.02
70%	31.3	15.44	11.51	10.09	6.58
75%	22.6	11.84	8.74	7.35	4.64
80%	15.8	9.13	6.52	5.46	3.38
85%	10.48	6.55	4.52	3.89	2.48
90%	7	4.6	3.15	2.65	1.807

注：表中的数据均由 LCR 数字电桥在 1VAC/1kHz 测试所得，单位是 kΩ。

由表 7-2 中的数据可知，当湿度增加时，湿敏电阻的阻值减小；在相同湿度下，温度越高湿敏电阻的阻值越小。

7.4 工程项目设计实例

粮棉仓库湿度检测应用案例说明。

粮棉仓库湿度过大自动通风及语言告诫电路如图 7.8 所示。

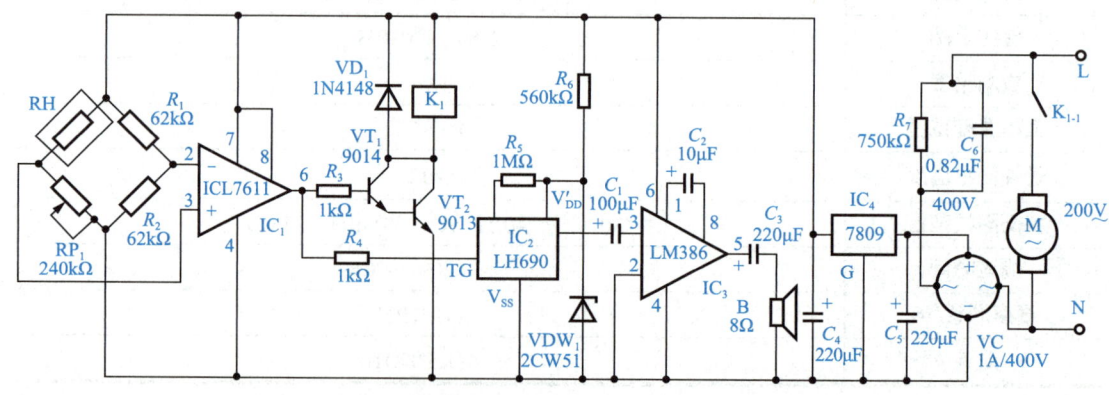

图 7.8 粮棉仓库湿度过大自动通风及语言告诫电路

图 7.8 电路中，RH 为湿度传感器，即湿敏电阻，在正常温度条件下，湿度增加其对应的阻值减小。VD_1 为续流二极管，保护继电器 K_1。RP_1 主要是用来调节灵敏度的，最终控制多大的湿度值进行通风和告诫。

IC_1 为电压比较器电路，IC_2 为语音集成芯片电路，IC_3 为放大电路。电路中 7809 为稳压芯片，为电路提供 9V 直流电；VDW 为稳压管，起到稳压作用，保障 IC_2 的正常工作。

7.5 合作研讨

1．查阅相关资料，了解温湿度对农作物的影响，选取具体案例，考虑如何设计检测与控制电路。

2．查阅相关资料，说明加湿器与除湿器中温度传感器的应用原理，同时概要说明控制实现过程。

3．分析日常空调中的湿度控制应用。

4．查阅有关集成湿度传感器或湿度传感器应用模块的各类应用设计的相关资料。

思考题

结合所学知识分析下列应用电路，要求叙述清楚传感器的工作机理和整个电路的工作过程。

（1）盆花缺水指示器电路（图 7.9）。

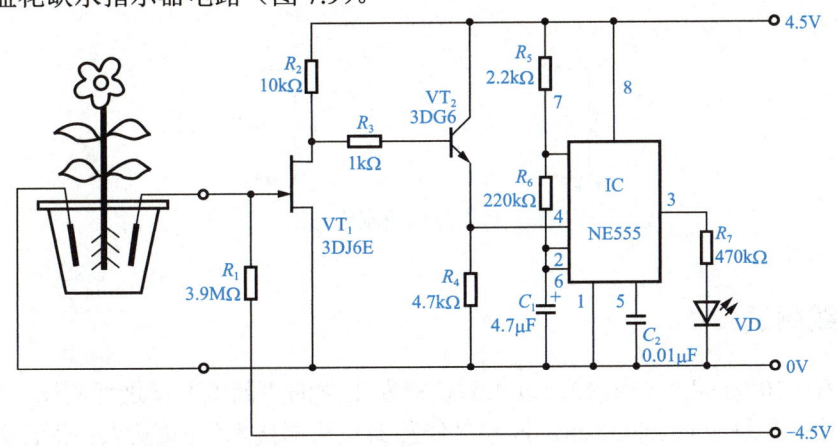

图 7.9　盆花缺水指示器电路

（2）土壤湿度测量电路（图 7.10）。

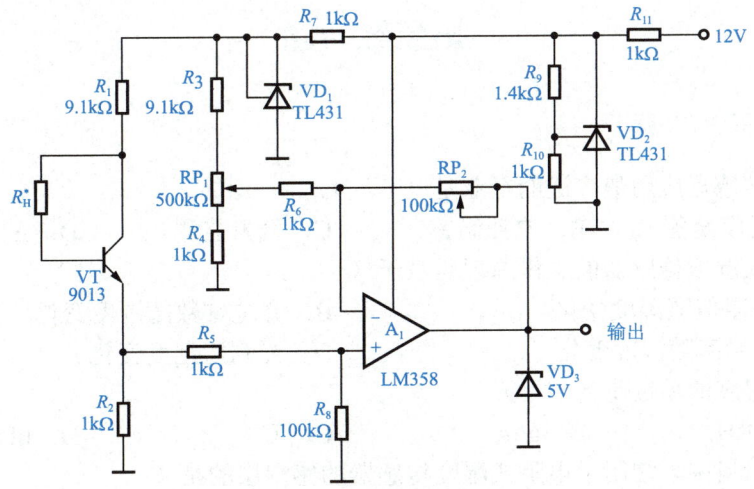

图 7.10　土壤湿度测量电路

（3）湿度控制仪电路（图7.11）。

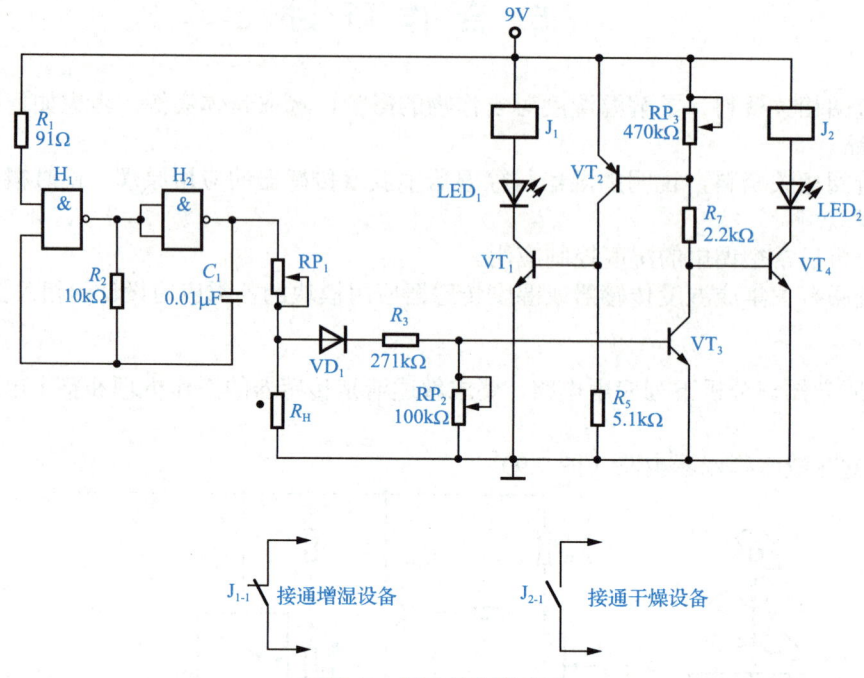

图 7.11　湿度控制仪电路

在线测试

1. 校内：10.60.64.7（内网），进入后选择左上角的"测验"来进行测试。
2. 校外：登录 www.zjooc.cn，搜索"传感器与检测技术"（负责人：浙江万里学院，钱裕禄），选课后，进入测验和考试。

拓展练习题

一、单项选择题（20题）

1. 湿度传感器应用最广泛的行业是（　　）。
   A．医疗设备　　　B．农业温室　　　C．气象监测　　　D．工业自动化
2. 电容式湿度传感器的工作原理是基于（　　）。
   A．电阻值随湿度变化　　　　　　　B．介电常数随湿度变化
   C．热导率随湿度变化　　　　　　　D．光强随湿度变化
3. 绝对湿度的单位是（　　）。
   A．%RH　　　　　B．g/m³　　　　　C．℃　　　　　　D．hPa
4. 以下材料中，常用于电阻式湿度传感器的感湿层的是（　　）。
   A．氯化锂　　　　B．陶瓷　　　　　C．聚酰亚胺　　　D．硅胶

5. 露点温度的定义是（　　）。
　　A．空气达到饱和湿度时的温度　　　　B．空气温度下降至冰点的温度
　　C．湿度传感器的工作温度范围　　　　D．空气中水分凝结成露时的温度
6. 湿度传感器在智能家居中的典型应用是（　　）。
　　A．火灾报警　　　B．空调湿度控制　　　C．光照调节　　　D．安防监控
7. 集成温湿度传感器的典型输出信号是（　　）。
　　A．4~20mA　　　B．I²C 数字信号　　　C．0~5V 模拟信号　　　D．PWM 信号
8. 湿度传感器的响应时间通常指（　　）。
　　A．从干燥到饱和的时间　　　　　　　B．从开机到稳定的时间
　　C．湿度变化时输出达到 90%的时间　　D．传感器的使用寿命
9. 以下环境因素会显著影响湿度传感器精度的是（　　）。
　　A．光照强度　　　B．温度波动　　　C．电磁干扰　　　D．气压变化
10. 在工程项目设计中，湿度传感器校准的主要目的是（　　）。
　　A．提高响应速度　　　　　　　　　　B．消除温度影响
　　C．修正非线性误差　　　　　　　　　D．延长使用寿命
11. 湿度传感器在工业自动化中常用来监测的环境参数是（　　）。
　　A．气压　　　B．光照　　　C．湿度与温度　　　D．噪声
12. 光学式湿度传感器的工作原理主要是基于（　　）。
　　A．湿度引起光强反射变化　　　　　　B．湿度影响红外光谱吸收
　　C．电容介电常数变化　　　　　　　　D．电阻值随湿度线性变化
13. 在湿度传感器校准中，饱和盐溶液法属于（　　）。
　　A．动态校准　　　B．静态定点校准　　　C．现场校准　　　D．温度补偿校准
14. 集成湿度传感器常见的通信协议是（　　）。
　　A．USB　　　B．I²C 或 SPI　　　C．Bluetooth　　　D．ZigBee
15. 湿度传感器在食品仓储中需避免的安装位置是（　　）。
　　A．通风区域　　　　　　　　　　　　B．靠近冷凝器出口
　　C．货架中部　　　　　　　　　　　　D．远离门窗处
16. 以下湿度传感器适合长期暴露在腐蚀性气体环境中的是（　　）。
　　A．陶瓷电阻式　　　　　　　　　　　B．高分子电容式（带保护膜）
　　C．金属氧化物式　　　　　　　　　　D．氯化锂式
17. 某湿度传感器标称量程为 10%~90%RH，若用于热带雨林监测，可能导致的问题是（　　）。
　　A．响应速度慢　　　　　　　　　　　B．超出量程导致损坏或误差
　　C．温度补偿失效　　　　　　　　　　D．通信干扰
18. 在工程项目设计中，湿度传感器信号滤波的主要目的是（　　）。
　　A．降低功耗　　　　　　　　　　　　B．消除高频噪声干扰
　　C．提高灵敏度　　　　　　　　　　　D．缩短响应时间

19. 在合作研讨中讨论"湿度传感器在可穿戴设备中的应用"时，需重点关注（　　）。
　　A．测量精度　　　　　　　　B．微型化与低功耗设计
　　C．抗电磁干扰　　　　　　　D．成本控制
20. 湿度传感器的"长期漂移"问题可通过（　　）的方法缓解。
　　A．增加供电电压　　　　　　B．定期校准与自校正算法
　　C．提高采样率　　　　　　　D．缩短传感器暴露时间

二、多项选择题（5题）

1. 湿度传感器的主要性能参数包括（　　）。
　　A．灵敏度　　B．响应时间　　C．温度补偿范围　　D．抗污染能力
2. 电容式湿度传感器的优点有（　　）。
　　A．高精度　　B．抗结露　　C．长期稳定性好　　D．成本低廉
3. 在农业温室中，湿度传感器的应用场景包括（　　）。
　　A．土壤湿度监测　　　　　　B．空气湿度控制
　　C．光照强度调节　　　　　　D．二氧化碳浓度监测
4. 集成温湿度传感器项目设计中需考虑的环节有（　　）。
　　A．电源管理　　B．信号滤波　　C．数据可视化　　D．机械结构设计
5. 湿度传感器在工业中的典型应用场景是（　　）。
　　A．食品干燥过程控制　　　　B．半导体洁净室监控
　　C．汽车胎压监测　　　　　　D．纺织品仓储管理

三、简答题（9题）

1. 简述电容式湿度传感器的工作原理。
2. 绝对湿度与相对湿度的区别是什么？
3. 列举三种湿度传感器的校准方法。
4. 为什么在高温高湿环境中需选择耐腐蚀型传感器？
5. 湿度传感器在药品存储中的重要性体现在哪些方面？
6. 描述电阻式湿度传感器的优缺点。
7. 如何通过软件补偿湿度传感器的温度漂移？
8. 在智能楼宇中，湿度传感器如何与新风系统联动？
9. 解释"滞后效应"对湿度传感器测量的影响。

四、应用分析题（5题）

1. 案例分析：某农业温室采用湿度传感器后，作物产量未达预期。请分析可能的设计缺陷（如安装位置、量程选择等）。
2. 电路设计：设计一个基于STM32的湿度采集电路，要求包含传感器选型、信号调理模块及通信接口。

3．数据处理：某湿度传感器输出结果呈现非线性，如何通过算法实现线性化校正？
4．故障排查：某工厂湿度传感器频繁误报警，推测可能的环境干扰因素及解决方案。
5．系统集成：在智能家居中，如何将湿度传感器与语音助手联动实现自动化控制？

五、应用综述题（5题）

1．综述湿度传感器在智慧农业中的典型应用场景及技术要求。
2．对比电阻式、电容式、光学式湿度传感器的性能差异及适用领域。
3．设计一个基于LoRa的无线湿度监测网络方案，说明其架构与关键技术。
4．分析湿度传感器在新能源汽车电池管理系统中的潜在应用。
5．针对极端环境（如沙漠、极地），提出湿度传感器的改进设计思路。

第 8 章 超声波传感器及其应用

教 学 目 标

本章内容主要包括"超声波传感器的典型应用""超声波探头及其基本工作原理"和"超声波传感器的项目化应用"等。

通过本章的学习，熟悉超声波探头的种类，掌握超声波探头的基本工作原理，包括压电效应和磁致伸缩效应；理解超声波的发送和接收过程，掌握典型超声波测距模块的工作机理；熟悉超声波传感器在现实生活中的典型应用。

教 学 重 点

知识要点	能力要求	相关知识
超声波传感器的典型应用	熟悉超声波传感器的应用机理	各种超声波传感器的应用
超声波探头	（1）熟悉超声波探头的种类 （2）掌握压电效应、磁致伸缩效应	超声波探头
超声波传感器的项目化应用	（1）掌握超声波传感器的基本工作原理 （2）理解超声波的发送和接收过程 （3）掌握应用电路的工作机理、测量原理	超声波测距模块设计与制作

第 8 章 超声波传感器及其应用

引言

本章在超声波的物理特性和超声波探头基本工作原理的基础上,以"超声波测距模块的设计"为具体项目,通过设计、制作和调试来加深学生对超声波测距的理解和相关应用的拓展。概要地列举了现实生活中各类超声波传感器的应用场合和工作机理,这部分内容在教学过程中主要是以"研究性学习"和话题讨论的方式来进行的。"超声波测距模块的设计"项目可以帮助学生通过动手实践来进一步巩固所学的知识点。

8.1 超声波传感器的典型应用

1. 超声波加湿器

超声波加湿器采用超声波高频振荡,将水雾化为 1～5μm 的超微粒子,通过风动装置,将水雾扩散到空气中,使空气湿润并伴生丰富的负氧离子,能净化空气,缓解冬季暖气的燥热,营造舒适的生活环境。超声波加湿器的优点是加湿强度大,加湿均匀,加湿效率高;节能、省电,耗电仅为电热加湿器的 1/15 至 1/10;使用寿命长,湿度自动平衡,无水自动保护;可以医疗雾化、冷敷浴面、清洗首饰等。其缺点是对水质有一定的要求。市场上可以看到的超声波加湿器如图 8.1 所示。

2. 超声波雾化器

超声波雾化器在医疗、花卉栽培等方面有着广泛的应用,市场上可以看到的超声波雾化器如图 8.2 所示。

图 8.1 超声波加湿器

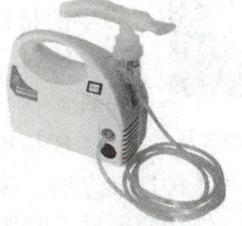

图 8.2 超声波雾化器

超声波雾化技术应用于医疗领域的基本原理:来自主电路板的振荡信号被大功率三极管进行能量放大,传递给超声波晶片,超声波晶片把电能转化为超声波能量,超声波能量在常温下能把水溶性药物雾化成 1～5μm 的微小雾粒,以水为介质,利用超声波定向压强将水溶性药液喷成雾状,借助内部风机风力,将药液喷入患者气道,再被患者吸入,直接作用于病灶,主要应用于内科、外科、五官科、儿科等科室,尤其对呼吸系统的疾病预防和治疗具有明显效果。

超声波雾化器也有不足之处，虽然采用了水路、电路分离的方式，但因使用率高，气雾使电路总是工作在潮湿环境中，导致其故障率高，医院的超声雾化器几乎每几个月都要修理一次。

3. 超声波塑料焊接机

图 8.3 超声波塑料焊接机

超声波传感器在工业领域的应用

超声波塑料焊接机（图 8.3）主要是压电陶瓷或磁致伸缩材料在高电压窄脉冲作用下，可得到较大功率的超声波。大功率的超声波常被用于集成电路及塑料的焊接。

当超声波作用于热塑性的塑料接触面时，会产生每秒几万次的高频振动，这种达到一定振幅的高频振动，通过上焊件把超声波能量传送到焊区，由于焊区即两个焊接的交界面处声阻大，因此会产生局部高温。又由于塑料的导热性差，短时间内不能及时散发热量，使热量聚集在焊区，致使两个塑料的接触面迅速熔化，加上一定压力后，使它们融合成一体。

当超声波停止作用后，让压力持续几秒，使其凝固成型，这样就形成一个坚固的分子链，从而达到焊接的目的，焊接强度接近于原材料强度。

超声波塑料焊接机的好坏取决于换能器焊头的振幅、所加压力及焊接时间三个因素，焊接时间和焊头压力是可以调节的，振幅由换能器和变幅杆决定。这三个量相互作用存在一个适宜值，能量超过适宜值时，塑料的熔解量就大，焊接物易变形；若能量小，则不易焊牢。焊接时所加的压力也不能太大，最佳压力是焊接部分的边长与边缘每毫米的最佳压力之积。

4. B 超机

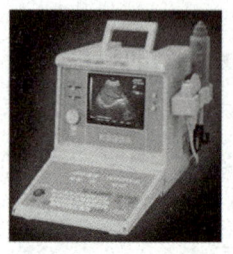

图 8.4 B 超机外形

超声波传感器在医疗器械行业的应用

图 8.4 所示为 B 超机外形。

B 超机的基本原理：超声波在人体内传播，由于人体各种组织有声学的特性差异，超声波在两种不同组织界面处产生反射、折射、散射、绕射、衰减，以及声源与接收器相对运动产生多普勒频移等物理特性。

B 超机是常用的超声波诊断仪。不同类型的超声波诊断仪，采用各种扫描方法，接收这些反射、散射信号，显示各种组织及其病变的形态，结合病理学、临床医学，观察、分析、总结不同的反射规律，从而对病变部位、性质和功能障碍程度作出诊断。超声波用于诊断时只作为信息的载体，把超声波射入人体，通过它与人体组织之间的相互作用获取有关生理与病理的信息。

当前超声波诊断技术主要用于体内液性、实质性病变的诊断，而对于骨、气体遮盖下的病变不能探及，因此其在临床使用中受到一定的限制。当用于治疗时，超声波则作为一种能量形式，对人体组织产生结构或功能上的生物效应，以达到某种治疗目的。

5. 超声波探鱼器

超声波探鱼器的工作原理：使用超声波换能器发射信号，通过空气或水的传播，利用超声波在水中接触物体反馈回来的信号，经过内部处理器的处理，最后显示在屏幕上。

6. 超声波高效清洗

超声波高效清洗的基本原理：当弱的声波信号作用于液体时，会对液体产生一定的负压，即液体体积增加，液体中分子空隙加大，形成许多微小的气泡；而当强的声波信号作用于液体时，会对液体产生一定的正压，即液体体积被压缩而减小，液体中形成的微小气泡被压碎，如图 8.5 所示。

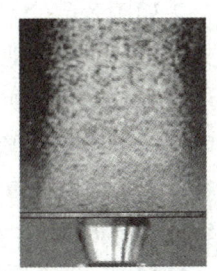

图 8.5 超声波高效清洗示意图

经研究证明：超声波作用于液体时，液体中每个气泡的破裂都会产生能量极大的冲击波，相当于瞬间产生几百度的高温和高达几千个大气压的压力，这种现象被称为"空化作用"，超声波高效清洗正是利用液体中气泡破裂所产生的冲击波来达到清洗和冲刷工件内外表面的作用。

超声波高效清洗多应用于半导体、机械、玻璃、医疗仪器等。

7. 超声波流量计

超声波流量计（Ultrasonic Flowmeter，USF）是通过检测流体流动时对超声波束（或超声波脉冲）的作用，以测量体积流量的仪表。这里主要讨论用于测量封闭管道液体流量的 USF。

根据对信号检测的原理，超声波流量计可分为传播速度差法（直接时差法、时差法、相位差法和频差法）、波束偏移法、多普勒法、互相关法、空间滤法及噪声法等。

典型的超声波流量计工作示意图如图 8.6 所示。

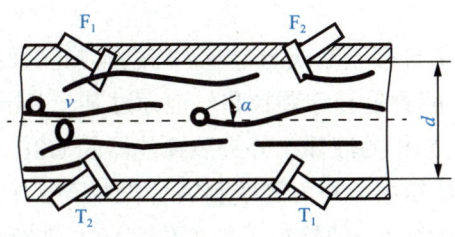 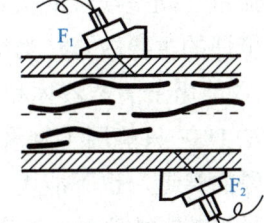

（a）F_1 发射的超声波先到达 T_1　　　　（b）F_1 发射的超声波到达 F_2 的时间较短

图 8.6　典型的超声波流量计工作示意图

1）时间差法测量流量的原理

声波在流体中传播，顺流方向声波传播速度会增大，逆流方向则减小，使得同一传播距离有不同的传播时间。利用传播速度之差与被测流体流速的关系求取流速，称为传播时间法。

图 8.6（a）所示，在被测管道上下游的一定距离上，分别安装两对超声波发射和接收探头，即 F_1、T_1 和 F_2、T_2，其中 F_1、T_1 的超声波是顺流传播的，而 F_2、T_2 的超声波是逆流传播的。根据这两束超声波在液体中传播速度的不同，测量两接收探头上超声波传播的时间差 Δt，可得到流体的平均速度及流量。其他相关测量方法可以查阅相关资料。

2）频率差法测量流量的原理

如图 8.6（b）所示，F_1、F_2 是完全相同的超声波探头，安装在管壁外面，通过电子开关的控制，交替地作为超声波发射器与接收器用。首先由 F_1 发射第一个超声波脉冲，它通过管壁、流体及另一侧管壁被 F_2 接收，此信号经放大后再次触发 F_1 的驱动电路，使 F_1 发射第二个超声波脉冲。紧接着，由 F_2 发射超声波脉冲，而 F_1 作为接收器，可以测得 F_1 的脉冲重复频率为 f_1。同理可以测得 F_2 的脉冲重复频率为 f_2。顺流发射频率 f_1 与逆流发射频率 f_2 的频率差 Δf 与被测流速 v 成正比。

频率差法测量流量的具体现场应用如同侧式超声波流量计（图 8.7）和异侧式超声波流量计（图 8.8）。

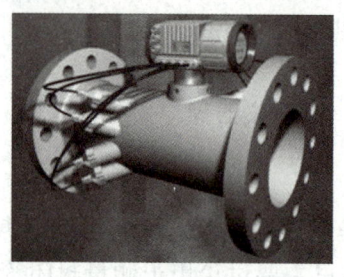

图 8.7 同侧式超声波流量计

图 8.8 异侧式超声波流量计

超声波流量计的主要优点：流体中不插入任何元件，对流速无影响，也没有压力损失；能用于任何液体，特别是具有高黏度、强腐蚀、非导电性等性能的液体的流量测量，也能用于气体流量的测量；对于大口径管道的流量测量，不会因管径大而增加投资；量程比较宽；输出与流量之间呈线性的关系等。

超声波流量计的主要缺点：当被测液体中含有气泡或杂音时，将会影响测量精度；传播时间法 USF 只能用于清洁液体和气体，不能测量悬浮颗粒和气泡超过某一范围的液体，相对地多普勒法 USF 只能用于测量含有一定异相的液体；外夹装换能器的 USF 不能用于衬里或结垢太厚的管道，也不能用于衬里（或锈层）与内管壁剥离（若夹层夹有气体会严重衰减超声信号）或锈蚀严重（改变超声传播路径）的管道；多普勒法 USF 多数情况下测量精度不高；国内现有生产品种不能用于管径小于 DN25mm 的管道。

8. 超声波多普勒效应的应用

多普勒效应是波源和观察者有相对运动时，观察者接收到波的频率与波源发出的频率并不相同的现象。远方疾驶过来的火车鸣笛声变得尖细（即频率变高，波长变短），而离我们而去的火车鸣笛声变得低沉（即频率变低，波长变长），就是多普勒效应的现象。多

第 8 章 超声波传感器及其应用

普勒效应不仅适用于声波，它也适用于其他所有类型的波，如电磁波等。

如果波源和观察者之间有相对运动，那么观察者接收到的频率和波源的频率就会不同，如果测出 Δf 就可得到被测物体的运动速度。

超声波多普勒测量车速如图 8.9 所示。另外应用超声波多普勒还可以测量风速，其示意图如图 8.10 所示，从图中可知火车前进方向的频率升高。

图 8.9 超声波多普勒测量车速

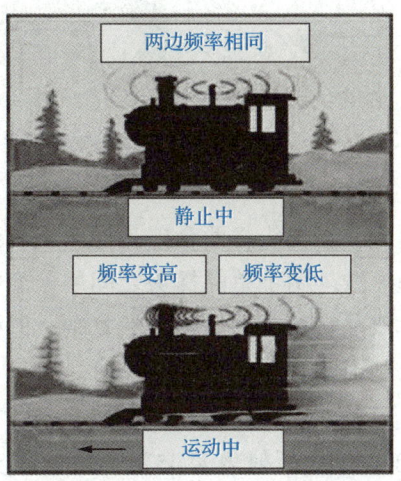

图 8.10 超声波多普勒测量风速示意图

8.2 超声波探头及其基本工作原理

8.2.1 超声波探头

按工作原理分类，超声波探头可分为压电式、磁致伸缩式、电磁式等，在实际检测应用中，常用的超声波探头是压电式的。

超声波探头又分为直探头、斜探头、双探头、表面波探头、聚焦探头、冲水探头、水浸探头、高温探头、空气传导探头及其他专用探头等。

部分超声波探头实物图如图 8.11～图 8.14 所示，它们的常用频率范围为 0.5MHz～10MHz，常见晶片直径为 5～30mm。

图 8.11 接触式直探头
（纵波垂直入射到被测介质）

图 8.12 接触式斜探头
（横波、瑞利波或兰姆波探头）

图 8.13　各种接触式斜探头

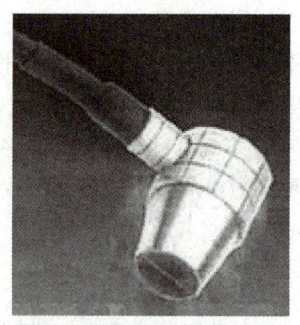

图 8.14　接触式双晶直探头
（含发射晶片和接收晶片）

双晶直探头将两个单晶探头组合装配在同一壳体内，其中一个发射超声波，另一个接收超声波。两个单晶探头之间用一个吸声性能强、绝缘性能好的薄片加以隔离。

双晶直探头的结构虽然复杂，但检测精度比单晶直探头高，且超声信号的反射和接收的控制电路较单晶直探头简单。

各种双晶直探头如图 8.15 所示，它们的焦距范围为 5～40mm，频率范围为 2.5MHz～5MHz，钢中折射角为 45°～70°。另外，常见的还有接触式双晶斜探头，如图 8.16 所示。

图 8.15　各种双晶直探头

图 8.16　接触式双晶斜探头

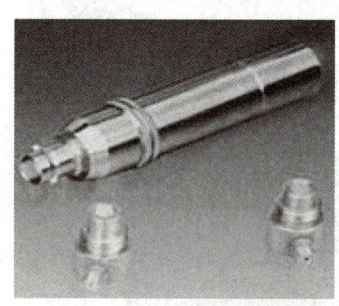

图 8.17　水浸探头

水浸探头如图 8.17 所示，可用自来水作为耦合剂，选择声透镜形状，可决定聚焦形式为点聚焦或线聚焦。

由于超声波的波长很短（毫米数量级），因此它也类似于光波，可以被聚焦成十分细的声束，其直径可小到 1mm 左右，可以分辨试件中细小的缺陷，这种探头称为聚焦探头。

聚焦探头可以采用曲面晶片来聚焦超声波，也可以采用两种不同声速的塑料制作声透镜来聚焦超声波，还可以利用类似光学反射镜的原理制作声凹面镜来聚焦超声波。

聚焦探头原理如图 8.18 所示，其中左下角的 F 表示水中聚焦线和凹圆柱面声透镜之间的距离。

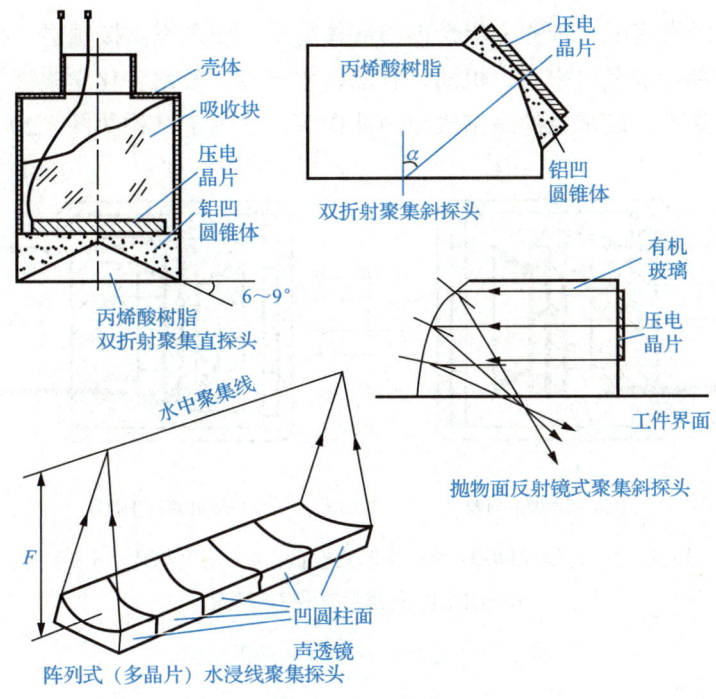

图 8.18 聚焦探头原理

8.2.2 超声波探头的基本工作原理

超声波传感器最重要的效应是压电效应和磁致伸缩效应,实际上超声波传感器工作的过程就是如何接收和发送超声波的过程。超声波探头是超声波传感器的一种,下面介绍其基本工作原理。

1. 压电效应

超声波探头中压电陶瓷片形状如图 8.19 所示。

这类超声波传感器是利用压电效应原理工作的,压电效应可以分为逆效应和顺效应。超声波传感器是可逆元件,超声波发送器就是利用压电逆效应原理工作的,即在压电元件上施加电压,元件就变形,称为应变。超声波接收器是利用压电顺效应原理工作的,即在压电元件的特定方向上施加压力,元件就发生应变,产生一面为正极、一面为负极的电压。

图 8.19 压电陶瓷片形状

通常将数百伏的超声电脉冲加到压电晶片上,利用逆压电效应,使晶片发射出持续时间很短的超声波。当超声波经被测物反射回到压电晶片时,利用压电效应,将机械振动波转换成同频率的交变电荷和电压。

当超声波探头与被测物体接触时,探头表面与被测物体表面之间会形成一层空气薄层。该空气层会在界面之间产生强烈的杂乱反射波,导致信号干扰并引起显著的声波能量衰减。因此,必须通过有效方法排除接触面间的空气,以确保超声波能够有效地耦合进入被测介质。

在工业中，经常使用一种称为耦合剂的液体物质，使之充满接触层，起到传递超声波的作用。常用的耦合剂有自来水、机油、甘油、水玻璃、胶水、化学浆糊等。

从应用场合来看，最常见的是空气超声波探头，其内部结构如图 8.20 所示。

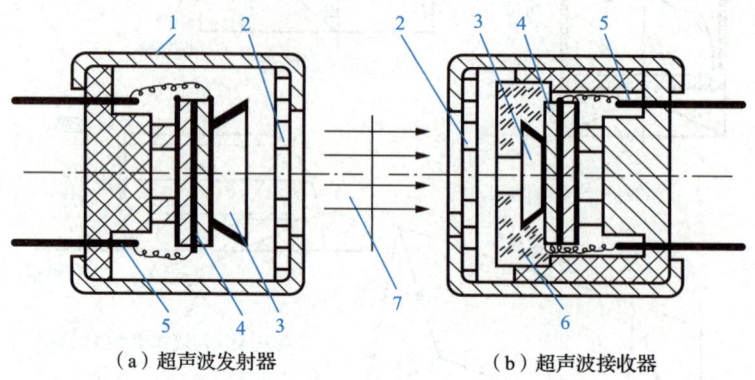

（a）超声波发射器　　　　　　（b）超声波接收器

1—外壳；2—金属丝网罩；3—锥形共振盘；4—压电晶片；5—引脚；
6—阻抗匹配器；7—超声波束

图 8.20　空气超声波探头内部结构

空气超声波探头外形如图 8.21 所示。

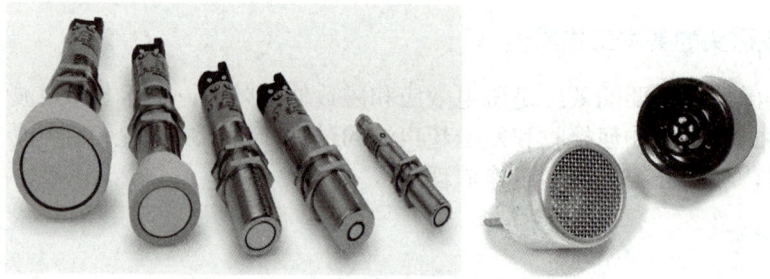

图 8.21　空气超声波探头外形

2. 磁致伸缩效应

所谓磁致伸缩效应，是指铁磁体（铁磁致伸缩材料）在被外磁场磁化时，其体积和长度将发生变化的现象。磁致伸缩效应引起的体积和长度变化虽是微小的，但其长度的变化比体积的变化大得多，是人们研究应用的主要对象，也称线磁致伸缩。线磁致伸缩的变化量级为 $10^{-6} \sim 10^{-5}$，它是焦耳在 1842 年发现的，其逆效应是压磁效应。磁致伸缩即铁磁体随磁场加强而伸长或随磁场减弱而缩短，但都与磁场方向无关，只与磁场强度有关。因此改变电流方向，即改变磁场方向，不会使磁致伸缩材料由伸长变为缩短（或反之）。

应用磁致伸缩效应可以制成超声波传感器，可以进行超声波的发送和接收。另外，磁致伸缩效应还可用来设计制作应力传感器和转矩传感器等。

第8章 超声波传感器及其应用

8.3 超声波传感器的项目化应用

项目 超声波测距模块的设计

当超声波发射器与接收器分别置于被测物体两侧时，这种超声波传感器的类型属于透射型，透射型可用于遥控器、防盗报警器、接近开关等；超声发射器与接收器置于同侧时，这种超声波传感器的类型属于反射型，反射型可用于接近开关、测距、测液位或物位、金属探伤及测厚等。

下面以超声波传感器应用设计项目的形式，来进一步深入学习相关知识点。

【项目目标】

知识目标：熟悉超声波传感器的基本工作原理，理解超声波的发送和接收过程；掌握典型超声波测距模块的工作机理。

能力目标：通过设计、制作和调试超声波发送和接收电路，并最终形成超声波测距模块，培养学生自主学习、探究问题和解决问题的能力。

情感目标：激发学生的好奇心与求知欲，增加学生的学习兴趣和学习主观能动性，培养学生的交流协作能力和评价能力，提高他们的相关技能和技巧。

【项目重点与难点】

项目重点：超声波发送和接收电路的分析和设计。

项目难点：超声波测距模块的制作与调试。

【项目分析与任务实施】

空气超声波探头发射超声脉冲，到达被测物体时被反射回来，并被另一个空气超声波探头所接收。测出从发射超声波脉冲到接收超声波脉冲所需的时间 t，再乘以声波在空气中的传播速度（340m/s），就是超声脉冲在被测距离所经历的路程，路程除以2就得到距离。

这里采用脉冲反射法来测量距离，因为脉冲反射不涉及共振机理，与被测物体的表面粗糙度关系不密切。被测距离 $D=ct/2$，式中 c 为声波在空气中的传播速度，t 为超声波从发射至返回的时间间隔。

为了方便处理，发射的超声波被调制成40kHz左右，具有一定间隔的调制脉冲波信号。通常的超声波测距系统框图如图8.22所示。由图8.22可见，超声波测距系统由超声波发射、接收、MCU和显示四个部分组成。

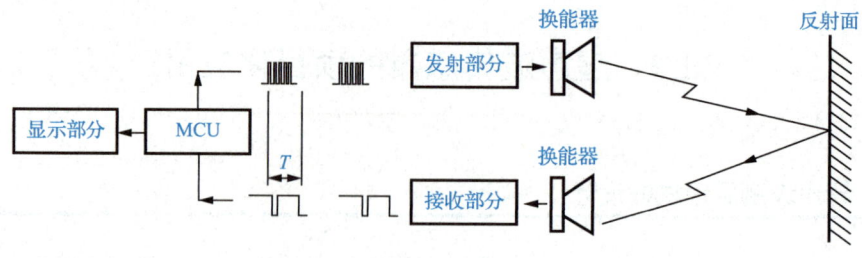

图 8.22 超声波测距系统框图

本项目要介绍的主要是超声波发射部分和接收部分的电路，后面的 MCU 控制部分和显示部分作为拓展内容来实施。

1. 超声波发射电路

如图 8.23 所示，超声波发射电路主要由反相器 74LS04 和超声波发射换能器 T 构成，40kHz 方波信号可以由互补金属氧化物半导体（Complementary Metal Oxide Semiconductor，CMOS）非门构成的多谐振荡器产生，也可以由定时器 NE555 构成的多谐振荡器产生，而实际测距系统应用中往往会采用"晶振+MCU"中输出的 40kHz。

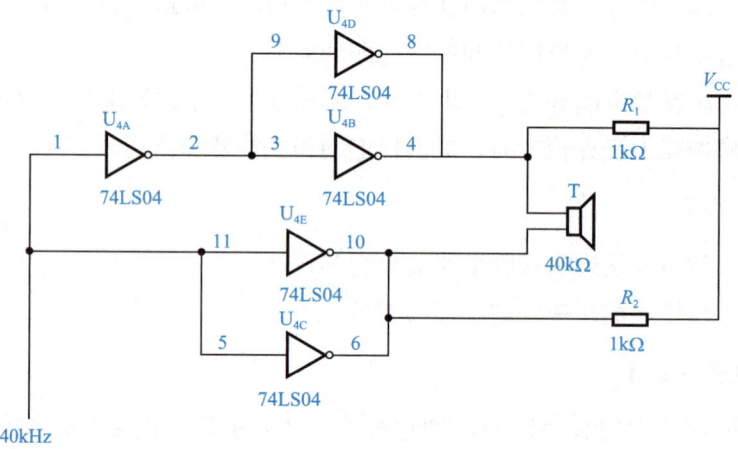

图 8.23 超声波发送电路

发射电路中，40kHz 方波信号一路经一级反相器后送到超声波换能器的一个电极，另一路经两级反相器后进入超声波换能器的另一个电极。用这种推挽形式将方波信号加到超声波换能器两端，可以提高超声波的发射强度。

输出端采用两个反相器并联，以提高驱动能力。

上拉电阻 R_1、R_2，一方面可以提高反相器 74LS04 输出高电平的驱动能力，另一方面可以增加超声波换能器的阻尼效果，缩短其自由振荡的时间。

2. 超声波接收电路

超声波接收电路如图 8.24 所示，这里使用 CX20106A 集成电路对接收探头接收到的信号进行放大、滤波,其总放大增益为 80dB。实际接线中 CX20106A 的引脚注释(对应功能)和参数设置见表 8-1。

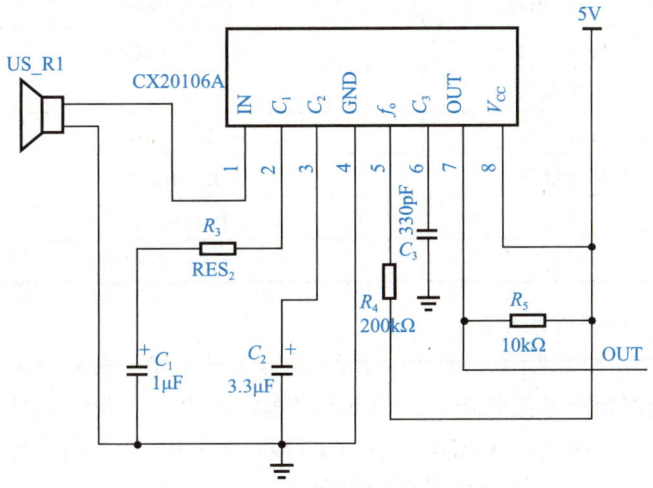

图 8.24　超声波接收电路

表 8-1　CX20106A 的引脚注释和参数设置

引脚	对应功能	参数设置
1	信号输入端	该引脚的输入阻抗约为 40kΩ
2	与地之间接 RC 串联网络	增大电阻 R 或减小 C,将使负反馈量增大,放大倍数下降;反之则放大倍数增大。但 C_1 的改变会影响到频率特性,一般在实际使用中不必改动,推荐选用参数为 R=4.7Ω,C=1μF
3	与地之间连接检波电容	电容量大为平均值检波,瞬间相应灵敏度低;若容量小,则为峰值检波,瞬间相应灵敏度高,但检波输出的脉冲宽度变动大,易造成误动作,推荐参数为 3.3μF
4	接地端	—
5	与电源之间接入一个电阻	用以设置带通滤波器的中心频率 f_o,阻值越大,中心频率越低。例如,取 R=200kΩ 时,f_o≈42kHz,若取 R=220kΩ,则中心频率 f_o≈38kHz
6	与地之间接 1 个积分电容	积分电容的标准值为 330pF,如果该电容取值太大,会使探测距离变短
7	遥控命令输出端	它是集电极开路输出方式,因此该引脚须接上一个上拉电阻到电源端,推荐阻值为 22kΩ,没有信号时该端输出为高电平,有信号时则输出低电平
8	电源正极	4.5～5V

3．电路制作与调试

(1)根据电路选择合适的元器件。图 8.23 和图 8.24 中电路元器件的名称、型号或参数及数量见表 8-2。

表 8-2 电路元器件的名称、型号或参数及数量

序号	元器件名称	型号或参数	数量
1	集成电路	U4 74LS04	5
2	发送探头	T 40kΩ	1
3	接收探头	US_R1 40kΩ	1
4	集成电路	CX20106A	1
5	电阻	普通电阻	若干
6	电容	瓷片电容、电解电容	若干

（2）制作电路板并焊接电路。

（3）调试电路：电路制作完成后，输入 40kHz 脉冲信号和相关电源电路，调整好相关参数和距离，观察超声波接收电路的"OUT"输出结果。实际调试中也可以和单片机最小系统组合起来应用，这里的 40kHz 可以由单片机中引出，而接收电路的输出结果导入单片机系统，按要求实现相关显示和报警功能等。

4. 注意事项和问题思考

（1）超声波发射和接收探头安装时应保持换能器两端中心轴线平行并相距 4～8cm。

（2）由于超声波也是一种声波，其声速 c 与温度有关，表 8-3 列出了几种不同温度下的超声波声速。在使用时如果温度变化不大，则可认为声速是基本不变的。如果测距精度要求很高，则应通过温度补偿的方法加以校正。

表 8-3 不同温度下超声波声速表

温度/°C	−30	−20	−10	0	10	20	30	100
声速 c/(m/s)	313	319	325	323	338	344	349	386

（3）思考一下，如何用硬件电路实现 40kHz 方波脉冲？

（4）查找并研究其他参考资料上的超声波发送和接收电路。

（5）思考测距中的"盲区"的产生原因和减小措施。

【知识点链接】

超声波测距通常指的是利用超声波在空气中的传播时间来测量距离，它广泛应用于物位（液位）高低测量、车辆倒车防撞报警（俗称倒车雷达）、声呐系统等，具体这方面的资料可以查阅相关文献等。另外由于超声波通过介质的不同，如金属、石材等，超声波测距还可以拓展到超声波测厚、探伤等应用场景。

1. 超声波测量液位（物位）原理

在液罐上方安装空气传导型超声波发射器和接收器，根据超声波的往返时间，就可测得液位的高度。液位测量实物示意图如图 8.25 所示，超声波液位计原理如图 8.26 所示。

第 8 章 超声波传感器及其应用

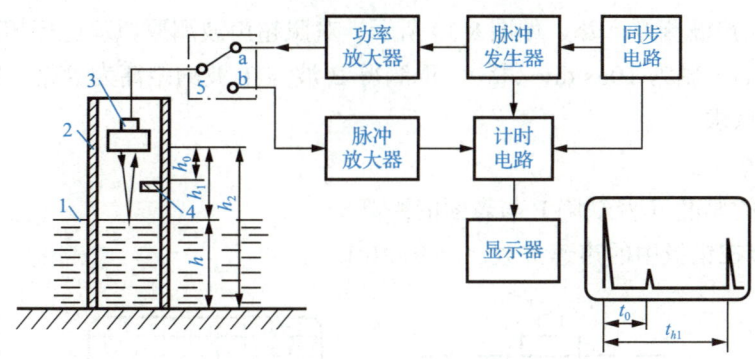

图 8.25 液位测量实物示意图

1—液面；2—直管；3—空气超声波探头；4—反射小板；5—电子开关

图 8.26 超声波液位计原理

例 8.1 如图 8.26 所示，假设从显示器屏幕上看出，测得 $t_0=1.5\text{ms}$，$t_{h_1}=6.0\text{ms}$。已知水底距超声波探头的间距为 10m，反射小板与探头的间距为 0.5m，求液位 h。

解： 由于 $c=\dfrac{2h_0}{t_0}=\dfrac{2h_1}{t_1}$，因此 $\dfrac{h_0}{t_0}=\dfrac{h_1}{t_1}$，则 $h_1=\dfrac{t_1}{t_0}h_0=(6.0\times 0.5/1.5)\text{m}=2\text{m}$

所以，液位 h 为 $h=h_2-h_1=(10-2)\text{m}=8\text{m}$。

2. 超声波测厚

双晶直探头中的压电晶片发射超声波振动脉冲，超声波振动脉冲到达试件底面时，被反射回来，并被另一片压电晶片所接收。只要测出从发射超声波振动脉冲到接收超声波振动脉冲所需的时间 t，再乘以被测物体的声速常数 c，就可得出超声波脉冲在被测试件中所经历的来回距离，距离再除以 2，就得到被测物体的厚度 $\delta=\dfrac{1}{2}ct$，这就是超声波测厚原理。

常见的手持式超声波测厚仪如图 8.27 所示。另外，一些常见的超声波测厚探头有石料测厚探头和双晶超声波测厚探头，分别如图 8.28 和图 8.29 所示。

图 8.27 常见的手持式超声波测厚仪

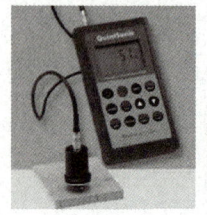

图 8.28 石料测厚探头

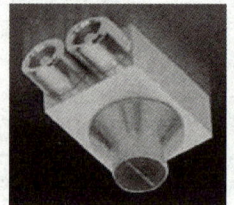

图 8.29 双晶超声波测厚探头

例 8.2 超声波测厚计算，如图 8.30 所示。对照超声波测厚原理进行超声波探伤的计算，设显示器的 x 轴为 $10\mu s/div$（格），现测得 B 波与 T 波的距离为 6 格，F 波与 T 波的距离为 2 格。试求：

（1）t_δ 及 t_F；

（2）钢板的厚度 δ 及缺陷 F 与表面的距离 x。

（已知纵波在钢板中的声速常数 $c = 5.9 \times 10^3 m/s$）

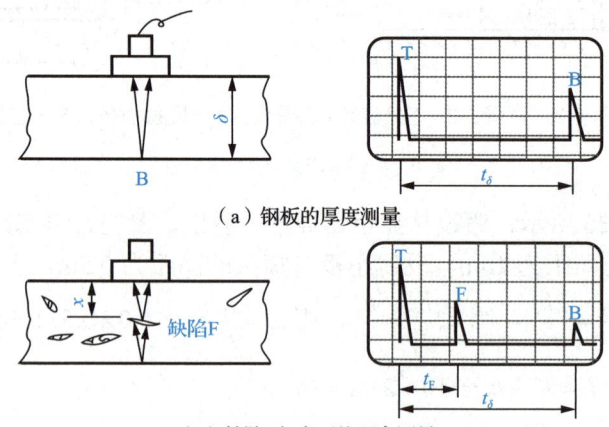

（a）钢板的厚度测量

（b）缺陷F与表面的距离测量

图 8.30 超声波测厚计算

解：(1) $t_\delta = 10\mu s/div \times 6 div = 60\mu s = 0.06 ms$，$t_F = 10\mu s/div \times 2 div = 20\mu s = 0.02 ms$

(2) $\delta = t_\delta \times c / 2 = 0.06 \times 10^{-3} \times 5.9 \times 10^3 / 2 = 0.177(m)$，

$x = t_F \times c / 2 = 0.02 \times 10^{-3} \times 5.9 \times 10^3 / 2 = 0.059(m)$

例 8.2 充分说明了超声波无损探伤的具体原理，也从另一个侧面反映了超声波测距的应用。人们在使用各种材料（尤其是金属材料）的长期实践中，观察到大量的断裂现象，这种现象曾给人类带来许多灾难事故，涉及舰船、飞机、轴类、压力容器、宇航器、核设备等。由于无损探伤以不损坏被检验对象为前提，因此得到广泛应用。无损检测的方法有磁粉检测法、电涡流法、荧光染色渗透法、放射线（X 射线、中子）照相检测法、超声波探伤法等。超声波探伤是目前应用十分广泛的无损探伤手段，它既可检测材料表面的缺陷，又可检测内部几米深的缺陷，这是 X 射线探伤所达不到的深度。

图 8.31 所示为应用超声波多普勒效应来实现防盗的报警器电路。

第 8 章 超声波传感器及其应用

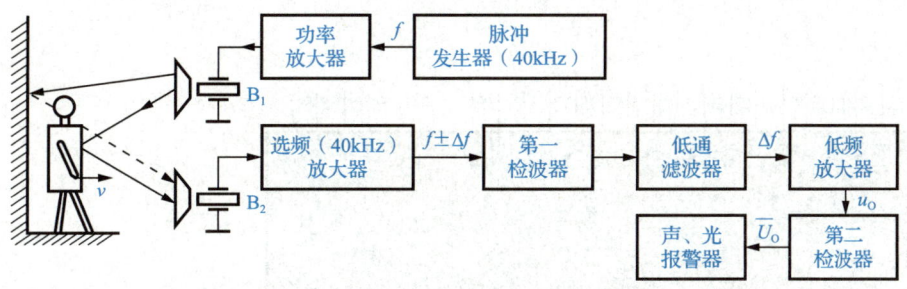

图 8.31 超声波防盗报警器电路

图 8.31 中的上半部分为发射电路，下半部分为接收电路。发射器发射出频率 f=40kHz 左右的超声波。如果有人进入信号的有效区域，相对速度为 v，从人体反射回接收器的超声波将由于多普勒效应，而发生频率偏移 Δf。

8.4 工程项目设计实例

下面讲解应用实例"超声波非接触式测量人的身高体重"。

超声波非接触式测量人的身高体重示意图如图 8.32 所示，它是利用空气传导的超声波发射器向下发射一个短时脉冲，单片机立即转向等待反射波。当另一个空气传导的超声波探头接收到反射波并经放大后，单片机立即响应中断，处理中断子程序。应变测重传感器安装在脚底部的踏板上。

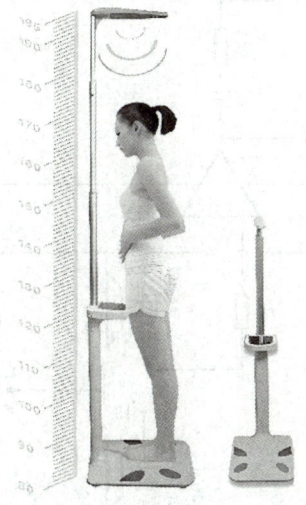

图 8.32 超声波非接触式测量人的身高体重示意图

超声波测量人的身高的参考电路如图 8.33 所示。

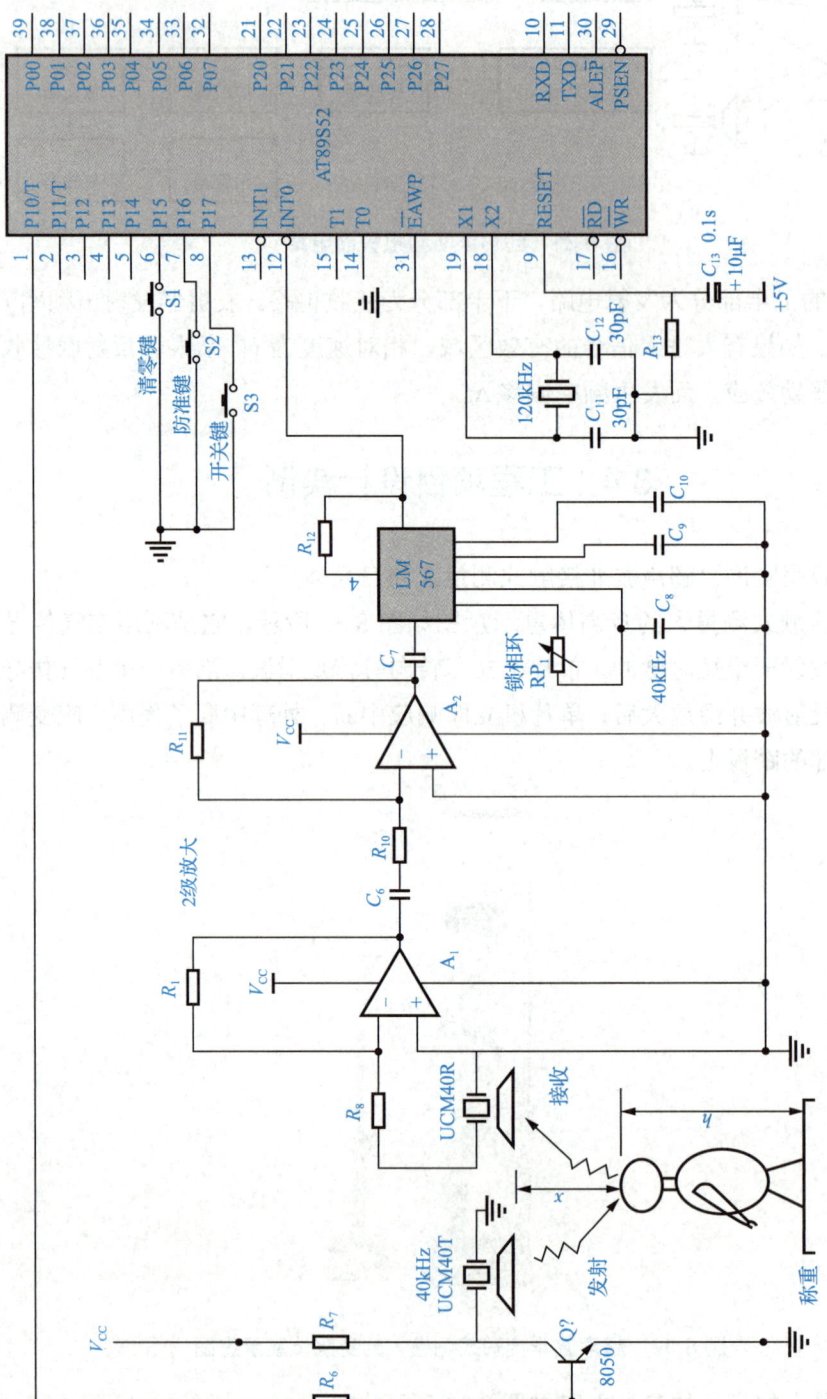

图 8.33 超声波测量人的身高的参考电路

超声波测量人的身高设备流程图如图 8.34 所示。

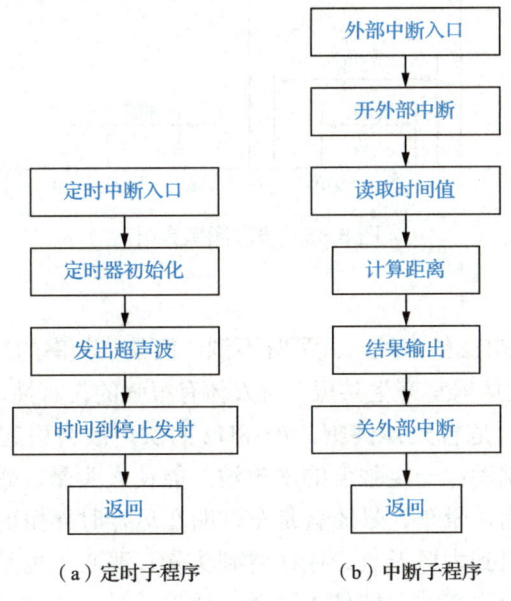

（a）定时子程序　　　　（b）中断子程序

图 8.34　超声波测量人的身高设备流程图

8.5　合　作　研　讨

1. 查阅资料，找到当前应用比较广泛的集成超声波专用芯片有哪些？相关性能指标如何？使用的时候需要注意哪些方面的问题？给出具体应用电路。

2. 分别列举两种超声波发送和接收应用电路图，解释整体工作过程。

3. 总结超声波传感器应用时的注意事项。

4. 设计超声波测距电路（要求给出：基本应用电路+测距原理+电路定性分析+应用场合等；最好是 PPT 展示，并结合视频说明）。

5. 简述超声波医学诊断或治疗仪的工作原理及应用（要求：基本工作原理说明+典型应用说明；有视频和 PPT 结合说明最好）。

6. 如何应用超声波来进行金属探伤（要求：典型实例+基本原理+应用场合等）？

7. 简要说明 B 超机的应用（要求：视频+基本工作机理说明，注意展示方式和说明的有机结合）。

8. 简述倒车雷达的工作机理说明（要求：结合市场上应用的某种倒车雷达来说明其工作机理）。

超声波传感器的发展趋势

【知识点链接】

声波是一种机械波，可以分为次声波（频率低于 20Hz）、可闻声波（频率为 20Hz～20kHz）和超声波（频率高于 20kHz），声波频率界限如图 8.35 所示。

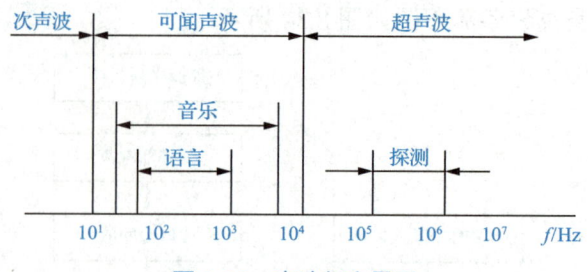

图 8.35　声波频率界限

1. 次声波

次声波是频率低于 20Hz 的声波，人耳听不到，但某些频率的次声波由于和人体器官的振动频率相近，容易和人体器官产生共振，对人体有很强的伤害性，甚至可致人死亡。次声波会干扰人的神经系统，危害人体健康，7～8Hz 的次声波会引起人的恐怖感，动作不协调，甚至导致心脏停止跳动；一定强度的次声波，能使人头晕、恶心、呕吐、丧失平衡感甚至精神沮丧。有人认为，晕车、晕船就是车、船在运行时伴生的次声波引起的；住在十几层高的楼房里的人，遇到大风天气，往往感到头晕、恶心，也是因为大风使高楼摇晃产生次声波的缘故；更强的次声波还能使人耳聋、昏迷、精神失常甚至死亡。

在自然界中，海上风暴、火山爆发、大陨石落地、海啸、电闪雷鸣、波浪击岸、水中漩涡、空中湍流、龙卷风、磁暴、极光等都可能伴有次声波的产生；在人类活动中，诸如核爆炸、导弹飞行、火炮发射、轮船航行、汽车奔驰、高楼和大桥摇晃，甚至像鼓风机、搅拌机、扩音器等在发声的同时也都能产生次声波。次声波不容易衰减，不易被水和空气吸收。且次声波的波长往往很长，因此能绕开某些大型障碍物发生衍射，某些次声波能绕地球 2～3 周。

从 20 世纪 50 年代起，核武器的发展对次声波学的建立具有很大的推动作用，使得对次声接收、抗干扰方法、定位技术、信号处理和传播等方面的研究都有了很大的发展，次声波的应用也逐渐受到人们的关注。次声波的应用前景十分广阔，大致有以下几个方面：预测自然灾害性事件，如台风和海浪摩擦产生的次声波，由于它的传播速度远快于台风移动速度，因此人们利用一种叫"水母耳"的仪器，监测风暴发出的次声波即可在风暴到来之前发出警报，利用类似的方法还可预报火山爆发、雷暴等自然灾害；通过测定自然或人工产生的次声波在大气中传播的特性，可探测某些大规模气象过程的性质和规律（如沙尘暴、龙卷风及大气中电磁波的扰动等）；通过测定人和其他生物的某些器官发出的微弱次声波的特性，可以了解人体或其他生物相应器官的活动情况（如次声波诊疗仪可以检查人体器官工作是否正常）；次声波在军事上的应用，利用次声波的强穿透性制造出能穿透坦克、装甲车的武器——次声波武器，一般不会造成环境污染。

2. 可闻声波

可闻声波，也就是人耳可以听见的声波，是指频率范围为 20Hz～20kHz 的声波，如美妙的音乐、动听的话语等，我们平时所说的"声音"就是可闻声波。

声音传感器是指把外界声音信号转化为电信号的传感器，这里的外界声音通常指的是可闻声波，通常也将声音传感器看作一种能将声波的振动转换为电压或电流输出的声电转换元件。常用的声音传感器有驻极体传声器、压电陶瓷片等。

驻极体传声器的基本工作原理如下：采用驻极体材料作为声电转换元件的传感器，组成驻极体传声器关键元件的驻极体振动膜是由一些高电介质的塑料薄膜制成的。塑料薄膜经过电场处理后能够在其表面带上电荷，并能长期保存，称为驻极体。当驻极体膜片遇到声波振动时，引起电容两端的电场发生变化，从而产生了随声波变化而变化的交变电压。驻极体传声器广泛应用于盒式录音机、无线传声器及声控电路等场合。

压电陶瓷片又称压电蜂鸣器，其工作原理如下：一方面，当电压作用于压电陶瓷片时，压电陶瓷片就会随电压和频率的变化产生机械变形；另一方面，当振动作用于压电陶瓷片时，则会产生一个电荷，这种现象就叫压电效应。压电陶瓷片是根据某些材料的压电效应制成的，它既可作为声电转换元件，也可作为电声转换元件。利用压电陶瓷片的压电效应，可以制成压电陶瓷扬声器以及各种蜂鸣器。

声音传感器在现实生活中有诸多应用，如声音控制节电开关电路、声控防盗报警器、车胎漏气检测仪、声控自动门和各类声控玩具等，具体电路和实现方法等请读者自行思考，这里不再赘述。声音传感器应用设计项目的相关内容详见第2章中的"项目一　声光控延时开关电路的设计"。

3. 超声波

超声波是指听觉阈值以外的机械振动，其频率高于20kHz。超声波在介质中可产生三种形式的振荡：横波、纵波和表面波。其中，横波只能在固体中传播，纵波能在固体、液体和气体中传播，表面波随深度的增加其衰减很快。超声波测距中采用纵波，它的频率为40kHz，其在空气中的传播速度近似为340m/s。

当超声波传播到两种不同介质的分界面上时，一部分声波被反射，另一部分透射过界面。但若超声波垂直入射界面或者以一个很小的角度入射时，入射波完全被反射，几乎没有透射过界面的折射波。超声波在工业、国防、医学、家电等领域有着广泛的应用。

在现实生活中，蝙蝠能发出和听见超声波。图8.36所示为蝙蝠依靠超声波捕食过程示意图，军事中的应用如各种雷达等都是基于这种原理制成的，另外海豚、老鼠、蟋蟀等也能发出超声波。

图8.36　蝙蝠依靠超声波捕食过程示意图

超声波与可闻声波不同，它可以被聚焦，具有能量集中的特点。在现实生活中有诸多应用，如超声波加湿器、超声波雾化器、超声波塑料焊接机、超声波探鱼器、超声波清洗器和B超等。

在线测试

1. 校内：10.60.64.7（内网），进入后选择左上角的"测验"来进行测试。
2. 校外：登录 www.zjooc.cn，搜索"传感器与检测技术"（负责人：浙江万里学院，钱裕禄），选课后，进入测验和考试。

拓展练习题

一、单项选择题（20题）

1. 超声波传感器的典型应用不包括（　　）。
   A．测距仪　　　　B．倒车雷达　　　　C．温度检测　　　　D．管道测厚
2. 超声波传感器工作时利用的主要物理原理是（　　）。
   A．霍尔效应　　　B．压电效应　　　　C．光电效应　　　　D．热电效应
3. 工业领域常用的超声波频率范围是（　　）。
   A．20Hz～20kHz　　　　　　　　　　B．10kHz～1MHz
   C．1MHz～10MHz　　　　　　　　　　D．10MHz～100MHz
4. 超声波测距的基本公式是（　　）。
   A．$d=v×t$　　　B．$d=v/t$　　　C．$d=t/v$　　　D．$d=v^2×t$
5. 超声波传感器在倒车雷达应用中主要检测的是（　　）。
   A．可见光反射　　B．声波反射时间　　C．电磁波强度　　D．温度变化
6. 超声波测厚仪工作时需要特别注意的问题是（　　）。
   A．环境光照　　　B．耦合剂使用　　　C．电磁干扰　　　　D．空气湿度
7. 以下可能影响超声波传播的材料是（　　）。
   A．玻璃　　　　　B．真空　　　　　　C．钢铁　　　　　　D．橡胶
8. 超声波流量计主要依据的测量原理是（　　）。
   A．多普勒效应　　B．法拉第效应　　　C．塞贝克效应　　　D．趋肤效应
9. 超声波传感器在避障应用中最大的优势是（　　）。
   A．颜色识别　　　B．非接触测量　　　C．高温耐受　　　　D．高分辨率
10. 倒车雷达的盲区主要来自（　　）。
    A．发射功率不足　　　　　　　　　　B．接收灵敏度低
    C．超声波发散角　　　　　　　　　　D．环境温度变化
11. 超声波在空气中传播时衰减的主要原因是（　　）。
    A．电磁干扰　　　B．光照强度　　　　C．空气湿度　　　　D．材料密度
12. 超声波传感器的盲区范围主要取决于（　　）。
    A．发射功率大小　　　　　　　　　　B．信号处理时间
    C．接收器灵敏度　　　　　　　　　　D．探头共振频率

第8章 超声波传感器及其应用

13. 超声波传感器用于室外测距时需进行温度补偿，主要是因为（   ）。
    A．温度影响电路稳定性　　　　B．声速随温度变化
    C．高温导致探头损坏　　　　　D．低温降低信号强度
14. 以下介质中，超声波难以穿透的是（   ）。
    A．水　　　　B．木材　　　　C．泡沫塑料　　　　D．铝合金
15. 超声波测厚仪测量金属厚度时，必须输入的参数是（   ）。
    A．环境温度　　B．材料密度　　C．超声波频率　　D．材料声速
16. 倒车雷达系统的核心组件不包括（   ）。
    A．超声波探头　　B．微控制器　　C．液晶显示屏　　D．激光发射器
17. 多普勒效应超声波流量计适用于（   ）。
    A．静止液体　　B．含颗粒流体　　C．高黏度液体　　D．透明气体
18. 超声波传感器在粉尘环境中优于红外传感器的主要原因是（   ）。
    A．测量距离更长　　　　　　　B．抗粉尘干扰强
    C．成本更低　　　　　　　　　D．分辨率更高
19. 超声波探头与待测物体之间需涂抹耦合剂，主要目的是（   ）。
    A．降低电磁干扰　　　　　　　B．减少声阻抗失配
    C．防止探头氧化　　　　　　　D．提高信号频率
20. 超声波流量计测量管道流量时，传感器通常安装于（   ）。
    A．管道中心位置　　　　　　　B．管道外壁两侧
    C．流体上游位置　　　　　　　D．阀门调节处

二、多项选择题（5题）

1. 超声波传感器的优点包括（   ）。
    A．穿透性强　　B．不受颜色影响　　C．抗电磁干扰　　D．适合真空环境
2. 影响超声波测距精度的因素有（   ）。
    A．空气温度　　B．环境湿度　　C．表面粗糙度　　D．环境光照
3. 倒车雷达系统需要满足的要求包括（   ）。
    A．实时响应　　B．防水设计　　C．语音提示　　D．温度补偿
4. 超声波测厚的主要方法有（   ）。
    A．共振法　　B．脉冲回波法　　C．干涉法　　D．透射法
5. 声音传感器的典型应用场景包括（   ）。
    A．噪声监测　　B．语音识别　　C．材料缺陷检测　　D．振动分析

三、简答题（10题）

1. 简述压电效应在超声波传感器中的作用。
2. 说明超声波测距系统的基本工作流程。
3. 分析温度对超声波传播速度的影响。
4. 比较穿透式与反射式超声波传感器的异同。

5．解释倒车雷达系统的基本组成。
6．列举超声波测厚的三个注意事项。
7．说明多普勒流量计的工作原理。
8．分析超声波避障系统响应时间的影响因素。
9．列举声音传感器在智能家居中的应用案例。
10．解释超声波传感器参数中"波束角"的含义。

四、应用分析题（5题）

1．某倒车雷达在雨天频繁误报，分析可能的原因及改进方案。
2．超声波测厚仪在测量生锈金属时出现误差，解释原因并提出解决方案。
3．设计基于超声波传感器的智能停车场车位检测系统方案。
4．分析超声波流量计在含有气泡的液体中测量失效的原因。
5．某声音传感器安防系统误将风声识别为入侵信号，请提出优化措施。

五、应用综述题（5题）

1．论述倒车雷达系统的设计要点与技术发展趋势。
2．比较超声波传感器与红外传感器在测距应用中的优劣。
3．综述超声波无损检测技术在工业领域的应用现状。
4．设计智能家居中超声波传感器与声音传感器的协同应用方案。
5．分析超声波传感器在自动驾驶系统中的技术挑战与解决方案。

第 9 章
数字式位置传感器及其应用

教学目标

本章主要内容包括几种常用的数字式位置传感器：角编码器、光栅传感器、磁栅传感器、容栅传感器等的结构、原理和应用；介绍 M 法测速、莫尔条纹；常用的数字式位置传感器在直线位移和角位移精密测量以及机床位置控制中的应用。

通过本章的学习，了解常用的数字式位置传感器的结构、原理和应用；熟悉角编码器、光栅传感器、磁栅传感器、容栅传感器等的应用概况；熟悉这些传感器在直线位移和角位移精密测量以及机床位置控制中的应用情况。

教学重点

知识要点	能力要求	相关知识
数字式位置传感器	（1）了解角编码器的结构、原理和应用场合 （2）了解光栅传感器的结构、原理和应用场合 （3）了解磁栅传感器的结构、原理和应用场合 （4）了解容栅传感器的结构、原理和应用场合	（1）角编码器 （2）光栅传感器 （3）磁栅传感器 （4）容栅传感器
直线位移和角位移精密测量	（1）理解直线位移的测量 （2）熟悉角位移的精密测量	（1）直线位移测量 （2）角位移精密测量

引言

介绍几种常用的数字式位置传感器的结构、原理和应用,并讨论它们在直线位移和角位移精密测量及机床位置控制中的应用。

9.1 常用的数字式位置传感器及基本工作原理

下面概要介绍角编码器、光栅传感器、磁栅传感器、容栅传感器等的结构、工作原理和应用情况。

1. 角编码器

角编码器是一种旋转式位置传感器,它的转轴通常与被测旋转轴连接,随被测轴一起转动。角编码器能将被测轴的角位移转换成二进制编码或一连串脉冲。角编码器通常由码盘、光源、光电检测元件等组成,码盘是其核心部件,分为绝对式码盘和增量式码盘。绝对式码盘按一定编码方式在不同位置刻有不同的二进制编码;增量式码盘则在圆周上均匀分布透光和不透光的线条。

角编码器有两种基本类型:绝对式角编码器和增量式角编码器。

1)绝对式角编码器

通过读取码盘上特定位置的编码来确定角度位置。每个位置编码唯一,与角度值一一对应,即使掉电也能直接获取当前角度。绝对式角编码器按照角度直接进行编码。这类角编码器根据内部结构和检测方式不同,可分为接触式、光电式、磁阻式等。10 码道绝对式光电码盘如图 9.1 所示。

绝对式角编码器外形如图 9.2 所示,每一个微小的角位移都有一个对应的编码,常以二进制数据形式来表示。使用绝对式角编码器测量时,即使中途断电,重新上电之后,当前位置的二进制编码数据仍然不变。这里通常是采用自然二进制码或格雷码。

图 9.1 10 码道绝对式光电码盘

图 9.2 绝对式角编码器外形

其他角编码器外形如图 9.3~图 9.8 所示。

第 9 章 数字式位置传感器及其应用

图 9.3 其他角编码器外形 1

图 9.4 其他角编码器外形 2

图 9.5 其他角编码器外形 3

图 9.6 其他角编码器外形 4

图 9.7 其他角编码器外形 5

图 9.8 其他角编码器外形 6

光电式角编码器的结构如图 9.9 所示,图 9.9 (a) 为光电码盘的平面结构 (8 码道),图 9.9 (b) 为光电码盘与光源、光敏元件的对应关系 (4 码道)。

(a) 光电码盘的平面结构 (8 码道)

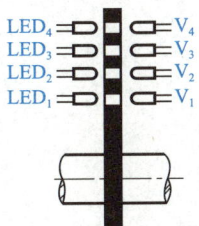
(b) 光电码盘与光源、光敏元件的
对应关系(4码道)

图 9.9 光电式角编码器的结构

光电式角编码器的测量分辨力取决于它所能分辨的最小角度,而这与码盘上的码道数 n 有关,即最小能分辨的角度为:$\alpha = 360°/2^n$,分辨率为 $1/2^n$。

绝对式角编码器 E1050-14 的特性参数如下。

- 位数：14。
- 分辨力：80"。
- 最大误差：±100"。
- 外尺寸/mm：Φ50×40。
- 输出轴尺寸/mm：Φ6×12。
- 重量/g：250。
- 允许转速/（r/min）：200。
- 电源电压/V：DC12（±5%），5（±5%）。
- 光源：红外 LED。
- 输出信号：格雷码，TTL 电平。
- 使用温度：-40～+55℃。
- 相对湿度：相对湿度 95%RH（35℃时）。
- 振动/g：6。
- 冲击/g：50。

角编码器在机器人关节、天文望远镜的旋转轴等需要精确测量角位移的场合广泛应用，例如，机器人关节安装绝对式角编码器，可实时精确获取关节角度，使机器人动作更精准。

2）增量式角编码器

当码盘旋转时，光源发出的光透过码盘的线条，被光电检测元件接收并转换为电信号。码盘每转动一个栅距，就会产生一个脉冲信号，通过对脉冲计数来测量角度的变化量。此外，增量式角编码器通常还有零位（Z 相）脉冲，用于确定旋转的起始位置或提供角度基准。

增量式角编码器的外形和内部结构分别如图 9.10 和图 9.11 所示。

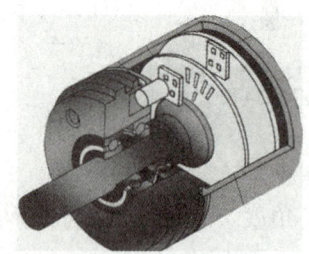

图 9.10 增量式角编码器的外形

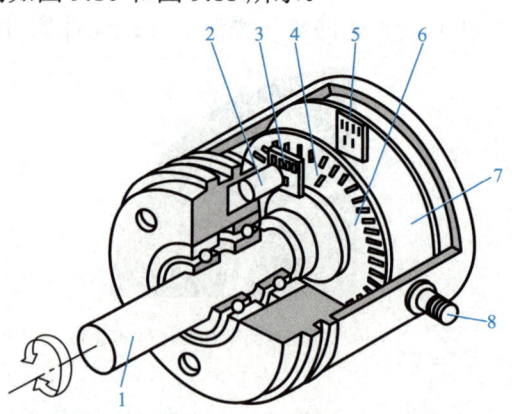

1—转轴；2—LED；3—光栅板；4—零标志；
5—光敏元件；6—码盘；7—印制电路板；
8—电源及信号线连接座。

图 9.11 增量式角编码器的内部结构

这里的分辨力 α =360°/条纹数，例如，条纹数=1024，α =360°/1024=0.352°，这里一个脉冲对应一个分辨角 α。

在机床的主轴旋转控制中，增量式角编码器可实时监测主轴转速和旋转角度，反馈给控制系统，实现对主轴位置和速度的精确控制，保证加工精度。

3）M 法测速

M 法测速（图 9.12）通常借助增量式角编码器来实现，同时还要用到计数器、定时器等。

对照图 9.12 所示，在规定的时间内，对增量式角编码器输出的脉冲进行计数。由于角编码器每转产生固定数量的脉冲，因此可推算出其转速。

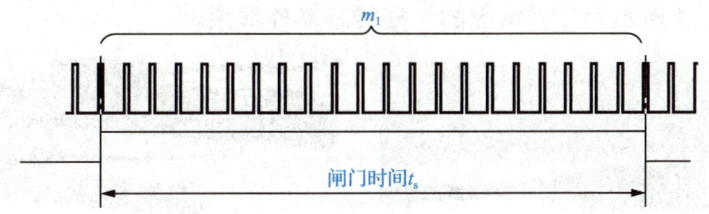

图 9.12 M 法测速

对照图 9.13 电路，先利用施密特触发器将角编码器的输出脉冲三角波转换为矩形波。当与门的 c 端为高电平时，b 端的信号可以通过与门，到达 d 端，然后单片机进行计数，得到 m_1 个计数结果。

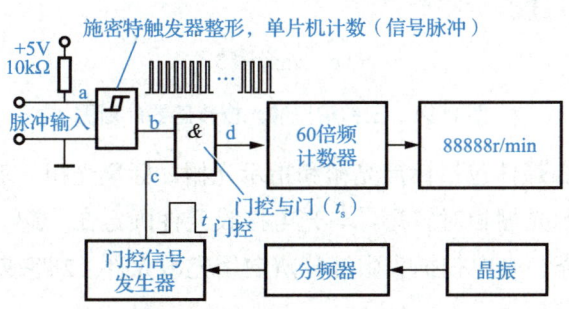

图 9.13 M 法门控测速电路

M 法测速的计算：在一定的时间间隔 t_s 内（$t_s=t$ 闸门=t 门控，如 10s、1s、0.1s 等），用角编码器所产生的脉冲数来确定速度的方法称为M法测速。

若角编码器每转产生 N 个脉冲，在 t_s 的闸门时间间隔内得到 m_1 个脉冲，则角编码器所产生的脉冲频率为

$$f=\frac{m_1}{t_s}$$

(9-1)

则转速 n（单位为 r/min）的计算公式为

$$n = 60\frac{f}{N} = 60\frac{m_1}{t_s N} \tag{9-2}$$

2. 光栅传感器

1) 光栅的类型和结构

光栅传感器是一种基于光栅叠栅条纹原理来测量位移的传感器，其核心组件光栅是由众多等宽且等间距的平行狭缝构成的光学元件。光栅可分为透射光栅和反射光栅两大类。光栅传感器由光源、光栅副、光敏元件三大部分组成。光栅传感器按形状可分为长光栅和圆光栅。图 9.14 所示为三种常见的光栅传感器外形图。

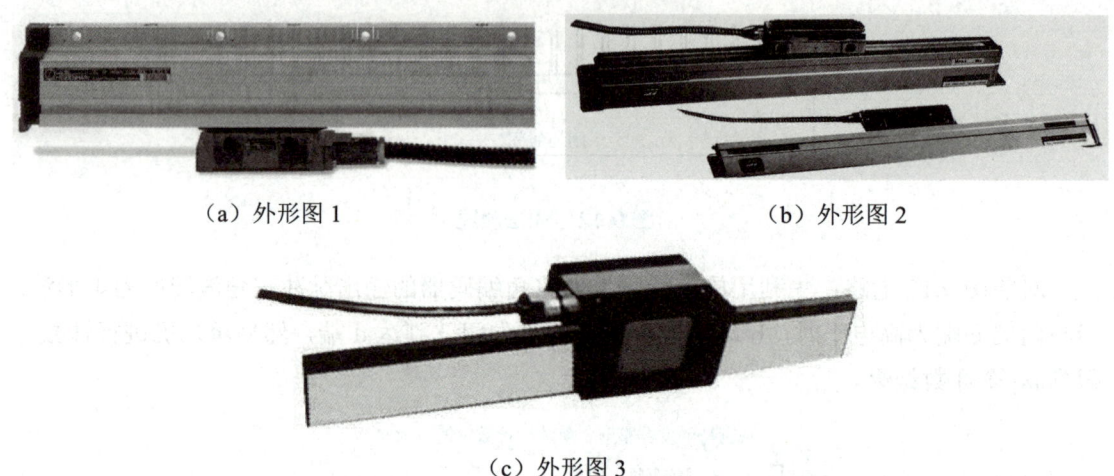

（a）外形图 1　　　　　　　　　（b）外形图 2

（c）外形图 3

图 9.14　三种常见的光栅传感器外形图

光栅传感器的核心部件包括标尺光栅和指示光栅。标尺光栅一般较长，安装在被测物体的移动部件上；指示光栅相对较短，与光电接收元件固定在一起。光栅上刻有大量等间距的透光和不透光线条。光电扫描头由细分辨向用光敏元件（2 路或 4 路）、零位光敏元件等组成。

对照图 9.15，光源、透镜、指示光栅及光敏元件均固定在扫描头内，随扫描头一起联动。原理上来说，当标尺光栅与指示光栅相对移动时，由于光的衍射和干涉作用，在指示光栅后面会形成明暗相间的莫尔条纹。莫尔条纹的移动方向与光栅的相对移动方向垂直，且其移动距离与光栅的相对位移成正比。光电接收元件将莫尔条纹的光强变化转换为电信号，通过对电信号的计数和处理，可测量出光栅的位移量。

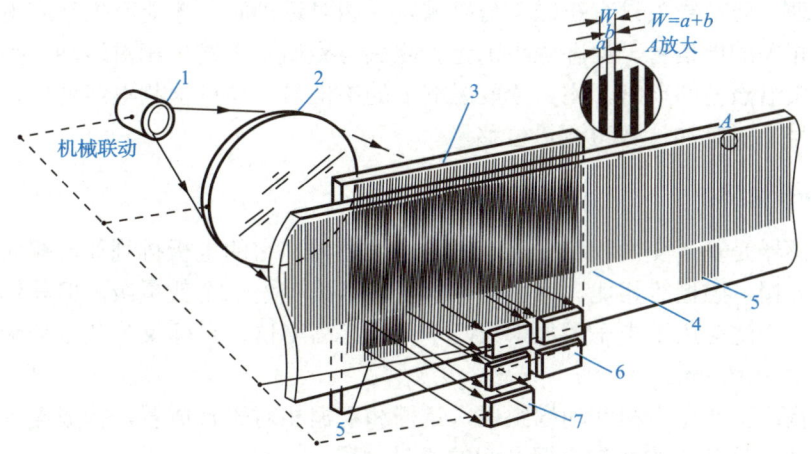

1—光源；2—透镜；3—指示光栅；4—主光栅（标尺光栅）；5—零位光栅；
6—细分辨向用光敏元件（2路或4路）；7—零位光敏元件。

图 9.15　透射式直线光栅的结构及组成

3. 磁栅传感器

磁栅的价格低于光栅的，且其录磁方便、易于安装，测量范围可达十几米，抗干扰能力强。磁栅可分为长磁栅和圆磁栅。长磁栅主要用于直线位移测量，圆磁栅主要用于角位移测量。磁栅传感器主要由磁尺、磁头和信号处理电路组成。目前还出现了磁敏电阻原理的磁头，可不必设置励磁电路，检测速度也进一步提高。还有一种"空间静磁栅"，在失电→上电后，仍能正确地显示失电前的位置或角度，实现了磁栅的"绝对编码"。

（1）结构：由磁栅、磁头和检测电路组成。磁栅是在非导磁材料基体上，采用录磁方法录制等间距的磁信号，形成磁性标尺。磁头用于读取磁栅上的磁信号，并将其转换为电信号。根据工作原理不同，磁头分为静态磁头（又称磁通响应式磁头）和动态磁头（又称速度响应式磁头）。

磁栅的外形如图 9.16 所示。磁栅的结构如图 9.17 所示。

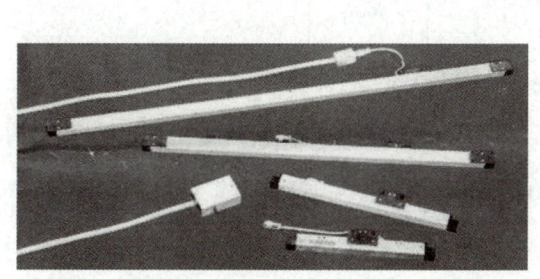

图 9.16　磁栅的外形

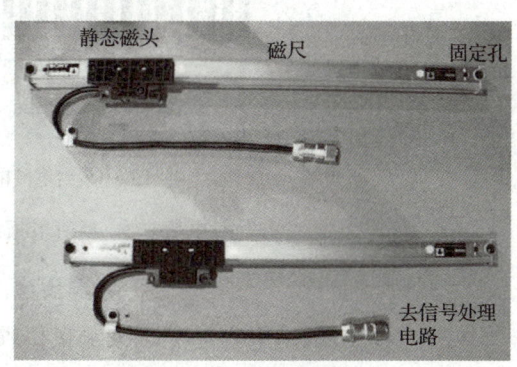

图 9.17　磁栅的结构

（2）原理：动态磁头只有在磁头与磁栅发生相对运动时，才能产生感应电动势，输出与运动速度相关的电信号。静态磁头则无论磁头与磁栅是否发生相对运动，都能检测到磁信号。当磁头沿磁栅移动时，磁头读取磁栅上的磁信号，通过检测电路处理，将磁信号转换为脉冲信号，对脉冲计数可测量位移量。

4. 容栅传感器

容栅传感器是基于变面积工作原理的电容传感器，它的电极排列如同栅状。与大位移传感器，如光栅、磁栅等相比，容栅传感器虽然准确度差一个数量级，但其体积小、造价低、耗电省，广泛应用于电子数显卡尺、千分尺、高度仪、坐标仪等几百毫米以下行程的测量，分辨力为 $10\mu m$。

（1）结构：主要由定栅和动栅组成，定栅和动栅相对平行放置，构成电容的两极。动栅可随被测物体移动，改变与定栅之间的相对位置。

容栅的结构如图 9.18 所示。

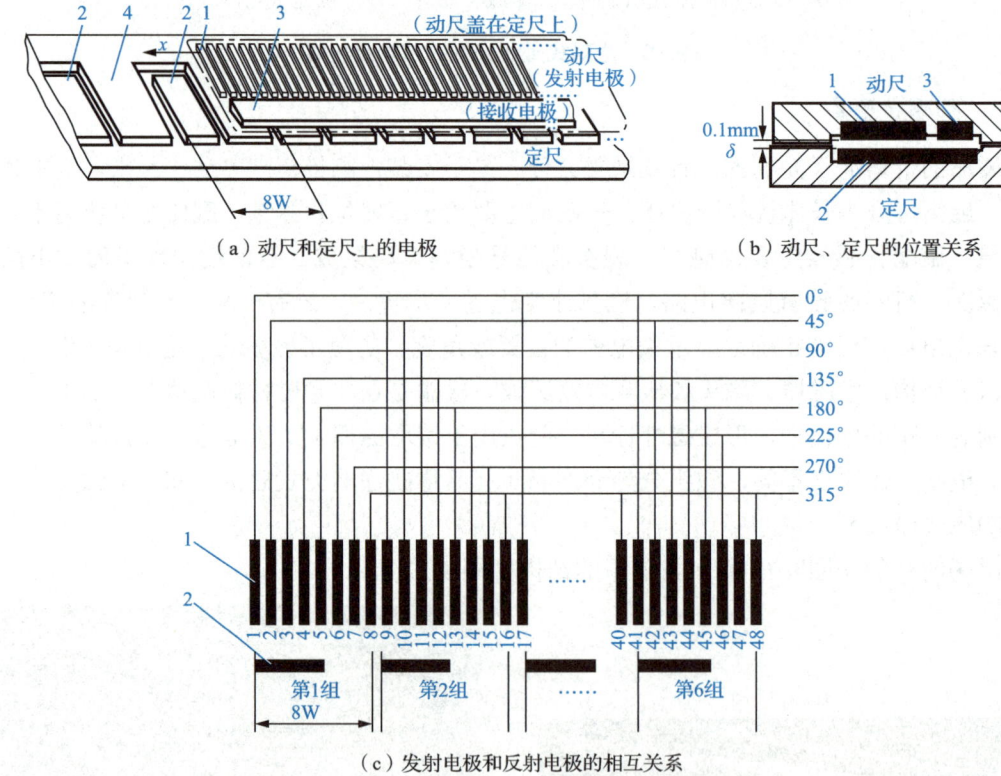

1—发射电极；2—反射电极；3—接收电极；4—屏蔽电极。

图 9.18 容栅的结构

（2）原理：利用电容的变化来测量位移。根据平行板电容公式（参数包括介电常数，两极板相对面积和两极板之间距离），当动栅移动时，会改变定栅和动栅之间的相对面积，从而导致电容发生变化。通过检测电路将电容变化转换为电信号，进而测量出位移量。

容栅传感器的内部结构及容量变化曲线如图 9.19 所示。

图 9.19 的（a）中，节距为 5.09mm（线路板上导电极板的间距），分辨力为 0.01mm，采用 8 码道容栅传感器进行细分。图 9.19 的（b）中，随着转子与定子电极的重合或分离，电容量周期变化。

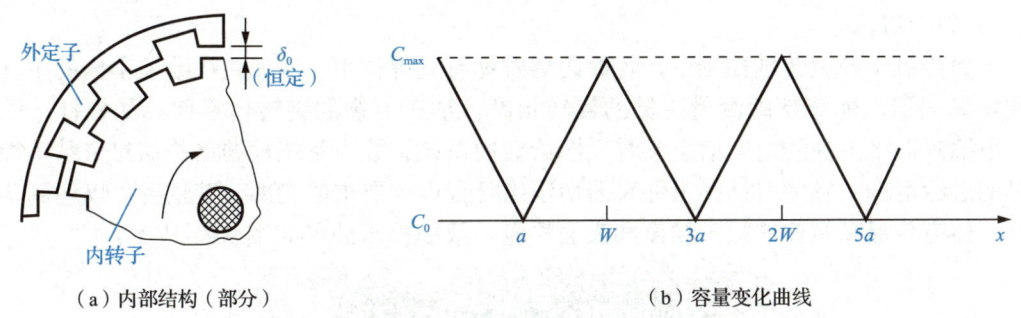

（a）内部结构（部分） （b）容量变化曲线

图 9.19 容栅传感器的内部结构及容量变化曲线

图 9.20 所示为容栅传感器工作框图。

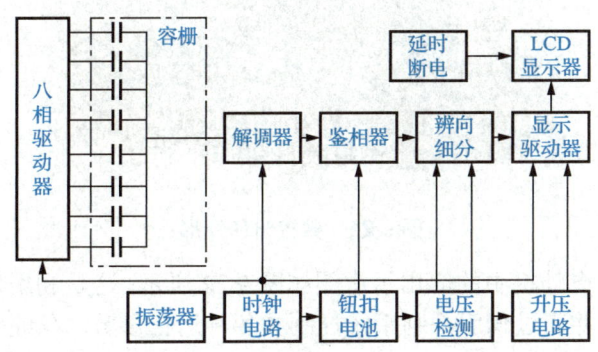

图 9.20 容栅传感器工作框图

对照图 9.20 所示，当"动尺"相对"定尺"移动 x 距离时，"发射电极"与"反射电极"之间的相对面积发生变化，反射电极上的电荷量发生变化，并将电荷感应到接收电极上，在接收电极上累积的电荷 Q 与位移量 x 成正比。经运算处理后进行公/英制转换和 BCD 码转换，再由译码器将 BCD 码转换成七段码，送显示驱动单元。这里的容栅传感器使用"锁相环"倍频。

（3）应用情况。

直线位移测量：常用于一些对精度要求较高的小型测量仪器或设备中，如电子数显卡尺，通过检测容栅传感器电容变化精确测量物体的长度、厚度等直线位移。

机床微调机构：在机床的微调机构中，容栅传感器可提供精确的位移反馈，实现对机床部件微小位移的精确控制，满足高精度的加工需求。

9.2 数字式位置传感器的典型应用

1. 角编码器的应用

1）数控机床

在数控机床的旋转轴控制中，角编码器发挥着关键作用。例如，在数控车床的主轴上安装角编码器，能够精确测量主轴的旋转角度。加工复杂的旋转体零件，如螺杆、凸轮等，角编码器将主轴的角度信息实时反馈给数控系统。数控系统根据这些信息来精确控制刀具的进给运动，确保刀具在工件表面切削出符合设计要求的轮廓。其精度可以达到角秒级别，能有效提高零件的加工精度和表面质量。数控机床外形如图 9.21 所示。

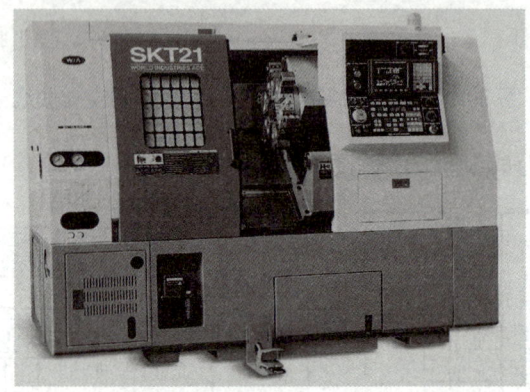

图 9.21 数控机床外形

角编码器在伺服电动机中的应用示意图如图 9.22 所示，这是利用角编码器测量伺服电动机的转速、转角，并通过伺服控制系统控制其各种运行参数。角编码器在伺服电动机中的应用主要涉及转速测量、转子磁极位置测量和角位移测量。

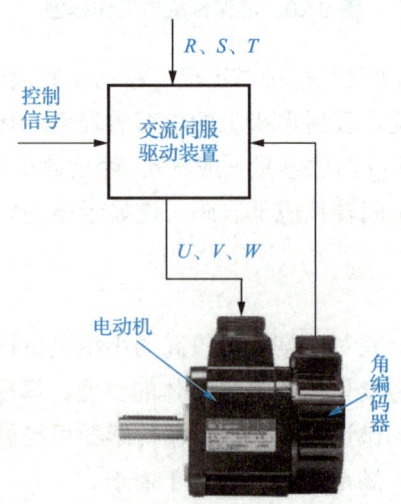

图 9.22 角编码器在伺服电动机中的应用示意图

角编码器的外形及其在伺服电动机中的应用控制系统框图如图 9.23 所示。

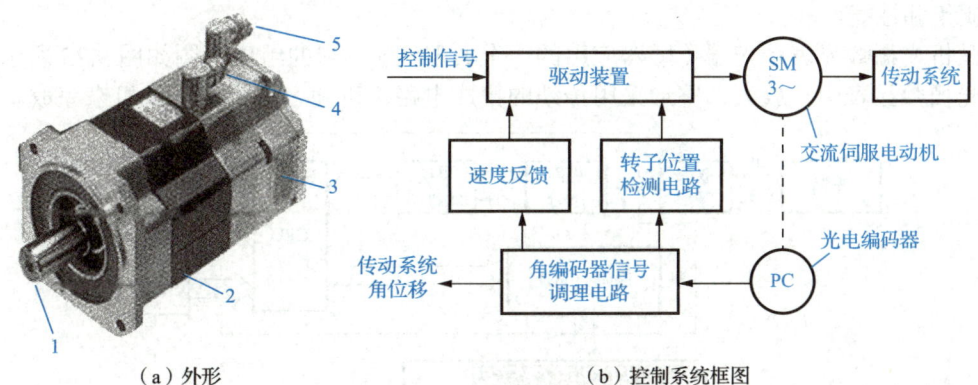

（a）外形　　　　　　　　　　（b）控制系统框图

1—电动机转子轴；2—电动机本体；3—光电编码器；4—三相电源连接座；
5—光电角编码器输出（航空插头）。

图 9.23　角编码器的外形及其在伺服电动机中的应用控制系统框图

2）工业机器人关节控制

工业机器人的每个关节都需要精确的角度控制，角编码器就安装在工业机器人的关节处。以六轴工业机器人为例，在每个关节电动机的输出轴上安装角编码器，能够实时获取关节的角度变化信息。机器人在执行任务时，比如进行焊接、喷涂、装配等操作，控制系统根据角编码器反馈的角度数据，精确调整各个关节的位置，从而使机器人末端执行器能够准确地到达目标位置，并且在运动过程中保持稳定的姿态。

角编码器用于汽车壳体焊接机械手示意图如图 9.24 所示。角编码器安装于机械手的各个关节，角度变化与设定值对比由步进电动机控制。

图 9.24　角编码器用于汽车壳体焊接机械手示意图

3）电梯控制系统

在电梯的曳引机上安装角编码器，则可以精确监测电梯轿厢的运行位置和速度。角编码器将曳引机的旋转角度转换为轿厢的位移信息。当电梯运行时，控制系统根据角编码器提供的数据来精确控制电梯的加减速过程，确保电梯平稳地停靠在各个楼层。同时，通过角编码器的反馈，还可以实现电梯的轿厢位置显示、平层精度控制等功能，提高电梯运行的安全性和舒适性。

2. 光栅传感器的应用

1）精密测量仪器

在三坐标测量机中，光栅传感器是核心部件之一。三坐标测量机用于测量各种复杂零件的几何尺寸，如机械零件的长度、宽度、高度以及形状误差等。光栅传感器安装在三坐标测量机的坐标轴上，通过检测测量头在空间中的位移来获取零件的尺寸信息。其高精度的测量能力（可达微米甚至亚微米级别）可以准确地测量出微小的尺寸偏差。例如，在航空航天零件的制造过程中,光栅传感器可提高检测发动机叶片等关键部件尺寸的精度,保证零部件的质量和性能。

微机光栅数显表是光栅传感器应用的一个典型例子,它的组成框图如图9.25所示,在微机光栅数显表中,放大、整形采用传统的集成电路,辨向、细分由单片机来完成。

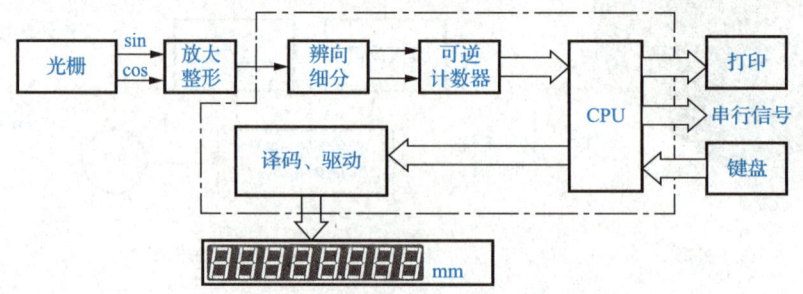

图9.25　微机光栅数显表的组成框图

为光栅设计的专用数据转接器(光栅计数卡)如图9.26所示。光栅计数卡主要有放大、整形、细分、辨向、报警、阻抗变换等功能。

为光栅设计的专用信号处理单元(光栅插补器)如图9.27所示。光栅插补器主要有放大、整形、细分、辨向、报警、阻抗变换等功能。

图9.26　光栅计数卡

图9.27　光栅插补器

2)光刻机设备

在半导体制造的光刻机中,光栅传感器用于精确控制工作台的位置和位移。光刻机是制造芯片的关键设备,其精度要求极高。光栅传感器能够实时监测工作台在 $X-Y$ 平面的微小位移,精度达到纳米级别。在芯片光刻过程中,工作台需要精确地移动芯片和掩膜版,以确保芯片图案的精确曝光。光栅传感器的高精度测量和反馈控制对于提高芯片的制造精度和集成度起到了至关重要的作用。

3)自动化生产线的物料输送定位

在一些自动化生产线上,如电子产品组装生产线,光栅传感器用于定位物料输送带上的产品。当产品在输送带上移动时,光栅传感器可以检测产品的位置和速度。例如,在手机组装线上,通过光栅传感器确定手机外壳芯片、屏幕等零部件的位置,为后续的自动化组装操作(如螺钉拧紧、屏幕贴合等)提供准确的位置信息,从而提高手机的生产效率和组装质量。

安装有直线光栅的数控机床如图 9.28 所示。

3. 磁栅传感器的应用

1) 大型机床的直线位移测量

在龙门铣床等大型机床的工作台直线位移测量中，磁栅传感器是一种理想的选择。由于大型机床的工作行程较长，磁栅传感器可以方便地安装在机床的床身和工作台之间。磁栅传感器长量程的特点可以满足大型机床的测量需求，并且抗干扰能力较强，能够在机床的

图 9.28　安装有直线光栅的数控机床

复杂电磁环境下稳定工作，为零件的精确加工提供可靠的位置信息。例如，在加工大型船舶发动机缸体等大型零件时，磁栅传感器能够实时测量工作台在床身导轨上的直线位移，精度可达数微米。

安装有直线光栅的数控机床示意图如图 9.29 所示。磁栅的价格低于光栅的，且录磁方便、易于安装，测量范围宽可达十几米，抗振动和抗冲击能力强。长磁栅主要用于直线位移测量，圆磁栅主要用于角位移测量。磁栅传感器主要由磁尺、磁头和信号处理电路组成。

磁栅在铣床直线位移测量中的应用如图 9.30 所示。

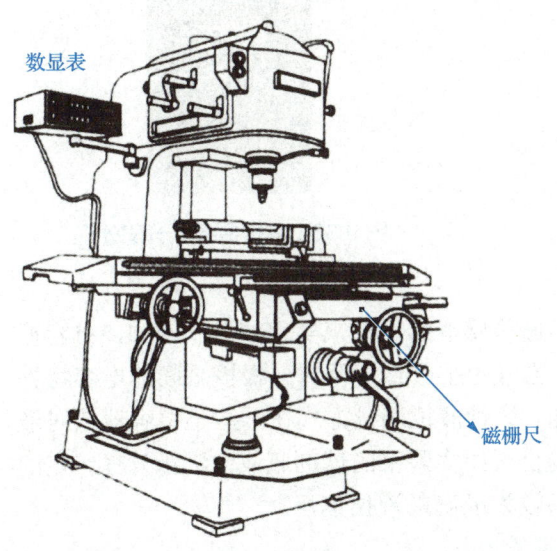

图 9.29　安装有直线光栅的数控机床示意图

图 9.30　磁栅在铣床直线位移测量中的应用

2) 电梯轿厢位置检测（作为备份传感器）

在电梯系统中，除了主用的位置检测装置，磁栅传感器还可以作为备份传感器。它安装在电梯轿厢和井道之间，用于检测轿厢的垂直位移。当电梯的主用位置传感器出现故障时，磁栅传感器能够提供轿厢位置的准确信息，确保电梯能够安全地停靠在最近的楼层，进行紧急救援等操作。这种冗余设计提高了电梯系统的可靠性和安全性。

3）自动仓储物流设备的位置控制

在自动化立体仓库的堆垛机上，磁栅传感器可用于控制堆垛机的水平和垂直位置。堆垛机在仓库货架之间存取货物时，需要精确地定位。磁栅传感器能够提供稳定的位置信号，帮助堆垛机准确地到达指定的货位。例如，在大型电商仓库的自动化仓储系统中，磁栅传感器与控制系统配合，提高货物存储和检索的效率和准确性。

4. 容栅传感器的应用

1）电子数显卡尺

容栅传感器最常见的应用是在电子数显卡尺中。在卡尺的尺身和游标上分别安装容栅传感器的定极板和动极板。当移动游标进行测量时，动极板和定极板之间的电容发生变化。通过对电容变化的测量和转换，容栅传感器可以精确地测量出物体的长度尺寸。其分辨率可以达到 0.01mm 甚至更高，并且能够方便地显示数字，广泛用于机械加工、模具制造等领域零件的尺寸测量。

常见的电子数显卡尺有容栅数显百分表和容栅数显千分表，它们的外形分别如图 9.31 和图 9.32 所示。

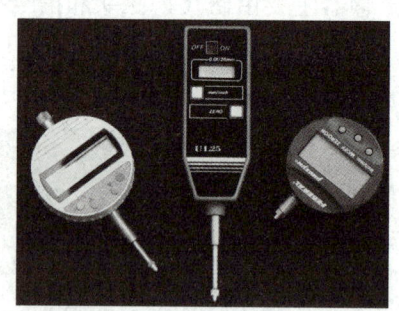

图 9.31　容栅数显百分表外形

图 9.32　容栅数显千分表外形

2）液位测量（特殊设计）

在一些特殊的液位测量场合，可以利用容栅传感器的原理来实现测量。例如，将容栅传感器的极板设计成与液位变化相关的结构。当液位上升或下降时，极板之间的电容特性改变，通过检测这种电容变化来确定液位高度。这种液位测量方式在一些小型容器或对液位精度要求较高的场合（如实验室的试剂瓶液位测量）有一定的应用优势，能够提供较为准确的液位信息。

3）便携式位移测量设备

便携式位移测量设备用于一些现场施工或设备维修等场合的位移测量。例如，在建筑工程中测量建筑物的微小沉降或变形，或者在机械设备维修中检测设备部件之间的位移。容栅传感器可以设计成小巧便携的测量设备，通过简单的接触式测量，快速获取位移数据，为工程质量检测和设备维护提供参考依据。

容栅数显测高仪如图 9.33 所示。

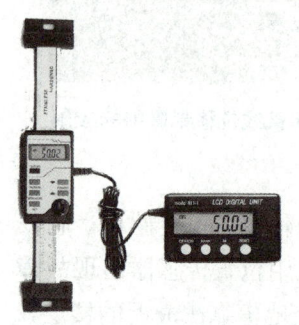

图 9.33　容栅数显测高仪

9.3　工程项目设计案例分析

通过对"鞋楦机的数字化逆向制造"项目的介绍来说明工程应用设计的思路。

1. 总体方案的确定

鞋楦机的数字化逆向制造流程如图 9.34 所示。

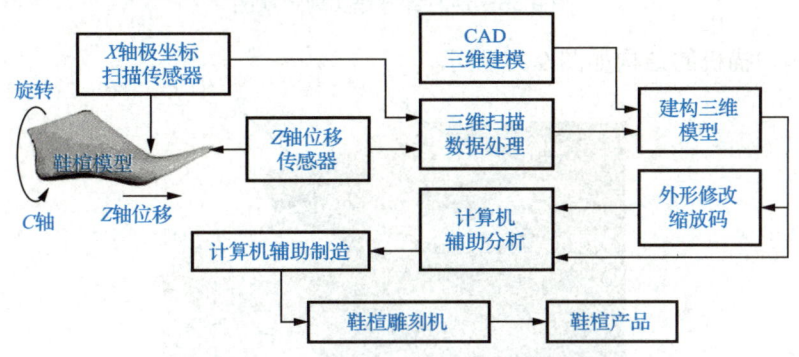

图 9.34　鞋楦机的数字化逆向制造流程

图 9.34 中，Z 轴为鞋楦的长度直线位移轴，X 轴为鞋楦的高度直线位移轴，C 轴为鞋楦的横截面角坐标轴。

总体设计方案为：用鞋楦顶叉顶住鞋楦，在 C 轴伺服电动机的带动下，以恒定的转速绕 Z 轴（鞋楦的长度方向）旋转，可以由 C 轴角编码器测得旋转的角度。仿形轮依靠外界弹簧压力，紧靠在鞋楦表面，鞋楦的高度变化引起仿形轮中心和鞋楦旋转中心之间的相对位移（X 轴位移），仿形轮和测臂带动光电编码器来回振动，从而测得测臂的角位移，然后经数学转换获得 X 轴位移。鞋楦每转过一圈，与 C 轴联动的丝杆-螺母传动系统就驱动溜板沿 Z 方向移动一个"行距"，行距的大小可通过人机界面由操作人员设定。这样就得到一组由 X、C、Z 组成的螺旋柱面极坐标系鞋楦三维立体数据，为计算机辅助制造（Computer Aided Manufacturing，CAM）提供了加工数据。

鞋楦数控成套设备（数控鞋楦机）框图如图 9.35 所示。对照图 9.35 可见，鞋楦数控成套设备由鞋楦数字化扫描测量机（高速鞋楦扫描机）、CAD/CAM 和数字化加工机（数控刻楦机）三大部分组成。

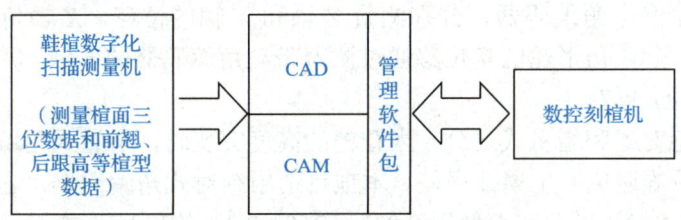

图 9.35　鞋楦数控成套设备框图

如图 9.36 所示，在实际操作中是由逆时针弹簧使测量测轮压住鞋楦的。

图 9.36 逆时针操作实现示意图

光电编码扫描机的结构如图 9.37 所示。

1—Z 向丝杠；2—传动螺母；3—溜板；4—鞋楦；5—仿形轮；6—丝杆轴承支撑；
7—鞋楦顶叉（由 C 轴伺服电动机驱动）；8—测臂；9—X 轴角编码器。

图 9.37 光电编码扫描机的结构

2. 传感器的选型及系统考虑

X 轴和 Z 轴位移传感器可以采用数字式传感器。由于 C 轴角位移和 Z 轴直线位移的关系是由伺服电动机旋转产生的，由计算机主动给出步进脉冲，也可以不设置测量 C 轴的角位移传感器，只测量 Z 轴的位移量。

光栅读数头和磁栅磁头的密封圈摩擦阻力均较大，因此只能适应较慢的扫描速度。

光电角编码器轴承的摩擦力较小，因此适合较快的测量速度，但角位移转换成直线位移时存在一定误差，等效后的直线分辨率不高。此外还可使用摩擦力小的反射式钢带光栅，能兼顾速度与准确度的要求。

可以使用两个光电角编码器，分别测量 Z 轴和 X 轴的位移。X 轴角编码器的壳体与溜板支架固定在一起，仿形轮的角位移通过测臂带动角编码器的转轴。

1）角编码器的选取

角编码器有绝对式和增量式之分。当鞋楦的高度突变时，增量式角编码器易产生"失码"现象，而且较难避免产生累计误差。本项目选用绝对式角编码器，它的码道数必须大于或等于 14 位，才能达到分辨率低于 0.03°（$360°/2^{14}$）的项目要求。

如果系统的测量速度较慢，X 轴的位移也可以用直线磁栅传感器来测量，可避免运算误差。直线磁栅传感器安装在仿形轮支架的侧面，其结构示意图如图 9.38 所示。

第 9 章 数字式位置传感器及其应用

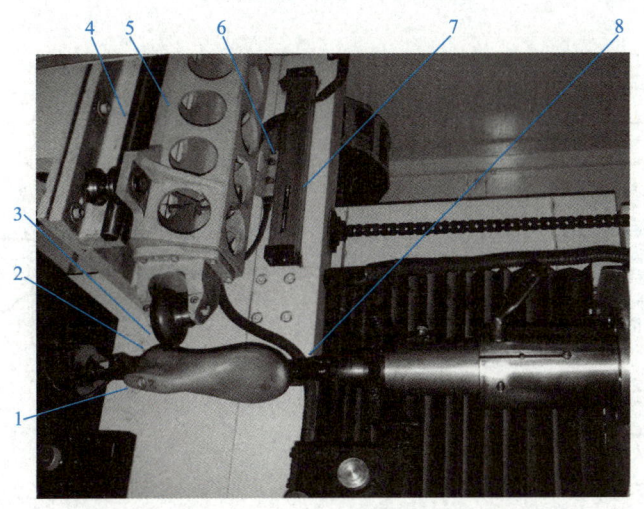

1—鞋楦；2—鞋楦顶叉；3—靠轮；4—仿形轮支架导轨；5—仿形轮支架；
6—磁栅传感器读数头；7—磁栅尺；8—鞋楦顶尖。

图 9.38 直线磁栅传感器结构示意图

角编码器、直线磁栅传感器及对应变送器的外形如图 9.39 所示。

（a）角编码器及变送器的外形

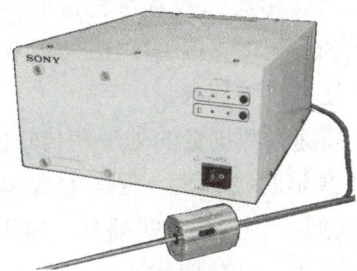

（b）直线磁栅传感器及变送器的外形

图 9.39 角编码器、直线磁栅传感器及对应变送器的外形

选用直线光栅作传感器示意图如图 9.40 所示，该传感器的分辨力为 10μm。测量安装示意图如图 9.41 所示。

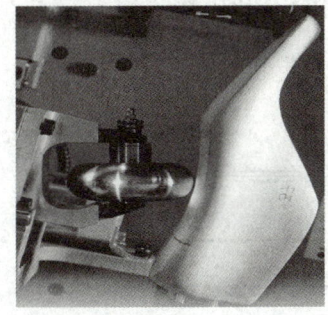

图 9.40 选用直线光栅作传感器示意图

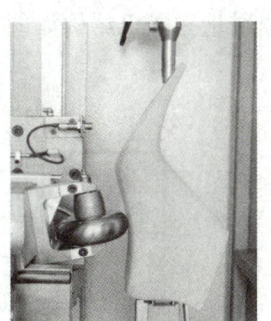

图 9.41 测量安装示意图

193

2）系统考虑

数控鞋楦机的系统框图如图 9.42 所示。

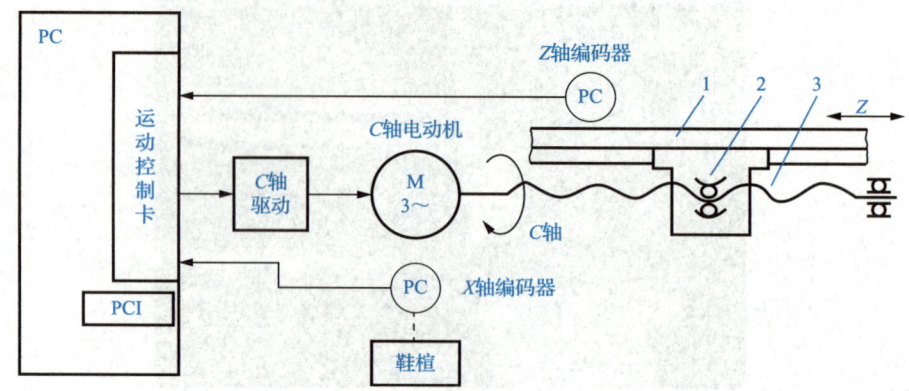

1—Z 轴平移工作台；2—滚珠螺母；3—滚珠丝杠。

图 9.42　数控鞋楦机的系统框图

高速鞋楦扫描机对数控系统的要求：不丢点扫描速度须达 35～45r/min；以 30r/min 速度扫描一双 100mm 高筒鞋楦为例，仿形轮的周边瞬时速度须达到 70m/min，采样周期为 0.2ms，X 轴传感器分辨力为 5μm 时，信号脉冲频率达 2MHz；如采用 Windows NT 等软实时操作系统，配以光栅/编码器采集卡，容易造成"丢点"。

另外还有以下要求。

（1）高速大数据量的处理和传输能力。传统数控的插补周期均在 10ms 左右，每段轮廓由已知数学曲线表达，程序中含起点、终点、圆心坐标等信息，由系统根据数学方程自动进行数据"密化"，即插补。由于鞋楦的形状是自由曲面，无法用数学公式表达，导致数据量很大。以鞋楦截面一圈取 1000 个点表达截面轮廓曲线为例，若转速为 60r/min，每个点的三维数据处理时间只有 1ms。若为 270mm 的长鞋楦，加工螺距为 1.6mm 时，总数据量可达 4MB。

（2）具备高速三坐标联动插补能力。在三轴联动插补时，合成进给速度矢量达到 40 万脉冲/秒以上。

高速鞋楦扫描机结构如图 9.43 所示，采取卧式和轻量化结构。

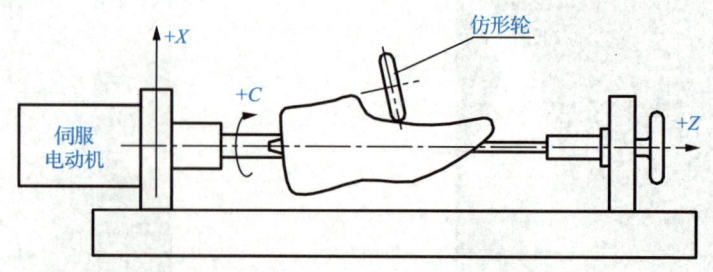

图 9.43　高速鞋楦扫描机结构

鞋楦的高速数据扫描示意图如图 9.44 所示。鞋楦的测量原理和坐标系的设定：在测量中，鞋楦绕着 Z 轴旋转，仿形轮测量头靠弹簧压力紧靠在鞋楦表面，并沿着 Z 轴正方向移动，移动的距离与鞋楦的转数成严格的比例关系。鞋楦每转过一圈，测量头沿 Z 轴正方向移动一定的距离。这样就形成了一个螺旋柱面极坐标系，按数控系统确立坐标系。

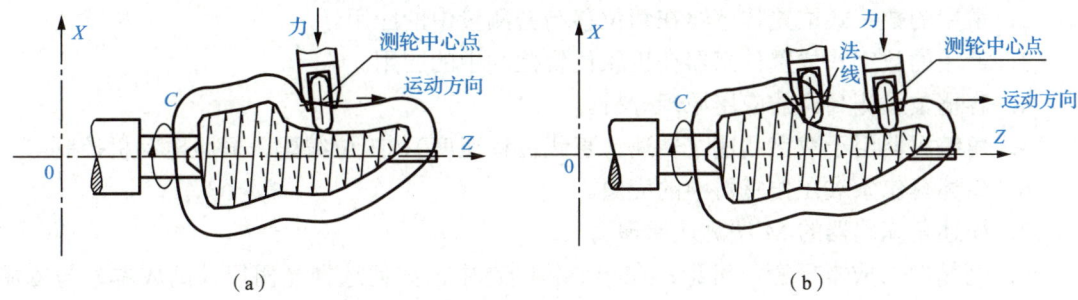

图 9.44 鞋楦的高速数据扫描示意图

利用测控软件，实时记录下该螺旋柱面上鞋楦每转过一个极角时对应的极径（以+Z 为中心，以+Z 到测量轮中心的距离为极半径坐标值），从而形成加工数据文件。

（1）实际测得的极径并不是鞋楦表面的点至回转轴中心的距离，而是测轮中心至鞋楦回转轴中心的距离。

（2）测量时的螺旋柱面极坐标的螺距是可以在操作界面上任意设定的。加工时刀轮运动轨迹的螺距也可以任意设定，以适应粗、精加工的不同需要。

3. 测量系统设计概述

测量控制系统硬件框图如图 9.45 所示，图中控制部分是根据面板设定螺距，控制 C-X 轴转动；测量部分是测出 C 轴和 X 轴的位置脉冲，并传送到 PC。

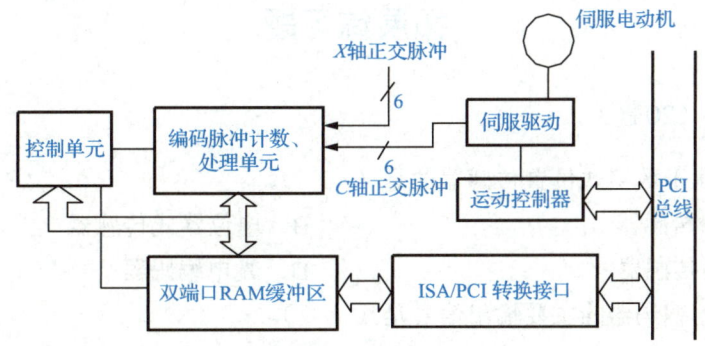

图 9.45 测量控制系统硬件框图

在数据处理上，数控鞋楦机可采用 PC 作为上位机，完成数据分析、处理以及对执行机构的控制等任务。可利用 VC++进行软件设计、开发，通过运动控制卡驱动系统，同时采集三轴数据，得到扫描数据文件，用于 CAM 加工。运动控制卡作为控制核心，完成发送及接收脉冲，各步进电动机接受伺服系统发送的脉冲，驱动对应轴运动。

9.4 合 作 研 讨

1. 常用的数字式位置传感器在直线位移控制中的应用。
2. 常用的数字式位置传感器在角位移精密测量中的应用。
3. 常用的数字式位置传感器在机床位置控制中的应用。
4. 容栅数显测高仪的应用原理分析。
5. 角编码器用于数字测速（转速、直线位移速度）、工位编码、伺服电动机控制等。
6. 简述莫尔条纹在传感器中的应用。
7. 简述角编码器的 M 法测速原理。
8. 高精度与成本平衡，讨论：在半导体制造中，如何选择光栅尺（高成本）与磁栅尺（低成本）以满足纳米级需求？
9. 恶劣环境下的可靠性设计，讨论：在工程机械的振动强烈、灰尘多的情况下，如何优化编码器的密封结构和信号抗干扰算法？
10. 多传感器融合技术，讨论：在自动驾驶车辆中，如何协同激光雷达与角编码器数据，提升定位鲁棒性？

在线测试

1. 校内：10.60.64.7（内网），进入后选择左上角的"测验"来进行测试。
2. 校外：登录 www.zjooc.cn，搜索"传感器与检测技术"（负责人：浙江万里学院，钱裕禄），选课后，进入测验和考试。

拓展练习题

一、单项选择题（20 题）

1. 下列不属于数字式位置传感器的是（　　）。
   A．光栅传感器　　　　　　　B．电位器式传感器
   C．磁栅传感器　　　　　　　D．光电编码器
2. 增量式角编码器的主要输出信号是（　　）。
   A．绝对位置值　　B．脉冲序列　　C．模拟电压信号　　D．频率调制信号
3. 光栅传感器的工作原理是基于（　　）。
   A．霍尔效应　　B．压电效应　　C．莫尔条纹现象　　D．电磁感应
4. 绝对式角编码器与增量式角编码器的本质区别在于（　　）。
   A．分辨率高低　　　　　　　B．是否需要参考零点
   C．输出信号类型　　　　　　D．安装方式

5. 磁栅传感器特别适用于（　　）。
   A．高温环境　　　　　　　　　B．强电磁干扰环境
   C．真空环境　　　　　　　　　D．潮湿环境
6. 绝对式角编码器的最大优势是（　　）。
   A．分辨率高　　　　　　　　　B．断电后位置信息不丢失
   C．成本低　　　　　　　　　　D．抗干扰能力强
7. 光栅传感器的莫尔条纹的作用是（　　）。
   A．提高测量精度　　　　　　　B．放大微小位移
   C．减少温度影响　　　　　　　D．增强信号强度
8. 磁栅传感器中用于检测磁化信号的是（　　）。
   A．霍尔元件　　B．磁阻元件　　C．感应线圈　　D．压电陶瓷
9. 多圈绝对式角编码器的核心结构是（　　）。
   A．光电码盘　　B．齿轮组计数器　　C．磁性转子　　D．电容阵列
10. 旋转变压器的输出信号类型是（　　）。
    A．数字脉冲　　　　　　　　　B．模拟电压
    C．正弦/余弦调制信号　　　　 D．频率信号
11. 光栅传感器中细分电路的主要功能是（　　）。
    A．提高分辨率　　　　　　　　B．减少噪声干扰
    C．扩展量程　　　　　　　　　D．校准零点
12. 下列接口协议常用于绝对式角编码器的是（　　）。
    A．PWM　　　　B．SPI　　　　C．SSI　　　　D．I²C
13. 光电式角编码器的防护等级 IP67 表示（　　）。
    A．防尘且可短时浸水　　　　　B．完全防尘且可长期浸水
    C．仅防溅水　　　　　　　　　D．仅防油污
14. 数字式位置传感器在闭环控制系统中的作用是（　　）。
    A．提供反馈信号　　　　　　　B．执行控制指令
    C．调节功率输出　　　　　　　D．存储程序
15. 工程项目中选用磁栅而非光栅的典型场景是（　　）。
    A．高精度实验室测量　　　　　B．机床切削油环境
    C．超高速旋转轴　　　　　　　D．真空环境
16. 增量式角编码器的倍频技术目的是（　　）。
    A．提高信号抗干扰性　　　　　B．增加脉冲数量以提高分辨率
    C．扩展量程范围　　　　　　　D．简化电路设计
17. 光栅传感器安装时需保证的关键参数是（　　）。
    A．栅距与光源波长一致　　　　B．光栅与指示光栅平行度
    C．光栅长度与量程匹配　　　　D．光源亮度恒定

18．数字式位置传感器的"重复精度"是指（　　）。
　　A．多次测量同一位置的最大偏差　　B．全量程内的线性误差
　　C．动态响应速度　　　　　　　　　D．零点漂移范围
19．旋转变压器的"Resolver"指（　　）。
　　A．解算器　　　B．变压器　　　C．放大器　　　D．滤波器
20．工程项目中传感器选型的首要依据是（　　）。
　　A．成本　　　　　　　　　　　　　B．环境适应性
　　C．测量范围与精度　　　　　　　　D．接口兼容性

二、多项选择题（5题）

1．数字式位置传感器的典型特征包括（　　）。
　　A．输出离散数字信号　　　　　　　B．抗干扰能力强
　　C．需要 A/D 转换　　　　　　　　 D．可直接连接微处理器接口
　　E．测量精度与量程成正比
2．影响光栅传感器测量精度的主要因素有（　　）。
　　A．刻线密度　　　　　　　　　　　B．光源波长
　　C．莫尔条纹对比度　　　　　　　　D．环境温度
　　E．供电电压
3．增量式角编码器的输出信号包含（　　）。
　　A．A 相方波　　　　　　　　　　　B．B 相方波
　　C．Z 相零位脉冲　　　　　　　　　D．绝对位置格雷码
　　E．模拟电压信号
4．光栅传感器的误差来源包括（　　）。
　　A．刻线不均匀　　　　　　　　　　B．光源老化
　　C．温度引起的热膨胀　　　　　　　D．振动导致的条纹抖动
　　E．电源电压波动
5．数字式位置传感器在工业机器人中的应用需考虑（　　）。
　　A．抗振动能力　　　　　　　　　　B．多圈测量功能
　　C．通信协议兼容性　　　　　　　　D．电磁屏蔽设计
　　E．外观颜色

三、简答题（10题）

1．简述增量式角编码器的"零位脉冲"功能。
2．比较光栅与磁栅传感器的环境适应性差异。
3．解释绝对式角编码器的"格雷码"编码优势。
4．列举数字式位置传感器的 3 个主要性能指标。
5．说明旋转变压器的测角原理。

6．简述光栅传感器中"四细分电路"的工作原理。
7．磁栅传感器为何需要定期消磁？
8．列举绝对式角编码器的3种编码类型。
9．说明增量式角编码器"辨向电路"的作用。
10．数字式位置传感器在安装时如何避免机械振动的影响？

四、应用分析题（5题）

1．某数控机床工作台定位系统出现累计误差，可能是由哪些传感器故障导致的？如何排查？
2．分析工业机器人关节部位应选用何种数字式位置传感器，给出选型依据。
3．某光栅尺测量系统在振动环境下出现误脉冲，提出改进方案。
4．某伺服电动机系统使用增量式角编码器时出现位置漂移，分析可能原因及解决方法。
5．设计自动化仓储堆垛机的定位系统，需选择数字式位置传感器类型并说明理由。

五、应用综述题（2题）

1．论述智能制造背景下数字位置传感器的发展趋势。
2．设计基于多传感器融合的高精度定位系统框架。

第 10 章 现代检测系统简介

 教学目标

本章内容主要包括：传感器基础知识及接口电路、测量及误差的基本知识、现代测试系统概述、基于虚拟仪器的检测系统、检测系统中的计算机接口和自动识别技术。

通过本章的学习，理解传感器的定义和基本工作原理，并在此基础上理解传感器的各项静态技术指标，熟悉实际使用中传感器的选用原则，了解传感器信号的特点和对应的接口电路的设置；了解测量的各种方法；熟悉现代测试系统的基本结构和类型，同时了解现代测试技术的发展趋势和应用情况；熟悉基于虚拟仪器的检测系统的组成、工作过程和应用案例，熟悉检测系统中的计算机接口技术，掌握常见的自动识别技术的工作原理及其应用案例。

 教学重点

知识要点	能力要求	相关知识
传感器基础知识	（1）理解传感器的特性和技术指标 （2）熟悉传感器的选用原则 （3）了解传感器接口电路的特点	（1）传感器基础知识 （2）传感器接口电路
测量及误差的基本知识	（1）了解不同的测量方法 （2）熟悉误差的分类	（1）测量 （2）误差
现代测试系统概述	（1）熟悉现代测试系统的结构与类型 （2）了解现代测试技术的发展趋势和应用	（1）现代测试系统 （2）现代测试技术

第 10 章　现代检测系统简介

测试的基本任务是获取有用的信息,并借助专门的设备、仪器来设计合理的实验方法与必需的信号分析及数据处理方法,获得与被测对象有关的信息,最后将结果进行显示或输入其他信息处理装置、控制系统。

完整的测试过程包括的要素有被测对象、测试方法、数值和计量单位、测量误差等。在这个过程中,如何准确地获取被测对象第一手的信息资料是十分关键的,而承担测试任务的主要是传感器,且传感器技术使用得当与否直接影响到测试的实际结果。应该说,传感器是连接外界测试对象和内部测试系统的第一道关卡。

10.1　传感器基础知识及接口电路

当今社会的发展就是信息技术的发展。早在 20 世纪 80—90 年代,美国首先认识到世界已进入传感器时代,日本也将传感器技术列为十大技术之首,我国将传感器技术列为"八五"国家重点科技项目(攻关)计划,建成了"传感器技术国家重点实验室""微纳米国家重点实验室""国家传感器工程中心"等研究开发基地。传感器产业是国内外公认的具有发展前途的高技术产业,它以技术含量高、经济效益好、渗透力强、市场前景广等特点为世人所瞩目。

通过对本知识模块内容的学习,学生可以了解传感器的基础知识,包括传感器的定义、组成、分类、技术指标、选用原则和发展趋势等;同时考虑到后面的章节中要用到相应的传感器接口技术方面的知识,因此本节设置了传感器接口电路这一部分的内容。

10.1.1　传感器的基础知识

1. 定义和组成

《传感器通用术语》(GB/T 7665—2005)对传感器的定义是:能感受被测量并按照一定的规律转换成可用输出信号的器件或装置,通常由敏感元件和转换元件组成。

这个定义包含四层意思:传感器是一种测量器件或装置;这里"被测量"通常指的是非电量,常见的有物理量、化学量和生物量等;"可用输出信号"指的是把外界非电量信息转换成与之有确定对应关系的电量输出,如电阻、电流、电压等的变化关系;"转换元件"在工业测量中统称传感器,从能量转换角度又称换能器等。

狭义上来讲,这里的"可用输出信号"就是我们平时所指的电流、电压、电容、电感、电阻和频率(电脉冲)等这些电信号。

传感器主要由敏感元件和转换元件两部分组成,其基本组成框图如图 10.1 所示。

图 10.1 中,敏感元件是指在传感器中直接感受被测量的元件。被测量通过传感器的敏感元件转换成一个与之有确定关系、更易于转换的非电量,而后这一非电量通过转换元件再被转换成电参量。转换电路的作用是将转换元件输出的电参量转换成易于处理的电压、

电流或频率。应该指出，有些传感器将敏感元件与转换元件合二为一了。

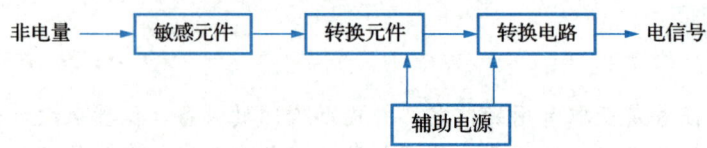

图 10.1　传感器基本组成框图

2. 传感器分类

传感器按不同分类法进行分类，其型式和说明具体见表 10-1。

表 10-1　传感器的分类

分类法	型　式	说　明
按输出量分类	模拟式	输出量为模拟信号（电压、电流……）
	数字式	输出量为数字信号（开关量、脉冲、编码……）
按输入量分类	长度、角度、振动、位移、压力、温度、流量、距离、速度等	以被测量命名
按基本效应分类	物理型	采用物理效应进行转换
	化学型	采用化学效应进行转换
	生物型	采用生物效应进行转换
按构成原理分类	结构型	以转换元件结构参数变化实现信号转换
	物性型	以转换元件物理特性变化实现信号转换
按能量关系分类	能量转换型	传感器输出量能量直接由被测量能量转换而来
	能量控制型	传感器输出量能量由外部能源提供，但受输入量控制
按工作原理分类	电阻式	利用电阻参数变化实现信号转换
	电容式	利用电容参数变化实现信号转换
	电感式	利用电感参数变化实现信号转换
	压电式	利用压电效应实现信号转换
	磁电式	利用电磁感应原理实现信号转换
	热电式	利用热电效应实现信号转换
	光电式	利用光电效应实现信号转换
	光纤式	利用光纤特性参数变化实现信号转换

3. 传感器的特性与技术指标

传感器的特性主要是指输出与输入之间的关系。当输入为常量或随时间发生变化极慢时，这一关系称为静态特性；当输入随时间发生较快的变化时，这一关系称为动态特性。输入与输出之间的关系取决于传感器本身，可通过改善传感器本身的性能来加以抑制，有时也可以对外界条件加以限制。

衡量传感器特性的主要技术指标包括量程、灵敏度、分辨力、分辨率、重复性、迟滞、线性度、准确度（精度）、稳定性、温漂等。传感器外界影响和误差因素关系如图 10.2 所示。传感器的技术指标决定了传感器的性能以及选用传感器的原则。

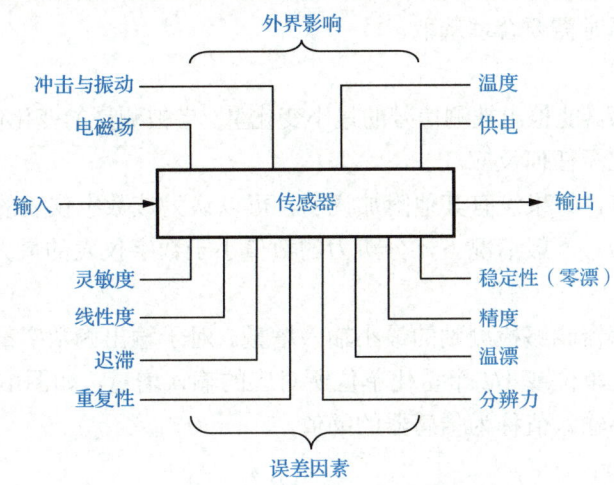

图 10.2 传感器外界影响和误差因素关系

1）量程

量程又称满度值，是指系统能够承受的最大输出值与最小输出值之差，如图 10.3 中的 y_{FS} 所示。

2）灵敏度

灵敏度是指传感器在稳态下输出变化值与输入变化值之比，如图 10.4 所示，其表达式为

$$S = \frac{\Delta y}{\Delta x} = \frac{输出变化值}{输入变化值}$$

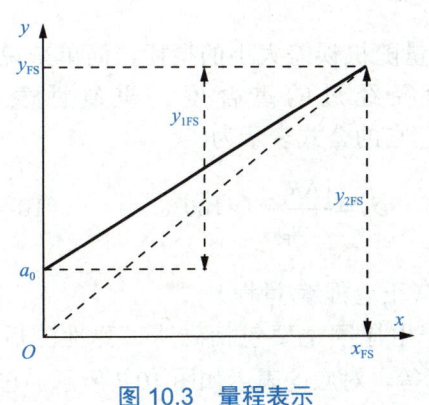

图 10.3 量程表示

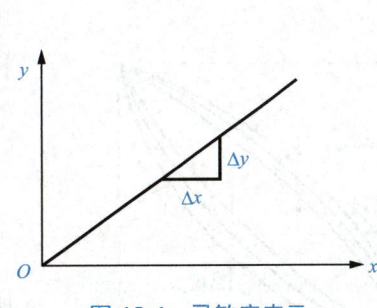

图 10.4 灵敏度表示

灵敏度的量纲取决于输入和输出的量纲。当输入与输出量纲相同时，灵敏度是一个无量纲的数，常称为"放大倍数"或"增益"。

线性系统的灵敏度为常数,特性曲线是一条直线;非线性系统的特性曲线是一条曲线,其灵敏度随输入的变化而变化。通常用一条参考直线(拟合直线)代替实际特性曲线,拟合直线的斜率作为测试系统的平均灵敏度。

灵敏度反映了测试系统对输入的变化的反应能力,灵敏度越高,测量范围往往越小,稳定性越差,因此平时需要合理选取。

3)分辨力

分辨力是指传感器能检出被测信号的最小变化量。当被测量的变化量小于分辨力时,传感器对输入量的变化无任何反应。

对数字仪表而言,如果没有其他附加说明,可以认为该数字仪表的最后一位所表示的数值就是它的分辨力。一般情况下,分辨力的数值小于数字仪表的最大绝对误差。

4)分辨率

分辨率是指传感器能够检测到的最小输入增量。对于输出为数字量的传感器,分辨率可以定义为一个量化单位或 1/2 个量化单位所对应的输入增量,如图 10.5 所示。使传感器产生输出变化的最小输入值称为传感器的阈值。

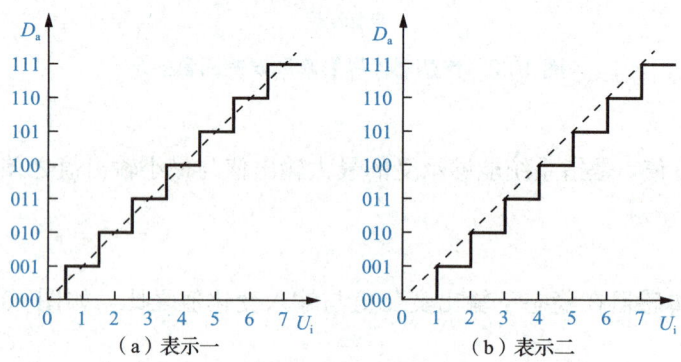

图 10.5 分辨率定义表示

5)重复性(同向行程差/量程)

重复性是衡量测量结果分散性的指标,即衡量随机误差大小的指标,简单来说,也就是同一途径经过的重合度。重复性表示如图 10.6 所示,它的公式表示为

$$\delta_R = \frac{|\Delta R_{max}|}{y_{FS}} \times 100\% \quad (10\text{-}1)$$

6)迟滞(正返程差/量程)

迟滞的产生原因主要包括磁滞、弹性滞后、间隙、材料变形等,对应的表示如图 10.7 所示,它的公式表示为

$$\delta_H = \frac{|\Delta H_{max}|}{y_{FS}} \times 100\% \quad (10\text{-}2)$$

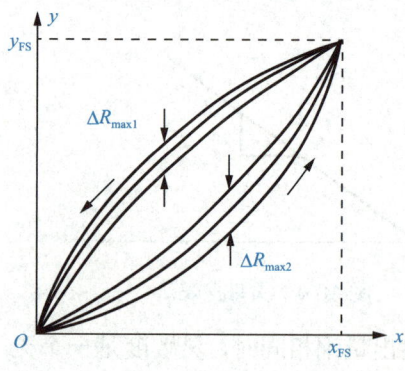

图 10.6 重复性表示

7）线性度

线性度表示如图 10.8 所示。线性度是指系统标准输入/输出特性与拟合直线的不一致程度，也称非线性误差，用标准特性曲线与拟合直线之间的最大偏差相对满量程的百分比表示。线性度的计算公式为

$$\delta_L = \frac{|\Delta L_{\max}|}{y_{FS}} \times 100\% \tag{10-3}$$

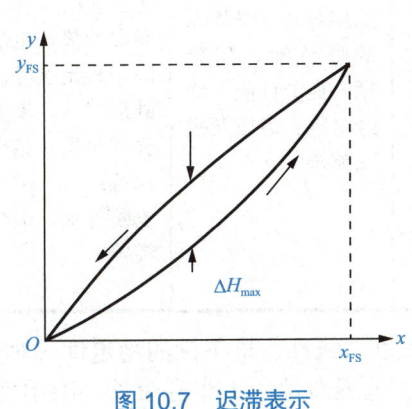

图 10.7　迟滞表示

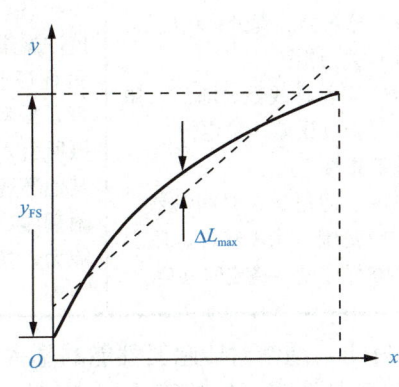

图 10.8　线性度表示

将传感器输出起始点与满量程点连接起来的直线作为拟合直线，这条直线称为端基理论直线，按上述方法得出的线性度称为端基线性度，其越小越好。

常用的直线拟合方法有理论拟合、端点连线拟合、最小二乘拟合等。相应的指标有理论线性度、端点连线线性度、最小二乘线性度等。实际中常用的是最小二乘拟合。

8）准确度（精度）

准确度是表征测试系统的测量结果与被测量真值的符合程度，反映了系统误差和随机误差对测试系统的综合影响。

准确度用测量误差表示，规定了准确度等级指数 α 的产品，α 值越小，产品准确度越高。准确度等级由最大引用误差确定，最大引用误差是绝对误差最大绝对值与满量程之比。电工仪表的准确度等级指数 α 分为 0.1、0.2、0.5、1.0、1.5、2.5、5.0，表示这些仪表的最大引用误差不能超过 α 的值。

量程选择应使测量值尽可能接近测量仪表的满刻度值，并尽量避免让测量仪表在小于 1/3 量程范围内工作。

9）稳定性和外界影响

稳定性是指在规定工作条件范围和规定时间内，保持输入信号不变时，系统或仪器性能保持不变的能力。通常用测试系统示值的变化量与时间之比来表示。例如，一测试仪器输出电压在 8 小时内的变化量为 1.3mV，则系统的稳定度为 1.3mV/8h。

外界影响是指环境温度、湿度、大气压、电源电压、振动等外界因素变化对测量系统或仪器示值的影响。

4. 传感器选择

传感器选择需要考虑的指标见表 10-2。

表 10-2　传感器选择需要考虑的指标

基本参数指标	环境参数指标	可靠性指标	其他指标
量程指标： 量程范围、过载能力等。 灵敏度指标： 灵敏度、分辨力、满量程输出等。 准确度有关指标： 准确度、误差、线性、滞后、重复性、灵敏度误差、稳定性。 动态性能指标： 固定频率、阻尼比、时间常数、频率响应范围、频率特性、临界频率、临界速度、稳定时间等	温度指标： 工作温度范围、温度误差、温漂、温度系数、热滞后等。 抗冲振指标： 允许各向抗冲振的频率、振幅及加速度、冲振所引入的误差。 其他环境参数： 耐潮湿、耐介质腐蚀等能力，抗电磁场干扰能力等	工作寿命、平均无故障时间、保险期、疲劳性能、绝缘电阻、耐压及抗飞弧等	供电方式（直流、交流、频率及波形等）、功率、各项分布参数值、电压范围与稳定度等； 外形尺寸、重量、壳体材质、结构特点等； 安装方式、馈线电缆等

实际上，通常对传感器性能的基本要求为高灵敏度、线性、抗干扰的稳定性（对噪声不敏感）、易调节（校准简易）；精度高、可靠性高、无迟滞性、工作寿命长（耐用性）；高响应速率、可重复、抗老化、抗环境影响（热、振动、酸、碱、空气、水、尘埃）；具有选择性、安全性（传感器应是无污染的）、互换性，成本低；测量范围宽、尺寸小、重量轻和强度高、工作温度范围广。

实际应用选择中，首先要考虑的是所选传感器的性价比，在此基础上充分考虑使用习惯和其他相关指标要求等。

5. 传感器的发展趋势

随着世界各国现代化步伐的加快，对检测技术的要求也越来越高，因此对传感器的开发成为目前最热门的研究课题之一。而科学技术，尤其是大规模集成电路技术、微型计算机技术、机电一体化技术、微机械和新材料技术的不断进步，大大促进了现代检测技术的发展。

传感器技术的发展趋势可以从以下几个方面来看：一是开发利用新材料、新工艺的新型传感器；二是实现传感器的多功能、高精度、集成化和智能化；三是通过传感器与其他学科的交叉整合，实现其无线网络化。

10.1.2 传感器接口电路

传感器接口电路通常包括两部分内容，即传统的传感器信号处理电路和计算机接口电路。前者通常是为了完成对传感器输出电信号的处理，是传感器与后续电路的连接环节。随着自动测控系统的智能化程度越来越高，对接口电路提出了更高的要求。这里的接口主要指的是传感器与计算机之间的接口。

1. 传感器信号处理电路

由于传感器种类繁多，传感器的输出形式也是各式各样的，归纳起来见表 10-3。

表 10-3　传感器的输出信号形式

输出形式	输出变化量	传感器的例子
开关信号型	机械触点	双金属温度传感器
	电子开关	霍耳开关集成传感器
模拟信号型	电　压	热电偶、磁敏元件、气敏元件
	电　流	光敏二极管
	电　阻	热敏电阻、应变片
	电　容	电容式传感器
	电　感	电感式传感器
其他	频　率	多普勒速度传感器、谐振式传感器

　　另外，传感器的输出信号一般比较微弱，有的传感器输出电压最小仅有 $0.1\mu V$；传感器的输出阻抗都比较高，这样会使传感器信号输入到测量电路时，产生较大的信号衰减；传感器的输出信号动态范围很宽；传感器的输出信号随着输入物理量的变化而变化，但它们之间的关系不一定是线性关系；传感器的输出信号大小会受温度的影响，也就是说有温度系数存在，所以需要考虑增加温度补偿电路。

　　基于上述传感器信号的特点，典型的传感器接口电路见表 10-4。

表 10-4　典型的传感器接口电路

接口电路	信号预处理的功能
阻抗变换电路	在传感器输出为高阻抗的情况下，变换为低阻抗，以便于检测电路准确地拾取传感器的输出信号
放大电路	将微弱的传感器输出信号放大
电流电压转换电路	将传感器的电流输出转换成电压
电桥电路	把传感器的电阻、电容、电感变化转换为电流或电压
频率电压转换电路	把传感器输出的频率信号转换为电流或电压
电荷放大器	将电场型传感器输出产生的电荷转换为电压
有效值转换电路	在传感器为交流输出的情况下，交流信号转为有效值，变为直流输出
滤波电路	通过低通及带通滤波器消除传感器的噪声成分
线性化电路	在传感器特性不是线性的情况下，用来进行线性校正
对数压缩电路	当传感器输出信号的动态范围较宽时，用对数电路进行压缩

　　此外，传感器接口电路还有温度补偿电路、A/D 转换电路和 V/F 转换电路等。

　　上述的接口电路通常是结合分立元件传感器的应用来讲的，而当前应用中集成传感器（模拟输出或数字输出）和传感器应用模块逐步占主导地位，所以具体各个接口电路的应用细节考虑得也就比较少了。

　　随着各类集成传感器、数字传感器等的广泛应用，原来意义上的接口电路已逐步淡化了，也就是说前面表 10-4 所列的相关处理电路均已集成在一起，所以这时我们考虑或者关注的要点就要和原来有所差别。

以霍尔传感器为例，原来在霍尔传感器分立元件的应用过程中，需要考虑很多细节问题，信号放大部分通常还需要考虑采用差分放大的形式；而在当前实际应用中，集成霍尔传感器占主导地位，其把所有的信号处理环节均集成在一起，所以我们需将注意力更多地放在如何使用集成霍尔传感器和需要注意的事项上。

2. 传感器与计算机的接口

在实际应用中，传感器与计算机的接口通常包含硬件接口和软件接口两部分。硬件接口通常采用开关量接口、数字量接口和模拟量接口三种方式。

（1）开关量接口方式的主要指标是抗干扰能力和可靠性，如果是接点开关量，通常需要考虑硬件消抖或软件消抖，而无接点开关量信号，要考虑在输入电路中接入比较器。

（2）数字量接口方式可通过三态门缓冲器或并行接口芯片将数字信号传送给计算机。

（3）模拟量接口方式可分为电压输出变化型、电流输出变化型及阻抗变化型三种。电压输出变化型和电流输出变化型的传感器，经 A/D 转换器转换成数字信号，或经 V/F 转换器转换成频率变化的信号；阻抗变化型传感器一般使用 LC 振荡器或 RC 振荡器将传感器输出的阻抗变化转换成频率的变化，再输入计算机。模拟量接口通常就是指模数转换接口。

软件接口功能通常指的是把计算机连接的外部传感器输出信号读取到计算机内部的相关程序，如温度采集系统中温度信号的读取程序等。

10.1.3 接地问题与执行机构说明

1. 接地问题

电子线路中的接地对干扰有较大的影响。接地合理可以有效地抑制干扰，接地不合理非但不能抑制干扰，反而会给系统引入新的干扰。

进行测控电路设计时需遵循如下原则。

（1）一点接地：如果测试系统同时存在信号地线、交流电源地线和安全保护地线，那么应该将三种地线连在一起，再通过一个公共点接地，这是抑制共模干扰的重要措施。

（2）电缆屏蔽层的接地：如果测试系统是一点接地，则电缆的屏蔽层也应该一点接地，即电缆屏蔽层应接至测试系统所设置的单一接地点。

2. 执行机构说明

在日常应用中，执行机构除了各种继电器、电磁铁、电磁阀门、电磁调节阀、伺服电动机等，NE555 构成单稳态电路和多谐振荡器电路在电子小制作和家电产品中也有着广泛的应用；另外，专用集成模块在这方面的应用也较为广泛。

10.2　测量及误差的基本知识

本知识模块主要介绍测量方法、误差分类、测量结果的数据统计处理，以及传感器的基本特性等，它们是检测与转换技术的理论基础，同时在完整的测试过程中，也是必不可少的。下面结合大家以前学过的相关知识来概要地回顾和说明一下，为更好地理解和掌握测试系统打下基础。

10.2.1 测量方法

1. 直接测量和间接测量

直接测量是指用已标定的仪器，直接测量出某一被测量的量值，如电子卡尺的应用；而间接测量是指对与被测量 y 有确切函数关系的其他变量 x（或 n 个变量）进行测量，然后通过函数，计算出被测量 y，也就是说对多个可测中间量进行测量，经过计算求得被测量，如阿基米德对皇冠的密度测量等。

2. 接触式测量和非接触式测量

接触式测量，顾名思义其测量方式是接触的，如常见的体温测量等；而非接触式测量是为了避免对被测对象的影响采用非接触的方式，如红外测温、倒车雷达测距和车载电子警察监测等。

3. 静态测量和动态测量

静态测量是对不随时间变化的（静止）或变化缓慢的被测量进行的测量，如最高、最低温度测量等；而动态测量是对随时间变化的被测量进行的测量，需确定被测量的瞬时值及其随时间变化的规律，如地震测量、实时心电监测等。

4. 离线测量和在线测量

离线测量，也就是说离开生产现场去进行的产品测量，如产品质量检验等测量过程；而在线测量，如生产流水线上的有关测量，在流水线上边加工、边检验，可提高产品的一致性和加工精度。

10.2.2 测量误差

1. 与测量误差相关的基本概念

真值：是指被测量在一定条件下客观存在的、实际具备的量值。真值是不可确切获知的，实际测量中常用"约定真值"和"相对真值"。约定真值是指用约定的办法确定的真值，如砝码的质量。相对真值是指由具有更高准确度等级的计量器确定的测量值。

标称值：是指计量或测量器具上标注的量值，如标准砝码上标注的质量数值等。

示值：是指由测量仪器（设备）给出的量值，也称测量值或测量结果。

测量误差：是指测量结果与被测量真值之间的差值。

误差公理：是指一切测量都具有误差，误差自始至终存在于所有科学实验的过程之中。研究误差的目的是找出适当的方法减小误差，使测量结果更接近真值。

准确度：测量结果中系统误差与随机误差的综合，表示测量结果与真值的一致程度；由于真值未知，准确度是一个定性的概念。

测量不确定度：表示测量结果不能肯定的程度，或者说是表征测量结果分散性的一个参数。它只涉及测量值，是可以量化的，经常由被测量算术平均值的标准差、相关量的标定不确定度等联合表示。

重复性：是指相同条件下，对同一被测量进行多次测量所得到的结果之间的一致性。相同条件主要包括相同的测量程序、测量方法、测量人员、测量设备和测量地点等。

2. 误差的表示方法

绝对误差 ΔA 是示值 A_x 与真值 A_0 之差，即 $\Delta A = A_x - A_0$，其中 ΔA 也称修正值或补值。由于真值 A_0 一般无法求得，因此绝对误差只有理论意义。

相对误差是指绝对误差与真值的比率，即

$$\gamma_0 = \frac{\Delta A}{A_0} \times 100\% \tag{10-4}$$

在误差较小时，可以用测量值代替真值，称为示值相对误差 γ_x。其计算公式为

$$\gamma_x = \frac{\Delta A}{A_x} \times 100\% \tag{10-5}$$

引用误差是绝对误差与测量仪表量程之比，按最大引用误差将测量仪表的准确度等级分为 7 级，指数 α 分别为 0.1、0.2、0.5、1.0、1.5、2.5、5.0。

$$\gamma_n = \frac{\Delta A}{A_m} \times 100\%，\quad \gamma_{nm} = \frac{|\Delta A|_m}{A_m} \times 100\% \leqslant \alpha\% \tag{10-6}$$

所以测量仪表在使用中的最大误差可能为：$\Delta A_m = \pm A_m \times \alpha\%$。

思考题

1. 某采购员分别在三家商店购买 100kg 大米、10kg 苹果、1kg 巧克力，发现均缺少约 0.5kg，但该采购员对卖巧克力的商店意见最大，是何原因？

2. 某 1.0 级电压表，量程为 300V，求测量值 U_x 分别为 100V 和 200V 时的最大绝对误差 ΔU_m 和示值相对误差 γ_{Ux}。

3. 测量误差的分类

1）按产生原因分类

测量误差按产生原因可以分为方法误差、环境误差、装置误差、数据处理误差和随机误差等。

（1）方法误差：是指由于检测系统采用的测量原理与方法本身所产生的测量误差，是制约测量准确性的主要因素。

（2）环境误差：是指由于环境因素对测量影响而产生的误差。例如，环境温度、湿度、灰尘、电磁干扰、机械振动等存在于测量系统之外的干扰会引起被测样品的性能变化，使检测结果产生误差。

（3）装置误差：是指检测系统本身固有的各种因素影响而产生的误差。传感器、元器件与材料性能、制造与装配技术水平等都直接影响检测系统的准确性和稳定性，从而产生误差。

（4）数据处理误差：检测系统对测量信号进行运算处理时产生的误差，包括数字化误差、计算误差等。

（5）随机误差：相同条件下测量（重复测量）产生的偶然误差。

2）按误差性质分类

测量误差按误差性质可以分为系统误差、随机误差、粗大误差和动态误差等。

（1）系统误差：是指在重复条件下，对同一物理量无限多次测量结果的平均值减去该被测量的真值。系统误差的大小、方向恒定一致或按一定的规律变化。

系统误差也称装置误差，它反映了测量值偏离真值的程度。例如，夏天温度高，钟表内部金属部件因热而膨胀，导致其物理尺寸发生微小变化，从而改变钟表振动频率，造成走时变慢。凡数值固定或按一定的规律变化的误差，均属于系统误差。系统误差是有规律的，因此可以通过实验的方法或引入修正值的方法进行计算修正，也可以重新调整测量仪表的有关部件消除系统误差。

（2）随机误差：在同一条件下，多次测量同一被测量时，有时会发现测量值时大时小，误差的绝对值及正、负以不可预见的方式变化，该误差称为随机误差，也称偶然误差，它反映了测量值离散性的大小。

随机误差是测量过程中许多独立的、微小的、偶然的因素引起的综合结果。其产生原因主要是温度波动、振动、电磁场扰动等不可预料和控制的微小变量。其计算方法是测量示值减去在重复条件下同一被测量无限多次测量的平均值。随机误差具有抵偿特性，存在随机误差的测量结果中，虽然单个测量值误差的出现是随机的，既不能用实验的方法消除，也不能修正，但是就误差的整体而言，多数随机误差都服从正态分布规律。

（3）粗大误差：主要是由于测量人员的粗心大意及电子测量仪器受到突然而强大的干扰所引起的明显超出规定条件下预期的误差，它是统计异常值，也叫作过失误差。

粗大误差产生的原因主要是由读数错误、仪器有缺陷或测量条件突变、外界过电压尖峰干扰等造成的，如打雷导致的示波器测试数据异常。就数值大小而言，粗大误差明显超过正常条件下的误差，当发现粗大误差时，应予以剔除。

（4）动态误差：是指当被测量随时间迅速变化时，系统的输出量在时间上不能与被测量的变化精确吻合，这种误差称为动态误差，如由心电图放大器带宽不够引起的误差等。

4. 测量误差的常见处理

以下针对系统误差、随机误差和粗大误差给出常见的处理方法，其他类型误差的处理方法这里不再赘述。

通常，根据不同测量目的，对测量仪器和仪表、测量条件、测量方法及步骤等进行全面分析，发现系统误差，采用相应的措施来消除或减弱它：分析系统误差产生的根源，从来源上消除，如仪器、环境、方法、人员素质等；分析系统误差的具体数值和变换规律，利用修正的方法来消除，如通过资料、理论推导或者实验获取系统误差的修正值，最终测量值=测量读数+修正值；针对具体测量任务，可以采取一些特殊方法，从测量方法上减小或消除系统误差，如差动法、替代法。特别强调：多次测量求平均值不能减小系统误差。

随机误差常采用平均值处理方法，即被测样品的真实值是当测量次数 n 为无穷大时的统计期望值。以平均值作为检测结果比单次测量更为准确，而且在一定测量次数内，测量精度将随着采样次数的增加而提高。直接采样信号的平均值就是系统对检测信号的最佳估计值，可用平均值代表其相对真值；如果被测量与直接采样信号函数关系明确，将各直接量的最佳估计值代入该函数，所求出的值即为被测量的最佳估计值。

粗大误差的剔除方法：物理判别法，即在测量过程中，由于人为因素（读错、记录错、操作错）或不符合实验条件、环境突变（突然振动、电磁干扰等）引起的误差，采用随时发现、随时剔除、重新测量的方法；统计判别法，测量完毕后按照统计方法处理数据，在一定的置信概率下确定置信区间，超过误差限的判为异常值，予以剔除。

10.2.3 精密度、准确度和精确度

测量中所测得数值重现性的程度，称为精密度，它反映随机误差的影响程度，精密度高就表示随机误差小。

测量值与真值的偏移程度，称为准确度，它反映系统误差的影响精度，准确度高就表示系统误差小。

精确度反映测量中所有系统误差和随机误差综合的影响程度。在一组测量中，精密度高的准确度不一定高，准确度高的精密度也不一定高，但精确度高，则精密度和准确度都高。

精密度与准确度的关系可以用如图 10.9 所示的打靶例子来说明：图 10.9（a）中表示精密度和准确度都很好，且精确度高；图 10.9（b）表示精密度很好，但准确度却不高；图 10.9（c）表示精密度与准确度都不好。

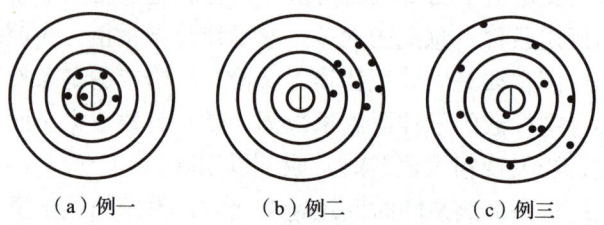

（a）例一　　　（b）例二　　　（c）例三

图 10.9　精密度和准确度的关系

10.3　现代测试系统概述

本知识模块主要讲解现代测试系统的基本结构与类型、现代测试技术的发展趋势和现代测试系统应用示例，主要从宏观上介绍现代测试系统的相关知识点。

10.3.1　现代测试系统基本结构与类型

现代检测系统可分为智能仪器、个人仪器和自动测试系统三种基本结构体系。现代测试系统的基本结构与类型示意图如图 10.10 所示。

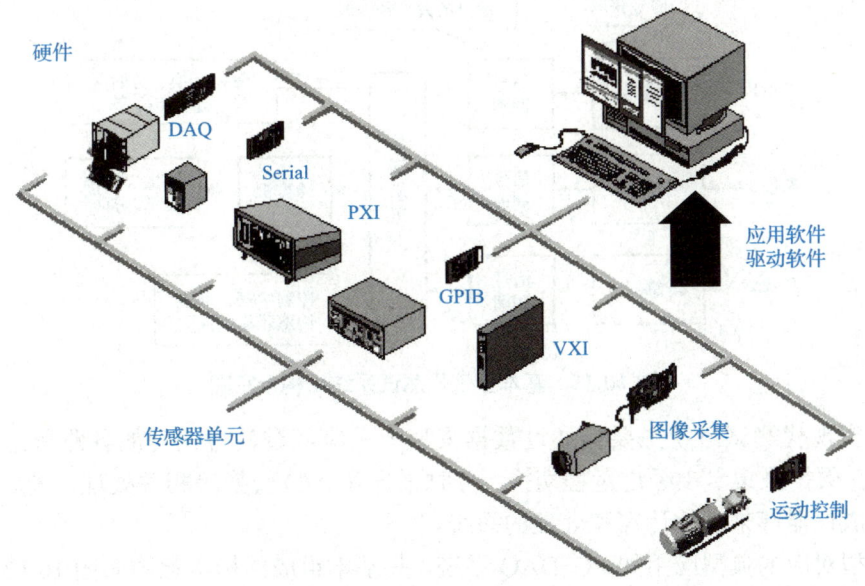

图 10.10 现代测试系统的基本结构与类型示意图

将诸如微处理器、存储器、接口等芯片与传感器融合在一起，可组成智能仪器。它有专用的小键盘、开关、按键及显示屏等，多使用汇编语言，体积小，专用性强。当前市场上这一类电子产品还是比较多的。

个人仪器又称个人计算机仪器系统，它是以个人计算机（必须符合工控要求）配以适当的硬件电路与传感器组合而成的检测系统。组装个人仪器时，将传感器信号传送到相应的接口板（或接口盒）中，再将接口板插到工控机总线扩展槽中或将接口盒的 USB 插头插入计算机相应的插口，编写相应的软件就可以完成自动检测。

自动测试系统，从传统意义上来说是指以工控机为核心，以标准接口总线为基础，以可程控的多台智能仪器为下位机组合而成的一种现代检测系统。当然一个自动测试系统还可以通过各种标准总线成为其他级别更高的自动测试系统的子系统。自动测试系统还可以作为服务器工作站加入 Internet 网络中，成为网络化测试子系统，从而实现远程监测、远程控制、远程实时调试等。

现代测试系统通常可以分为基本型、标准通用接口型和闭环控制型三种，下面对这三种类型进行简要的说明。

1. 基本型

基本型现代测试系统结构示意图如图 10.11 所示，此处参量指的是各个待测的信号，如温度、压力、光强等。

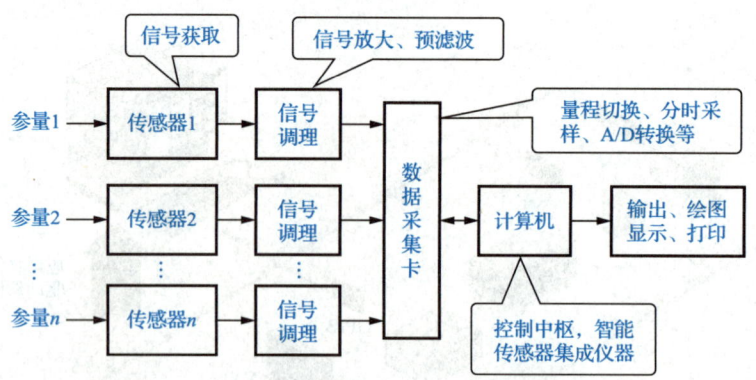

图 10.11 基本型现代测试系统结构示意图

基本型现代测试系统主要是通过数据采集卡采集经过信号调理的各路传感器检测信号，然后在数据采集卡中经过量程切换、分时采样和 A/D 转换等相关处理，最后通过智能传感器集成仪器等来进行计算和处理的系统。

基本型对应的典型应用如 PC-DAQ 系统，其基本组成结构示意图如图 10.12 所示。基于 PC-DAQ 组成的虚拟仪器测控系统，通用的构建方法是在计算机上插入数据采集（Data Acquisition，DAQ）系统卡，并由驱动软件驱动硬件，通过应用程序构建虚拟面板和发送通信命令，这种类型在当前应用还具有一定的市场，尤其是 DAQ 技术、LabVIEW 编程实现和虚拟仪器技术的发展和综合应用开发，未来的市场前景也是不错的。

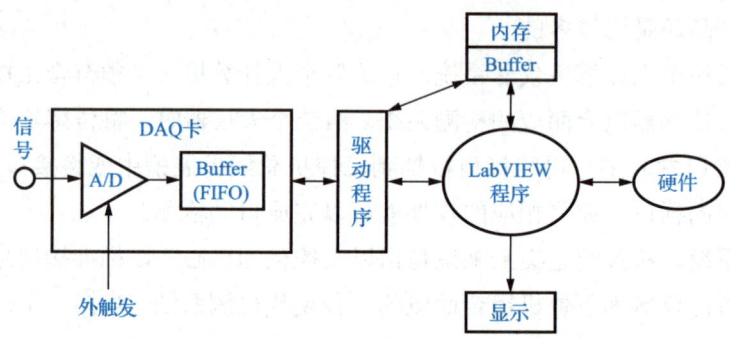

图 10.12 PC-DAQ 系统基本组成结构示意图

2. 标准通用接口型

标准化总线是利用总线技术，大大简化系统结构，增加系统的兼容性、开放性、可靠性和可维护性，便于实行标准化及组织规模化的生产，从而显著降低系统成本。

所谓总线是指计算机、测量仪器、自动测试系统内部以及相互之间信息传递的公共通路，是计算机和内部测试系统的重要组成部分，是计算机、自动测试系统乃至网络系统的基础。

总线的类别很多，分类方式多样，仅按应用的场合可分为芯片总线、板内总线、机箱总线、设备互连总线、现场总线及网络总线等。这里简要介绍基于 PC 的测试系统的总线技术：测量仪器机箱总线、测量仪器机箱（机柜）与计算机之间的互连总线。

测量仪器机箱总线是指系统各种机箱的底板总线。在总线底板插槽上插入模拟量输入/输出、数字量输入/输出、频率和脉冲量输入/输出等功能插件，可组成具有不同规模和功能的自动测试系统。这种总线可以分为两类：经有关标准化组织发布的标准总线，如 STD 和 CAMAC 总线、ISA 总线、VXI 总线等；各公司设计的专用总线，如 PCI 总线、Compact PCI 总线及 PXI 总线等。

与计算机相对独立的测控机箱或机柜需要用相应的总线（或标准接口）与计算机连接，以组成计算机控制的自动测试系统或网络。在实际应用时可采用串行总线或者并行总线两种方式进行连接。

串行总线是指按位传送数据的通路，其连接线少、接口简单、成本低、传送距离远，被广泛应用于 PC 与外围设备的连接和计算机网络。常用的串行总线有 RS-232、RS-485（现更名为 TIA-485，但人们习惯称为 RS-485，本书沿用习惯用法）、USB 及 IEEE 1394 等。

RS-232 串行总线接口是计算机与外围设备之间以及计算机与测试系统之间最简单、最普遍的连接方法。通常采用 9 线连接器，最高的单向数据传输速率为 20kbit/s，此时的最大传输距离为 15m。适当降低数据传输速率，其最大传输距离可达 60m。但它只是一对一的传输，仅用于简单或低速的系统，在实际应用中有一定的市场。

通用串行总线（Universal Serial Bus，USB）是由美国多家公司在 1995 年提出的一种高性能串行总线规范，具有传输速率高、即插即用、热切换（带电插拔）和可利用总线传送电源等特点，能连接 127 个装置。其电缆只有一对信号线和一对电源线，最高传输速率为 480Mbit/s，轻巧便宜，适用于传递文件数据和音响信号，新的 PC 都已配上 USB 接口。

为提高数据传输速率，在集成式自动测试系统中大多采用并行总线进行连接。并行总线分为标准的和非标准的两类，常用的并行标准总线有通用接口总线（General Purpose Interface Bus，GPIB）和小型计算机系统接口（Small Computer System Interface，SCSI）总线。

3. 闭环控制型

闭环控制型现代测试系统能实现实时数据采集、实时判断决策、实时控制等功能。典型的闭环控制型现代测试系统结构框图如图 10.13 所示。

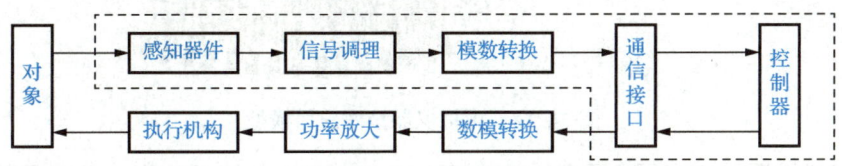

图 10.13 闭环控制型现代测试系统结构框图

图 10.13 中的执行机构，通常是指各种继电器，如电磁铁、电磁阀门、电磁调节阀、伺服电动机等，这些电气设备在电路中起通断、控制、调节、保护等作用。

闭环控制型现代测试系统的主要特点：高精度和高分辨率、高速实时数据分析处理、高可靠性和稳定性、多功能扩展、自校准和自动故障诊断、多种形式输出和存储结果。

10.3.2 现代测试技术的发展趋势

（1）传感器向新型、微型、智能型方向发展。目前利用新材料（半导体、陶瓷、有机材料等）、新原理（生物、物理、化学效应等）、新工艺等已不断开发出来各种新型传感器。

微型传感器：随着微电子机械系统（Micro Electro Mechanical System，MEMS）技术的发展，促使传感器向体积微小、重量轻微、成本低（批量生产）方向发展。

智能传感器：以"传感器+嵌入式计算机"的形式，具有自校准、自补偿、自动量程选择、数据存储与处理功能，其在 WSN 和物联网的感知层领域应用日趋广泛。

（2）测试仪器向高精度、集成化、多功能化、在线监测、性能标准化和低价格发展。微电子技术的发展，使多个同类型传感器集成在一个芯片或阵列上成为可能。集成化仪器的显著特点是由原来的点测量向平面空间测量发展，如电荷耦合器件（CCD）在数码照相机中的应用。

集成化是将传感器和后续的处理电路集成一体，从而可以减少干扰，提高灵敏度且使用方便。传感器和数据处理电路集成促进了实时数据处理的实现。

多功能化主要指的是不同功能的传感器集成化，使一个传感器可以同时测量不同种类的多个参数，如复合式气体检测仪等，这也是现场测控的实际需要。

（3）数据处理以计算机为核心，测量、处理、显示及报警向自动化、网络化发展。虚拟仪器技术的推广和应用，促使"PC+仪器板卡"应用形式逐步代替了传统仪器，同时用计算机软件数据处理代替了传统的硬件电路分析。虚拟仪器技术应用模型如图 10.14 所示。

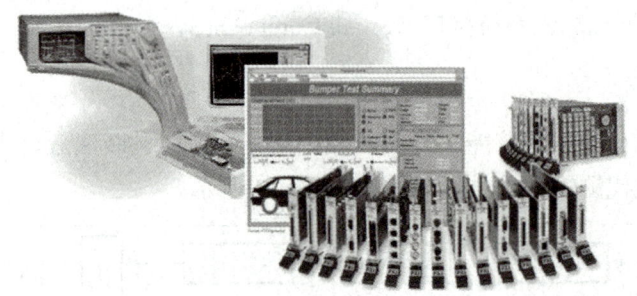

图 10.14　虚拟仪器技术应用模型

当前虚拟仪器技术应用方面的典型代表为 LabVIEW 的广泛应用，尤其是其"仪器即软件"的构想大大促进了虚拟仪器技术在现代测控系统中的推广和应用，与此同时，充分利用互联网的传输途径和相关资源，促进了网络化应用的发展。

（4）WSN、RFID 和物联网方面的广泛应用。现代传感器技术与检测技术快速发展，以及和数据库处理技术、现代通信技术等的有机应用结合，大大推进 WSN、RFID 和物联网等的快速发展。

10.3.3 现代测试系统应用示例

1. 生产加工过程检测

图 10.15 所示为数控加工中心。数控加工中心的切削力传感器、加工噪声传感器、超声波测距传感器、红外接近开关传感器和光栅位移传感器等信号检测,都是通过 PLC 控制技术完成最终加工过程的。

图 10.15　数控加工中心

2. 产品质量检测

在汽车、机床等设备,以及电机、发动机等零部件出厂时,必须对其性能质量进行测量和出厂检验。测量参数主要包括润滑油温度、冷却水温度、燃油压力及发动机转速等。图 10.16 所示为汽车制造厂发动机测试系统原理。

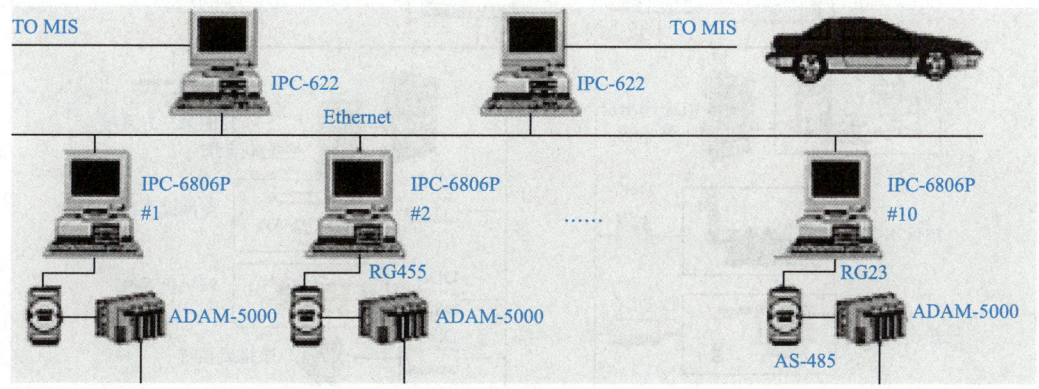

图 10.16　汽车制造厂发动机测试系统原理

3. 设备运行状况监测

在电力、冶金、石化等工业流程中,生产线上设备运行状态关系到整个生产流水线流程,建设在线实时检测系统将为设备的维修准备提供可靠依据,将因设备故障维修带来的损失降到最低程度。图 10.17 所示为某火力发电厂 30MW 汽轮发电机组的设备运行状态实时检测系统。

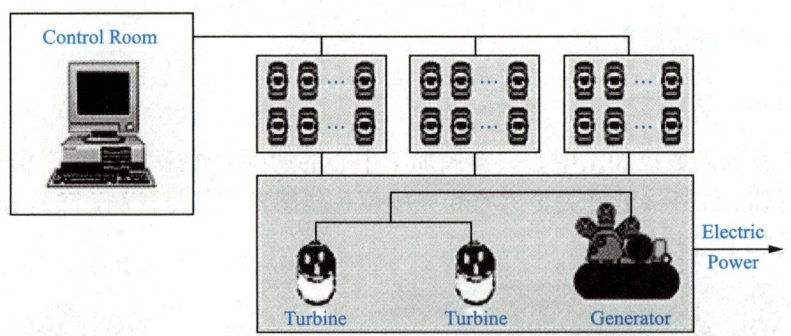

图 10.17　某火力发电厂 30MW 汽轮发电机组的设备运行状态实时检测系统

4. 安全防护

当前的楼宇设施应用了许多测试技术，如闯入监测、空气检测、温度监测和电梯运行状况监测等。图 10.18 所示为某楼宇自动化系统，该系统分为电源管理、安全监测、照明控制、空调控制、停车管理、水/废水管理和电梯监控，其中每项功能的实现均离不开现代测控系统。

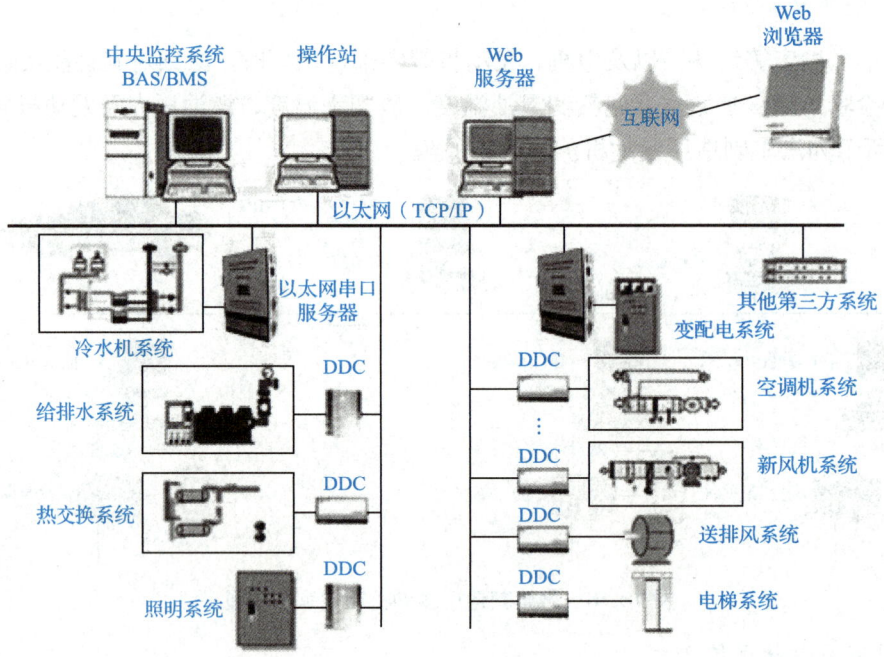

图 10.18　某楼宇自动化系统

另外，现代测试系统在汽车电子、医疗卫生、自动化控制、航空航天、机器人控制等领域也有广泛的应用，这里不再赘述。

想一想

1. 什么叫传感器？传感器由哪几部分组成？它在自动控制系统中起什么作用？
2. 什么是传感器的静态特性？它具有哪些技术指标？
3. 传感器基本接口电路的作用是什么？常见计算机接口电路有哪些？
4. 常见的执行机构有哪些？查找相关资料，并了解各自的工作机理。

10.4 基于虚拟仪器的检测系统

基于虚拟仪器的检测系统融合了计算机技术、仪器技术和通信技术，具备高度的灵活性与可定制性。

10.4.1 基本组成

1. 硬件部分

数据采集设备：负责将待测物理量（如电压、电流、温度等）转换为数字信号，输入计算机。常见的有数据采集卡，它通过模数转换器（Analog to Digital Converter，ADC）实现模拟信号到数字信号的转换。例如，NI 公司的 USB-6211 数据采集卡，可采集多种类型的信号，具有不同的采样率和分辨率。

传感器与变送器：用于感知被测量，并将其转换为电信号。如温度传感器（热电偶、热电阻）把温度转换为电压或电阻信号，压力变送器将压力转换为标准电流信号（如 4～20mA），为数据采集设备提供合适的输入信号。

计算机：作为系统核心，通过运行虚拟仪器软件，对采集的数据进行处理、分析和显示。其性能（如 CPU 处理能力、内存大小）影响系统的数据处理速度和实时性。

2. 软件部分

操作系统：为虚拟仪器软件提供运行平台，常见的如 Windows、Linux 等。

开发环境与编程语言：如 LabVIEW（图形化编程语言）、LabWindows/CVI（基于 C 语言）等。开发人员利用这些工具创建虚拟仪器前面板（用户界面）和后面板（程序逻辑），实现数据采集、处理、显示等功能。

仪器驱动程序：用于控制硬件设备，实现计算机与数据采集设备等硬件之间的通信。不同硬件设备需对应特定的驱动程序，确保硬件正常工作及数据准确传输。

3. 工作过程

数据采集：传感器感知被测量，将其转换为电信号，经变送器调理后输入数据采集设备。数据采集设备按照设定的采样率和分辨率，将模拟信号转换为数字信号，并传输至计算机。

数据处理：计算机利用虚拟仪器软件对采集的数据进行分析处理，如数字滤波去除噪声、频谱分析获取信号频率成分，统计分析计算均值、方差等特征参数。

结果显示与存储：处理后的数据以图形（如波形图、柱状图）、报表等形式在虚拟仪器前面板显示，供用户直观查看。同时，数据可存储在计算机硬盘等存储介质，以便后续查询、分析。若检测结果超出设定阈值，系统还能通过报警模块（如声音、短信）通知用户。

4. 应用案例概述

1）机械设备状态监测

应用场景：对大型工厂的电机、齿轮箱等关键设备运行状态进行监测是至关重要的。基于虚拟仪器的检测系统可实时监测设备振动、温度等参数，及时发现潜在故障，避免设备损坏和生产中断。

系统实现：使用振动传感器、温度传感器采集设备振动信号和温度信号，通过数据采集卡将信号传入计算机。利用 LabVIEW 开发虚拟仪器软件，对振动信号进行频谱分析，判断设备是否存在不平衡、不对中故障；对温度数据进行趋势分析，监测设备运行温度变化。软件前面板实时显示振动幅值、温度数值及变化趋势图，当参数异常时自动报警。

2）电子电路性能测试

应用场景：电子企业研发和生产过程中，需对电路板、芯片等电子元件和电路进行性能测试，确保产品质量和性能符合要求。

系统实现：采用示波器、万用表等传统仪器的功能模块结合数据采集设备，构建虚拟仪器检测系统。如使用数据采集卡采集电路的电压、电流信号，通过 LabVIEW 软件实现示波器功能，显示信号波形，测量信号幅值、频率、相位等参数；实现万用表功能，测量电阻、电容、电感值。工程师可在虚拟仪器界面设置测试参数，快速完成多种电子电路性能测试，并生成测试报告。

3）环境参数监测

应用场景：在工业生产车间、实验室等场所，需实时监测环境温湿度、空气质量（如有害气体浓度）等参数，保障生产环境适宜和人员健康安全。

系统实现：部署温湿度传感器、气体传感器采集环境参数，数据采集卡将传感器信号转换为数字信号输入计算机。利用虚拟仪器软件创建监测界面，实时显示温湿度数值、气体浓度，并以图表形式展示参数变化趋势。当环境参数超标时，系统自动发出警报，提示工作人员采取措施。同时，数据可长期存储，便于分析环境参数变化规律，优化环境控制策略。

10.4.2 虚拟仪器检测系统的应用场景

虚拟仪器检测系统凭借其灵活性、可定制性及强大的数据处理能力，在众多领域有着广泛应用，以下是一些常见的应用场景。

第 10 章 现代检测系统简介

1. 工业制造与生产

1）设备状态监测与故障诊断

在汽车制造、机械加工等行业，大型设备如发动机、数控机床运行时，虚拟仪器检测系统通过振动传感器、温度传感器等采集设备的振动、温度、压力等参数。利用虚拟仪器软件对采集数据进行时域、频域分析，能实时监测设备运行状态，提前发现诸如部件磨损、松动等潜在故障隐患，从而避免设备突发故障导致生产停滞，降低维护成本。

2）生产过程质量控制

电子制造企业生产电路板时，借助虚拟仪器检测系统模拟示波器、逻辑分析仪等的功能，对电路板上的信号进行实时监测与分析。可检测电路的电压、频率、时序等参数是否符合设计要求，及时发现短路、断路等质量问题，确保产品质量稳定性。

2. 科研与教育

1）高校科研实验

在物理、化学、生物等学科实验中，虚拟仪器检测系统可灵活地搭建实验测试平台。例如，在物理光学实验中，通过光传感器采集光信号，配合虚拟仪器软件实现对光强、波长等参数的测量与分析；在生物医学实验中，能采集生物电信号、生理参数等，助力科研人员深入研究相关现象与规律。

2）教学实践

虚拟仪器检测系统为学生提供了直观、互动的实验环境。在电子电路课程教学中，学生可利用虚拟示波器、信号发生器等虚拟仪器，在计算机上进行电路实验，观察信号波形变化，加深对理论知识的理解。同时，系统的可定制性便于教师根据教学需求设计不同实验项目，培养学生的实践能力与创新思维。

3. 航空航天与国防

1）飞行器性能测试

在飞机、导弹等飞行器研发与生产过程中，虚拟仪器检测系统用于对飞行器的各类参数进行实时监测与分析。如通过压力传感器、加速度传感器采集飞行过程中的气压、加速度等数据，利用虚拟仪器软件模拟飞行仪表，直观地显示飞行器的飞行状态参数，为飞行器性能评估与优化提供依据。

2）武器装备检测与维护

对于雷达、导弹发射系统等武器装备，虚拟仪器检测系统可快速准确检测装备各部件性能。通过模拟不同工作环境与工况，对装备进行功能测试、故障诊断与性能评估，确保武器装备处于良好备战状态，提高军事作战效能。

4. 能源与电力

1）电力系统监测与故障诊断

虚拟仪器检测系统可对电力系统中的电压、电流、功率等参数进行实时监测与分析。

通过采集电网不同节点的电气参数，利用虚拟仪器软件实现谐波分析、故障录波等功能，及时发现电网中的谐波干扰、短路、过载等故障，保障电力系统安全稳定运行。

2）新能源发电监测

在风力发电、太阳能发电等新能源领域，虚拟仪器检测系统可监测风力发电机的转速、功率、叶片角度，以及太阳能电池板的电压、电流、光照强度等参数。通过对这些参数的实时监测与分析，优化发电设备运行状态，提高能源转换效率，确保新能源发电系统可靠运行。

5. 医疗与健康

1）医疗设备检测与校准

医院中的医疗设备如超声诊断仪、心电监护仪等，需定期进行检测与校准以确保其准确性与可靠性。虚拟仪器检测系统可模拟人体生理信号，对医疗设备进行性能测试与校准。例如，通过虚拟信号发生器产生标准的心电信号，检测心电监护仪的测量精度与波形显示的准确性。

2）健康监测与康复治疗

在可穿戴设备和远程医疗领域，虚拟仪器检测系统可对人体生理参数如心率、血压、血氧饱和度等进行实时采集与分析。患者佩戴的可穿戴设备将采集的数据传输至医生的虚拟仪器监测平台，医生可远程实时监测患者健康状况，及时发现异常并提供相应的治疗建议。同时，在康复治疗过程中，利用虚拟仪器检测系统可对患者康复训练效果进行量化评估，从而调整康复方案。

10.4.3 虚拟仪器检测系统的发展趋势

虚拟仪器检测系统的发展趋势如下。

1. 技术层面

1）嵌入式系统化

随着嵌入式系统技术的发展，虚拟仪器将更加注重系统化和集成化。未来的虚拟仪器检测系统会将计算机技术、数据采集技术、信号处理技术等集成到一个紧凑的嵌入式设备中，使得整个测试系统更加紧凑、高效，便于携带和应用于各种复杂的现场环境。

2）智能化

人工智能技术的融入可以使虚拟仪器检测系统更加智能化。例如，利用机器学习和深度学习算法，虚拟仪器可以自动进行数据采集、处理和分析，能够自动识别信号特征、诊断故障，大大提高测试效率和准确性。此外，虚拟仪器还可以根据历史数据和实时数据进行预测和决策，为用户提供更有价值的信息。

3）网络化

网络技术的不断发展将推动虚拟仪器检测系统的网络化进程。通过网络，用户可以在不同地点对虚拟仪器进行远程控制和数据共享，实现分布式测试和协同工作。例如，工程师可以在办公室远程控制生产车间的虚拟仪器检测系统，进行设备测试和故障诊断。同时，网络化的虚拟仪器检测系统还可以实现设备的远程监控和维护，提高设备的运行效率和可靠性。

4）云端化

云计算技术为虚拟仪器检测系统带来了新的发展机遇。未来，虚拟仪器将更加云端化，大量的数据处理和存储将在云端进行。用户可以通过互联网访问云端的虚拟仪器服务，无须在本地安装复杂的软件和硬件设备。云端化的虚拟仪器检测系统具有强大的可扩展性和灵活性，用户可以根据实际需求随时调整计算资源和存储容量，降低使用成本。

2. 应用层面

1）应用领域不断拓展

虚拟仪器检测系统将会在更多领域得到应用。除了传统的工业自动化、航空航天、生物医学等领域，还将在新能源、智能交通、环境保护等新兴领域发挥重要作用。例如，在新能源领域，虚拟仪器可以用于太阳能电池、风力发电机等设备的性能测试和故障诊断；在智能交通领域，虚拟仪器可以用于交通流量监测、车辆自动驾驶系统的测试等。

2）多领域融合应用

虚拟仪器检测系统将与其他技术如物联网、大数据、5G等深度融合，形成更强大的应用解决方案。例如，通过物联网技术将虚拟仪器与各种传感器连接起来，实现对物理世界的全面感知和数据采集；利用大数据技术对虚拟仪器采集到的海量数据进行分析和挖掘，发现潜在的规律和趋势；借助5G技术的高速传输和低延迟特性，实现虚拟仪器的实时远程控制和高清数据传输。

3. 市场与产业层面

1）市场需求持续增长

随着各行业对自动化、智能化的需求不断提升，虚拟仪器检测系统的市场需求将会持续增长。企业为了提高生产效率、降低成本、提升产品质量，将越来越多地采用虚拟仪器技术来构建测试系统。同时，科研机构和高校为了开展前沿科学研究和教学实验，也对虚拟仪器检测系统有较高的需求。

2）产业生态不断完善

虚拟仪器检测系统的发展将带动相关产业的发展，形成一个完整的产业生态。包括硬件设备制造商、软件开发商、系统集成商、服务提供商等在内的产业链各环节将加强合作，共同推动虚拟仪器技术的发展和应用。同时，相关的行业标准和规范也将不断完善，促进市场的健康发展。

10.5 检测系统中的计算机接口

检测系统中的计算机接口用于连接计算机与各种检测设备，实现数据传输、控制指令交互等功能。下面概要介绍常见的计算机接口情况、对应技术、应用案例及工作过程。

1. USB 接口

1）对应技术

USB 是一种应用广泛的串行总线标准，支持热插拔，传输速率多样，如 USB 2.0 可达 480Mbit/s，USB 3.0 及以上版本传输速率更高。它采用四线电缆，包括两根电源线和两根数据线，通过令牌包、数据包和握手包等进行数据传输管理，具备即插即用功能，操作系统能自动识别和配置设备。

2）应用案例

在便携式数据采集设备中，如手持温湿度记录仪，常通过 USB 接口与计算机连接。当需要获取记录的温湿度数据时，用户只需将记录仪通过 USB 接口连接到计算机。

3）工作过程

设备连接后，计算机的 USB 主机控制器检测到新设备接入，通过枚举过程获取设备描述符等信息，为设备分配地址。之后，数据采集设备按照 USB 协议将存储的温湿度数据以数据包形式传输给计算机，计算机接收并处理这些数据，可用于存储、显示或进一步分析。

2. 以太网接口

1）对应技术

基于以太网协议，使用 RJ-45 接口和网线连接，常见传输速率有 10Mbit/s、100Mbit/s、1000Mbit/s 等。通过 TCP/IP 协议栈实现网络通信，可在局域网或广域网环境下进行数据传输，具有良好的扩展性和兼容性。

2）应用案例

大型工厂的自动化生产线上，多台智能检测设备通过以太网接口连接到工厂网络，再与中央计算机监控系统相连。例如，机器视觉检测设备用于检测产品外观缺陷。

3）工作过程

检测设备开机后，通过 DHCP 获取 IP 地址，与网络建立连接。设备运行时，对产品进行图像采集和分析，将检测结果以 TCP 或 UDP 数据包形式，按照 IP 地址发送到中央计算机。中央计算机接收各设备数据，进行汇总、分析和存储，若发现产品缺陷，可及时发出警报并通知相关人员处理。

3. RS-232、RS-485 接口

1）对应技术

RS-232：是传统的串行通信接口标准，采用单端信号传输，传输距离较短，速率相对较低。它定义了数据终端设备（Data Terminal Equipment，DTE）和数据通信设备（Data Communication Equipment，DCE）之间的电气特性和物理接口，通过三根线（发送线、接收线和地线）进行数据传输。

RS-485：是一种平衡传输的串行通信接口标准，抗干扰能力强，传输距离长（可达 1200 米），支持多点通信。它采用差分信号进行传输，两根线分别为 A 和 B，通过两者电压差表示逻辑电平。

2）应用案例

RS-232：在一些早期的仪器设备如部分老式示波器中，常配备 RS-232 接口，用于与计算机连接，传输测量数据、设置仪器参数等。

RS-485：在楼宇自动化系统中，多个智能传感器（如温湿度传感器、光照传感器）通过 RS-485 总线连接到集中控制器，再由控制器通过其他接口与计算机相连。

3）工作过程

RS-232：计算机与示波器连接后，计算机发送指令给示波器，如设置测量参数指令。示波器接收到指令后进行相应设置，并将测量数据按照 RS-232 协议规定的格式（如起始位、数据位、校验位、停止位）通过发送线返回给计算机，计算机接收并解析数据。

RS-485：智能传感器采集环境数据后，按照 RS-485 协议将数据编码为差分信号，通过 A、B 线发送到总线上。集中控制器在总线上轮询各传感器地址，接收对应传感器数据，进行初步处理后，再通过其他接口（如以太网或 USB）将数据传输给计算机进行进一步处理和存储。

4. 火线（IEEE 1394）接口

1）对应技术

火线接口具有高速数据传输能力，分为 IEEE 1394a（传输速率可达 400Mbit/s）和 IEEE 1394b（传输速率可达 800Mbit/s、1.6Gbit/s 甚至 3.2Gbit/s）。它采用树形或菊花链拓扑结构连接设备，支持热插拔和即插即用，具备等时传输和异步传输两种模式，适用于传输大量的实时数据。

2）应用案例

在高清视频采集领域，如专业摄像机与计算机之间的数据传输。当使用专业摄像机拍摄高清视频素材后，需将数据快速传输到计算机进行后期编辑。

3）工作过程

摄像机通过火线接口与计算机连接，计算机识别设备后进行视频传输，摄像机按照火线接口协议将视频数据以等时传输模式快速发送给计算机。计算机的火线接口控制器接收数据，并将其存储到指定的存储介质中，供后期视频编辑软件调用。

5. PCI/PCI – Express 总线接口

1）对应技术

PCI（Peripheral Component Interconnect）：是一种局部总线标准，用于计算机内部设备连接，如数据采集卡、声卡等。它提供 32 位或 64 位数据通道，工作频率为 33MHz 或 66MHz，数据传输速率可达 132MB/s 或 264MB/s。

PCI-Express（PCI-e）：是 PCI 的升级替代标准，采用高速串行通信技术，以点对点连接方式提高数据传输效率。PCI-e 有多种规格，如 PCI-ex1、PCI-ex4、PCI-ex8、PCI-ex16 等，每个通道的单向传输速率从 2.5Gbit/s（PCI-e1.0）逐步提升到 16Gbit/s（PCI-e4.0）甚至更高。

2）应用案例

在工业检测领域，高性能数据采集卡常采用 PCI 或 PCI-e 总线接口安装在计算机主板上，用于高速采集和处理大量模拟信号，如在电力系统监测中，采集电网的电压、电流等信号。

3）工作过程

以 PCI-e 总线接口的数据采集卡为例，数据采集卡插入计算机主板的 PCI-e 插槽后，计算机基本输入输出系统（Basic Input/Output System，BIOS）识别设备并为其分配资源。在采集过程中，数据采集卡的前端电路将模拟信号转换为数字信号，通过 PCI-e 总线接口的高速串行通道将数据传输到计算机内存。计算机中的采集软件对数据进行实时处理和分析，如监测电网参数是否异常，实现对电力系统的实时监测与控制。

10.6　自动识别技术

自动识别技术是现代检测系统中的关键部分，能够让设备自动识别目标对象并获取相关数据。

10.6.1　常见的自动识别技术

1. 条码识别技术

工作原理：条码是由一组按特定规则排列的条、空及其对应字符组成的表示一定信息的符号。条码识别设备通过扫描光线反射率的不同来识别条和空，进而解读出其中编码的信息。例如，常见的 EAN-13 条码，不同宽度的条和空组合代表不同数字。

应用案例：在超市收银系统中，收银员通过扫码枪扫描商品条码，系统快速获取商品名称、价格等信息，完成结算。物流行业中，货物上的条码记录着包裹的发件地、目的地、物流单号等信息，便于物流过程中的跟踪与管理。

2. 二维码识别技术

工作原理：二维码是用某种特定的几何图形（按一定规律在平面分布的黑白相间的图形）记录数据符号信息。图像识别设备扫描二维码的图形，根据图形的位置、大小、形状等信息，解码出其中包含的文本、网址、文件等信息。例如，QR 码（快速响应码）通过在水平和垂直方向上编码数据，能存储大量信息。

应用案例：在移动支付场景中，用户通过手机扫描商家的收款二维码完成支付。在景点门票系统中，游客购买电子门票后，手机上会收到二维码，在景区入口处扫码完成验票即可入园，方便快捷。

3. 射频识别技术

工作原理：RFID 系统由电子标签（射频卡）、读写器和天线组成。电子标签内部有芯片和天线，当靠近读写器时，读写器发出的射频信号使电子标签产生感应电流，从而获得能量被激活，将自身存储的信息通过天线发送给读写器，读写器再将信息传送给主机系统进行处理。根据工作频率不同，可分为低频、高频、超高频和微波等类型。

应用案例：在图书馆管理中，每本书都贴上 RFID 标签，这样，工作人员通过读写器可快速盘点书籍，读者借书、还书操作也更加高效。高速公路的 ETC 系统，通过车辆安装的 RFID 标签与收费站的读写设备进行通信，实现不停车自动缴费。

4. 生物识别技术

生物识别技术是根据人体生物特征进行身份鉴别的技术，因此要求这些特征具有"人各有异""终身不变"和"随身携带"这三大特点。生物识别系统的组成如图 10.19 所示。

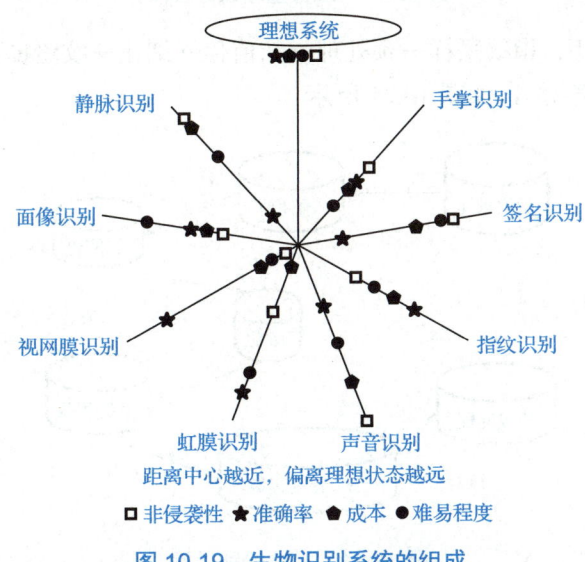

图 10.19　生物识别系统的组成

1）指纹识别

指纹识别原理：人的指纹纹路具有唯一性，指纹识别设备通过光学、电容、超声波等技术获取指纹图像，然后提取指纹的特征点，如嵴、谷的端点和分叉点等，将这些特征点信息与预先存储的指纹模板进行比对，判断是否匹配。

下面结合指纹及其识别过程来进行必要的说明。

指纹具有唯一性（无法复制、人人不同、指指相异）。根据指纹学理论，将两个指纹分别匹配上 12 个特征时的相同概率仅为 1/1050，因此至今找不出两个指纹完全相同的人，即使相貌酷似的孪生兄弟/姐妹，或同一个人的十指之间，指纹也存在明显差异，指纹的这一特点为身份鉴定提供了客观依据。

获取指纹图像时可选用的取像设备主要有光学取像设备（如微型三棱镜矩阵）、压电式指纹传感器、半导体指纹传感器和超声波指纹扫描仪四种类型。

指纹的基本纹路图案有环形、弓形和螺旋形，如图 10.20 所示。其他指纹图案都是基于这三种基本图案衍生而成的。

（a）环形　　　　　　　　（b）弓形　　　　　　　　（c）螺旋形

图 10.20　三种基本纹路图案

指纹识别过程如下：指纹采样→预处理→二值化→细化→纹路提取→细节特征提取→指纹匹配（指纹库的查对），如图 10.21 所示。

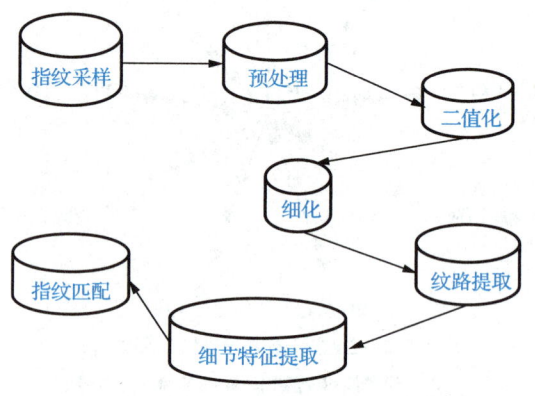

图 10.21　指纹识别过程

半导体指纹传感器也称单片集成指纹传感器或 CMOS 固态指纹传感器，它是在 20 世纪 90 年代末问世的，可广泛用于便携式指纹识别仪，网络、数据库及工作站的保护装置，自动柜员机、智能卡、手机、计算机、门禁系统等身份识别器，还可用于宾馆、家庭的门锁识别系统。

（1）温差感应式指纹传感器。

温差感应式指纹传感器是基于温度感应的原理而制成的，每个像素都相当于一个微型化的电荷传感器，用来感应手指与芯片映像区域之间某点的温度差，产生一个代表图像信息的电信号。典型产品如美国 Atmel 公司的 FCD4B14，它可在 0.1s 内获取指纹图像（时间一长，手指和芯片就处于相同的温度了）。

FCD4B14 的外形如图 10.22 所示。

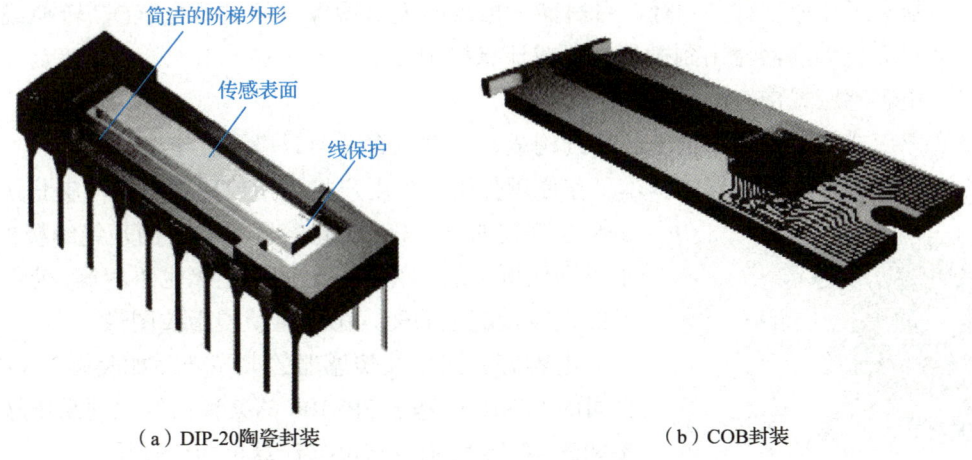

（a）DIP-20陶瓷封装　　　　　　　　　　（b）COB封装

图 10.22　FCD4B14 的外形

FCD4B14 的安装如图 10.23 所示，可以分为表面倾斜式和靠边缘式两种。

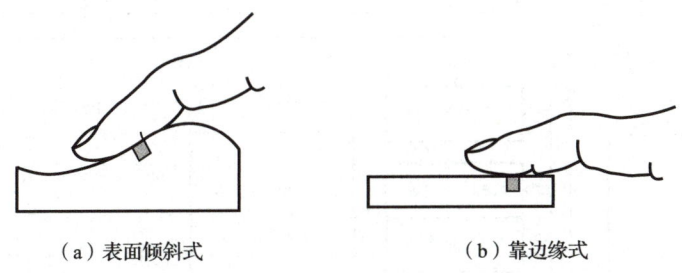

（a）表面倾斜式　　　　　　　　　　（b）靠边缘式

图 10.23　FCD4B14 的安装

FCD4B14 型指纹传感器的内部电路框图如图 10.24 所示。

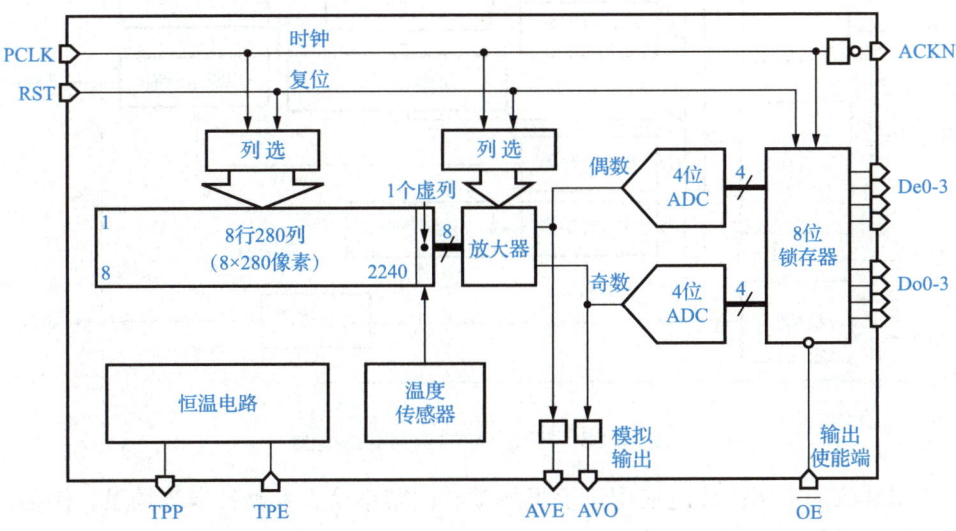

图 10.24　FCD4B14 型指纹传感器的内部电路框图

在图 10.24 中，该传感器共有 8 行 280 列，包含 8×280=2240（像素），另有一个虚列。它的基本工作原理如下：行、列扫描→指纹的模拟图像→经过两个 ADC 转换成数字图像→通过 8 位锁存器输出到微处理器或计算机中。

（2）电容感应式指纹传感器。

电容感应式指纹传感器由电容阵列构成，内部包含 9 万只微型化电容器。

电容感应式指纹传感器的基本工作原理如下：当用户将手指放在正面时，皮肤就组成了电容阵列的一个极板，电容阵列的背面是绝缘极板。由于不同区域指纹的脊和谷之间的距离也不相等，使每个单元的电容量随之而变，由此可获得指纹图像。

电容感应式指纹传感器的典型产品如美国 Veridicom 公司的 FPS100。基于 FPS100 的某种指纹识别系统输入设备如图 10.25 所示，它可与计算机相连使用。

图 10.25　基于 FPS100 的某指纹识别系统输入设备

FPS100 的内部电路框图如图 10.26 所示，具体内部资源等可以参考传感器相关资料，这里不再赘述。

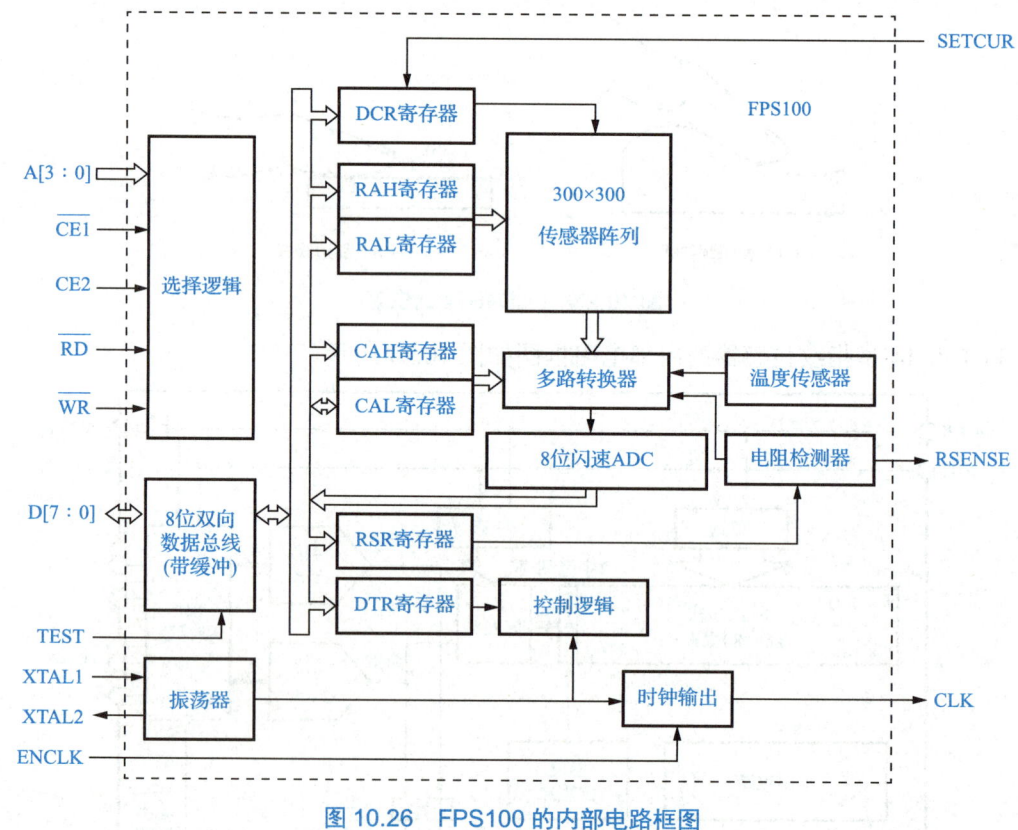

图 10.26　FPS100 的内部电路框图

指纹识别应用案例：广泛应用于手机解锁、门禁系统、考勤打卡等场景。例如，上班族在公司通过指纹打卡记录出勤情况，既方便又准确。

2）人脸识别

人脸识别原理：利用摄像机采集人脸图像，使用算法提取人脸的特征，如眼睛、鼻子、嘴巴等器官的位置、形状和相互之间的比例关系等，将提取的特征与数据库中的人脸模板进行比对识别。

人脸识别应用案例：在机场安检中，使用人脸识别技术快速验证旅客身份，提高了通行效率。一些智能门锁也支持人脸识别开锁功能，为用户提供便捷的入户方式。

3）虹膜识别

虹膜识别原理：虹膜是位于眼睛黑色瞳孔和白色巩膜之间的圆环状部分，其纹理具有独特性和稳定性。虹膜识别设备通过摄像头采集虹膜图像，对虹膜的纹理特征进行编码，然后与预先存储的虹膜模板进行匹配。

虹膜识别应用案例：在高安全级别的场所如金库、军事基地等门禁系统中应用，以确保只有授权人员能够进入。

5. 光学字符识别技术

工作原理：光学字符识别（Optical Character Recognition，OCR）技术是将图像中的文字信息转换为计算机能够识别和处理的文本数据。首先对图像进行预处理，如灰度化、降噪、二值化等操作，然后进行字符分割，将文本中的字符分离出来，再利用特征提取算法提取每个字符的特征，最后与字符模板库中的字符进行匹配识别，确定字符类别。

应用案例：在办公自动化中，可将扫描的纸质文档通过 OCR 技术转换为可编辑的电子文档，方便文字处理和检索。在车牌识别系统中，通过对车辆牌照图像进行 OCR 处理，识别出车牌号码，用于交通管理、停车场收费等场景。

10.6.2 自动识别技术典型应用案例

1. 自动识别技术在制造业中的应用概述

自动识别技术在制造业的产品全生命周期管理中扮演着关键角色，从原材料采购、生产加工，到产品销售及售后服务，都离不开它的支持。

1）原材料与零部件管理

条码识别：汽车制造企业在采购轮胎、座椅等零部件时，每个零部件都贴有条码，记录着供应商、型号、批次等信息。入库时，工作人员用扫码枪扫描条码，快速录入系统，更新库存数据。比如，当扫描某批次座椅条码后，系统立即知晓该批次座椅数量、适用车型等，便于后续生产调度。

RFID 技术：电子制造企业对芯片等小型贵重零部件，采用 RFID 标签管理。零部件在存储过程中，可通过部署在仓库出入口、货架等位置的读写器，实时追踪其位置和状态；芯片在运输途中，读写器能实时反馈运输车辆位置、温湿度等环境数据，确保运输安全。

2）生产过程控制

条码识别：当电子产品生产线的产品主板在不同工序流转时，可通过扫描粘贴的条码，系统记录工序完成时间、操作人员、检测结果等信息。如手机主板生产，每经过一道焊接、检测工序，扫码记录数据，便于追溯生产过程，及时发现质量问题。

二维码识别：机械制造企业在生产大型设备时，将设备的装配图纸、技术参数等信息编码成二维码粘贴在零部件上。工人装配时，用移动设备扫描二维码获取详细信息，确保装配准确无误，提高装配效率和质量。

RFID 技术：汽车总装车间，车身安装 RFID 标签，在不同工位，读写器自动识别标签，调用相应的生产指令，如喷涂颜色、内饰配置等。当贴有特定标签的车身进入喷涂工位时，系统自动调整喷枪参数，喷涂指定颜色。

3）质量检测与追溯

条码与二维码识别：食品制造企业在产品包装上同时印有条码和二维码，条码用于记录产品基本信息，二维码可存储更详细的生产过程数据、原材料来源、检测报告等。当产品出现质量问题，企业可通过扫描条码或二维码，快速定位问题产品的批次、生产时间、生产线等信息，并及时召回处理。

OCR 技术：在 PCB 制造中，OCR 技术识别电路板上的字符标记，检测字符是否清晰、准确，以及与设计要求是否一致。如识别元件型号、序列号等字符，防止因字符错误导致的质量问题。

机器视觉识别（结合多种技术）：3C 产品制造企业在屏幕检测环节，运用机器视觉技术，结合图像识别算法，模拟人眼视觉功能，检测屏幕表面的划痕、亮点、暗点等缺陷。通过与标准图像模板比对，精确识别缺陷位置和类型，确保产品质量。

4）成品库存与物流管理

条码识别：家电制造企业在成品入库时，扫描产品条码，记录产品型号、数量、入库时间等信息。出库时，再次扫描条码，更新库存数据，确保库存账实相符。如某型号空调，入库时扫描条码录入系统，出库时扫码确认，便于库存管理和物流配送。

RFID 技术：大型机械设备制造企业，产品体积大、价值高，采用 RFID 技术管理库存和物流。产品贴上 RFID 标签，在仓库盘点时，通过手持读写器快速读取产品信息，提高盘点效率。在运输过程中，借助沿途的 RFID 读写基站，实时追踪产品位置，确保按时交付。

2. 自动识别技术在制造业中的具体案例

以下是自动识别技术在制造业中的一些应用案例。

1）RFID 技术应用案例

3C 家电加工企业：某知名家电制造企业在生产中引入 RFID 技术，给原材料和零部件贴上 RFID 标签。在原材料入库时，读写器自动识别标签，实时更新库存信息，提高了库存管理的准确性和效率。在生产线上，产品经过各工位时，读写器读取标签信息，自动调整生产流程，如自动选择合适的加工参数、装配零部件等，减少了人为干预，生产效率提高了约 30%，库存准确率达到了 99% 以上，同时大幅降低了由人为因素导致的质量问题。

汽车制造企业：在汽车生产线上，每个车身都配有 RFID 标签，标签中存储了车辆的型号、配置、生产计划等信息。当车身经过不同的工位时，读写器读取标签信息，控制机器人进行准确的焊接、喷涂、装配等操作，实现了生产线的自动化和智能化，提高了生产效率和产品质量，同时也方便了对生产过程的监控和管理。

2）机器视觉识别技术应用案例

金属套筒制造商：某套筒零件制造商采用达明机器人的内建人工智能视觉系统，使用三台机械手臂配合线扫描相机，对金属套筒的网印进行瑕疵检测。系统能够在成像后迅速识别出细微的刮伤、网印重叠和模糊等缺陷，确保每个套筒的丝印无误，既提升了产品的品牌形象，也提高了生产效率。

汽车组装厂：一家汽车组装厂采用达明的人工智能视觉检测系统，在流水线上部署四台机械手臂和超过 30 台相机，系统能够在短短 80 秒内快速完成 120 个检测项目，极大提高了检测效率和准确性，减少了人工的疏漏，保证了每部车辆的零件配合，确保了汽车的安全性和可靠性。

3）二维码识别技术应用案例

江苏赛诺高德新能源材料有限公司：该公司研发的"一种采用镭雕二维码识别技术的流水线设备"专利，通过在工件上镭雕二维码，结合传送带、钻孔组件和精准控制的挡料组件，实现了对工件的精准定位，提高了加工效率和产品质量，解决了传统制造过程中工件定位不准确的问题。

电子设备制造企业：在手机、电脑等电子设备的生产过程中，产品的外壳、主板等零部件上都印有二维码，包含了产品的型号、序列号、生产批次等信息。在生产线上，通过二维码识别设备扫描二维码，实现了对产品的自动化识别和追溯，方便了生产管理和质量控制。

4）OCR 技术应用案例

汽车、电子等制造业：在生产线上，零部件种类繁多，传统的人工识别方式效率低下且容易出错。图像识别 OCR 技术可以快速、准确地识别零部件上的文字信息，如零部件编号、批次号、生产日期等，实现零部件的自动化识别和管理。

制造业质量检测环节：产品的质量检测是制造业的一个重要的环节。图像识别 OCR 技术可以快速、准确地识别产品标签上的文字信息，如产品型号、规格、批次号等，实现产品的自动化质量检测和追溯，提高产品质量和可靠性。

 在线测试

1. 校内：10.60.64.7（内网），进入后选择左上角的"测验"来进行测试。
2. 校外：登录 www.zjooc.cn，搜索"传感器与检测技术"（负责人：浙江万里学院，钱裕禄），选课后，进入测验和考试。

拓展练习题

一、单项选择题（30题）

1. 传感器的静态特性中，输出量与输入量的实际关系曲线偏离拟合直线的程度称为（　　）。
   A. 灵敏度　　　B. 线性度　　　C. 重复性　　　D. 迟滞
2. 下列接口电路中常用于将传感器输出的电阻变化转换为电压信号的是（　　）。
   A. 电压跟随器　B. 电桥电路　　C. 积分电路　　D. 微分电路
3. 测量误差中，由于仪器零点漂移引起的误差属于（　　）。
   A. 系统误差　　B. 随机误差　　C. 粗大误差　　D. 环境误差
4. 某温度传感器的量程为0～100℃，精度等级为0.5级，其最大允许误差为（　　）。
   A. ±0.5℃　　　B. ±0.5%　　　C. ±1℃　　　　D. ±0.5%×100℃
5. 虚拟仪器的核心组成部分是（　　）。
   A. 硬件传感器　B. 数据采集卡　C. 计算机软件　D. 信号调理模块
6. 以下不属于自动识别技术的是（　　）。
   A. RFID　　　　B. 条码技术　　C. 机器视觉　　D. 热电偶
7. RS-232 接口的通信方式是（　　）。
   A. 并行通信　　　　　　　　　　B. 串行异步通信
   C. 串行同步通信　　　　　　　　D. 无线通信
8. 某压力传感器的灵敏度为2mV/kPa，当输入压力变化5kPa时，输出信号变化为（　　）。
   A. 10mV　　　B. 2.5mV　　　C. 0.4mV　　　D. 5mV
9. 下列误差可以通过多次测量取平均值的方法减小的是（　　）。
   A. 系统误差　　B. 随机误差　　C. 粗大误差　　D. 人为误差
10. 基于虚拟仪器的检测系统中，LabVIEW 属于（　　）。
    A. 硬件开发工具　　　　　　　　B. 软件开发平台
    C. 数据存储设备　　　　　　　　D. 通信协议
11. 下列传感器中，属于能量转换型的是（　　）。
    A. 热敏电阻　　B. 压电式传感器　C. 光敏二极管　D. 应变片
12. 测量系统中，信号调理电路的主要功能不包括（　　）。
    A. 放大信号　　B. 滤波去噪　　C. 模数转换　　D. 线性化处理

13. 某电压表测量 10V 标准电压时显示 10.1V，其绝对误差为（　　）。
    A．0.1V　　　　B．0.1V　　　　C．1%　　　　D．0.01V
14. 现代测试系统的核心特征是（　　）。
    A．人工操作　　　　　　　　　B．高集成度与智能化
    C．单一功能设计　　　　　　　D．仅使用模拟信号
15. CAN 总线在工业检测中的主要优势是（　　）。
    A．传输距离短　　　　　　　　B．抗干扰能力强
    C．仅支持单节点通信　　　　　D．成本低廉
16. 下列属于传感器动态特性参数的是（　　）。
    A．灵敏度　　　B．响应时间　　C．线性度　　D．重复性
17. 条码技术中，一维条码的局限性是（　　）。
    A．存储容量小　B．无法抗污染　C．需接触读取　D．成本高
18. 模数转换器的分辨率通常用（　　）表示。
    A．伏特　　　　B．比特数　　　C．采样率　　D．信噪比
19. 下列接口中，支持热插拔的是（　　）。
    A．RS-485　　　B．USB　　　　C．GPIB　　　D．4~20mA 电流环
20. 热电偶的冷端补偿是为了消除（　　）的影响。
    A．环境温度　　B．电磁干扰　　C．机械振动　　D．电源波动
21. 机器视觉系统用于检测时，核心硬件是（　　）。
    A．光电编码器　B．工业相机　　C．压力传感器　D．加速度计
22. 以下属于数字滤波技术的是（　　）。
    A．RC 低通滤波　B．移动平均法　C．电感滤波　　D．电容去耦
23. 工业现场中，抗干扰能力最强的通信方式是（　　）。
    A．Wi-Fi　　　　B．光纤通信　　C．蓝牙　　　　D．ZigBee
24. 传感器的迟滞误差表现为（　　）。
    A．输入增大和减小时输出不一致　　B．重复测量的不一致性
    C．输出随温度变化　　　　　　　　D．线性度差
25. 下列不属于总线型接口的是（　　）。
    A．PCI　　　　　B．USB　　　　C．RS-232　　　D．SPI
26. 应变片测量力时，通常采用（　　）提高灵敏度。
    A．单臂电桥　　B．半桥电路　　C．全桥电路　　D．电压跟随器
27. 虚拟仪器中，DAQ 卡的英文全称是（　　）。
    A．Data Acquisition Card　　　　　B．Digital Analog Quantizer
    C．Device Access Controller　　　　D．Data Analysis Computer
28. 以下属于接触式自动识别技术的是（　　）。
    A．RFID　　　　B．磁卡　　　　C．二维码　　　D．虹膜识别

29. 某检测系统采样率为 1kHz，其奈奎斯特频率为（　　）。
    A．500Hz　　　　B．1kHz　　　　C．2kHz　　　　D．100Hz
30. 光电编码器用于测量（　　）。
    A．温度　　　　B．转速　　　　C．压力　　　　D．湿度

二、多项选择题（5 题）

1. 传感器的基本组成包括（　　）。
   A．敏感元件　　B．转换元件　　C．信号调理电路　　D．显示仪表
2. 下列属于现代测试系统特点的是（　　）。
   A．高精度　　　B．模块化设计　C．人工记录数据　　D．智能化处理
3. 虚拟仪器系统的硬件部分可能包括（　　）。
   A．数据采集卡　　　　　　　　B．传感器
   C．图形化编程软件　　　　　　D．信号调理器
4. 自动识别技术的应用场景包括（　　）。
   A．物流仓储管理　　　　　　　B．医疗设备监测
   C．工业生产线追溯　　　　　　D．实验室温度控制
5. 计算机接口技术中，以下属于总线标准的是（　　）。
   A．USB　　　　　B．SPI　　　　　C．TCP/IP　　　　D．PCI

三、简答题（15 题）

1. 简述传感器的定义及其在现代检测系统中的作用。
2. 什么是测量误差的绝对误差和相对误差？举例说明。
3. 列举三种常见的传感器接口电路并说明其功能。
4. 现代测试系统与传统测试系统的主要区别是什么？
5. 虚拟仪器的三大核心组成部分是什么？
6. 说明自动识别技术中 RFID 与条码技术的优缺点。
7. 如何通过硬件设计减小环境温度对传感器输出的影响？
8. 简述 LabVIEW 在虚拟仪器系统开发中的应用。
9. 什么是传感器的动态特性？列举两个动态特性参数。
10. 解释精度等级的含义及其在仪器选型中的意义。
11. 说明热电偶的工作原理及冷端补偿的必要性。
12. 列举三种计算机接口类型及其典型应用场景。
13. 什么是共模干扰？如何抑制它？
14. 简述机器视觉系统的组成及功能。
15. 为什么现代检测系统需要网络化功能？

四、应用分析题（6题）

1．某工厂需检测生产线上的零件尺寸，要求精度为±0.01mm，请设计一个基于虚拟仪器的检测方案，说明所需硬件和软件配置。

2．分析某温度测量系统中，热电偶信号传输过程中可能引入的干扰类型及抑制措施。

3．某电子秤测量误差偏大，可能是由哪些因素引起的？如何通过校准消除系统误差呢？

4．比较RS-485和CAN总线在工业检测系统中的适用场景。

5．某仓储物流系统需实现货物自动分拣，请设计一种结合RFID和机器视觉的解决方案。

6．针对某振动检测系统，说明如何选择传感器类型并设计信号调理电路。

五、应用综述题（6题）

1．论述现代检测系统中智能化和网络化的发展趋势及其技术支撑。

2．从硬件和软件角度，分析虚拟仪器技术如何提升检测系统的灵活性和扩展性。

3．结合实例，说明计算机接口技术在现代检测系统中的关键作用。

4．综述自动识别技术在智能制造中的应用场景及未来发展方向。

5．讨论测量误差分析在提高检测系统可靠性中的重要性，并提出误差控制策略。

6．设计一个基于物联网的现代检测系统框架，说明各模块的功能及技术选型依据。

第 11 章
物联网中典型传感器的应用

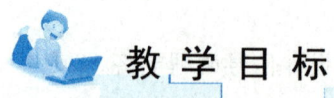
教学目标

本章内容主要包括物联网中典型传感器的应用概述，传感器在智能家居、环境监测、健康监护中的应用，以及传感器网络节点典型方案。

通过本章的学习，熟悉传感器在物联网工程领域中的应用情况，为后续分析和设计相关项目打下一定的基础。

教学重点

知识要点	能力要求	相关知识
智能家居中的传感器	掌握智能家居中传感器的工作原理并学会其过程分析	家用计量传感器、环境安全监测传感器及应用
环境监测中的传感器	掌握环境监测中传感器的工作原理并学会其过程分析	环境监测参量传感器及应用
健康监护中的人体生理量传感器	掌握健康监护中的人体生理量传感器的工作原理并学会其过程分析	典型人体生理参数测量传感器及应用
物联网中传感器应用趋势	了解物联网中传感器的发展趋势	传感器网络节点典型方案

第 11 章 物联网中典型传感器的应用

通过本章的学习，可以加深学生对物联网工程领域中的传感器应用情况的了解，为后续对相关项目进行分析和设计打下一定的基础。

11.1 物联网中典型传感器的应用概述

1. 工业领域

1）生产过程监控

通过温度传感器、压力传感器、流量传感器等对生产线上的温度、压力、流量等参数进行实时监测，确保生产过程的稳定性和产品质量。如在化工生产中，对反应釜内的温度和压力进行精确控制，可以防止因温度过高或压力过大造成安全事故。

2）设备故障诊断

利用振动传感器、声音传感器等来监测设备的运行状态，并通过分析传感器采集的数据，及时发现设备的潜在故障，实现预测性维护，减少设备停机时间和降低维修成本。例如，在风力发电场，通过振动传感器监测风机的振动情况，可以提前发现风机的故障隐患。

2. 交通领域

1）交通流量监测

在道路上安装地磁传感器、超声波传感器等，实时监测交通流量和车速，为交通管理部门提供数据支持，以便优化交通信号灯控制、实施交通拥堵疏导等。如在城市主干道的路口设置地磁传感器，可以统计车辆的通行数量和速度。

2）智能物流

在物流运输车辆上安装 GPS 传感器、温度传感器、湿度传感器等，实现对货物运输过程的实时跟踪和监控，确保货物的安全和准时送达。例如，在运输生鲜食品的冷藏车上安装温度传感器，可以实时监测车厢内的温度，保证食品的品质。

3. 医疗领域

1）远程医疗监测

通过可穿戴式传感器，如心率传感器、血压传感器、血糖传感器等，患者可以在家中实时监测自己的生理数据，并将数据传输给医生，医生根据这些数据进行远程诊断和治疗。如患有心血管疾病的患者可以佩戴智能手环，实时监测心率和血压等数据。

2）医疗设备管理

在医疗设备上安装传感器，对设备的运行状态、使用频率等进行监测，可以实现设备的智能化管理和维护。例如，在 CT 机、MRI 机等大型医疗设备上安装传感器，可以实时监测设备的运行参数，及时发现设备故障。

4. 环境监测领域

1）空气质量监测

利用气体传感器监测空气中的二氧化硫、氮氧化物、颗粒物等污染物的浓度，为生态环境部门提供数据支持，以便采取相应的污染控制措施。如在城市的各个区域设置空气质量监测站点，安装气体传感器，实时监测空气质量。

2）水质监测

在河流、湖泊、水库等水体中安装水质传感器，对水体的酸碱度、溶解氧、浊度等参数进行实时监测，及时发现水质污染问题，为水资源保护和治理提供依据。例如，在饮用水源地安装水质传感器，可实时监测水质变化。

11.2 智能家居中的传感器

1. 智能家居及其功能

智能家居（智能住宅或电子家庭、数字家园）：利用信息技术，将与家居生活有关的各种子系统通过网络连接到一起，以满足整个系统的自动化要求，形成更便于控制和管理的系统。智能家居系统结构如图11.1所示。

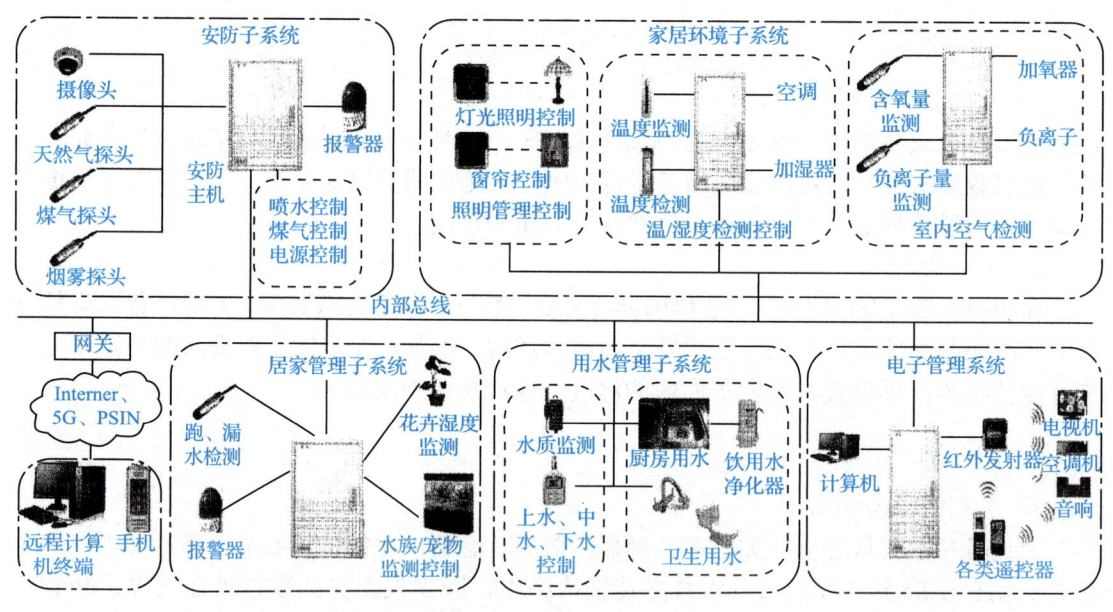

图 11.1　智能家居系统结构

由图11.1可以看出，智能家居系统的主要功能是：防盗报警、防灾报警、求助报警、远程控制、定时控制、短消息收发、联动控制和服务。这些功能的实现都离不开传感器。

第 11 章 物联网中典型传感器的应用

2. 常见的家用计量传感器

下面结合实际应用情况来概要说明常见的家用计量传感器,以自动抄收室、内外传感器或仪表的数据为例。

1) 智能水表

智能水表组成原理框图如图 11.2 所示,主要用于自来水、供热水的流量计量及数据远程传输。智能水表常用涡轮流量传感器来实现其功能。

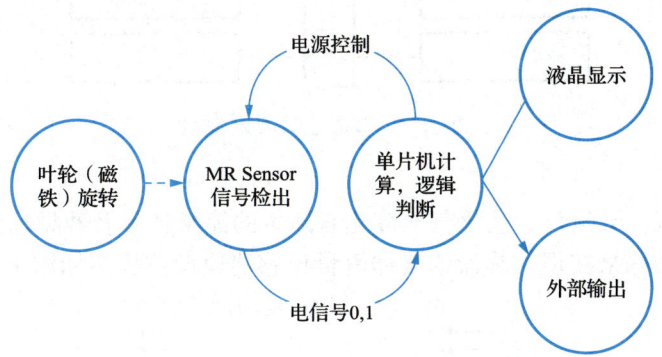

图 11.2　智能水表组成原理框图

2) 智能电表

智能电表可以实时采集并存储电表相关信息、进行无线收发、防窃电,以及进行通断控制。智能电表内部结构示意图如图 11.3 所示。

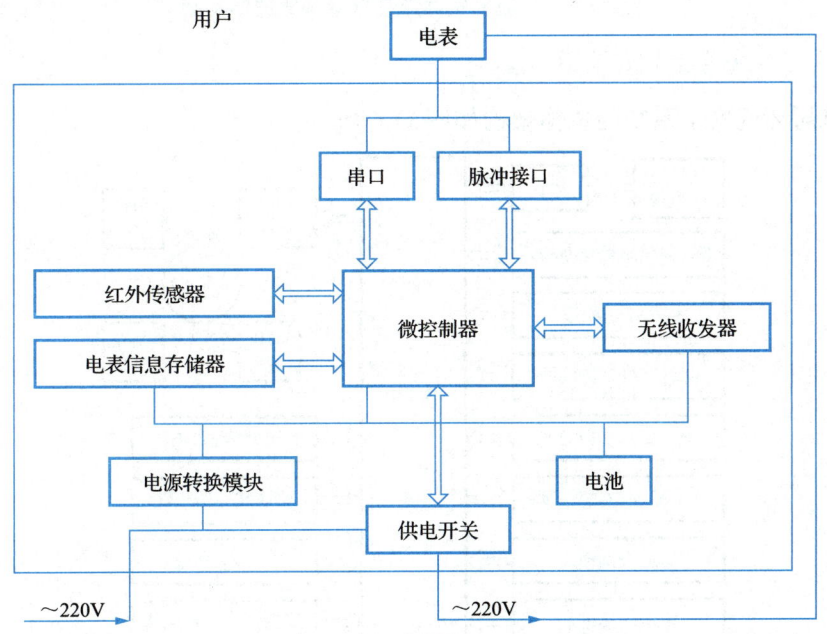

图 11.3　智能电表内部结构示意图

3）智能热量表

智能热量表由流量传感器、微处理器、配对温度传感器组合而成。智能热量表结构图如图11.4所示。

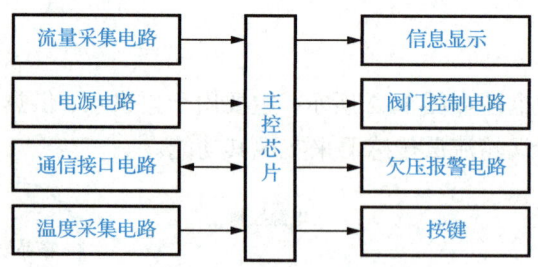

图11.4 智能热量表结构图

4）智能气表

对于人工燃气、天然气、液化气、液化石油气的流量计量及数据远程传输，可用热流速气体流量传感器等来实现。热流速气体流量传感器原理结构图如图11.5所示。

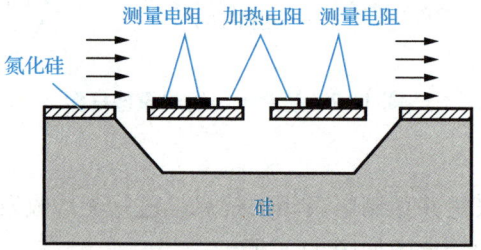

图11.5 热流速气体流量传感器原理结构图

3. 家用环境安全监测传感器

智能家居环境安全系统的总体架构如图11.6所示。

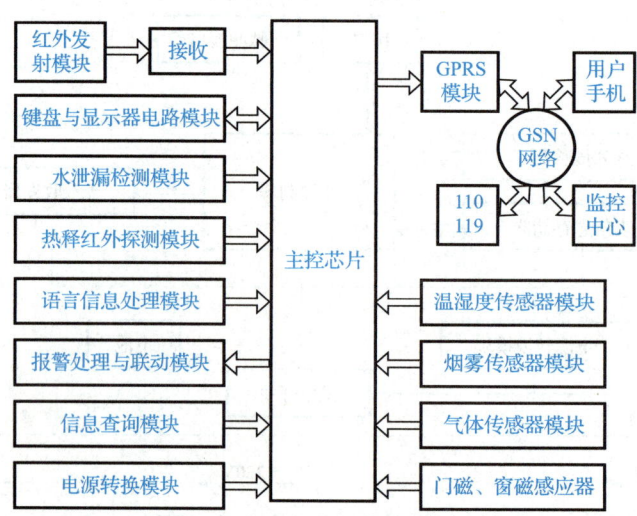

图11.6 智能家居环境安全系统的总体架构

安防系统通过网络化传感器实时监测温度、湿度、光照、空气成分,自动调控门窗、空调及其他家电设备,实现家居环境参数自动调节,提供安全、舒适宜人的居住环境。按照家居环境和安防需求,智能家居系统安防所需传感器分四类:温湿度、烟雾报警、燃气泄漏和家庭防盗。

温湿度传感器的工作原理

1)温湿度传感器

家用温湿度传感器一般宜选用温湿度集成传感器。温湿度集成传感器及其内部组成原理框图 11.7 所示。

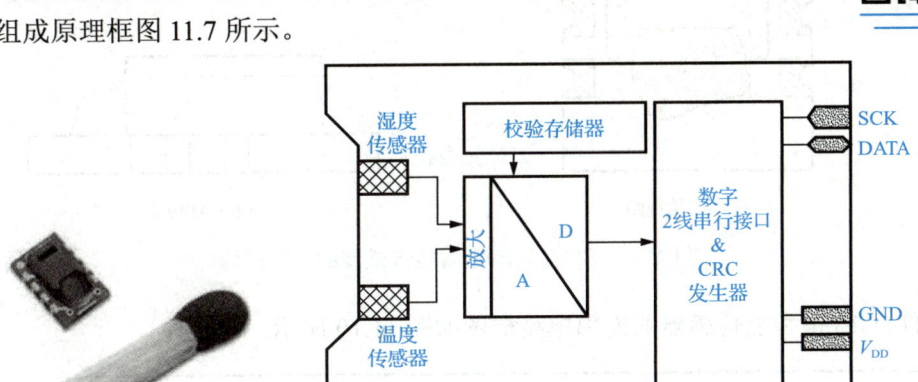

图 11.7　温湿度集成传感器及其内部组成原理框图

【知识点链接】

瑞士 Sensirion 公司生产的 SHT11/15 型高精度、自动校准、多功能智能传感器能同时测量相对湿度、温度和露点等参数,兼有数字湿度计、温度计和露点计这三种仪表的功能,可广泛应用于工农业生产、环境监测、医疗仪器、通风及空调设备等领域。

SHT11/15 型智能传感器的尺寸仅为 7.62mm(长)×5.08mm(宽)×2.5mm(高),质量只有 0.1g,其体积与一个大火柴头相近,其外形如图 11.8 所示。

图 11.8 彩图

图 11.8　SHT11/15 型智能传感器的外形

SHT11/15 型智能传感器的引脚排列如图 11.9 所示。

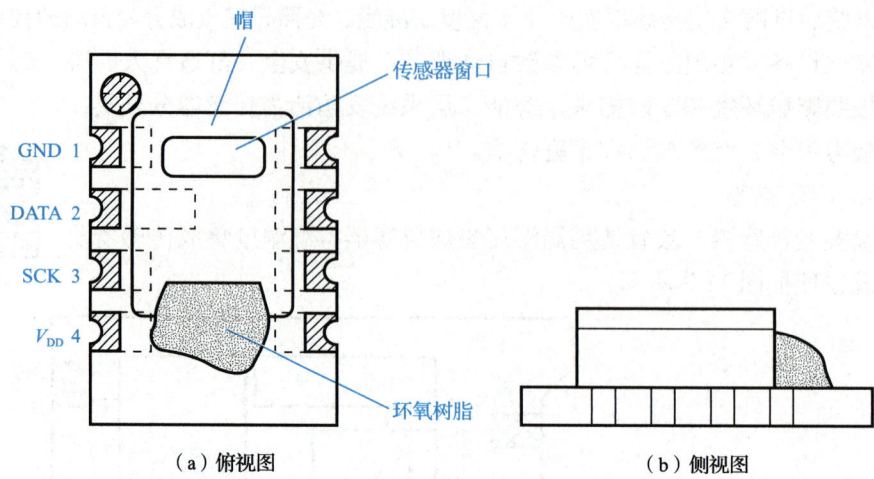

图 11.9　SHT11/15 型智能传感器的引脚排列

SHT11/15 型智能传感器的内部电路框图如图 11.10 所示。

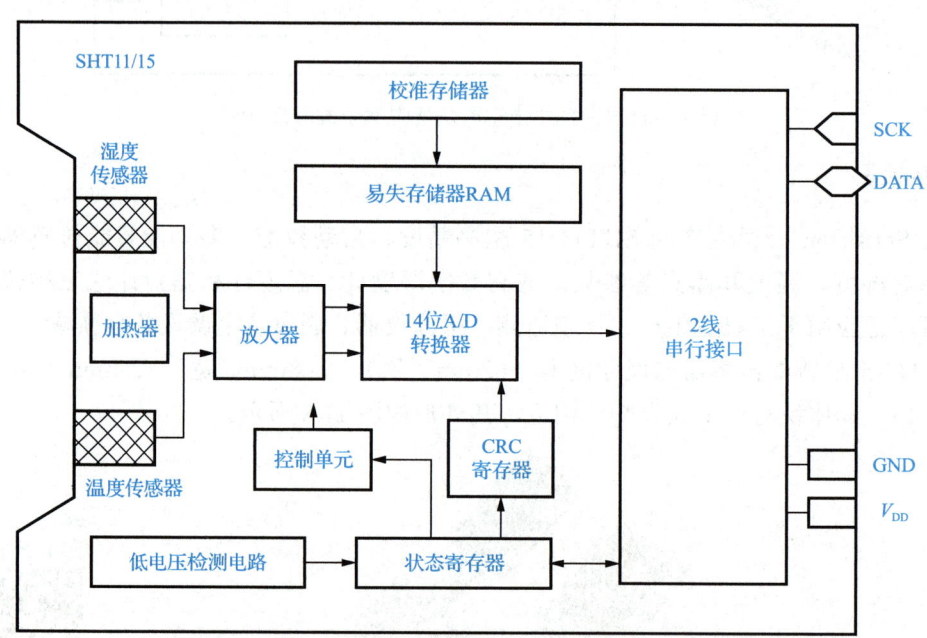

图 11.10　SHT11/15 型智能传感器的内部电路框图

SHT11/15 型智能传感器对应的功能及参数指标如下。

（1）相对湿度。

① 测量范围：0～99.99%RH。

② 测量精度：±2%RH。

③ 分辨力：0.01%RH。

(2)温度。

① 测量范围:-40~123.8℃。

② 测量精度:±1℃。

③ 分辨力:0.01℃。

(3)露点。

① 测量精度:<±1℃。

② 分辨力:±0.01℃。

由 SHT15 构成的相对湿度/温度测试系统电路框图如图 11.11 所示。该系统能测量并显示出相对湿度、温度和露点。SHT15 作为从机,89C51 单片机作为主机,二者通过串行总线进行通信。

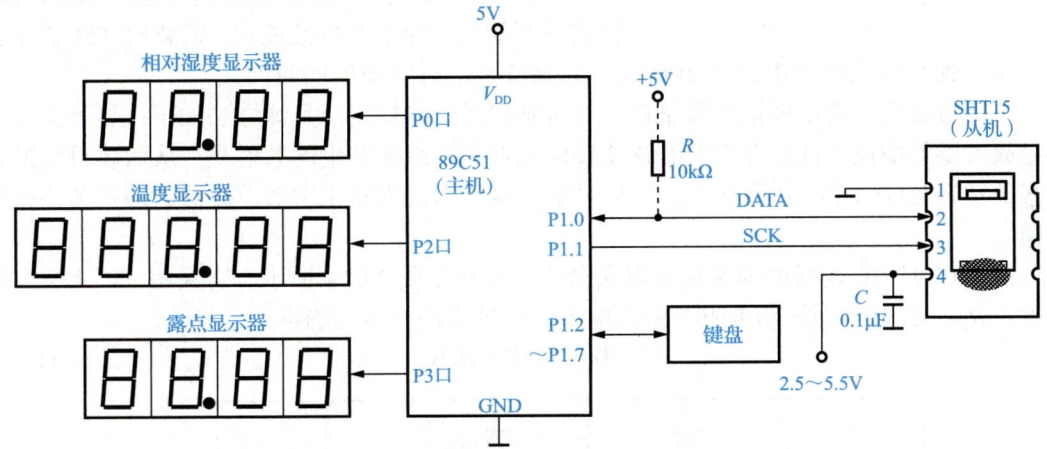

图 11.11　由 SHT15 构成的相对湿度/温度测试系统电路框图

2)烟雾报警传感器

利用敏感元件可以探测火灾中出现的质量流(可燃或燃烧气体、烟颗粒等)和能量流(火焰、燃烧音)等特征信号。有气敏型、感温型、感烟型、感光型和感声型五大类,烟雾报警传感器在火灾探测器中最为常用。离子感烟报警器实物图如图 11.12 所示。

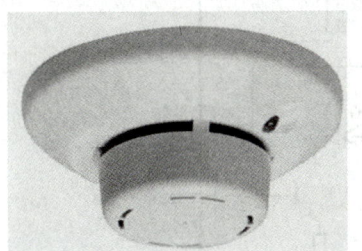

图 11.12　离子感烟报警器实物图

Motorola 公司的烟雾报警传感器主要有三种类型。

(1)离子型:MC14467-1、MC14468。

(2)光电型:MC145010、MC145011。

(3) 比较器型：MC14578。

有很多厂家使用 MC145010 来制造烟雾报警器，但由于产品结构、工艺、测试工具的差别，烟雾报警器的灵敏度差别也非常大。MC145010 芯片引脚如图 11.13 所示。

MC145010 配上红外光电室，即可通过传感微小烟雾颗粒的散热光束来检测烟雾。其基本工作原理如下：红外发射二极管→红外光→在烟雾颗粒的作用下形成散射光束→红外接收二极管→MC145010→BZ 发出报警声。

将 MC145010 置于校准模式时，某些引脚的功能将被重新设定。为进入校准模式，需要给 TEST 端加负电压，使该端的输出电流为 100μA，并保持一个时钟周期的时间。

利用自检模式可以模拟烟雾条件，对传感器进行自标定。具体方法如下：显著提高光信号放大器的增益，将烟雾室中的背景反射光看作由烟雾产生的散射光，从而获得模拟的烟雾条件。经过一个时钟周期后，光信号放大器的增益恢复正常值，模拟的烟雾条件就被撤销。

由 MC145010 构成的烟雾报警器典型应用电路如图 11.14 所示。它采用 9V 叠层电池供电。R_2、C_3 分别为振荡电阻与振荡电容，时钟周期由下式确定

$$T_0 = 0.6931(R_1 + R_2)C_3 \tag{11-1}$$

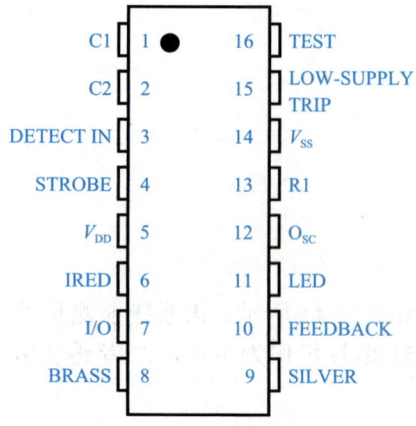

图 11.13　MC145010 芯片引脚

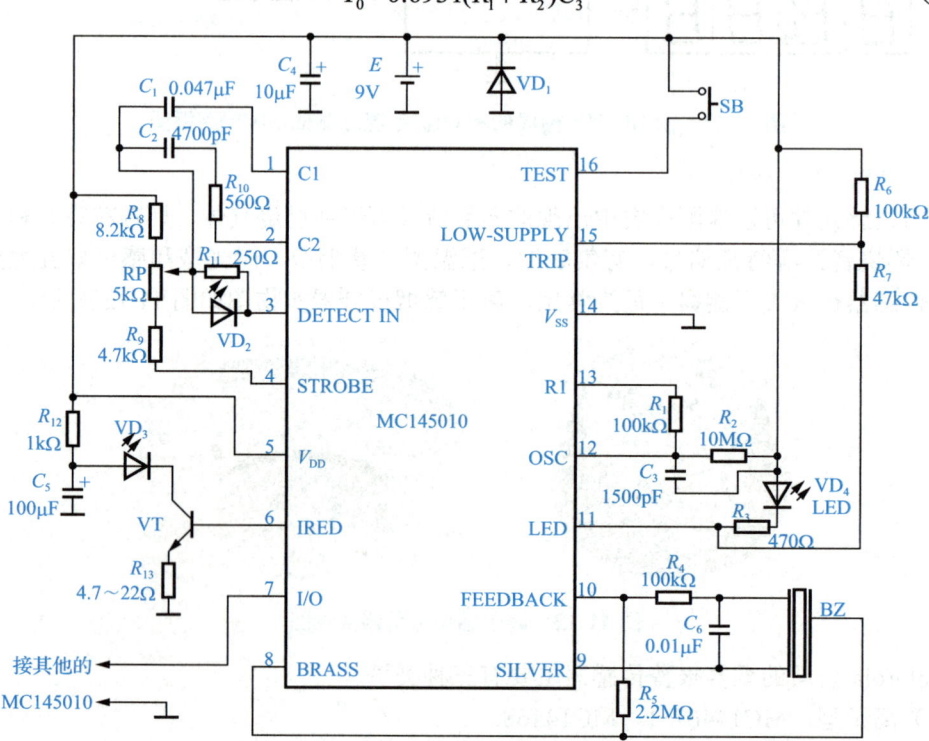

图 11.14　由 MC145010 构成的烟雾报警器典型应用电路

3）燃气泄漏传感器

燃气泄漏传感器通常布置在厨房监测燃气泄漏情况，以防止燃气中毒和燃气爆炸事件的发生。可燃性气体检测报警器结构框图如图 11.15 所示。

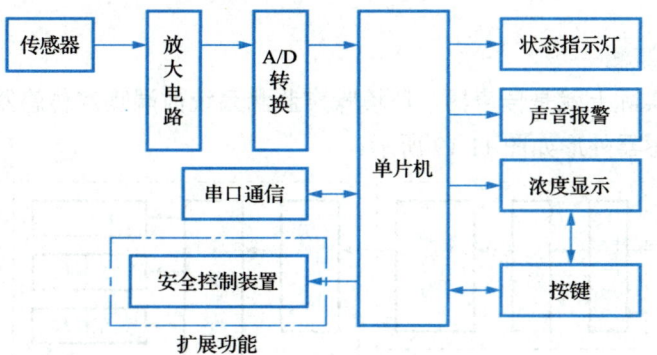

图 11.15　可燃性气体检测报警器结构框图

4）家庭防盗传感器

家庭防盗传感器用于发现非法入侵（如盗窃、抢劫），并及时向住户和小区安全保卫部门发出报警信号。门窗磁式传感器及红外防盗传感器如图 11.16 所示。

图 11.16　门窗磁式传感器及红外防盗传感器

11.3　环境监测中的传感器

环境监测系统结构如图 11.17 所示，利用传感器网络，可对环境进行不间断的数据搜集。

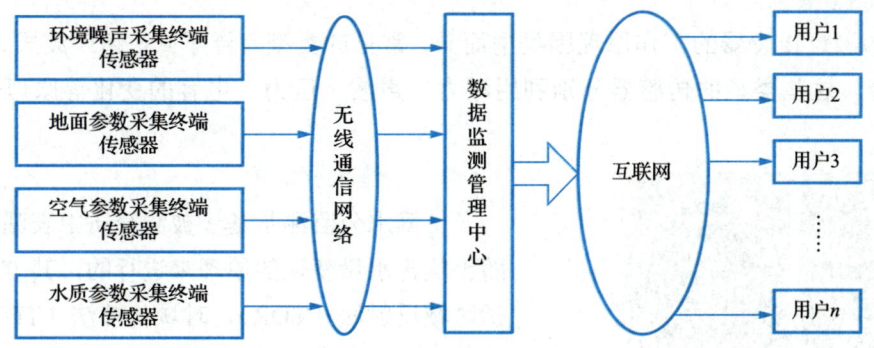

图 11.17　环境监测系统结构

1. 物理环境监测参量传感器

物理环境监测参量传感器主要对环境中的噪声、温湿度、水位、土壤水分及电导率等物理量进行监测。

1）环境噪声监测

噪声传感器实际上就是传声器，环境噪声监测系统前端噪声传感器结构如图 11.18 所示。环境噪声传感器外形如图 11.19 所示。

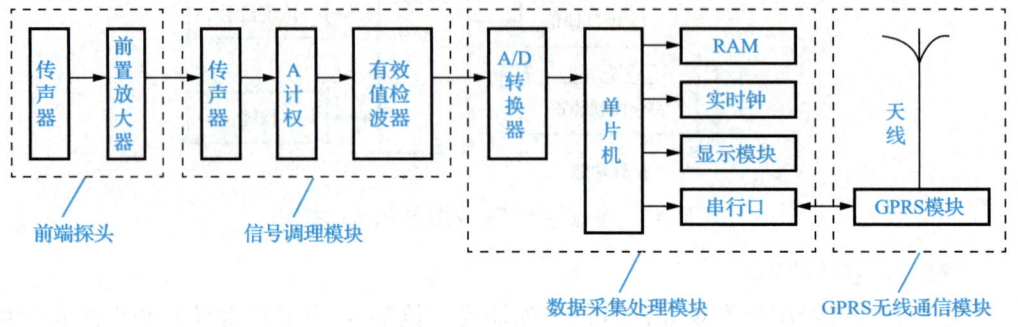

图 11.18　环境噪声监测系统前端噪声传感器结构

图 11.19　环境噪声传感器外形

2）水位/液位监测

水位/液位传感器的工作原理因类型而异，常见的类型有浮子式、超声波式、压力式、电容式等。这些类型的传感器分别利用浮力、声波、压力、电容的变化等原理来测量水位/液位。

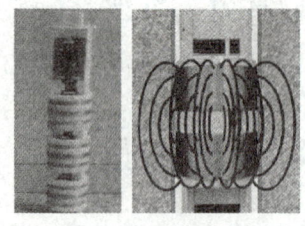

图 11.20　FDR 土壤水分传感器及其探头

3）土壤水分监测

土壤水分监测是基于被测介质中表观介电常数随土壤含水量变化的原理来进行的，其方法主要包括时域反射法（TDR）、时域传播法（TDT）、频域反射法（FDR）、驻波比法（SWR）、高频电容探头法。FDR 土壤水分传感器及其探头如图 11.20 所示。

4）电导率监测

根据测量原理与方法的不同，电导率传感器可分为电极型、电感型以及超声波等。图 11.21 所示为电极型和电感型电导率传感器。

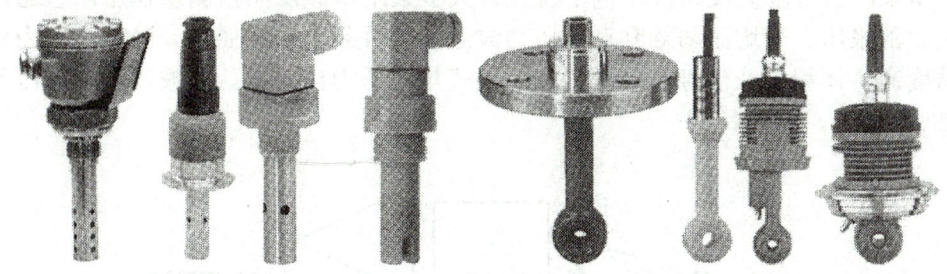

图 11.21　电极型和电感型电导率传感器

2．化学环境监测参量及传感器

环境中化学量的监测，主要包括有害气体浓度监测、pH 值监测、溶解氧监测、电导率、总有机碳（TOC）监测、浊度监测等。

1）有害气体浓度监测

通过检测有害气体浓度的传感器可以检测所处环境中的目标气体的成分和含量。使用可测多种气体的色谱检测传感器组件来满足物联网用传感器体小、重量轻、低功耗、高分辨率、易操作、远程输出结果等要求。

2）水质监测

水质监测包括 pH 值、溶解氧、电导率、总有机碳、浊度等一系列参量的综合性检测，通常使用水质监测系统来完成，该系统需有相应参数监测的传感器。

11.4　健康监护中的人体生理量传感器

1．常见人体生理参数测量及其特殊性

人体生理参数包括生物电参数和非电参数，传感器实质上是对基本电量和温度、压力、流量、位移等非电参数进行测量。但生命系统的信号特征量与一般工程物理量的测量有本质不同，需注意生理参数测量的特殊性对系统的影响与要求。

这里需考虑的特殊性主要有：

（1）人体生理信息的测量条件，生理参数的测量范围；

（2）生物医学测量的强噪声背景；

（3）测量的安全性；

（4）测量中施加于人体的各种能量的限制；

（5）测量的精确度和可靠性的要求；

（6）考虑的最主要的安全问题，如测量中的电流防护。

2. 典型生理参数测量和传感器

1）血压

近年来,血压监护仪和自动电子血压计大多采用示波法间接测量血压。它通过建立收缩压、舒张压、平均压与袖套动脉压力波之间的关系来判别血压。其中,压力传感器可选精度高、体积小、信号易处理的硅压阻式集成压力传感器。示波法测量血压示意图如图11.22所示。

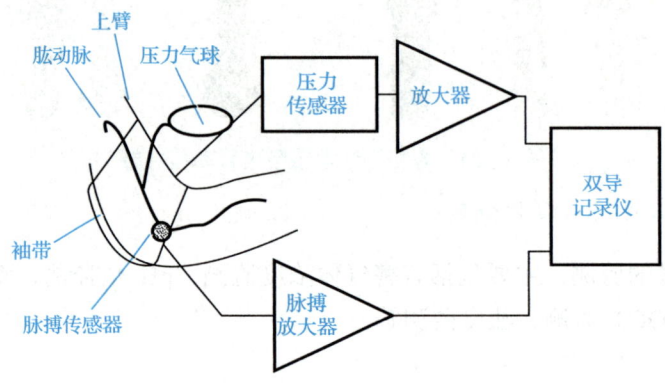

图 11.22　示波法测量血压示意图

2）脑电

大脑皮层的神经元具有自发生物电活动,因此大脑皮层经常具有持续的节律性电位改变,称为自发脑电活动。临床上用双极或单极记录方法在头皮上观察皮层的电位变化,所得脑电波称为脑电图,直接在皮层表面引起的电位变化称为皮层电图。医学电极按工作性质可分为检测和刺激两类电极,其中检测电极是敏感元件。

3）心电（测量方法类似测脑电,采用三个以上的多电极）

4）肌电

肌电图是反映肌肉-神经系统生物电活动的波形图,从肌细胞外用电极导出肌肉运动单位的动作电位得到肌电图。

5）生理流体量测量

如血管中血流速度的生理流量测量常用超声波流量传感器。超声波流量传感器的工作原理如图11.23所示。

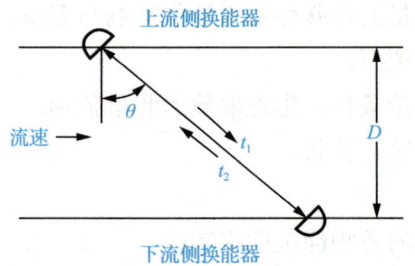

图 11.23　超声波流量传感器的工作原理

6）体温

测体温可选择薄膜铂电阻做敏感元件，它可以满足测量精度要求较高的应用需求。在一些场合（如海关、码头、机场）需用非接触式温度测量，红外辐射计和红外热像仪主要用于测皮肤温度；微波辐射计测量微波频段的热辐射，用于测量人体深部组织的温度。

11.5　传感器网络节点典型方案

1. 可持续监测振动的低功耗无线传感器节点

1）背景

（1）节点的一般构成与功耗分布特点：四大模块，电压、功率。

（2）节点低功耗设计的一般技术：低占空比、传感模块的功耗。

（3）传感器持续工作与低功耗的矛盾：性能需求、功耗大小。

2）实现节能的节点构成设计

持续监测振动的无线节点低功耗设计思路：

（1）采用低功耗的自源型传感器持续监测，起触发作用，当目标出现时，采用能量耗费多的外源型传感器保证精度要求；

（2）节点各模块要有不同功耗的工作模式及工作电压极电流，按需调整电源。

3）实现节能的节点构成示例

（1）节能节点构成方案。

可持续监测振动的 WSN 节点装置组成结构如图 11.24 所示。

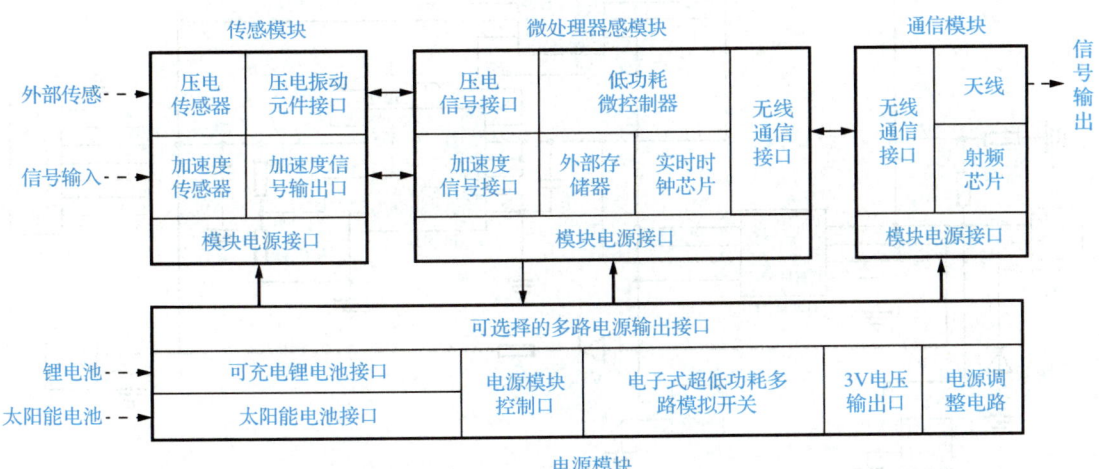

图 11.24　可持续监测振动的 WSN 节点装置组成结构

(2) 各模块内关键器件的功能控制方案（兼顾节能）。

模块内关键器件的功能控制结构方案示意图如图 11.25 所示。

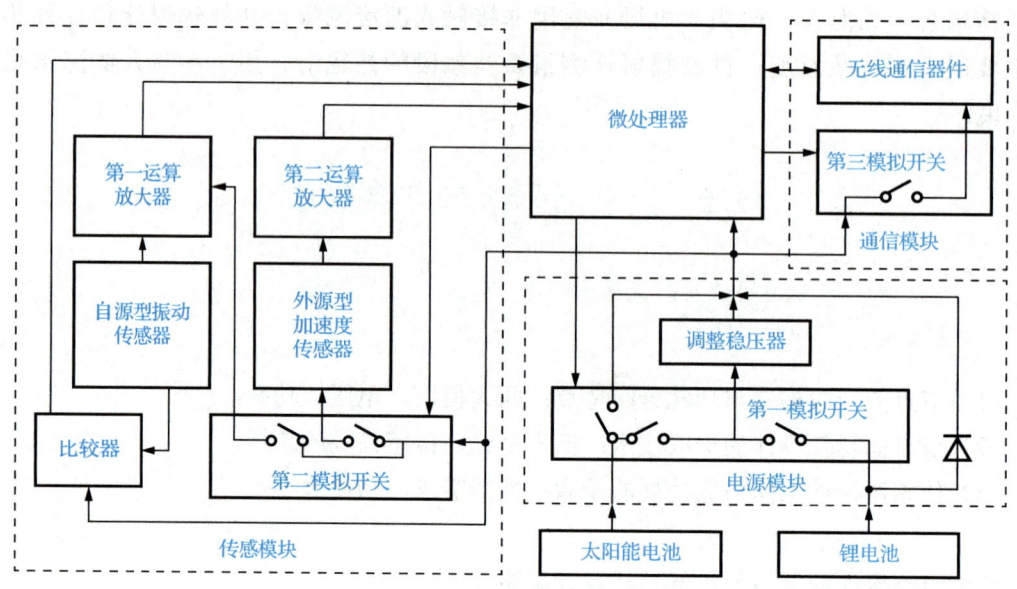

图 11.25　模块内关键器件的功能控制结构方案示意图

(3) 主要节能设计。

主要节能设计为不同传感器组合+适应负载的多源多方式供电策略+超低功耗开关控制切换有效性。多源多方式选择供电的节点电源模块电路方案如图 11.26 所示。

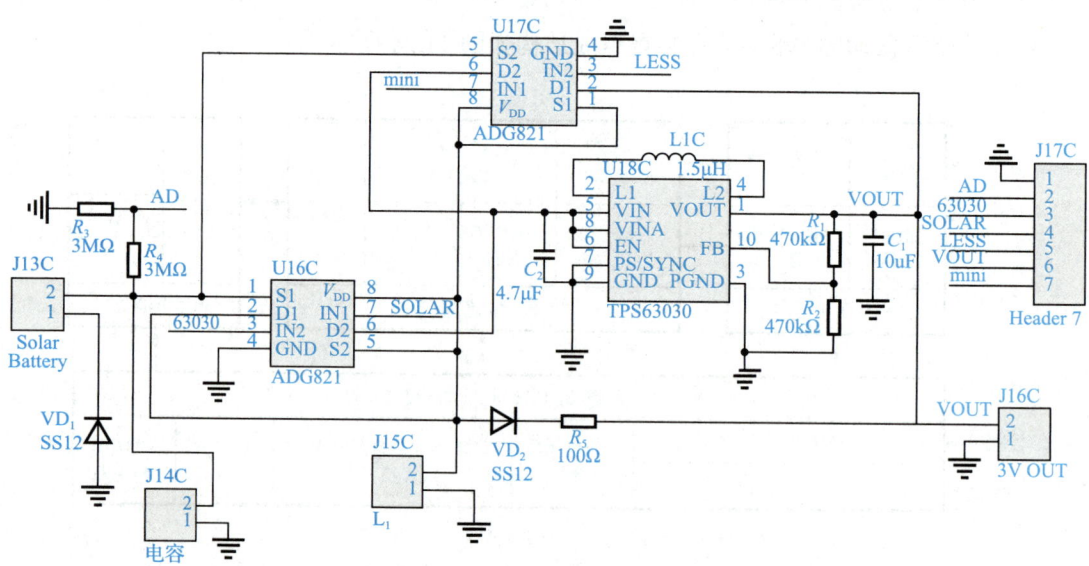

图 11.26　多源多方式选择供电的节点电源模块电路方案

2. 一种灌区监测无线传感网络节点方案

1）应用背景

（1）目的：实现水资源合理配置和灌溉的优化调度。

（2）需求：采集水位、雨量、闸位、土壤含水率等信息。

（3）特点：监测点检测参量不一且分布于野外、农田。

2）灌区监测网络系统结构与传感节点功能

（1）结构：传感、汇聚、管理三种节点组成的无线传感器网络系统。

（2）功能：负责水位、闸位、雨量、土壤含水量等信息的采集和传输。

3）节点构成与低功耗节点设计

（1）节点构成。

图 11.27 所示为传感器节点硬件结构。

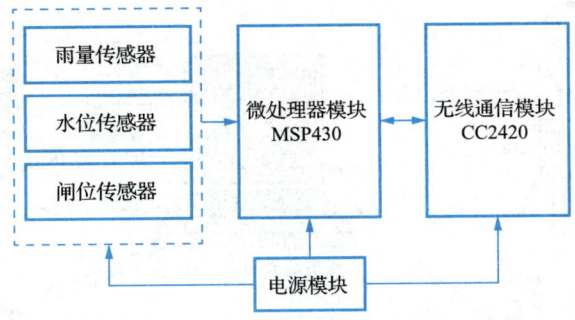

图 11.27　传感器节点硬件结构

（2）低功耗设计关键之传感器选型。

雨量监测节点：基于可靠性和野外恶劣环境下工作的优势和输出为光电脉冲信号，选择翻斗式雨量计。

水位/闸位节点：光电编码器型传感器。

土壤含水量节点：选用 FDR 型传感器。

理由：具有方便、快速、不扰动土壤、工作频率和测量范围宽、不受滞后因素影响、精度高的优点。传感器节点核心硬件框图如图 11.28 所示。

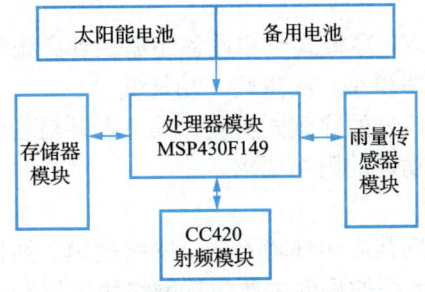

图 11.28　传感器节点核心硬件框图

3. 穿戴式健康监护传感器节点方案

1）背景

穿戴式健康监护设备（也称穿戴式检测设备）将生理参数检测技术和人们日常穿戴的衣物相融合，在自然状态下获取基本生理参数。穿戴式检测设备可在持续、实时获取生命参数的同时，将数据传送至远端医疗监护中心，实现诊断或报警功能，并使受测对象感到方便或舒适。

目前，各种穿戴式检测设备不断涌现，如耳挂式血氧饱和度检测装置、手表式、戒指式、手套式、腕带式等检测设备以及智能衫等。

Intel 公司的 Self-managing 可穿戴生命信息健康监测系统如图 11.29 所示，可实现同时多人多参数监测，无须人工干预。系统由可穿戴的生命信息检测模块、低功耗数据采集和处理模块，以及无线收发模块组成。

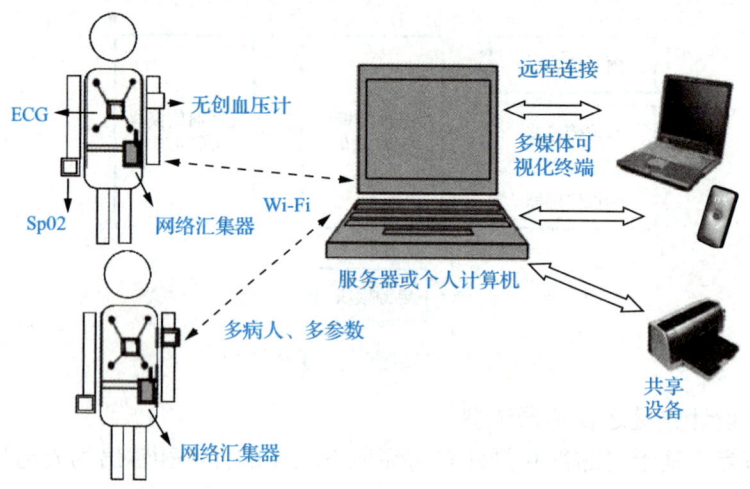

图 11.29　Intel 公司的 Self-managing 可穿戴生命信息健康监测系统

2）穿戴式生理参数的检测及要求

不同生理参数的信号强弱等特征和测量方法不相同，穿戴式检测设备要想实现健康监护的功能，必须由可穿戴式传感器来实现参量检测，并达到规定的准确性和可靠性检测质量要求。

除了要满足检测质量要求，穿戴式检测设备还需做到穿戴舒适、携带方便、自然美观。因此，穿戴式检测设备还应体积小、质量轻、功耗低。

对心电、血氧和呼吸等信号的穿戴式检测，需进行针对性设计，以保证信号采集的准确性，并兼顾对节点尺寸和功耗的限制要求。

3）系统结构和节点构成

穿戴式健康监护系统根据其应用环境不同，网络规模、结构以及管理方式等都会有所不同。面向家庭健康监护的系统的硬件主要包括网络协调器和可穿戴的生理参数检测传感器节点两部分。

生理参数检测传感器节点结构如图 11.30 所示。

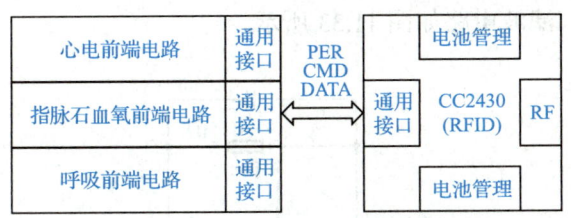

图 11.30　生理参数检测传感器节点结构

4）生理参数采集模块设计

（1）心电信号特点与设计思路。

人体心电信号微弱、低频，易受人体本身、仪器及环境的影响，这些决定了放大器设计要达到：高共模抑制比、高输入阻抗、低噪声、低漂移、固定通带频率响应。

穿戴式心电监护仪只需检测心电的基本情况，不需诊断分析，因此可裁剪传统心电模块。很多情况下只关心信号中 R 波的完整性，其能量主要集中在 0.5～30Hz，可采用截止频率 35Hz 的三导联穿戴式心电模块，在保证工频干扰抑制的同时，最大限度地保留心电信号的主要能量信息，并缩小心电模块的体积。穿戴式三导联心电检测模块结构如图 11.31 所示。设计的心电前置放大电路如图 11.32 所示。

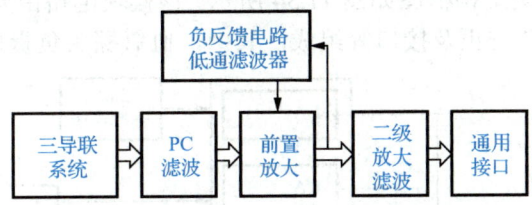

图 11.31　穿戴式三导联心电检测模块结构

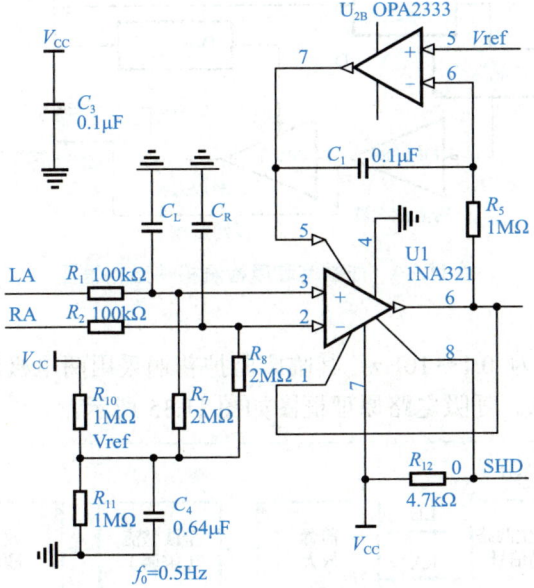

图 11.32　心电前置放大电路

设计的二级放大、滤波电路如图 11.33 所示。

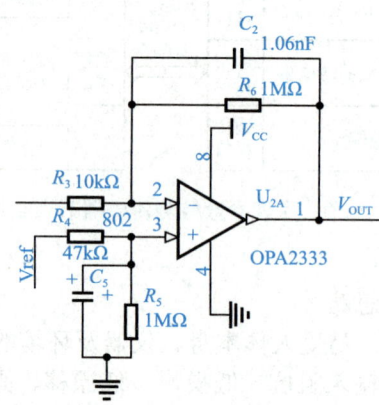

图 11.33　二级放大、滤波电路

（2）SpO2 检测。

无创 SpO2（血氧饱和度）检测是基于动脉血液对光的吸收量随动脉波动而变化的原理来实现的。

血氧饱和度检测模块结构框图如图 11.34 所示。该模块电路由光源驱动、信号预处理、LED 亮度增益控制、DC 校正及接口等组成，其中，血氧探头负责血氧信号获取。

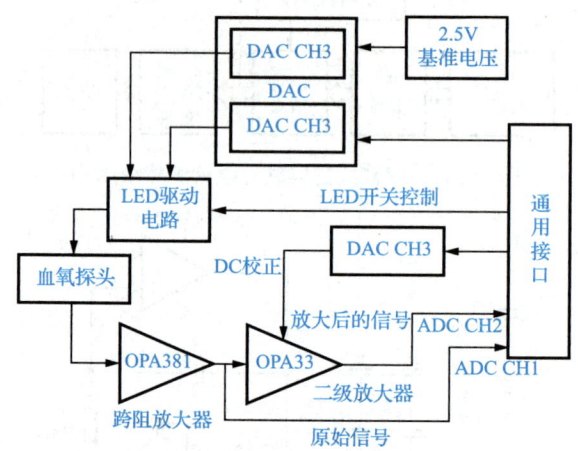

图 11.34　血氧饱和度检测模块结构框图

（3）呼吸检测。

呼吸信号频率范围为 0.1～10Hz，其临床监护普遍采用两电极法，并且共用测量心电图的导联电极 LL 和 RA。呼吸电路原理框图如图 11.35 所示。

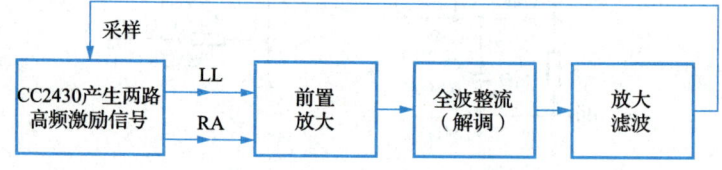

图 11.35　呼吸电路原理框图

呼吸模块选用阻抗法，采用 CC2430 的 Timer 产生两路相差半个周期的 62.5kHz 高频激励信号调制呼吸信号，然后进行前置放大、全波整流（解调）、放大滤波等处理，得到清晰、稳定的呼吸曲线。

1．查阅相关文献资料，列举 2～3 种除上述内容外的现实生活中的其他智能传感器应用情况。

2．智能传感器在军事上的应用情况如何？

1．校内：10.60.64.7（内网），进入后选择左上角的"测验"来进行测试。

2．校外：登录 www.zjooc.cn，搜索"传感器与检测技术"（负责人：浙江万里学院，钱裕禄），选课后，进入测验和考试。

拓展练习题

一、单项选择题（30 题）

1．（　　）是智能家居中最常用的传感器类型。
　　A．加速度传感器　　　　　　　　B．温湿度传感器
　　C．磁力传感器　　　　　　　　　D．超声波传感器

2．在环境检测中，用于监测 PM2.5 浓度的传感器属于（　　）。
　　A．光学传感器　　B．气体传感器　　C．化学传感器　　D．压力传感器

3．在健康监护中，测量血氧饱和度的传感器主要基于（　　）原理。
　　A．光电效应　　　B．压电效应　　　C．热电效应　　　D．电磁感应

4．传感器网络节点的核心组件是（　　）。
　　A．通信模块　　　B．数据处理单元　　C．电源管理模块　　D．传感器模块

5．以下传感器不适合用于火灾报警系统的是（　　）。
　　A．烟雾传感器　　B．温度传感器　　C．红外传感器　　D．湿度传感器

6．智能家居中，用于检测门窗开合状态的传感器是（　　）。
　　A．温湿度传感器　　　　　　　　B．霍尔传感器（磁力传感器）
　　C．压力传感器　　　　　　　　　D．气体传感器

7．在环境检测中，用于测量水中溶解氧的传感器类型是（　　）。
　　A．电化学传感器　　　　　　　　B．红外传感器
　　C．超声波传感器　　　　　　　　D．加速度传感器

8. 在健康监护中，ECG（心电图）传感器的工作原理是（　　）。
   A．生物电信号检测　　　　　　　　B．光反射原理
   C．压力变化测量　　　　　　　　　D．热敏电阻变化
9. 传感器网络节点中，负责与网关通信的模块是（　　）。
   A．传感器模块　　　　　　　　　　B．数据处理单元
   C．通信模块（如 Wi-Fi/ZigBee）　　D．电源模块
10. 下列传感器可用于检测室内天然气泄漏的是（　　）。
    A．气敏传感器（如 MQ-2）　　　　B．湿度传感器
    C．光敏传感器　　　　　　　　　　D．加速度传感器
11. 在智能家居中，人体红外传感器主要用于（　　）。
    A．温度调节　　　　　　　　　　　B．人体移动检测
    C．空气质量监测　　　　　　　　　D．水流量控制
12. 环境检测中测量土壤湿度的传感器通常基于（　　）。
    A．电容变化原理　　　　　　　　　B．电磁感应
    C．超声波测距　　　　　　　　　　D．光电效应
13. 健康手环中测量心率的传感器属于（　　）。
    A．光电传感器　　　　　　　　　　B．压电传感器
    C．热电偶　　　　　　　　　　　　D．霍尔传感器
14. 传感器网络节点的低功耗设计通常采用（　　）。
    A．持续高频率工作模式　　　　　　B．休眠-唤醒交替模式
    C．全时无线传输　　　　　　　　　D．大容量电池供电
15. 下列属于智能家居中烟雾传感器的核心功能的是（　　）。
    A．检测 CO_2 浓度　　　　　　　　B．检测颗粒物浓度（如烟雾颗粒）
    C．测量光照强度　　　　　　　　　D．监测噪声水平
16. 环境检测中，用于测量紫外线强度的传感器类型是（　　）。
    A．UV 传感器　　B．热电堆传感器　　C．气体传感器　　D．压力传感器
17. 血压传感器的测量原理通常基于（　　）。
    A．袖带压力振荡法　　　　　　　　B．红外光谱分析
    C．电容式测量　　　　　　　　　　D．超声波多普勒效应
18. 传感器网络节点的数据存储通常依赖于（　　）。
    A．云端服务器　　　　　　　　　　B．本地 EEPROM 或 Flash
    C．外部硬盘　　　　　　　　　　　D．蓝牙模块
19. 智能家居中，光照传感器联动窗帘控制的案例属于（　　）。
    A．环境自适应系统　　　　　　　　B．安全监控系统
    C．娱乐系统　　　　　　　　　　　D．能源管理系统
20. 在环境检测中，测量噪声污染的传感器是（　　）。
    A．声音传感器（分贝计）　　　　　B．振动传感器
    C．温湿度传感器　　　　　　　　　D．气体传感器

第11章 物联网中典型传感器的应用

21. 健康监护中，连续血糖监测传感器采用的技术是（　　）。
    A．皮下组织液电化学检测　　　　B．红外光谱分析
    C．超声波成像　　　　　　　　　D．磁共振成像
22. 传感器网络节点部署时，需重点考虑（　　）。
    A．节点密度与覆盖范围　　　　　B．外观颜色
    C．用户界面设计　　　　　　　　D．屏幕分辨率
23. 智能家居中，燃气报警器的核心传感器是（　　）。
    A．气敏传感器（如甲烷传感器）　B．温度传感器
    C．湿度传感器　　　　　　　　　D．光敏传感器
24. 在环境检测中，测量风速的传感器类型是（　　）。
    A．热线式风速计　　　　　　　　B．压力传感器
    C．红外传感器　　　　　　　　　D．霍尔传感器
25. 在健康监护中，跌倒检测功能通常依赖于（　　）。
    A．加速度传感器+陀螺仪　　　　 B．血氧传感器
    C．湿度传感器　　　　　　　　　D．声音传感器
26. 传感器网络节点通信协议中，低功耗广域网（LPWAN）的典型代表是（　　）。
    A．LoRa　　　　B．Bluetooth　　　C．USB　　　　D．HDMI
27. 在智能家居中，自动浇花系统可能使用的传感器是（　　）。
    A．土壤水分传感器　　　　　　　B．气压传感器
    C．磁力传感器　　　　　　　　　D．紫外线传感器
28. 在环境检测中，测量臭氧浓度时通常使用（　　）。
    A．电化学传感器　　　　　　　　B．超声波传感器
    C．压力传感器　　　　　　　　　D．红外传感器
29. 在健康监护中，呼吸频率的检测可通过（　　）。
    A．胸带压电传感器　　　　　　　B．血氧传感器
    C．温度传感器　　　　　　　　　D．光敏传感器
30. 传感器网络节点的能量收集技术包括（　　）。
    A．太阳能供电　　　　　　　　　B．核能电池
    C．汽油发电机　　　　　　　　　D．水力发电

二、多项选择题（5题）

1. 智能家居中可能使用的传感器包括（　　）。
   A．光敏传感器　　B．声音传感器　　C．重力传感器　　D．人体红外传感器
2. 在环境检测中的水质监测可能涉及的传感器有（　　）。
   A．pH传感器　　B．浊度传感器　　C．加速度传感器　　D．溶解氧传感器
3. 健康监护中的生理量传感器（　　）。
   A．心率传感器　　B．血压传感器　　C．陀螺仪　　D．血氧传感器

4. 传感器网络节点的典型组成部分包括（　　　）。
   A．传感器模块　　　　　　　　　B．数据处理单元（如 MCU）
   C．通信模块　　　　　　　　　　D．机械传动装置
5. 在健康监护中，可能影响血氧传感器精度的因素包括：（　　　）。
   A．皮肤颜色　　B．环境光照强度　　C．佩戴松紧度　　D．用户身高

三、简答题（15 题）

1. 简述智能家居中温湿度传感器的主要功能。
2. 列举环境检测中空气质量监测的三种典型传感器。
3. 说明健康监护中可穿戴设备的心率传感器的工作原理。
4. 简述环境检测中 CO_2 传感器的两种常见的工作原理。
5. 在智能家居中，如何通过传感器实现节能控制？
6. 说明传感器网络节点中数据处理单元的作用。
7. 列举健康监护中三种穿戴式检测设备使用的传感器及其功能。
8. 在环境检测中，用于检测水质的 pH 传感器的校准方法有哪些？
9. 传感器网络节点为何需要低功耗设计？
10. 在智能家居中，烟雾传感器误报的可能原因有哪些？
11. 在健康监护中，体温传感器的常见类型有哪些？
12. 在环境检测中，如何利用多传感器融合提高数据的可靠性？
13. 传感器网络节点的部署密度如何影响监测效果？
14. 在智能家居中，人体红外传感器与摄像头在安防中的优劣对比。
15. 设计健康监护设备时，如何解决传感器与皮肤接触不良的问题？

四、应用分析题（6 题）

1. 场景：某智能家居系统频繁误触火灾报警器，分析可能的原因及解决方案。
2. 数据：某环境监测节点上传的 PM2.5 数据异常波动，请分析可能的技术故障点。
3. 某农田物联网系统监测的土壤湿度数据长期无变化，分析可能的原因及解决方法。
4. 健康手环在运动时心率数据频繁跳变，可能的技术问题是什么？
5. 在智能家居中，温湿度传感器显示湿度持续偏高但空调未启动除湿功能，分析故障链。
6. 环境监测节点在雨天上传的 PM2.5 数据骤降，是否真实反映了空气质量？说明理由。

五、应用综述题（6 题）

1. 综述物联网传感器在智慧城市中的综合应用场景及技术挑战。
2. 结合实例，论述传感器网络节点在农业物联网中的设计原则。

3．从技术角度论述智能家居传感器系统的隐私保护策略。
4．分析环境检测传感器网络在灾害预警（如山洪、地震）中的关键技术与挑战。
5．综述可穿戴健康传感器在慢性病管理（如糖尿病）中的应用场景与局限性。
6．上网找一个典型的智慧农业案例，说明传感器网络节点的设计如何兼顾功能与成本。

第 12 章
工业机器人中的传感器技术应用

 **教 学 目 标**

本章主要介绍了机器人中的传感器技术,其中重点讲解了工业机器人中的传感器的工作原理,并结合应用案例展开说明。

通过本章的学习,了解工业机器人中的典型传感器应用,熟悉对应传感器的基本工作原理,了解其基本工作过程;熟悉工业机器人的传感器技术应用情况,学会分析典型传感器应用的工作过程。

 **教 学 重 点**

知识要点	能力要求	相关知识
不同类型机器人中的传感器应用	熟悉不同类型的机器人传感器应用	机器人中的传感器技术
工业机器人中的传感器应用	(1)掌握工业机器人传感器的基本工作原理 (2)学会分析典型传感器的应用过程	工业机器人中的传感器应用案例

第 12 章 工业机器人中的传感器技术应用

引言

传感器在机器人领域的应用极为广泛且至关重要,不同类型的传感器赋予机器人多样化的感知能力,使其能够适应各种复杂的任务和环境。随着传感器技术的不断发展,如更高精度、更小尺寸、更低功耗,以及多传感器融合,机器人将具备更强大的感知和决策能力,在工业、服务、农业等各个领域发挥更大的作用,推动机器人技术向更高层次的智能化发展。

12.1 不同类型机器人中的传感器应用概述

传感器技术是机器人感知环境、实现自主决策和精准操作的核心技术。传感器通过采集物理量(如力、温度、距离、图像等)并将其转换为电信号,为机器人提供实时数据支持。传感器技术的应用范围涵盖工业机器人、服务机器人、智能机器人等领域,其核心目标包括环境感知、状态监测、运动控制和人机交互。本节概要地介绍不同类型机器人中部分传感器的应用情况。

1. 工业机器人

1)焊接机器人

焊接机器人具有视觉传感器和力/力矩传感器,其中视觉传感器用于精确识别焊接位置和焊缝形状,引导焊接机器人的焊枪准确跟踪焊缝,保证焊接质量;力/力矩传感器安装在焊枪上,可实时监测焊接机器人在焊接过程中的作用力,调整焊接参数,避免因焊接力不均匀导致的焊接缺陷。

焊接机器人示例如图 12.1 和图 12.2 所示。

图 12.1 焊接机器人示例 1

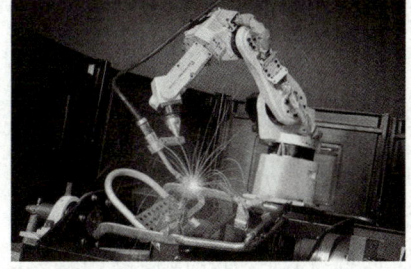

图 12.2 焊接机器人示例 2

2)搬运机器人

搬运机器人具有视觉传感器和接近传感器,其中视觉传感器可以识别待搬运物体的位置和姿态,并结合位置传感器精确控制搬运机器人的机械臂的运动,实现物品的准确抓取和放置;接近传感器用于检测搬运机器人的机械臂与周围物体的距离,防止在搬运过程中与周围物体发生碰撞。

图 12.3 搬运机器人示例

搬运机器人示例如图 12.3 所示。

2. 服务机器人

1）家用清洁机器人

家用清洁机器人具有碰撞传感器、红外接近传感器、超声波接近传感器和灰尘传感器。其中，碰撞传感器可检测机器人与家具、墙壁等障碍物的碰撞，使家用清洁机器人改变运动方向，避免其损坏；红外接近传感器和超声波接近传感器用于提前检测前方障碍物，实现避障功能；灰尘传感器可检测地面灰尘浓度，引导家用清洁机器人重点清洁灰尘较多的区域。

家用清洁机器人示例如图 12.4 所示。

2）医疗护理机器人

医疗护理机器人具有力/力矩传感器、视觉传感器。其中，力/力矩传感器可以帮助医疗护理机器人在辅助患者移动或进行护理操作时，精确控制力度，避免对患者造成伤害；视觉传感器可识别患者的位置、姿态和表情等信息，以便提供更贴心的服务。例如，康复训练机器人可以通过力/力矩传感器实时监测患者的肌肉力量反馈，调整训练强度和动作模式。

医疗护理机器人示例如图 12.5 所示。

图 12.4 家用清洁机器人示例

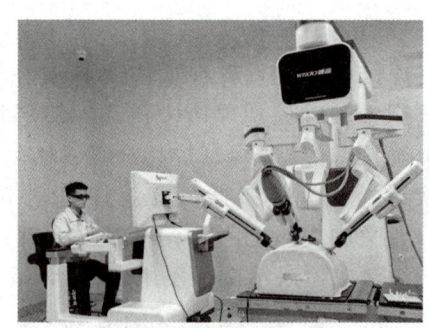

图 12.5 医疗护理机器人示例

3. 智能机器人

1）智能安防机器人

智能安防机器人具有视觉传感器、热成像传感器和声音传感器。其中，视觉传感器可用于监控环境，识别异常行为和人员；热成像传感器可在夜间或低光照强度的环境下检测人体的热辐射，从而发现潜在的入侵人员；声音传感器可检测环境中的异常声响，如玻璃破碎声、撬门声等，并及时发出警报。

智能安防机器人示例如图 12.6 所示。

2）农业机器人

农业机器人具有视觉传感器、距离传感器、土壤湿度传感器和温度传感器。其中，视觉传感器可以识别农作物的生长状态、病虫害情况及果实的成熟度；距离传感器可用于控制农业机器人与农作物之间的距离,确保在进行除草、施肥、采摘等操作时不会损伤农作物;土壤湿度传感器、温度传感器等可实时监测土壤和环境参数,为农业生产提供精准的数据支持。

农业机器人示例如图 12.7 所示。

图 12.6　智能安防机器人示例

图 12.7　农业机器人示例

12.2　工业机器人中的传感器应用

按作业任务分类,工业机器人分为装配机器人(如包装机器人、拆卸机器人)、焊接机器人(如点焊机器人、弧焊机器人)、处理机器人(如切割机器人、研磨抛光机器人)、喷涂机器人和搬运机器人(移动小车 AGV、码垛机器人、分拣机器人、冲压锻造机器人)等。

工业机器人示例如图 12.8 所示。

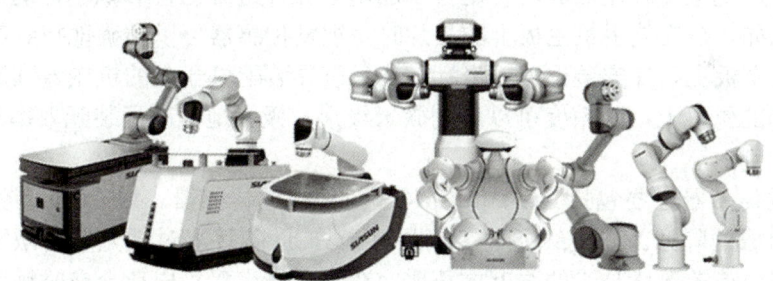

图 12.8　工业机器人示例

工业机器人中安装的各类用来检测作业对象及外界环境的传感器可以协助工业机器人更好地完成工作,大大改善工业机器人的工作状态并提高其工作质量,使它们能够高效地完成复杂的任务。

常用的工业机器人传感器主要有:视觉传感器、力觉(力/力矩)传感器、距离传感器、超声波距离传感器、红外距离传感器、焊缝跟踪传感器(主要应用于焊接机器人)、激光视觉焊缝跟踪传感器、电磁流量传感器、涡轮流量传感器、气体传感器(主要应用于检测机器人)等。

下面结合案例概要说明部分典型工业机器人中的传感器应用案例和工作原理。

1. 焊接机器人中的焊缝跟踪传感器

1）应用案例

在汽车制造等工业领域，焊接机器人需要对车身零部件等进行高精度焊接。焊缝跟踪传感器安装在焊接机器人的焊枪附近，能够实时检测焊缝的位置和形状。例如，在汽车底盘焊接过程中，由于底盘结构复杂，焊缝路径可能会因为零件加工误差、装配误差等因素而产生偏差。焊缝跟踪传感器可以在焊接过程中精确地感知焊缝的实际位置，然后将信号反馈给机器人控制系统，焊接机器人据此实时调整焊枪的位置和姿态，从而保证焊接质量的稳定性。

2）工作原理

常见的焊缝跟踪传感器有激光视觉传感器（视觉传感器的一种）。它通过发射激光束到焊缝表面，激光在焊缝表面反射后被传感器的接收单元获取。传感器根据反射光的强度、角度和时间差等信息，利用三角测量原理或者结构光原理来计算焊缝的位置。三角测量原理是基于激光发射器、焊缝表面和接收单元之间形成的几何三角形关系来进行测量的。当焊缝位置发生变化时，反射光在接收单元上的位置也会相应改变，通过精确的几何计算就能确定焊缝的横向和纵向偏差。结构光原理则是通过投射特定的光条纹图案到焊缝表面，再根据焊缝对条纹的扭曲情况来获取焊缝的三维形状信息的。

2. 装配机器人中的视觉传感器

1）应用案例

在电子设备制造中，如手机装配生产线，装配机器人利用视觉传感器来识别和抓取微小的电子元件。视觉传感器能够对传送带上的电子元件进行定位和识别，确定其位置、形状和姿态。比如，在安装手机主板上的芯片时，视觉传感器可以精确地找到芯片在料盘上的位置，以及主板上芯片安装位置的坐标，然后引导装配机器人的机械臂准确地抓取芯片并放置到正确的位置上，其精度可以达到微米级别，极大地提高了装配效率和质量。

2）工作原理

工业视觉传感器主要包括 CCD 和 CMOS 两种视觉传感器。以 CCD 为例，它是由许多感光单元组成的阵列。当光线通过镜头照射到 CCD 芯片上时，光子会激发感光单元产生电荷，这些电荷的数量与光的强度成正比。在曝光结束后，电荷会在时钟脉冲的控制下依次转移，并被转换为数字信号。通过对这些数字信号进行处理和分析，就可以获取物体的图像信息，包括物体的轮廓、尺寸、颜色等特征。然后利用图像识别算法，与预先存储的模板图像进行匹配，最终实现对物体的识别和定位。

3. 搬运机器人中的距离传感器

1）应用案例

在物流仓库中，搬运机器人需要在货架之间穿梭搬运货物。距离传感器安装在搬运机器人的外壳上，用于检测其与货架、障碍物之间的距离。距离传感器的类型有很多，常见类型的有超声波式、红外式、激光雷达式、视觉式（如立体视觉、深度摄像头）等。例如，自动导引车（Automated Guided Vehicle，AGV）在仓库过道中行驶时，距离传感器会不断地测量其与两侧货架的距离，防止碰撞。当检测到距离过近时，AGV控制系统会调整其行驶方向和速度，确保安全通行。同时，在搬运机器人抓取货物时，距离传感器也可以辅助确定货物的位置和高度，保证抓取动作的准确进行。

2）工作原理

超声波距离传感器是常用的一种距离传感器。它的工作原理是通过发射超声波脉冲，超声波在空气中传播，遇到障碍物后反射回来；传感器中的接收单元接收到反射波后，根据超声波的传播速度（在空气中约为340m/s）和发射与接收的时间差，计算出传感器到障碍物之间的距离。红外距离传感器则是利用红外光的反射原理来工作的。它发射红外光束，红外光遇到物体反射回来，通过检测反射光的强度和时间等信息，即可判断物体的距离。其内部的光学系统和探测器会根据反射光的特性将光信号转换为电信号，进而通过电路处理得到距离数据。

4. 喷漆机器人中的流量传感器和雾化质量传感器

1）应用案例

在汽车喷漆车间，喷漆机器人负责给汽车车身喷漆。流量传感器安装在喷漆机器人的漆料输送管道上，用于精确测量漆料的流量。通过实时监测漆料流量，喷漆机器人可以根据预设的喷漆参数，如喷漆厚度、喷漆速度等，准确控制喷漆量。例如，在给汽车车门喷漆时，流量传感器可确保车门每个部位都能获得均匀一致的漆料流量，避免出现漆料过多或过少的情况。同时，雾化质量传感器可用于检测漆料的雾化程度。良好的雾化效果可以使漆料颗粒细小且均匀地分布在车身表面，提高喷漆质量。如果雾化质量不符合要求，雾化质量传感器会将信息反馈给机器人控制系统，喷漆机器人可以调整喷漆压力或喷头的参数，以改善雾化效果。

2）工作原理

流量传感器主要有电磁流量传感器和涡轮流量传感器。电磁流量传感器基于法拉第电磁感应定律，当导电液体（漆料）在磁场中流动时，会产生感应电动势，其大小与液体的流速成正比，通过测量感应电动势就可以计算出漆料的流量。漆料流动推动涡轮旋转，涡轮的转速与漆料的流量成正比，涡轮流量传感器通过检测涡轮的转速来确定流量。雾化质量传感器通常采用光学检测原理，通过发射特定波长的光穿过雾化的漆料，根据光的散射和吸收情况来判断漆料颗粒的大小和分布的均匀性。

5. 打磨机器人中的力觉传感器

1）应用案例

在家具制造行业，打磨机器人可用于对木质家具表面进行打磨。力觉传感器安装在打磨工具和机器人手臂之间，用于感知打磨过程中打磨机器人施加在家具表面的力度大小。例如，在打磨一张实木桌子的桌面时，力觉传感器可以实时检测打磨力度。若力度过大，则可能会损坏木材表面；若力度过小，则无法有效去除木材表面的毛刺和瑕疵。打磨机器人控制系统根据力觉传感器反馈的力信号，动态调整打磨机器人手臂的运动速度和打磨工具的压力，使打磨力度保持在合适的范围内，从而保证家具表面的平整度和光洁度。

2）工作原理

常见的力觉传感器是应变片式力觉传感器。它基于应变效应原理：当传感器受到外力作用时，其内部的弹性元件会发生形变，粘贴在弹性元件上的应变片也会随之发生形变，这时应变片的电阻值会根据应变的大小而改变。通过惠斯通电桥电路将电阻变化转换为电压变化，再经过放大和信号处理电路，就可以得到与外力大小成正比的电信号，从而实现对力的测量。

6. 检测机器人中的气体传感器

1）应用案例

在化工生产厂，有专门用于检测管道泄漏和车间空气质量的检测机器人。气体传感器安装在检测机器人上，用于检测环境中有害气体的浓度。例如，在石油化工管道检测中，检测机器人沿着管道移动，气体传感器可以检测到甲烷、硫化氢等危险气体。一旦检测到这些气体浓度超过安全阈值，检测机器人会立即发出警报，并将位置信息发送给控制系统，以便工作人员及时采取措施，防止事故发生。同时，在一些封闭的车间环境中，检测机器人可以定期巡检，监测空气质量，保障工人的健康和安全。

2）工作原理

气体传感器有多种类型，以半导体气体传感器和电化学气体传感器为例。半导体气体传感器利用的是半导体材料（如氧化锡）在吸附气体分子后，其电学性能（如电阻）会发生变化的原理。当半导体传感器暴露在含有目标气体的环境中时，气体分子会吸附在半导体表面，导致其电阻发生变化。通过检测电阻的变化量，并结合校准曲线和算法，就可以确定气体的浓度。电化学气体传感器则是基于电化学原理，气体在电极表面发生氧化或还原反应，产生电流，电流的大小与气体浓度成正比，通过检测电流来测量气体浓度。

12.3 常用的工业机器人传感器及其工作原理

根据检测对象的不同，工业机器人传感器一般可分为内部传感器和外部传感器两大类。工业机器人传感器按检测对象的不同分类如图 12.9 所示。

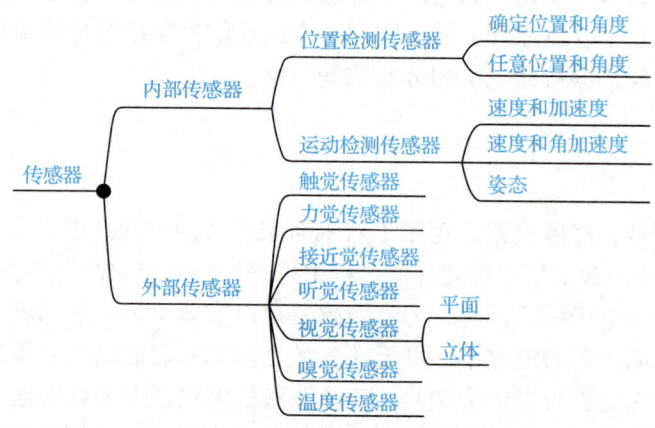

图 12.9 工业机器人传感器按检测对象的不同分类

1. 内部传感器

内部传感器主要是用于检测工业机器人本身状态的传感器，可以调整和控制工业机器人的行动，多为检测位置、角度的传感器。内部传感器安装位置：以工业机器人本身的坐标轴来确定其位置，一般安装在机械手上。

内部传感器由位置传感器、位移传感器、角度传感器、速度传感器、加速度传感器等组成。

1）位置与位移传感器

在工业机器人控制系统中，关节位置控制是运动执行的底层要求，而位置和位移检测能力则是实现这一控制的必要感知条件。位置传感器主要用于测量工业机器人自身的位置。

常见的位置与位移传感器有电容式位置传感器、电阻式位置传感器、电感式位置传感器、光电式位置传感器、霍尔元件位置传感器、磁栅式位移传感器和电位计式位移传感器等。

电位计式位移传感器是典型的位移传感器，又称电位差计，它由一个线绕电阻（或薄膜电阻）和一个滑动触头组成。电位计式位移传感器的工作原理：滑动触头通过机械装置受被检测量的控制。当位置发生变化时，滑动触头也发生位移，改变了滑动触点与电位器各端之间的电阻值和输出电压值，电位计式位移传感器通过输出电压值的变化量，检测工业机器人各关节的位置和位移量。图 12.10 所示是一个电位计式位移传感器。在载有物体的工作台或工业机器人的另外一个关节下有相同的电阻接触点，当工作台或关节左/右移动时，接触触点随之左/右移动，通过改变其与电阻接触的位置，检测工业机器人各关节的位置和位移量。

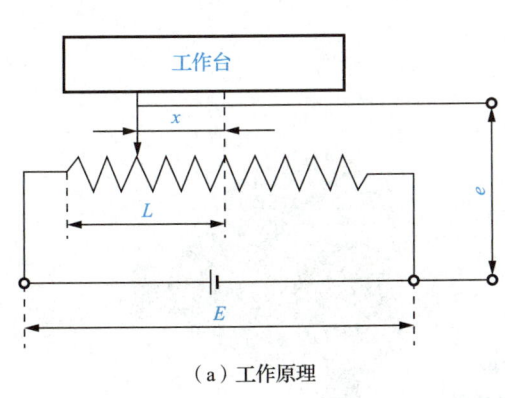
（a）工作原理

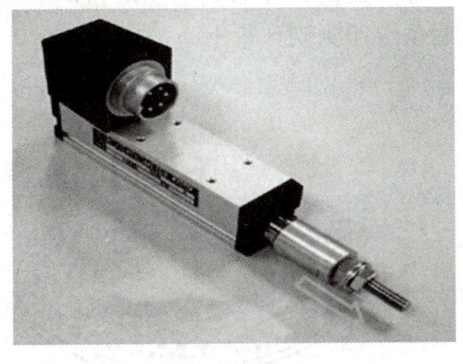
（b）实物图

图 12.10　电位计式位移传感器

当输入电压为 E，从电阻中心到一端的长度为最大移动距离 L，在滑动触点从中心向左端移动 x 的状态下，假定电阻右侧的输出电压为 e。

图 12.10（a）的电路中流过一定的电流，由于电压与电阻的长度成比例，因此，滑动触点左、右的电压比等于电阻长度比，电位计式位移传感器的位移和电压关系为

$$x = \frac{L(2e-E)}{E} \qquad (12\text{-}1)$$

电位计式位移传感器主要用于直线位移检测，其电阻采用直线型螺线管或直线型碳膜电阻，滑动触点只能沿电阻的轴线方向做直线运动。

电位计式位移传感器的主要缺点是易磨损，使其可靠性和寿命都受到一定程度的影响。正因如此，电位计式位移传感器在工业机器人上的应用受到了一定的局限。近年来，随着光电编码器价格的降低而逐渐被取代。

2）角度传感器

绝对式光电编码器的编码盘如图 12.11 所示。

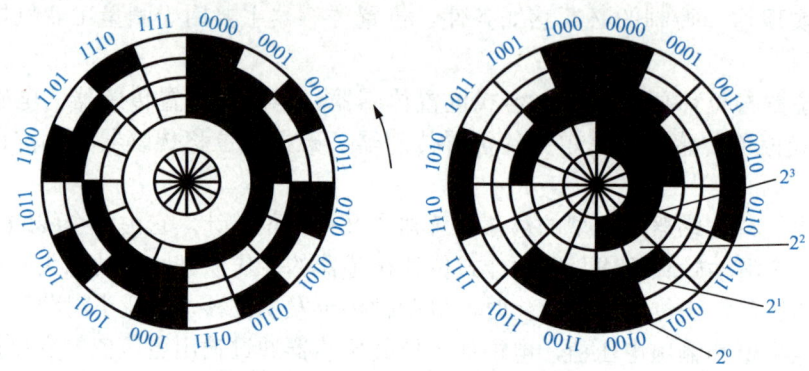

图 12.11　绝对式光电编码器的编码盘

图 12.12 所示为绝对式光电编码器的工作原理和实物图，编码盘处在光源与光敏元件之间，其输入轴与电动机轴相连，随电动机的旋转而旋转。在输入轴上的旋转透明圆盘（编码盘）上，设置有 n 条同心圆环带，对环带（或码道）上的角度实施二进制编码，并将不透明条纹印制到环带上。

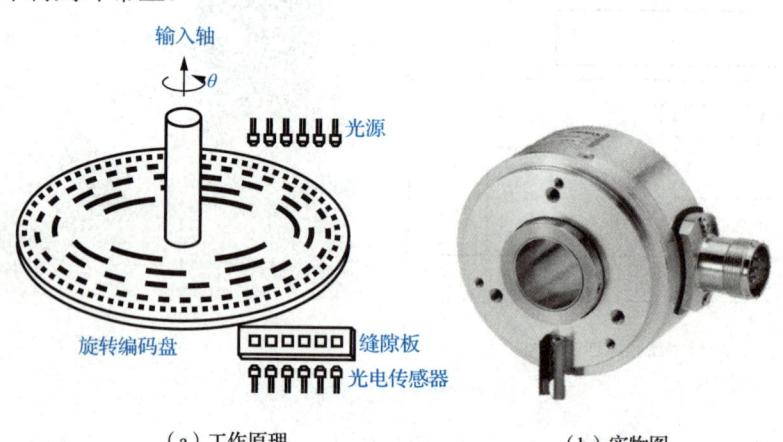

（a）工作原理　　　　（b）实物图

图 12.12　绝对式光电编码器的工作原理和实物图

当光线照射在编码盘上时，用光电传感器来读取透过编码盘的 n 条光，读取出 n bit 的二进制码数据。光电编码器的分辨率由比特数（环带数）决定。

使用二进制码编码盘时,当编码盘在其两个相邻位置的边缘交替或来回摆动时,由于制造精度和安装质量误差或光电器件的排列误差将产生编码数据的大幅跳动,导致位置显示和控制失常。

图 12.13 所示为增量式光电编码器的工作原理和实物图。

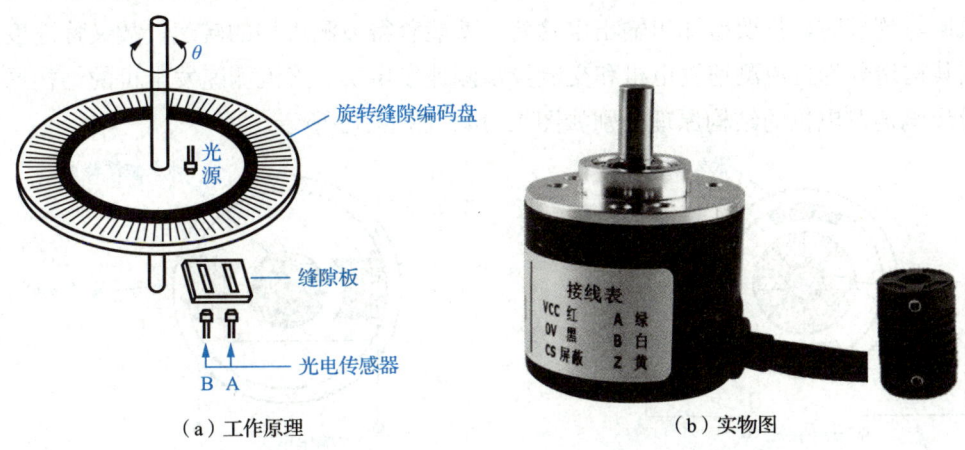

(a)工作原理　　　　　　　　　　(b)实物图

图 12.13　增量式光电编码器的工作原理和实物图

增量式光电编码器能够以数字的形式测量出转轴相对于某一基准位置的瞬间角位置,此外还能测出转轴的转速和转向。增量式光电编码器主要由光源、编码盘、检测光栅(缝隙板)、光电传感器和转换电路组成。

在编码盘上设置一条环带,将环带沿圆周方向分割成均匀等分,把编码盘置于光线的照射下,透过去的光线用一个光电传感器进行判读。编码盘每转过一定角度,光电传感器的输出电压在 H 水平(high level)与 L 水平(low level)之间就会交替地进行变换,当把这个转换次数用计数器进行统计时,就能知道编码盘旋转的角度,如图 12.13(a)所示。

角度的分辨率由环带上缝隙条纹的个数决定。例如,在一圈 360°内能形成 600 个缝隙条纹,就称其分辨率为 600P/r(脉冲/转)。

增量式光电编码器工作时,有相应的脉冲输出,其旋转方向的判别和脉冲数量的增减需要借助判相电路和计数器来实现。

其计数点可任意设定,并可实现多圈的无限累加和测量;还可以把每转发出一个脉冲的 Z 信号作为参考机械零位。

如果脉冲数已固定,但需要提高分辨率时,则可利用 90°相位差 A、B 两路信号对原脉冲进行倍频。

3)速度传感器

在机器人自动化技术中,旋转运动速度测量较多,且直线运动速度常通过旋转速度间接测量。角速度传感器主要测量机器人关节的运行速度,下面重点以角速度传感器为例进行介绍。

角速度传感器分为测速发电机、增量式光电编码器两种。测速发电机可以把机械转速变换成电压信号,而且输出电压与输入的转速成正比。增量式光电编码器既可测量增量角位移,又可测量瞬时角速度。

（1）测速发电机。

测速发电机是应用最广泛，能直接得到代表转速的电压且具有良好实时性的一种速度测量传感器，它主要用于检测机械转速，能把机械转速变换为电压信号。测速发电机的输出电动势与转速成比例，改变旋转方向时输出电动势的极性即相应改变。被测机构与测速发电机同轴连接时，只要检测出输出电动势，就能获得被测机构的转速，故又称速度传感器。按其构造分为直流测速发电机和交流异步测速发电机。直流测速发电机的结构原理和交流异步测速发电机的结构原理分别如图 12.14、图 12.15 所示。

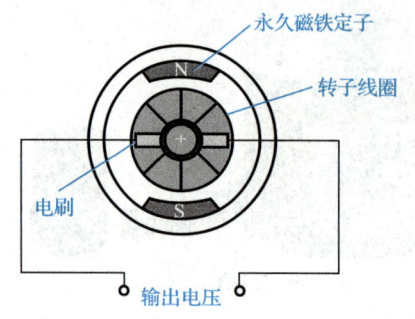

图 12.14　直流测速发电机的结构原理

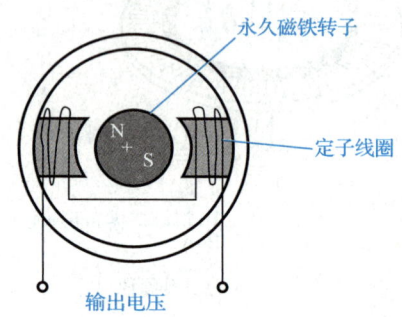

图 12.15　交流异步测速发电机的结构原理

图 12.14 所示的直流测速发电机实际是一种微型直流发电机，按定子磁极的励磁方式分为永磁式和电磁式。永磁式直流测速发电机采用高性能永久磁钢励磁，受温度变化的影响较小，输出变化小，斜率高，线性误差小。电磁式直流测速发电机采用他励式，不仅复杂且因励磁受电源、环境等因素的影响，输出电压变化较大，应用不多。

图 12.15 所示的交流异步测速发电机与交流伺服电动机的结构相似，其转子结构有笼型的，也有杯型的，在自动控制系统中多用空心杯转子异步测速发电机。

图 12.16　增量式光电编码器

（2）增量式光电编码器。

增量式光电编码器在工业机器人中既可以作为位置传感器测量关节的相对位置，又可作为速度传感器测量关节的运动速度。当作为速度传感器时，既可以在数字量方式下使用，又可以在模拟量方式下使用。图 12.16 所示为增量式光电编码器。

4）加速度传感器

随着机器人向高速化、高精度化发展，由机械运动部分刚性不足所引起的振动问题开始得到关注。在工业机器人各杆件上或末端执行器上安装加速度传感器，测量振动加速度，并进行反馈，以改善工业机器人的性能。

（1）应变片加速度传感器。

Ni-Cu 或 Ni-Cr 等金属电阻应变片加速度传感器（图 12.17）是一个由板簧支承重锤所构成的振动系统，板簧上下两面分别贴两个应变片。

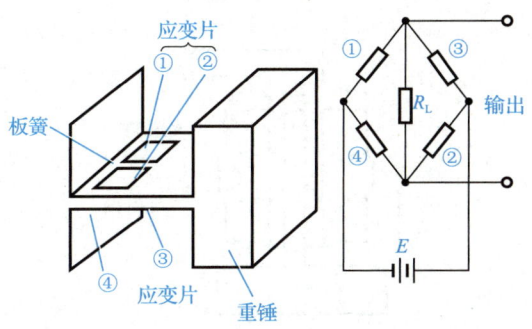

图 12.17 应变片加速度传感器

应变片受振动产生应变，其电阻值的变化通过电桥电路的输出电压被检测出来。除了金属电阻，Si 或 Ge 半导体压阻元件也可用于加速度传感器。

图 12.17 中，半导体应变片的应变系数比金属电阻应变片高 50～100 倍，灵敏度很高，但温度特性差，需要加补偿电路。

（2）伺服加速度传感器。

伺服加速度传感器检测出与上述振动系统重锤位移成比例的电流，把电流反馈到恒定磁场中的线圈，使重锤返回到原来的零位移状态。由于重锤没有几何位移，这种传感器与前一种相比，更适用于较大加速度的系统。

首先产生与加速度成比例的惯性力 F，它和电流产生的复原力保持平衡，根据弗莱明左手定则 F 和 I 成正比（比例系数为 K），关系式为 $F=ma=KI$，其中，F 代表作用在物体上的合外力，m 代表物体的质量（这里是指物体惯性大小的量度），a 代表物体所经历的加速度（描述物体速度变化的快慢和方向），I 代表电流。这样根据检测的电流就可以求出加速度。

（3）压电加速度传感器。

压电加速度传感器利用具有压电效应的物质，将产生加速度的力转换为电压，这种具有压电效应的物质，受到外力发生机械形变时，能产生电压；反之，外加电压时，也能产生机械形变。压电元件多由具有高介电系数的酸铅材料制成。压电元件形变有三种基本模式：压缩、剪切和弯曲，如图 12.18 所示。

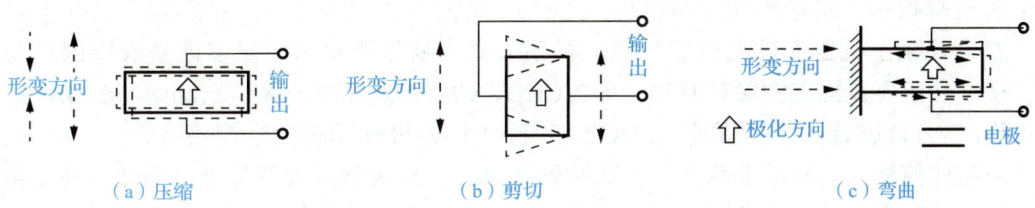

图 12.18 压电元件形变的三种基本模式

图 12.19 所示为利用剪切方式的加速度传感器结构图。在传感器轴对称位置上垂直固定一对平板形或圆筒形压电元件，压电元件的剪切压电常数大于压电常数，而且不受横向加速度的影响，在一定的高温下仍能保持稳定的输出，压电加速度传感器的电荷灵敏范围很宽。

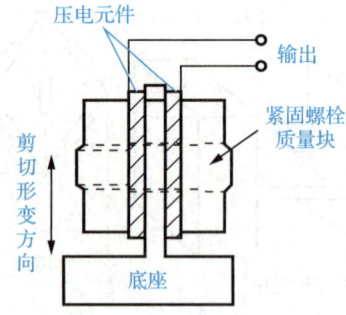

图 12.19 利用剪切方式的加速度传感器结构图

2. 外部传感器

为了检测作业对象及环境或工业机器人与它们之间的关系,在工业机器人上安装视觉传感器、触觉传感器、接近觉传感器等外部传感器,可以大大改善工业机器人的工作状况,使其能够更充分地完成复杂的工作。

外部传感器主要用来检测工业机器人所处环境及目标状况,从而使得工业机器人能够与环境发生交互作用并对环境具有自我矫正和适应能力。广义来看,工业机器人外部传感器就是具有人类五官的感知能力的传感器,具有多种外部传感器是先进工业机器人的重要标志。

1)视觉传感器

机器视觉系统是一种非接触式的光学传感器系统,同时集成软硬件,并综合现代计算机、光学、电子技术,能够自动地从所采集到的图像中获取信息或者产生控制动作。机器视觉系统的具体应用需求千差万别,视觉系统也可能有多种形式,但都包括三个步骤。

第一步:利用光源照射被测物体,通过光学成像系统采集视频图像,相机和图像采集卡将光学图像转换为数字图像。

第二步:计算机通过图像处理软件对图像进行处理、分析、获得其中的有用信息,这是整个机器视觉系统的核心。

第三步:图像处理获得的信息最终用于对对象(被测物体、环境)的判断,并形成相应的控制指令,发送给相应的机构。

如果要赋予机器人较高级的智能,机器人必须通过视觉系统更多地获取周围环境信息。视觉传感器是固态图像传感器(如:CCD、CMOS)成像技术和 Framework 软件结合的产物,它可以识别条形码和任意 OCR 字符。图 12.20 所示为视觉传感器。

视觉传感器具有检验面积大、目标位置准确、方向灵敏度高等特点,因此,视觉传感器在工业机器人中的应用更为广泛,工业机器视觉系统的主要应用领域分别如下。

(1)识别:检测一维码和二维码,对光学字符进行识别和确认。

(2)检测:色彩和瑕疵检测、部件有无的检测、目标位置和方向的检测。

(3)测量:尺寸和容量的检测,预设标记的测量,如孔到孔位的距离。

(4)引导:弧焊跟踪。

(5)三维扫描:3D 成型。

机器视觉系统可以提高生产效率、控制生产过程中的产品质量、采集产品数据等。工业机器人视觉自动化设备可以代替人工进行重复性工作，图 12.21 所示为三维视觉传感器在零件检测中的应用。

图 12.20 视觉传感器

图 12.21 三维视觉传感器在零件检测中的应用

工业机器人的视觉传感器主要应用在以下两个方面。

（1）装配机器人（机械手）视觉装置。

装配机器人要求视觉系统必须能够识别传送带上所要装配的机械零件，确定该零件的空间位置；根据信息控制机械手的动作，实现准确装配；检查机械零件，检查工件的完好性；测量工件的极限尺寸，检查工件的磨损等。此外，机械手还可以根据视觉的反馈信息进行自动焊接、喷漆和上下料等。

（2）行走机器视觉装置。

行走机器视觉装置要求视觉系统能够识别室内或室外的景物，进行道路跟踪和自主导航，可用于危险材料的搬运和野外作业等任务。

工业机器人视觉系统可以通过视觉传感器获取环境的二维图像，并通过视觉处理器进行分析和解释，进而转换为符号，让工业机器人能够辨识物体，并确定位置。工业机器人的视觉处理系统包括图像输入（获取）、图像处理和图像输出等几个部分，实际应用时可以根据需要选择其中的若干部件。

2）触觉传感器

工业机器人的触觉功能是感受接触、冲击、压迫等机械刺激，这些功能可用于工业机器人在抓取时感知物体的形状、软硬等物理性质。通过触觉传感器与被识别物体相接触或相互作用来完成对物体表面特征和物理性能的感知。触觉传感器主要有力觉传感器、压觉传感器、接触觉传感器和滑觉传感器等。工业机器人触觉示意图如图 12.22 所示。

如图 12.22 所示，触头可装配在工业机器人的手指上，用来判断工作中的各种状况。

（1）力觉传感器。

力觉是指对工业机器人的指、肢和关节等运动中所受力的感知，用于判断夹持物体的状态，校正由于手臂变形引起的运动误差，保护工业机器人及零件不会损坏。通常将工业机器人的力觉传感器分为关节力传感器、腕力传感器和指力传感器等三类。

关节力传感器安装在关节驱动器上，它测量驱动器本身的输出力和力矩，用于控制过程的力反馈，这种传感器信息量单一，结构比较简单，是一种专用的力觉传感器。

腕力传感器安装在末端执行器和工业机器人最后一个关节之间，它能直接测出作用在末端执行器上的各向力和力矩，从结构上来说，这是一种相对复杂的传感器，它能获得手爪三个方向的受力（力矩）、信息量较多，由于其安装部位在末端执行器和工业机器人手臂之间，比较容易形成通用化的产品系列。

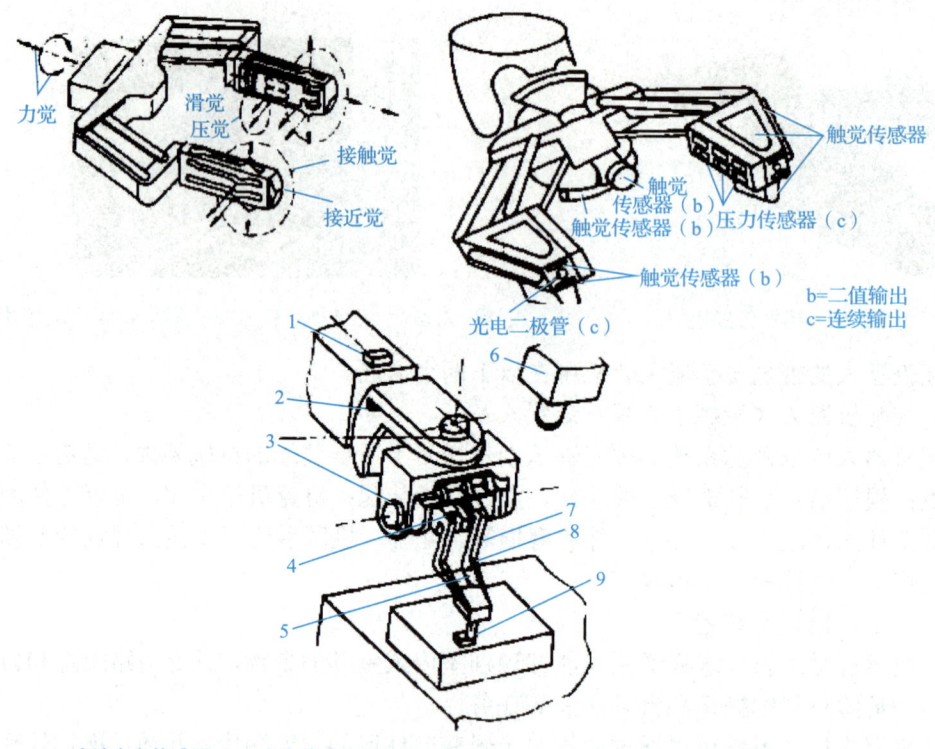

1—声波安全传感器；2—安全传感器（拉线形状）；3—位置、速度、加速度传感器；4—超声波测距传感器；5—多方向接触传感器；6—摄像头；7—多自由度力传感器；8—握力传感器；9—触头

12.22　工业机器人触觉示意图

指力传感器安装在工业机器人手指关节上（或指上），它用来测量夹持物体时的受力情况。指（手）力传感器一般测量范围较小、同时受手爪尺寸和重量的限制，在结构上要求小巧，也是一种常用的力觉传感器。图 12.23 所示为一种安装在末端执行器上的力觉传感器。

图 12.23　一种安装在末端执行器上的力觉传感器

图 12.23 中的力觉传感器作用是防止运动过程中的碰撞，工业机器人如果感知到压力，将发送信号，限制或停止自身的运动。

（2）接触觉传感器。

接触觉传感器安装在工业机器人的运动部件或末端执行器上，用以判断机器人部件是否与物体发生接触，以解决机器人运动的正确性，实现合理把握运动方向或防止发生碰撞等目的。

当接触觉传感器与物体接触时，依据物体的形状和尺寸，不同的接触觉传感器将以不同的次序对接触做出不同的反应。控制器就利用这些信息来确定物体的大小和形状。

常见的接触觉传感器包括：单向微动开关，当规定的位移或力作用到可动部分（称为执行器）时，开关的接点断开或接通而发出相应的信号；光电开关，由 LED 光源和光电二极管或光电三极管等光敏元件，相隔一定距离构成的透光式开关。光电开关的特点是非接触检测，精度可达 0.5mm。

（3）压觉传感器。

压觉是指用手指把持物体时感受到压力感觉，压觉传感器是接触觉传感器的延伸，工业机器人的压觉传感器安装在手爪上面，可以在把持物体时检测到物体与手爪之间产生的压力及其分布情况。压觉传感器的原始输出信号是模拟量。

如果把多个压电元件和弹簧排列成平面状，就可识别各处压力的大小以及压力的分布，由于压力分布可表示物体的形状，因此也可用作识别物体。通过对压觉的巧妙控制，工业机器人即可抓取豆腐及鸡蛋等软物体，图 12.24 所示为机械手用压觉传感器抓取塑料吸管。

（4）滑觉传感器。

滑觉传感器主要用于检测物体接触面之间相对运动的大小和方向，判断是否握住物体及应该用多大的夹紧力等。工业机器人的握力应满足既不会使物体产生滑动又为最小临界值。图 12.25 所示为贝尔格莱德大学研制的工业机器人专用球形滑觉传感器，当工件滑动时，金属球也随之转动，在触针上输出脉冲信号。脉冲信号的频率反映滑移速度，脉冲信号的个数对应滑移的距离。球与物体相接触，无论物体滑动方向如何，只要球一转动，传感器就会产生脉冲输出。该球体在冲击力作用下不转动，因此抗干扰能力强。

图 12.24 机械手用压觉传感器抓取塑料吸管

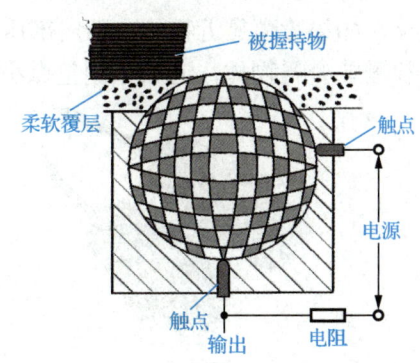

图 12.25 球形滑觉传感器

3）接近觉传感器

接近觉传感器是指工业机器人手接近对象物体的距离几毫米到十几厘米时，就能检测其与物体的表面距离，以及物体的倾斜度和表面状态的传感器。接近觉传感器采用非接触式测量元件，一般安装在工业机器人末端执行器上。

接近觉传感器的作用是：在接触到物体之前事先获得位置、形状等信息，为后续操作做好准备；提前发现障碍物，对工业机器人运动路径提前规划，以免发生碰撞。

接近觉传感器可分为电磁式（感应电流式）、光电式（反射或透射式），电容式、气压式、超声波式。

（1）电磁式接近觉传感器。

图 12.26 所示为电磁式接近觉传感器，由于工业机器人的工作对象大多是金属部件，因此电磁式接近觉传感器的应用范围较广，在焊接机器人中可用它来探测焊缝。

（2）光电式接近觉传感器。

图 12.27 所示为光电式接近觉传感器。这种传感器具有非接触性、响应速度快、维修方便、测量精度高等特点，但其信号处理较复杂，使用环境受到一定的限制。

图 12.26　电磁式接近觉传感器

图 12.27　光电式接近觉传感器

（3）电容式接近觉传感器。

图 12.28 所示为电容式接近觉传感器，它可检测任何固体和液体材料，外界物体靠近时这种传感器会产生电容量的变化，由此反映距离信息。电容式接近觉传感器对物体的颜色、构造和表面都不敏感且实时性好。

（4）气压式接近觉传感器。

气压式接近觉传感器外形如图 12.29 所示。气压式接近觉传感器由一根细的喷嘴喷出气流，如果喷嘴靠近物体，则内部压力发生变化，这一变化可用压力计测量出来。它可用于检测非金属物体，适用于测量微小间隙。

图 12.28　电容式接近觉传感器

图 12.29　气压式接近觉传感器外形

（5）超声波式接近觉传感器。

超声波式接近觉传感器适用于较远距离和较大物体的测量，这种传感器对物体材料和表面的依赖性较低。超声波式接近觉传感器是由发射器和接收器构成的。

限于篇幅，其他传感器不再一一叙述。

12.4 合作研讨

围绕应用行业背景、典型传感器应用及原理、控制过程框图、应用注意事项等方面，对以下类型的工业机器人展开研讨。

1）汽车制造中的焊接机器人

汽车车身是由许多金属零部件焊接而成的。焊接机器人在汽车生产线上发挥着关键作用，它们能够精确地焊接车门、车身框架、底盘等部件。例如，对于汽车车身框架的焊接，焊接机器人可以根据预先编程的路径，以高速度和高精度进行焊接操作，确保焊接点的质量和强度，而且它们能够长时间稳定工作，提高了汽车生产的效率和质量。

2）电子设备装配中的装配机器人

在手机、计算机等电子设备的生产过程中，装配机器人负责将微小的电子元件如芯片、电阻、电容等准确地安装到电路板上。这些机器人配备了高精度的视觉传感器，能够识别元件的形状、位置和方向，然后通过精细的机械臂动作完成装配任务。例如，在智能手机主板的装配中，装配机器人可以在短时间内完成大量复杂的元件安装工作，大大提高了装配速度和产品质量。

3）物流仓库中的搬运机器人

AGV 是物流仓库中的重要设备。它们可以沿着预设的路径在仓库中自动行驶，搬运货物。AGV 能够准确地停靠在货架前，利用自身的机械结构或夹具搬运货物托盘、纸箱等。例如，在大型电商仓库中，AGV 可以根据仓库管理系统的指令，将货物从存储区搬运到分拣区或发货区，提高了物流效率，降低了人工搬运的劳动强度和错误率。

4）金属加工过程中的切割机器人

在金属加工行业，切割机器人用于对金属板材、管材等进行切割。这些机器人可以根据 CAD/CAM 软件生成的切割路径，使用等离子切割、激光切割或水切割等技术，将金属材料切割成所需的形状。例如，在造船厂，切割机器人可以精确地切割船板，制造出各种复杂的船体零部件，提高了切割精度和效率，同时减少了材料浪费。

5）食品加工过程中的分拣机器人

在食品加工过程中，分拣机器人可以对食品进行分类和挑选。例如，在水果采摘后的分拣环节，机器人可以通过视觉传感器识别水果的大小、颜色、形状和是否有损伤等特征，将水果分为不同的等级。对于坚果等食品，分拣机器人可以挑出不合格的产品，如变质的、破碎的坚果，保证食品质量，同时提高分拣效率。

6）3D 打印中的工业机器人应用

部分工业 3D 打印设备采用工业机器人手臂作为打印喷头的运动载体。工业机器人可以根据 3D 模型数据,在三维空间中精确地移动打印喷头,将材料逐层堆积打印出复杂的三维物体。这种方式可以实现较大尺寸、复杂形状的物体打印,并且可以灵活地调整打印策略。例如,在航空航天领域,可以打印大型的航空零部件模型或用于测试的功能性部件。

7) 建筑行业中的砌砖机器人

砌砖机器人能够自动完成砌砖任务。它们可以根据建筑图纸的要求,精确地放置砖块,并且可以控制砂浆的涂抹量。例如,在一些大型建筑项目中,砌砖机器人可以减少人工砌砖的工作量,提高砌砖速度和墙体质量,同时还能降低工人的劳动强度,特别是在一些重复性高、劳动强度大的砌墙工作场景中具有明显的优势。

8) 化工行业中的检测机器人

在化工生产环境中,检测机器人用于检测管道泄漏、设备故障以及环境中的有害气体等。这些机器人配备了气体传感器、温度传感器、压力传感器等多种传感器。例如,检测机器人可以沿着化工管道巡检,一旦发现有毒、有害气体泄漏或者管道压力异常,能够及时发出警报,保障化工生产的安全和稳定。

9) 玻璃制造过程中的搬运和切割机器人

在玻璃生产过程中,搬运机器人可以安全地搬运玻璃板材,避免玻璃破碎和划伤。切割机器人则可以根据订单要求,精确地将玻璃切割成各种尺寸和形状。例如,在建筑玻璃和汽车玻璃的生产中,搬运和切割机器人的应用提高了玻璃加工的效率和质量,同时降低了人工操作的危险性。

10) 家具制造过程中的打磨和喷漆机器人

在家具制造过程中,打磨机器人可以对家具表面进行精细打磨,使家具表面更加光滑。喷漆机器人能够均匀地喷涂油漆,保证家具的外观质量。例如,对于木质家具的生产,打磨和喷漆机器人可以按照预设的程序对桌面、椅子扶手等部位进行打磨和喷漆,提高了家具制造的生产效率和产品质量,并且能够精确地控制喷漆量和打磨力度,减少材料浪费。

在线测试

1. 校内:10.60.64.7(内网),进入后选择左上角的"测验"来进行测试。
2. 校外:登录 www.zjooc.cn,搜索"传感器与检测技术"(负责人:浙江万里学院,钱裕禄),选课后,进入测验和考试。

拓展练习题

一、单项选择题(30 题)

1. 机器人传感器的核心作用是(　　)。
   A. 提供动力　　　　　　　　　　B. 感知内外部环境信息
   C. 控制机械结构　　　　　　　　D. 存储数据

2. 下列属于机器人内部传感器的是（　　）。
   A．摄像头　　　　B．光电编码器　　　C．超声波传感器　　D．温度传感器
3. 机械手抓取易碎物体时，最关键的传感器是（　　）。
   A．力觉传感器　　　　　　　　B．红外距离传感器
   C．陀螺仪　　　　　　　　　　D．气压传感器
4. 多轴机器人关节位置检测通常使用（　　）。
   A．霍尔传感器　　B．光电编码器　　　C．压电传感器　　　D．加速度计
5. 人形机器人实现动态平衡主要依赖（　　）。
   A．视觉传感器　　　　　　　　B．惯性测量单元（IMU）
   C．温度传感器　　　　　　　　D．超声波传感器
6. 激光雷达在机器人中的主要功能是（　　）。
   A．检测温度　　　　　　　　　B．构建环境三维地图
   C．测量关节角度　　　　　　　D．控制电动机转速
7. 触觉传感器常用于检测（　　）。
   A．声音信号　　B．表面压力分布　　C．磁场强度　　　D．光照强度
8. 机器人避障场景中，超声波传感器的主要局限是（　　）。
   A．无法检测透明物体　　　　　B．精度受温度影响
   C．无法测量距离　　　　　　　D．响应速度慢
9. 工业机器人路径规划依赖的传感器组合通常包括（　　）。
   A．摄像头+力觉传感器　　　　B．光电编码器+IMU
   C．激光雷达+视觉传感器　　　D．温度传感器+气压计
10. 机器人视觉传感器标定的目的是（　　）。
    A．提高图像分辨率
    B．消除传感器噪声
    C．建立图像坐标与物理坐标的映射关系
    D．增强色彩饱和度
11. 压电传感器的典型应用是（　　）。
    A．检测加速度　　　　　　　　B．测量微小形变
    C．识别物体颜色　　　　　　　D．控制电机电流
12. 机器人温度传感器常用于（　　）。
    A．避免电机过热　　　　　　　B．检测物体材质
    C．测量环境湿度　　　　　　　D．调整抓取力度
13. 多传感器融合技术的核心目标是（　　）。
    A．降低功耗　　　　　　　　　B．提高数据冗余性
    C．增强环境感知可靠性　　　　D．减少传感器数量
14. 机械手执行精密装配任务时，需优先使用（　　）。
    A．红外测距传感器　　　　　　B．高精度力/力矩传感器
    C．气压传感器　　　　　　　　D．声音传感器

15. 人形机器人实现手势识别主要依赖（　　）。
    A．陀螺仪　　　　　　B．视觉传感器　　　C．光电编码器　　　D．超声波传感器
16. 下列不属于外部传感器的是（　　）。
    A．摄像头　　　　　　B．激光雷达　　　　C．光电开关　　　　D．电机电流传感器
17. 工业机器人 SLAM（同步定位与地图构建）技术的核心传感器是（　　）。
    A．激光雷达+IMU　　　　　　　　　　　　B．温度传感器+力觉传感器
    C．光电编码器+气压计　　　　　　　　　　D．触觉传感器+话筒
18. 机械手抓取金属物体时，可能需要的传感器是（　　）。
    A．磁力传感器　　　B．湿度传感器　　　C．红外传感器　　　D．声音传感器
19. 机器人关节力矩传感器的功能是（　　）。
    A．检测关节角度　　　　　　　　　　　　B．测量关节输出力
    C．控制电机转速　　　　　　　　　　　　D．识别环境颜色
20. 以下传感器适合检测透明物体的是（　　）。
    A．超声波传感器　　　　　　　　　　　　B．激光传感器
    C．红外传感器　　　　　　　　　　　　　D．电容式接近传感器
21. 机器人导航系统中，GPS 的局限性是（　　）。
    A．无法室内定位　　　　　　　　　　　　B．精度不足
    C．响应速度慢　　　　　　　　　　　　　D．功耗高
22. 机械手执行柔顺控制需要的关键传感器是（　　）。
    A．力/力矩传感器　　　　　　　　　　　　B．温度传感器
    C．光电编码器　　　　　　　　　　　　　D．气压传感器
23. 人形机器人实现语音交互的核心传感器是（　　）。
    A．话筒　　　　　　B．摄像头　　　　　C．力觉传感器　　　D．光电编码器
24. 机器人传感器的采样率高低直接影响（　　）。
    A．数据存储量　　　B．实时控制性能　　C．传感器尺寸　　　D．抗干扰能力
25. 多轴机器人实现协同运动控制需要（　　）。
    A．各关节独立控制　　　　　　　　　　　B．多传感器数据同步
    C．单一高精度编码器　　　　　　　　　　D．降低传感器数量
26. 触觉传感器的阵列结构主要用于检测（　　）。
    A．声音频率　　　　B．压力分布　　　　C．温度梯度　　　　D．磁场方向
27. 机器人传感器标定通常针对（　　）。
    A．电源电压　　　　　　　　　　　　　　B．传感器输入/输出关系
    C．机械结构刚度　　　　　　　　　　　　D．通信协议
28. 机械手防碰撞功能依赖的传感器是（　　）。
    A．光电编码器　　　B．接近传感器　　　C．温度传感器　　　D．气压计
29. 人形机器人跌倒检测需要（　　）。
    A．加速度计+陀螺仪　　　　　　　　　　 B．摄像头+激光雷达
    C．力觉传感器+光电编码器　　　　　　　 D．超声波传感器+湿度传感器

30. 机器人传感器的抗干扰能力可通过（　　）来提升。
    A．增加采样率　　　　　　　　B．电磁屏蔽设计
    C．降低功耗　　　　　　　　　D．减少传感器数量

二、多项选择题（5题）

1. 以下属于机器人外部传感器的有（　　）。
    A．光电编码器　　B．力觉传感器　　C．摄像头　　　D．陀螺仪
2. 机械手触觉传感器可检测的信息包括（　　）。
    A．表面纹理　　　B．温度分布　　　C．压力分布　　D．物体颜色
3. 多轴机器人运动控制需要（　　）来协同。
    A．光电编码器　　B．力觉传感器　　C．陀螺仪　　　D．温度传感器
4. 人形机器人实现环境交互可能依赖的传感器有（　　）。
    A．视觉传感器　　B．话筒　　　　　C．触觉传感器　D．光电编码器
5. 工业机器人传感器的选型需考虑的因素包括（　　）。
    A．精度　　　　　B．响应速度　　　C．环境适应性　D．成本

三、简答题（15题）

1. 简述工业机器人传感器的分类及各类的作用。
2. 为什么机械手抓取物体时需要力反馈控制？
3. 列举三种典型工业机器人触觉传感器并说明其原理。
4. 多轴机器人中光电编码器的作用是什么？
5. 人形机器人视觉传感器的主要应用场景有哪些？
6. 解释工业机器人传感器标定的意义。
7. 简述超声波传感器在工业机器人避障中的优缺点。
8. 什么是多传感器融合？举例说明其应用。
9. 机械手如何通过触觉传感器识别物体材质？
10. 说明IMU（惯性测量单元）在人形机器人中的作用。
11. 简述工业机器人温度传感器的典型应用场景。
12. 简述激光雷达与视觉传感器在SLAM中的优劣对比。
13. 简述触觉传感器阵列的设计原理。
14. 简述工业机器人关节力矩传感器的作用及安装位置。
15. 简述多轴机器人路径规划中传感器的作用。

四、应用分析题（6题）

1. 案例背景：某机械手在抓取玻璃杯时频繁损坏物体。
2. 实验设计：设计一个多轴机器人避障实验，说明所需传感器及配置逻辑。
3. 故障分析：人形机器人在行走时频繁跌倒，可能涉及哪些传感器故障？
4. 优化方案：工业机器人焊接作业中焊缝跟踪不精准，如何通过传感器改进？

5. 场景应用：设计仓储机器人货架识别系统，说明传感器选型及数据处理流程。
6. 成本权衡：服务机器人需在有限预算下实现避障功能，推荐传感器方案。

五、应用综述题（6题）

1. 对比力觉传感器与触觉传感器在机械手中的异同，并说明其协同应用价值。
2. 论述多传感器融合技术如何提升人形机器人的环境适应能力。
3. 结合工业4.0背景，分析多轴机器人传感技术的发展趋势。
4. 机器人触觉传感技术在医疗手术中的应用挑战与解决方案。
5. 人形机器人实现自然交互需要哪些传感技术支持？
6. 综述未来服务机器人传感系统的关键技术突破方向。

第 13 章
传感器在智能楼宇中的应用

 **教 学 目 标**

　　本章内容主要以传感器在智能楼宇中的具体应用为例来说明现代检测系统中传感器的具体应用情况。

　　通过本章的学习，熟悉传感器应用的综合集成；了解智能楼宇各部分中传感器的应用情况，建立整体构架。

 **教 学 重 点**

知识要点	能力要求	相关知识
传感器与智能楼宇	（1）熟悉传感器应用的综合集成 （2）了解智能楼宇中传感器的应用情况	智能楼宇中的传感器应用

自 1984 年美国建成第一座智能楼宇以来，智能楼宇在世界各国建筑物中的比例越来越高。智能楼宇或智能建筑是信息时代的产物，是计算机及传感器应用的重要方面。

智能楼宇包括五大主要特征：楼宇自动化、防火自动化、通信自动化、办公自动化、信息管理自动化。

人们对智能楼宇的要求包括以下几个方面：高度安全性，如防火、防盗、防爆、防泄漏等；舒适的物质环境与物理环境；先进的通信设施与完备的信息处理终端设备；电器与设备的自动化及智能化控制。

13.1 智能楼宇中的传感器技术典型应用

智能楼宇采用网络化技术，把通信、消防、安防、门禁、能源、照明、空调、电梯等各个子系统统一到智能楼宇综合管理系统。

智能家居结构如图 13.1 所示，智能家居安防系统示意如图 13.2 所示。

光电开关在智能家居中的应用

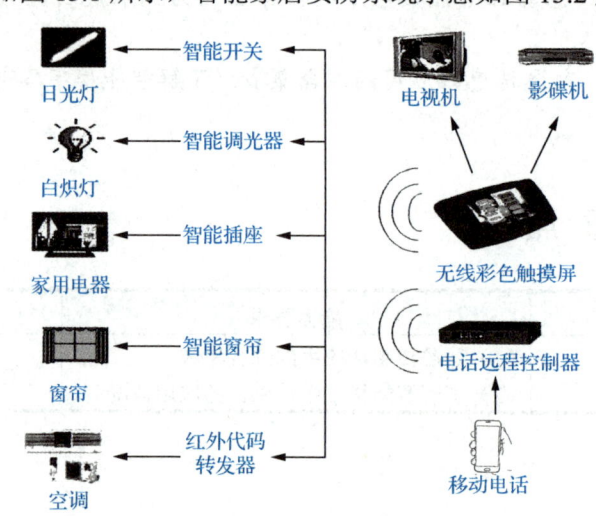

图 13.1 智能家居结构

图 13.2 智能家居安防系统示意

集成的楼宇管理系统能够使用网络化、智能化、多功能化的传感器和执行器，传感器和执行器通过数据网和控制网连接起来，与通信系统一起形成整体的楼宇网络，并通过宽带网与外界沟通。

第13章 传感器在智能楼宇中的应用

下面结合智能楼宇的各个功能模块,概要地介绍一下传感器的实际应用情况,通过这样的实例,让学生对现代检测系统应用和工程应用背景等有一定的了解。

1. 空调系统的监控

空调系统监控的目的:既要提供温湿度适宜的环境,又要求节约能源。其监控范围为制冷机、热力站、空气处理设备(空气过滤、热湿交换)、送排风系统、变风量末端(送风口)等。空调系统示意图、空调制冷机组示意图和自动供热系统示意图分别如图13.3、图13.4和图13.5所示。

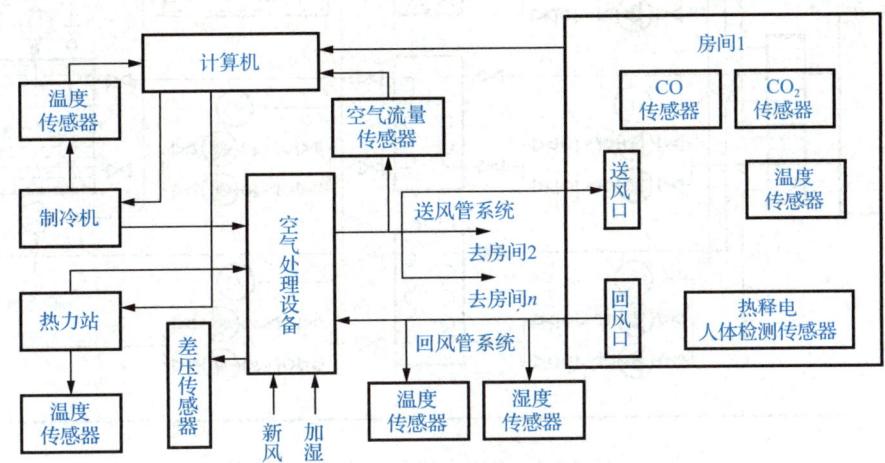

图 13.3 空调系统示意图

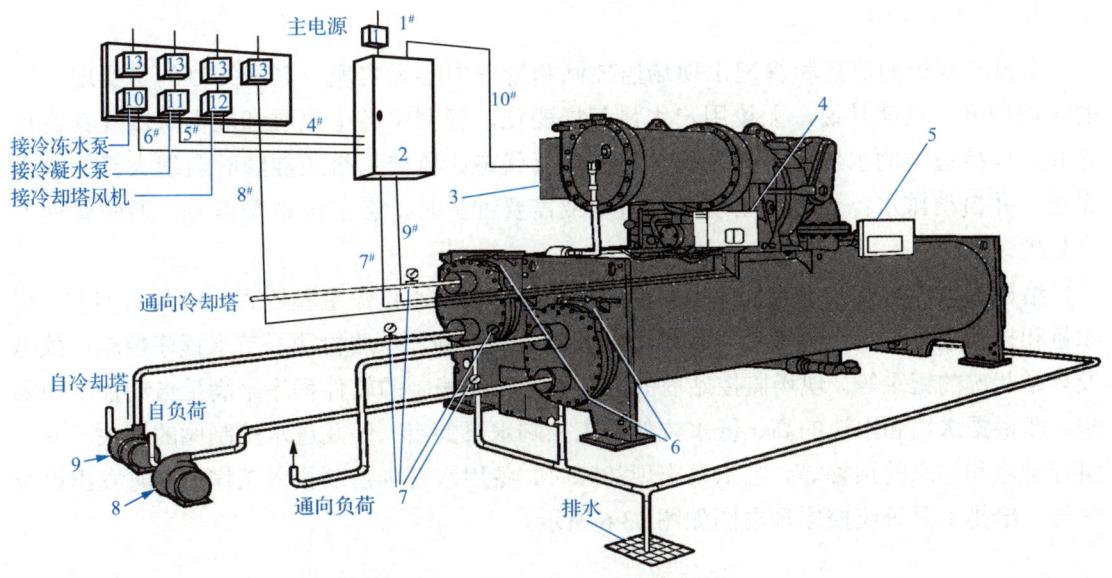

1—断路器;2—独立的压缩机电机启动器;3—压缩机电机接线箱;4—冷水机动力盘;5—控制箱;
6—放气;7—压力表;8—冷冻水泵;9—冷凝水泵;10—冷冻水泵启动器;11—冷凝水泵启动器;
12—冷却塔风机启动器;13—断路器;14—油泵断路器。

图 13.4 空调制冷机组示意图

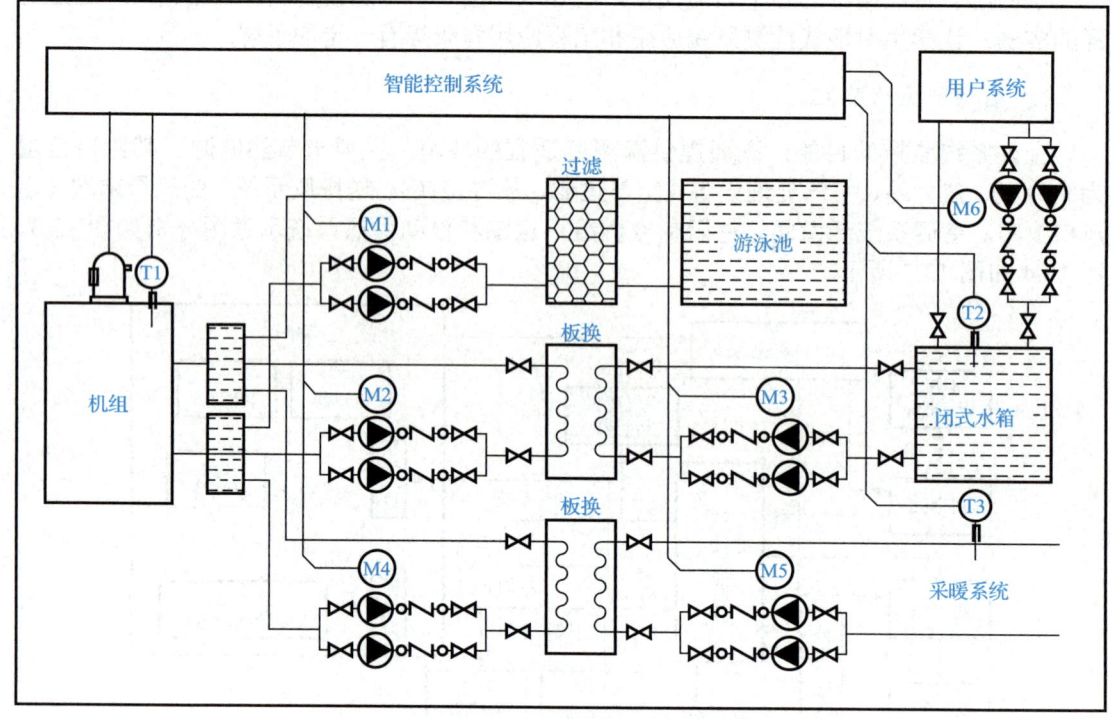

图 13.5　自动供热系统示意图

2. 给排水系统

给排水系统的监控和管理由现场监控站和管理中心来实现，其最终目的是实现管网的合理调度。也就是说，无论用户水量怎样变化，管网中各个水泵都能及时改变其运行方式，保持适当的水压，维持泵房的最佳运行状态；监控系统还能随时监视大楼的排水系统，并自动排水；当系统出现异常情况或需要维护时，会发出报警信号，通知管理人员处理。

给排水系统的监控主要包括水泵的自动启停控制、水位流量和压力的测量与调节；用水量和排水量的测量；污水处理设备运转的监视、控制、水质检测；节水程序控制；故障及异常状况的记录等。现场监控站内的控制器按预先编制的软件程序来满足自动控制的要求，即根据水箱和水池的高、低水位信号来控制水泵的启、停及进水控制阀的开关，并且进行溢水和停水的预警等。当水泵出现故障时，备用水泵则自动投入工作，同时发出报警信号。给排水系统监控原理框图如图 13.6 所示。

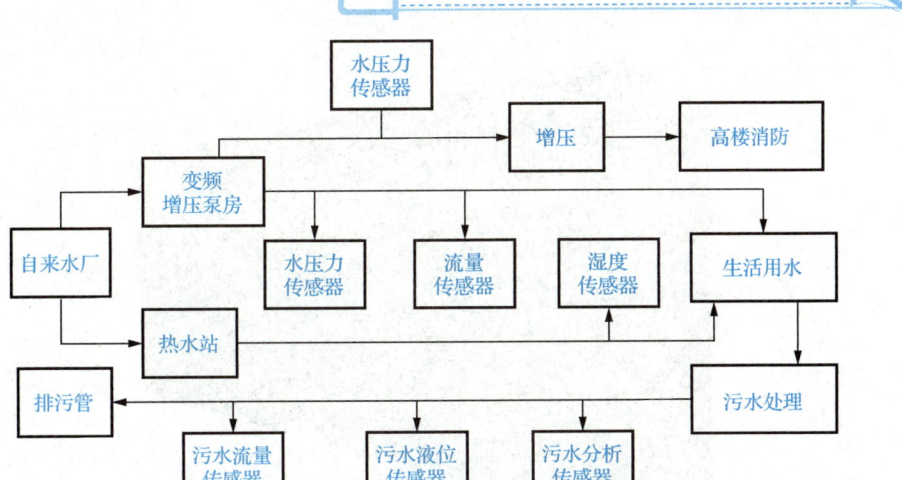

图 13.6　给排水系统监控原理框图

采用变频供水系统取代屋顶水箱，可以稳定水压。变频控制供水机组如图 13.7 所示。

图 13.7　变频控制供水机组

3. 供配电与照明系统监控

智能楼宇的最大特点之一是节能，而照明系统的用电量在整个智能楼宇的用电量中占有很高的比例。作为一个大型高级建筑物，灯光系统的控制水平直接反映了大楼的智能化水平。供配电系统对如下参数进行监视：电压、电流、视在功率、功率因数、频率等指标，并自动进行功率因数补偿。为了节能，当某个区域的传感器长期感应不到有人走动时，会自动关闭该区域的灯光照明系统。

当智能楼宇内的供配电出现故障时，传感器和计算机必须在极短的时间里向监控中心报告故障的部位和原因，供电系统将立即启动不间断电源（Uninterruptible Power Supply, UPS）或自备发电机，向重要供电对象（如计算机系统）提供电力，以免造成系统崩溃。楼宇低压成套配电柜如图 13.8 所示。

图 13.8　楼宇低压成套配电柜

4. 火灾监视、控制系统

火情、火灾报警传感器主要有感烟传感器、感温传感器及紫外线火焰传感器。这类传感器按物理作用区分，可分为离子型、光电型等；按信号方式区分，可分为开关型、模拟型及智能型等。在重点区域必须设置多种传感器，同时对现场加以监测，以防误报警；还应及时将现场数据经控制网络向控制系统汇总。获得火情信息后，系统就会自动采取必要的措施，经通信网络向有关职能部门报告火情，并对智能楼宇内的防火卷帘门、电梯、灭火器、喷水头、消防水泵、电动门等联动设备下达启动或关闭的命令，以使火灾得到即时控制，还应启动公共广播系统，引导人员疏散。火灾、安防监控系统实例如图 13.9 所示。

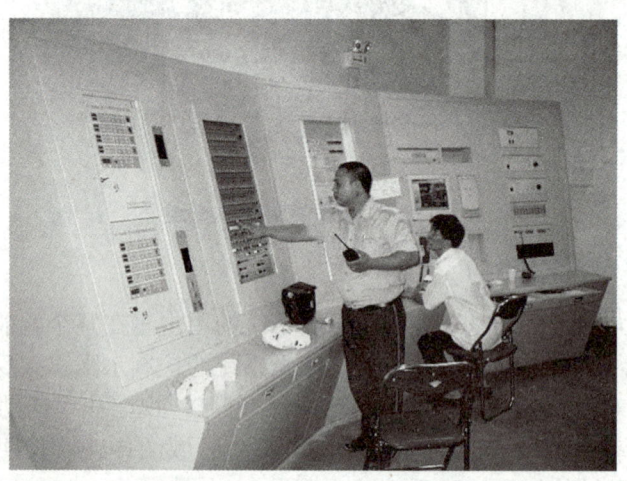

图 13.9　火灾、安防监控系统实例

火灾报警联动控制器中的消火栓按钮如图 13.10 所示，它是一种大型的智能化报警系统，该系统是由多个微处理器组成，采用了先进的软件结构和智能化网络分布处理技术，具备火灾探测、消防联动等功能。

第 13 章 传感器在智能楼宇中的应用

图 13.10　火灾报警联动控制器中的消火栓按钮

如图 13.11 所示，火灾报警联动控制器能将智能楼宇的火情自动传送到消防部门的计算机系统中。

图 13.11　火灾报警联动控制器

火灾感知传感器及玻璃球洒水喷头如图 13.12 所示，当发生火灾时，温度升高会使玻璃球洒水喷头的玻璃球爆裂，高压自来水自动喷出。

图 13.12　火灾感知传感器及玻璃球洒水喷头

5．门禁、防盗系统

出入口控制系统又称为门禁管理系统，是对智能楼宇内外的出入通道进行智能管理的系统，门禁系统属公共安全管理系统范畴。在楼宇内的主要管理区、出入口、电梯厅、主要设备控制中心机房、贵重物品的库房等重要部位的通道口，安装门禁控制装置，由中心控制室监控。

各门禁控制单元一般由门禁读卡模块、智能卡读卡器、指纹识别器（今后可能还有视网膜识别器）、电控锁或电动闸门、开门按钮等系统部件组成。人员通过受控的门或通道时，必须在门禁读卡器前出示代表其合法身份的授权卡或输入密码后才能通行。

门禁的几个主要部件示意图如图 13.13 所示。

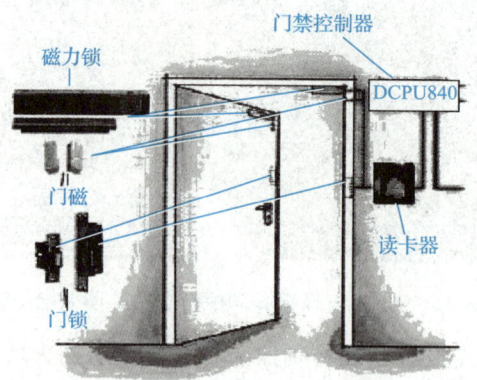

图 13.13　门禁的几个主要部件示意图

指纹门禁网络连接如图 13.14 所示。

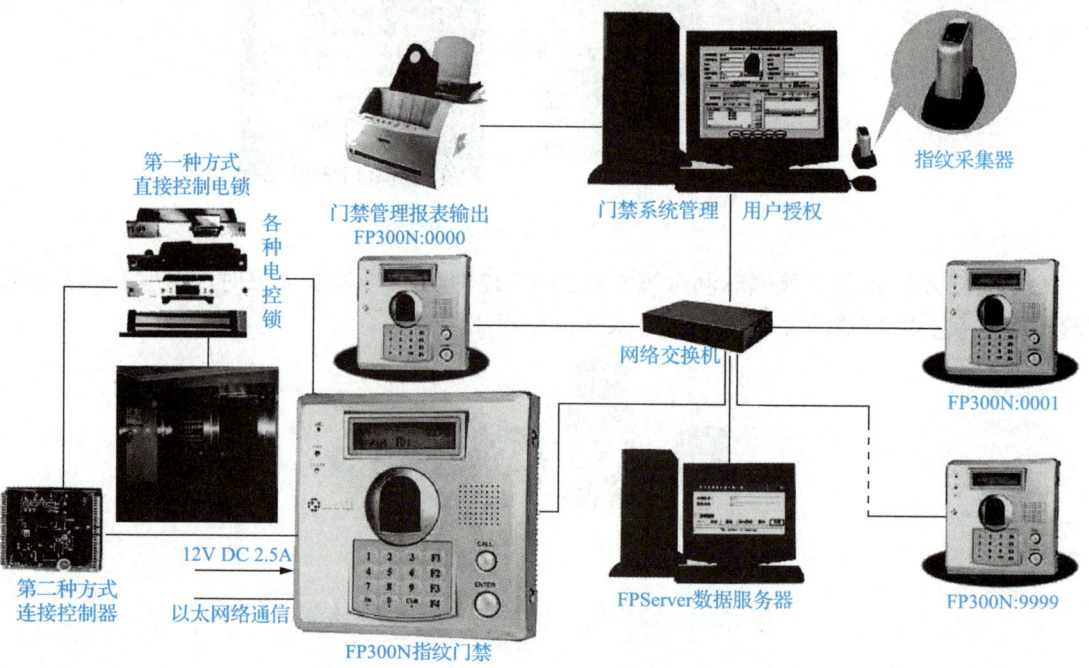

图 13.14　指纹门禁网络连接

6. 智能楼宇的电视监控

智能楼宇通常会在重要通道上方安装电视监控系统。在人们无法或不宜直接观察的场合，实时、形象和真实地反映被监视的可疑对象画面。一台监视器可分割成十几个区域，以供工作人员同时观察十几个 CCD 摄像探头的信号，并自动将画面存储于计算机的硬盘内。当画面静止不变时，所占用的字节数极少，可存储一个月以上的画面；当画面发生变化时，可给工作人员发出提示信号。使用计算机还便于调阅在此期间任何时段的画面，还可放大、增亮、锐化有关细节。某实时监控及可视对讲系统如图 13.15 所示。

图 13.15　某实时监控及可视对讲系统

实时监控系统的计算机数据历史记录如图 13.16 所示。

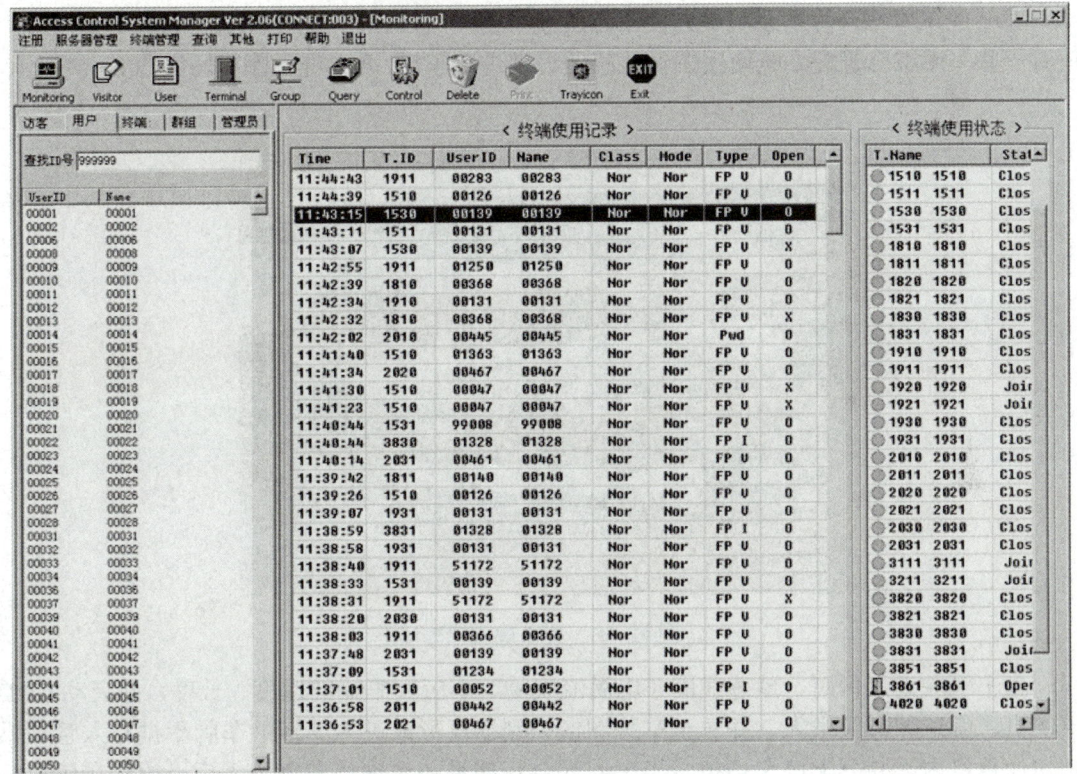

图 13.16　实时监控系统的计算机数据历史记录

7. 车库综合管理系统

在智能楼宇内，大多配置有地下车库，车库综合管理系统能监控车辆的进入，指示停车位置，禁止无关人员闯入，甚至能自动登录车牌号码。

车库综合管理系统原理框图如图 13.17 所示。

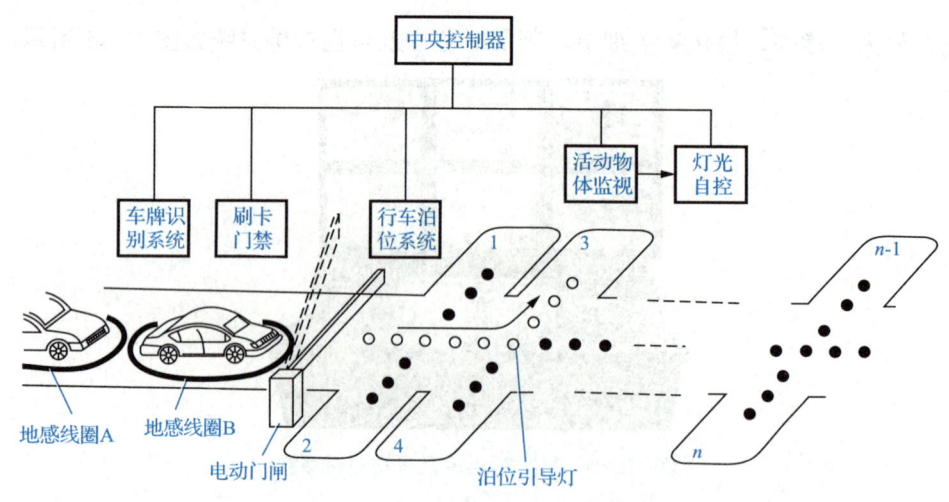

图 13.17 车库综合管理系统原理框图

在一些车库综合管理系统中，使用感应读卡器，可以在 1m 开外读出进出车辆的信息。还有一些车库综合管理系统使用图像传感器识别进出车辆。读卡进入停车场如图 13.18 所示。

图 13.18 读卡进入停车场

当车辆驶近入口时，地感线圈（电涡流线圈）感应到车辆的速度、长度，并启动 CCD 摄像机，将车牌影像摄入，并传至车牌图像识别器，形成进入车辆的车牌数据存入管理系统的计算机内，并分配停车泊位。当车库综合管理系统允许该车辆进入后，电动车闸栏杆自动开启。进库的车辆在停车引导灯的指挥下，停到规定的位置。

8. 电梯的运行管理

电梯是智能楼宇中的重要设备，是机械、电气紧密结合的产品。电梯的使用对象是人，因此必须确保电梯运行时万无一失。在电梯运行管理中，传感器起着十分重要的作用。电梯有垂直升降式和自动扶梯式两大类。

第 13 章 传感器在智能楼宇中的应用

轿厢是乘人、运货的设备，人、货进入轿厢后，随轿厢上下运动而到达所要求的楼层。轿厢的上下运动是由电动机、曳引机、曳引轮和配重等装置配合完成的。在电梯中，有很多检测装置用于电梯控制，如电梯的平层控制、选层控制、门系统控制等。

电梯门有层门和轿门之分，层门设在每层的入口处，在层门旁有指示向上、向下的按钮；轿门设在轿厢靠近层门的一侧，供乘客或货物进出。层门和轿门的开启和关闭是同步进行的，为保证乘客或货物的安全，在电梯门的入口处都带有安全保护装置。多数电梯采用光电式保护装置。在轿门边上安装两道水平光电装置，选用对射式红外光电开关，对整个开门宽度进行检测。在轿门关闭的过程中，只要乘客或货物遮断任一道光路，门都会重新开启，待乘客进入或离开轿厢后才继续完成关闭动作。

13.2 智能楼宇中的常见传感器

在智能楼宇中，传感器是实现环境监测、设备控制、安全防护和能源管理的核心组件。以下是按功能分类的智能楼宇中的常见传感器。

1. 环境监测类传感器

（1）温湿度传感器。

温湿度传感器的功能是实时监测室内温度、湿度，为空调、通风系统提供调节依据。常用的温湿度传感器有电容式（如 SHT30）、电阻式（如 DHT11）两种类型，通常采用 Modbus、ZigBee 等协议进行通信。

温湿度传感器可用于写字楼空调联动（温度过高时自动降温）、档案室防潮（湿度超标报警）。

（2）CO_2 传感器。

CO_2 传感器的功能是检测室内 CO_2 浓度，优化通风系统的运行效率，通常采用红外吸收法，精度可达±50ppm。

CO_2 传感器常用于会议室/教室的通风控制（当 CO_2 浓度过高时自动开启新风系统），以保障室内空气质量。

（3）光照度传感器。

光照度传感器的功能是监测环境中的光照强度，自动调节照明系统。例如，采用硅光电二极管，可以支持 $0\sim2\times10^5$lx 的量程。

光照度传感器应用于办公楼落地窗区域时，可以根据自然光的强度自动调节灯光亮度，从而实现节能30%以上。

（4）空气质量传感器。

空气质量传感器的功能是检测空气中的 PM2.5、挥发性有机物（Volatile Organic Compounds，VOCs）、甲醛等污染物的含量。如激光散射传感器（检测 PM2.5）、电化学传感器（检测甲醛、VOCs）。

空气质量传感器应用于商场/酒店的实时空气质量显示系统,可联动空气净化器或新风系统。

2. 安全防护类传感器

（1）运动/存在传感器。

运动/存在传感器的功能是检测人员活动，实现照明/设备的自动启停或入侵预警，通常采用被动红外、微波雷达、毫米波雷达等非接触式检测技术。

运动/存在传感器可用于走廊/卫生间的自动照明系统（人走灯灭），仓库入侵监测（异常移动报警）。

（2）门磁/窗磁传感器。

门磁/窗磁传感器的功能是监测门窗开合状态，防范非法入侵，其核心元件是干簧管+磁铁，并采用无线传输（如 Z-Wave）技术。

门磁/窗磁传感器常应用于办公室（下班后）未关窗提醒，实验室危险区域门禁联动。

（3）火灾报警传感器。

火灾报警传感器的功能是检测烟雾、温度骤升或火焰，从而触发消防报警。该传感器通常采用的技术为离子式/光电式烟感、热电偶温感。如海湾安全技术有限公司生产的 JTY-GD-G3 就是一种火灾报警传感器。

火灾报警传感器通常应用于全楼宇消防系统核心组件，联动喷淋、排烟风机和紧急照明。

（4）气体泄漏传感器。

气体泄漏传感器的功能是检测天然气、CO 等危险气体。如催化燃烧式传感器可以检测可燃气体、电化学传感器可以检测 CO。

气体泄漏传感器可应用于厨房燃气泄漏自动切断阀门，地下室 CO 超标报警等场景。

3. 设备状态监测传感器

（1）振动/位移传感器。

振动/位移传感器的功能是监测设备振动频率、幅度，诊断机械故障（如轴承磨损）。如加速度传感器（MEMS 或压电式），检测精度可达 $0.1g$。

振动/位移传感器常用于电梯运行异常预警（振动过大时自动停梯）、中央空调压缩机故障预测。

（2）压力/流量传感器。

压力/流量传感器的功能是监测管道压力、水/气流量，从而保障系统稳定运行。常见的有压阻式压力传感器（如霍尼韦尔公司生产的 ST3000）、超声波流量传感器。

压力/流量传感器可应用于给排水系统漏水检测（流量异常波动）、蒸汽管道压力超限报警等场景。

（3）液位传感器。

液位传感器的功能是监测水箱、蓄水池水位或漏水情况。其类型包括浮球式、超声波式、电容式。

液位传感器常用于屋顶水箱水位自动控制（高低水位启停水泵）、地下室漏水实时报警。

4. 位置与空间管理传感器

（1）RFID/NFC 传感器。

RFID/NFC 传感器的功能室通过识别人员或资产标签，实现权限管理和位置追踪等功能。例如，13.56MHz 高频 RFID（短距离）、860MHz～960MHz 超高频 RFID（长距离）。

RFID/NFC 传感器常用于员工门禁权限控制、医疗设备/工具资产盘点（实时定位到房间级）。

（2）超宽带定位传感器。

超宽带（Ultra Wide Band，UWB）定位传感器的功能是高精度室内定位（厘米级），追踪人员或物体的实时位置。该传感器通常采用超宽带脉冲信号，抗多径干扰能力强。

UWB 定位传感器常用于医院手术室设备追踪（避免丢失）、工厂高危区域人员安全管控等场景。

（3）蓝牙信标。

蓝牙信标（Beacon）是建立在蓝牙低功耗（Bluetooth Low Energy，BLE）协议基础上的一种广播协议，主要用于实现室内导航和客流分析。如 BLE 5.0 的传输距离在 10～100 米范围内可调。

蓝牙信标可以用于商场导览（手机 App 实时定位店铺）、展馆客流热力图分析。

5. 能源管理类传感器

（1）智能电表/水表。

智能电表/水表的功能是实时计量电/水消耗，支持分项计费和能耗分析，其常见的类型有电磁式/超声波式，且支持 RS-485、LoRa 无线传输。

智能电表/水表可用于楼宇能耗监测平台，辅助碳足迹计算和节能优化。

（2）电流/电压传感器。

电流/电压传感器的功能是监测设备用电参数，诊断过载或异常耗电，如霍尔效应传感器（非接触式测量），检测精度可达±0.5%。

电流/电压传感器可用于服务器机房 UPS 电源状态监控、照明系统能耗分项计量。

6. 复合多功能传感器

（1）多合一环境传感器。

多合一环境传感器（如 Sensirion SCD41）集成了温湿度、CO_2、光照、PM2.5 等参数，减少了部署数量和布线成本。

（2）毫米波雷达传感器。

毫米波雷达传感器（如 TI IWR1443）可以非接触监测人员的存在、呼吸频率，保护隐私的同时实现容纳人数的精准检测（适用于会议室、病房）。

通过上述传感器的协同工作，智能楼宇可实现"环境自适应、设备自诊断、安全自保障、能耗自优化"，成为绿色建筑与智慧园区的核心基础设施。

13.3 传感器技术在楼宇智能化中的发展趋势

传感器技术在楼宇智能化中的发展正沿着高精度、低功耗、无线化、智能化的方向发展，以下是基于行业前沿动态和技术突破的核心趋势解析。

1. 能源自主化与可持续设计

能量收集技术成为无线传感器节点的核心支撑。通过热电发电机（TEG）收集 HVAC 风道温差能量，或利用压电元件将门窗振动转化为电能，传感器可实现完全脱离传统供电系统。例如 ADI 的 LTC3109 芯片能从低至 30mV 的输入源（如小型太阳能电池）高效供电，配合超级电容储能，使传感器在无外部能源时仍能维持运行。这类技术不仅能降低维护成本（减少电池更换频率），而且契合绿色建筑对碳排放的严格要求。

2. 边缘计算与实时决策

边缘计算与 AI 的深度融合重构了传感器的数据处理模式。映翰通 EC942 边缘计算机支持本地运行机器视觉算法，可实时分析摄像头捕捉的人员行为，区分正常走动与异常跌倒。结合联邦学习技术[①]，多栋楼宇的传感器数据可在保护隐私的前提下联合训练模型。例如，跨区域商业综合体通过联邦学习优化电梯调度策略，使能耗降低 15%～20%。这种"端—边—云"协同架构能显著提升响应速度（时延降低至毫秒级），同时还能减少数据传输带宽需求。

3. 多模态融合与空间数字化

复合多功能传感器成为主流配置，集成多参数监测功能，减少部署密度并降低布线成本。例如，DHT22 升级版传感器可同时输出环境参数和空气质量指数（AQI），直接为智能空调提供决策依据。6G 技术（第六代移动通信技术）的引入进一步拓展了感知维度：太赫兹通信支持穿透墙体检测隐蔽漏水，厘米波定位精度达厘米级，可实时追踪医疗设备在医院的移动轨迹。结合 BIM 模型，这些数据能构建楼宇的数字孪生体，实现空间使用效率分析和设备预测性维护。

4. 通信协议标准化与互操作性

OPC UA（OPC 统一体系架构，是一种基于服务的、跨越平台的解决方案）与 TSN（时间敏感网络）的结合解决了多品牌传感器的互操作性难题。欧姆龙等企业通过 TSN 技术将 OPC UA 的实时性提升至微秒级，使不同厂商的振动传感器和电机控制器可无缝协同。物通博联 Modbus 网关则实现了 OPC UA 与 Modbus 协议的双向转换，支持老旧设备（如传统电表）接入新型楼宇管理系统。这种标准化趋势正在打破"信息孤岛"。例如，某跨国酒店集团通过统一协议整合全球分店的传感器数据，实现能源消耗的集中优化。

---

① 联邦机器学习（Federated Machine Learning）又名联邦学习（Federated Learning，FL）。联邦学习技术是一种分布式机器学习技术，可以有效地保护用户隐私。

第 13 章　传感器在智能楼宇中的应用

5. 新型材料与制造工艺突破

量子传感器和太赫兹传感器从实验室走向应用。长江三角洲地区已启动量子磁力仪的研发，用于监测建筑结构的微小形变；太赫兹成像技术可检测墙体内部的白蚁侵蚀或管道老化，精度达毫米级。同时，柔性电子皮肤等新型传感器材料崭露头角，可贴合在玻璃幕墙表面实时监测温度分布，提前预警热应力导致的破裂风险。这些技术的成熟将推动传感器从"单点监测"向"全域感知"升级。

6. 隐私增强与伦理设计

边缘端数据脱敏技术成为标配。例如，视觉传感器在本地完成人体轮廓识别后，仅向云端传输结构化数据（如人数、活动区域），避免面部信息泄露。联邦学习的应用进一步强化了隐私保护，不同楼宇的能耗数据可在不共享原始信息的前提下共同训练节能模型。此外，欧盟《通用数据保护条例》和《中华人民共和国个人信息保护法》推动传感器厂商采用差分隐私算法，确保数据分析结果无法反推个体行为。

7. 典型应用场景

（1）智慧医院。

UWB 定位传感器结合边缘 AI，实时追踪医护人员和医疗设备，同时通过毫米波雷达监测病房内患者的呼吸频率，自动预警异常情况。

（2）碳中和园区。

碳中和园区使用热电传感器与光伏幕墙联动，动态调整空调负荷；同时使用振动传感器分析风力发电机叶片的异常振动，预测故障并安排维护。

（3）超高层建筑。

超高层建筑中通常使用量子加速度计监测电梯井的微小倾斜，结合 6G 技术实现毫秒级实时反馈，确保电梯运行安全等。

未来楼宇智能化的传感器技术将呈现能源自主化、感知全域化、决策智能化、通信标准化四大特征。随着 6G、量子计算等技术的渗透，传感器不仅成为数据采集终端，还将成为建筑"神经系统"的核心节点，推动楼宇从"自动化控制"向"自主化进化"跃迁。选择传感器时，需优先考虑多模态融合能力、边缘计算支持、能源采集兼容性，并关注 OPC UA 等新兴标准的应用，以构建面向未来的智能建筑生态。

在线测试

1. 校内：10.60.64.7（内网），进入后选择左上角的"测验"来进行测试。

2. 校外：登录 www.zjooc.cn，搜索"传感器与检测技术"（负责人：浙江万里学院，钱裕禄），选课后，进入测验和考试。

拓展练习题

一、单项选择题（30题）

1. 智能楼宇配电房中用于监测电缆接头温度的传感器类型是（　　）。
   A．光电传感器　　　　　　　　B．热释电传感器
   C．红外温度传感器　　　　　　D．超声波传感器
2. 在地下停车场中，用于检测CO浓度的传感器需要与（　　）系统联动。
   A．消防喷淋　　B．通风换气　　C．电梯控制　　D．安防监控
3. 在给水系统中，监测管道水压的传感器主要用于（　　）。
   A．防止管道爆裂　　　　　　　B．调节水质
   C．控制水泵启停　　　　　　　D．检测漏水
4. 在消防系统中，烟雾传感器的核心原理是（　　）。
   A．光电效应　　B．压电效应　　C．热敏效应　　D．电磁感应
5. 电梯超载保护装置通常使用（　　）传感器。
   A．压力　　　　B．光电　　　　C．声音　　　　D．振动
6. 在安防系统中，用于检测人体移动的传感器是（　　）。
   A．红外传感器　B．湿度传感器　C．气体传感器　D．流量传感器
7. 通风系统中的PM2.5检测传感器属于（　　）。
   A．环境质量传感器　　　　　　B．安全监测传感器
   C．能耗管理传感器　　　　　　D．结构健康传感器
8. 在智能楼宇中，传感器数据传输的主要协议是（　　）。
   A．RS-485　　　B．HTTP　　　　C．FTP　　　　D．TCP/IP
9. 地下停车场中，车位占用检测常用（　　）。
   A．超声波传感器　　　　　　　B．加速度传感器
   C．温度传感器　　　　　　　　D．湿度传感器
10. 消防喷淋系统启动的触发信号通常来自（　　）。
    A．温度传感器　B．声音传感器　C．振动传感器　D．气体传感器
11. 智能楼宇中，用于监测配电房湿度的传感器类型是（　　）。
    A．电容式湿度传感器　　　　　B．热敏电阻
    C．光电传感器　　　　　　　　D．霍尔传感器
12. 地下停车场中，车位引导系统通常依赖（　　）传感器实现。
    A．超声波和地磁　　　　　　　B．红外线
    C．声音　　　　　　　　　　　D．压力
13. 在给水系统中，检测水质浊度的传感器是基于（　　）原理工作的。
    A．光学散射　　B．电磁感应　　C．压电效应　　D．热导率

14. 在消防系统中，火焰探测器常采用（　　）传感器。
    A．紫外线/红外复合   B．声音
    C．压力   D．加速度
15. 电梯轿厢内的空气质量监测通常使用（　　）传感器。
    A．CO_2 B．光照   C．振动   D．超声波
16. 在安防系统中，玻璃破碎检测主要依赖（　　）传感器。
    A．声音（频率分析）   B．红外
    C．压力   D．温度
17. 通风系统中调节新风量的关键参数是（　　）的检测值。
    A．CO_2浓度   B．光照强度   C．噪声   D．振动频率
18. 在智能楼宇中，传感器数据通常通过（　　）协议上传至云平台。
    A．MQTT   B．USB   C．Bluetooth   D．HDMI
19. 配电房中用于检测漏电电流的传感器是（　　）。
    A．霍尔电流传感器   B．热释电传感器
    C．光电开关   D．超声波传感器
20. 地下停车场中防止车辆碰撞的传感器类型是（　　）。
    A．超声波测距传感器   B．温湿度传感器
    C．气体传感器   D．压力传感器
21. 在给水系统中，控制水箱水位自动补水的传感器是（　　）。
    A．浮球开关   B．压力传感器   C．流量计   D．浊度传感器
22. 在消防系统中，手动报警按钮的触发信号属于（　　）传感器。
    A．机械式开关   B．光电式   C．热敏式   D．气体式
23. 电梯井道中用于检测轿厢位置的传感器是（　　）。
    A．磁编码器   B．红外对射   C．超声波   D．压力传感器
24. 在安防系统中，人脸识别门禁依赖（　　）传感器技术。
    A．摄像头（图像）   B．红外
    C．声音   D．振动
25. 在室内环境中，调节空调温度的核心传感器是（　　）。
    A．热敏电阻   B．光敏电阻   C．压电传感器   D．气体传感器
26. 在智能楼宇中，能耗管理系统的核心传感器用于监测（　　）。
    A．电流、电压、功率   B．光照强度
    C．声音分贝   D．振动频率
27. 配电房电缆沟的积水检测使用（　　）传感器。
    A．液位   B．温度   C．气体   D．压力
28. 在地下停车场中，照明系统的自动控制依赖（　　）传感器。
    A．光照强度   B．声音   C．温度   D．加速度
29. 在给水系统中，防止水泵空转的保护措施依赖（　　）传感器。
    A．压力或流量   B．温度   C．浊度   D．气体

30. 消防系统中用于检测消防水管水压的传感器类型是（　　）。
    A．压阻式压力传感器　　　　　　B．红外传感器
    C．超声波传感器　　　　　　　　D．光电开关

二、多项选择题（5题）

1. 智能楼宇安防系统中可能用到的传感器包括（　　）。
   A．红外传感器　　B．声音传感器　　C．振动传感器　　D．压力传感器
   E．光强传感器
2. 在消防系统中，传感器的联动设备包括（　　）。
   A．喷淋装置　　B．声光报警器　　C．通风风机　　D．电梯控制器
   E．门禁系统
3. 在给水排水系统中，传感器可监测的参数包括（　　）。
   A．水压　　　　B．流量　　　　C．水质　　　　D．温度
   E．水位
4. 电梯中可能安装的传感器类型有（　　）。
   A．光电传感器（平层检测）　　　　B．加速度传感器（超速保护）
   C．压力传感器（超载检测）　　　　D．气体传感器（空气质量监测）
   E．红外传感器（人体检测）
5. 通风系统中用来监测环境参数的传感器包括（　　）。
   A．CO_2 传感器　　B．温湿度传感器　　C．PM2.5 传感器　　D．光照传感器
   E．振动传感器

三、简答题（15题）

1. 简述智能楼宇配电房中红外温度传感器的作用。
2. 在地下停车场中，CO 传感器与通风系统的联动机制是什么？
3. 给水系统中的压力传感器如何防止管道爆裂？
4. 消防系统中的烟雾传感器为何采用光电原理？
5. 电梯光电传感器在平层控制中的作用是什么？
6. 在安防系统中，红外传感器和摄像头如何协同工作？
7. 在通风系统中，PM2.5 传感器如何优化空气质量？
8. 列举智能楼宇中三种能耗管理相关的传感器。
9. 简述超声波传感器在车位检测中的工作原理。
10. 消防喷淋系统的温度传感器设定阈值通常为多少？为什么？
11. 简述智能楼宇中传感器网络的典型架构（如感知层、传输层、应用层）。
12. 地下停车场中的地磁传感器检测车位的原理是什么？
13. 在给水系统中，如何通过流量传感器实现漏水预警？
14. 在消防系统中，为什么需要同时部署烟雾传感器和温度传感器？
15. 电梯加速度传感器在安全保护中的具体应用场景有哪些？

第 13 章 传感器在智能楼宇中的应用

四、应用分析题（6 题）

1. 案例背景：某地下停车场 CO 浓度突然升高，但通风系统未启动。请分析可能故障点及传感器的作用。
2. 场景应用：某办公楼消防系统误报火警，可能是由哪些传感器故障引起的？如何排查？
3. 数据异常：给水系统压力传感器显示数值持续下降，但未触发报警。试分析可能的原因及解决方案。
4. 实验设计：设计一个智能楼宇电梯超载保护方案，需包含传感器类型和联动机制。
5. 优化方案：某楼宇通风系统能耗过高，如何通过传感器优化控制策略？
6. 故障分析：安防系统红外传感器频繁误报，可能受哪些环境因素干扰？如何解决？

五、应用综述题（6 题）

1. 综述传感器在智能楼宇配电房安全监测中的综合应用。
2. 分析智能楼宇中传感器网络对节能减排的贡献。
3. 比较消防系统中烟雾传感器与温度传感器的优缺点及适用场景。
4. 论述智能楼宇地下停车场传感器系统的设计要点及挑战。
5. 综述传感器技术在楼宇安防中的发展趋势（如 AI 融合、多传感器融合）。
6. 从技术角度，探讨未来智能楼宇中传感器标准化与互联互通的需求。

第 14 章
汽车控制中的传感器技术应用

 教学目标

本章内容主要包括"汽车传感器的应用概述及分类""汽车发动机控制传感器"和"汽车车身控制传感器"三大知识模块。

通过本章的学习,了解汽车控制中各类传感器特点,熟悉部分典型汽车传感器应用情况及其对应的相关功能和应用原理;了解汽车控制中信号检测、传输、处理和控制实现的过程,并了解有关传感器故障引起的问题等。

 教学重点

知识要点	能力要求	相关知识
汽车传感器的应用概述及分类	(1) 了解汽车传感器的应用情况 (2) 熟悉汽车传感器的分类	传感器在发动机控制系统、底盘、车身控制、导航系统中的应用
汽车发动机控制传感器	(1) 了解各种汽车发动机传感器 (2) 熟悉各种传感器的基本工作原理 (3) 了解典型应用的工作过程	常用的汽车发动机控制传感器
汽车车身控制传感器	(1) 了解各种汽车车身控制传感器 (2) 熟悉各种传感器的基本工作原理 (3) 了解典型传感器应用的工作过程	几种典型的汽车车身控制传感器

第 14 章 汽车控制中的传感器技术应用

在现代汽车控制技术中,各种传感器的应用使得汽车在智能化、稳定性、安全性和舒适度等方面都有了很大的提升。调查显示汽车领域是传感器应用最多的领域。通过本章的学习,可以使学生对汽车控制中的传感器技术有一个大体的了解。

14.1 汽车传感器的应用概述及分类

超声波传感器在交通运输领域的应用

14.1.1 汽车传感器的应用概述

1. 传感器在发动机控制系统中的应用

发动机控制系统用传感器主要有温度传感器、压力传感器、位置和转速传感器、流量传感器、气体浓度传感器和爆燃传感器等。这些传感器向发动机的电子控制单元(ECU)提供发动机的工作状况信息,以提高发动机的动力性、降低油耗、减少废气排放,还能进行故障检测等。

例如,发动机冷却液液位传感器在冷却液膨胀箱盖上,当发动机冷却液液位下降时,启动报警指示灯,此开关为常闭开关。

再如,发动机冷却液温度传感器在冷却液膨胀箱盖上,该传感器的电阻与冷却液温度成正比,并向仪表盘发送调解信号。发动机冷却液温度在仪表盘上以显示条的形式显示,通常显示条最多为 12 格,每格表示 5~6℃。一般来说,发动机冷机(温度低于 56℃)时,显示条只显示 1 格;当发动机处于正常工作温度时,显示条将最多显示 10 格;当发动机温度过高,显示格数从 11 增到 12 时,启动仪表盘上的报警指示灯来报警,此报警为关键性报警。

2. 传感器在底盘上的应用

传感器在底盘上的应用主要是指变速器控制系统、悬架控制系统、动力转向系统和防抱死制动系统等。

变速器控制系统应用的传感器有车速传感器、加速踏板位置传感器、加速度传感器、节气门位置传感器、发动机转速传感器、水温传感器、油温传感器等。

悬架控制系统应用的传感器有车速传感器、节气门位置传感器、加速度传感器、车身高度传感器、转向盘转角传感器等。

动力转向系统应用的传感器主要有车速传感器、发动机转速传感器、转矩传感器、油压传感器等。

防抱死制动系统应用的传感器主要有转速传感器、车速传感器等。

3. 车身控制传感器

车身控制传感器主要用于提高汽车的安全性、可靠性和舒适性等。其包括用于自动空调系统的温度传感器、湿度传感器、风量传感器、日照强度传感器等；用于安全气囊系统的加速度传感器；用于门锁控制中的车速传感器；用于亮度自动控制的光传感器；用于倒车控制的超声波传感器或激光传感器；用于保持车距的距离传感器；用于消除驾驶人盲区的图像传感器等。

传感器在辅助驾驶中的应用

4. 导航系统用传感器

随着基于 GPS/GIS（全球定位系统/地理信息系统）的导航系统在汽车上的应用，导航系统用传感器得到了迅速发展。导航系统用传感器主要有确定汽车行驶方向的罗盘传感器、陀螺仪和车速传感器、转向盘转角传感器等。

14.1.2 汽车传感器的种类

汽车传感器大致有两类，一类是使驾驶人了解汽车各部分状态的传感器；另一类是用于控制汽车运行状态的控制传感器。其主要种类如表 14-1 所示。

表 14-1 汽车传感器的主要种类

项　　目	检测量、检测对象
温度	冷却水、排出气体（催化剂）、吸入空气、发动机油、车内外空气
压力	吸气压、大气压、燃烧压、发动机油压、制动压、各种泵压、轮胎压
转速	曲轴转角、曲轴转速、车轮速度
速度、加速度	车速（绝对值）、加速度
流量	吸入空气量、燃料流量、废气再循环量、二次空气量
液量	燃料、冷却水、电解液、洗窗器液、机油、制动液
位移、方位	节流阀开度、排气再循环阀开量、车高（悬架、位移）、行驶距离、行驶方向、GPS 定位
排出气体	氧气、二氧化碳、二氧化氮、碳氢化合物、柴油烟中的有害气体
其他	转矩、爆燃、燃料成分、湿度、玻璃结露、饮酒、睡眠状态、电池、电压、蓄电池容量、灯泡断线、荷重、冲击物、轮胎失效、风量、日照、光照、地磁等

14.2 汽车发动机控制传感器

汽车发动机控制传感器有很多类型，下面选取几种最常用的进行必要的说明。

14.2.1 空气流量传感器

空气流量传感器（Air Flow Sensor，AFS）又称空气流量计（Air Flow Meter，AFM），是进气歧管空气流量传感器（Manifold Air Flow Sensor，MAFS）的简称，它的作用是将单位时间内吸入发动机气缸的空气量转换成电信号输送至发动机电子控制单元，作为决定喷油量和点火正时的基本信号之一。

根据检测进气量的方式不同，空气流量传感器分为 D 型（压力型）和 L 型（空气流量型）两种类型。D 型空气流量传感器是利用压力传感器检测进气歧管内的绝对压力，测量方法属于间接测量法，测量精度不高但控制系统的成本较低；L 型空气流量传感器则是利用流量传感器直接测量吸入进气管的空气流量，因为采用直接测量方式，所以进气量的测量精度较高，控制效果优于 D 型燃油喷射系统。

常用的空气流量传感器通常安装在空气滤清器和节气门之间的进气管上，图 14.1 所示为某汽车内空气流量传感器的安装位置。

图 14.1　某汽车内空气流量传感器的安装位置

通常 L 型空气流量传感器有翼板式空气流量传感器、卡门漩涡式空气流量传感器、热丝式空气流量传感器和热膜式空气流量传感器等。

现代轿车基本采用热式空气流量传感器（包括热丝式和热膜式），这类传感器工作性能稳定，测量精度高，成本相对来说也较高。其中热膜式空气流量传感器内没有运动部件，因此没有流动阻力，且使用寿命远长于热丝式空气流量传感器，所以其应用更为广泛。

1. 热丝式空气流量传感器

热丝式空气流量传感器的结构如图 14.2 所示。这里的检测元件是铂金属丝。铂金属丝作为检测元件响应速度快，能在几毫秒内反映出空气流量的变化，因此测量精度不受进气气流脉动的影响（气流脉动在发动机大负荷、低转速运转时最为明显，具有进气阻力小、无磨损部件等优点）。

由图 14.2 可见，传感器壳体两端设置有与进气道相连的圆形连接接头，空气的入口和出口都设有防止传感器受到机械损伤的防护网。传感器入口与空气滤清器一端的进气管相连，出口与节流阀体一端的进气管相连。

热丝式空气流量传感器主要是通过控制发热元件的温度与空气温度之差为一恒定值，并利用发热元件的加热电流求得空气气流的流量，这个通常采用恒温差控制电路来实现检测，电路如图 14.3 所示。

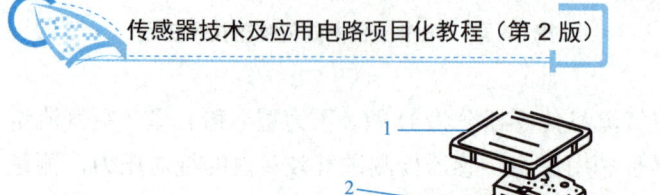
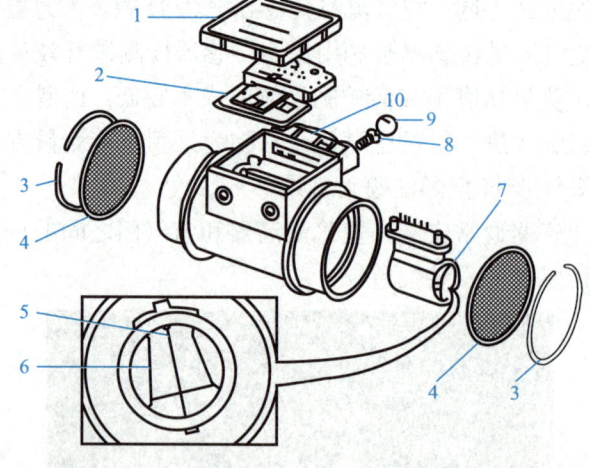

1—传感器密封盖；2—印刷控制电路板；3—卡环；4—防护网；5—温度补偿电阻丝（冷丝）；
6—铂金属丝（热丝）；7—取样环；8—CO 调节螺钉；9—防护塞；10—接线插座

图 14.2　热丝式空气流量传感器的结构

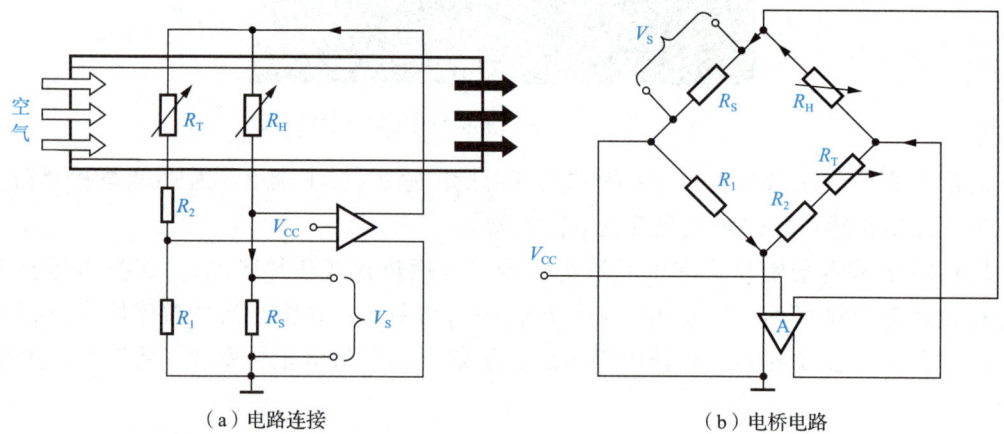

（a）电路连接　　　　　　　　　　　（b）电桥电路

R_T—温度补偿电阻（进气温度传感器）；R_H—发热元件（热丝或热膜）电阻；
R_S—信号取样电阻；R_1、R_2—精密电阻；V_{CC}—电源电压；V_S—输出信号电压；A—控制电路

图 14.3　热丝式空气流量传感器电路

图 14.3 中，当空气气流流经发热元件时，使发热元件冷却，温度降低，阻值减小，电桥电压失去平衡，这样控制电路将增大供给发热元件的电流，使其温度保持高于温度补偿电阻温度。实际上，电流增量的大小取决于发热元件受到冷却的程度，即取决于流过传感器的空气量。实际上，电路中输出信号电压 V_S 与空气流量成正比例关系，当然最后空气流量值的得出还要通过 ECU 的计算。

图 14.3（a）中，热丝式空气传感器和进气温度传感器都安装在主气道中的取样管内，故称为主通式热线空气流量传感器，它对应的电桥电路如图 14.3（b）所示。

2. 热膜式空气流量传感器

热膜式空气流量传感器的检测元件是铂金属膜，对应的内部解剖如图 14.4 所示，它的测量原理同前述热丝式空气流量传感器。某种典型的热膜式空气流量传感器——HFM5 插入型传感器结构如图 14.5 所示。

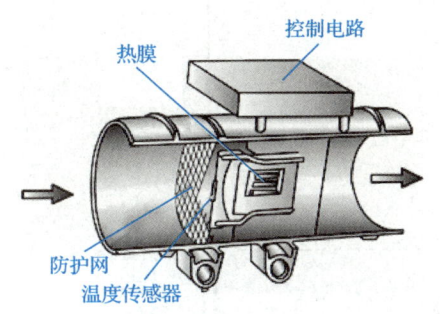

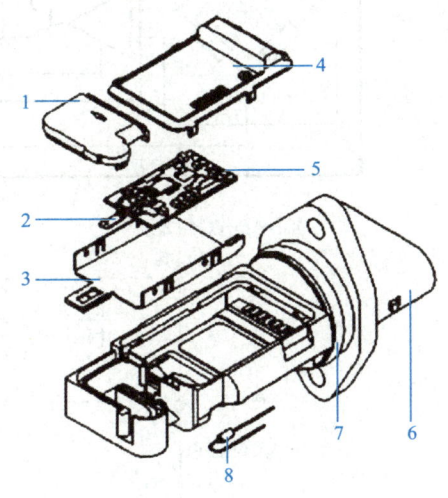

1—测量通道外套；2—传感元件；3—安装平面；
4—电路外套；5—混合评估电路；6—引出端；
7—O 形圈；8—温度补偿电路。

图 14.4 热膜式空气流量传感器内部解剖　　图 14.5 HFM5 插入型传感器结构

例如，别克君威汽车采用热丝式空气流量传感器，如图 14.6 所示，由于在空气流量传感器内部装置了一个 A/D 转换器，所以它的输出信号是数字频率信号。

图 14.6 别克君威汽车空气流量传感器

别克君威汽车空气流量传感器电路如图 14.7 所示。

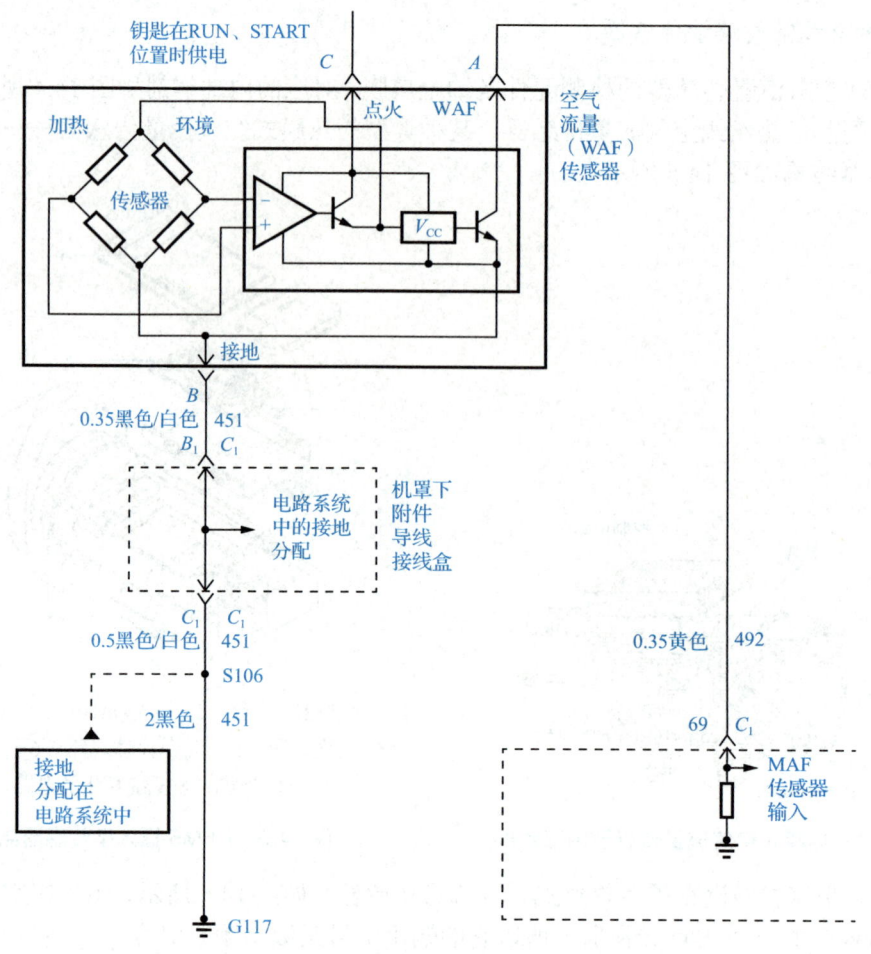

图 14.7　别克君威汽车空气流量传感器电路

用 TECH2 空气流量传感器获得检测数据见表 14-2。

表 14-2　空气流量传感器检测数据

空气流量计引脚	信号		
	接通点火开关	怠速	2 000r/min
A-B	1.93g/s	3.95g/s	9.50g/s

在实际应用中,与空气流量传感器对应的故障影响有发动机启动困难,性能失常,怠速不稳,加速时回火、放炮、油耗大、爆燃等。

另外,空气流量传感器信号不准确不一定是空气流量传感器本身的故障,空气滤清器堵塞、进气系统漏气、发动机配气机构故障、三元催化装置堵塞等都会造成空气流量计信号过低。

14.2.2 曲轴位置传感器

在发动机 ECU 控制喷油器喷油和火花塞跳火时，首先需要知道究竟是哪一个气缸的活塞即将到达排气冲程上止点和压缩冲程上止点，然后才能根据曲轴转角信号控制喷油提前角与点火提前角。而曲轴位置传感器 CKP 的作用正是采集发动机曲轴转速与转角信号并输入 ECU，以便计算、确定并控制喷油提前角与点火提前角。

曲轴位置传感器又称发动机转速与曲轴转角传感器，大众汽车又将其称为发动机转速传感器。它是发动机集中控制系统中主要的传感器之一，是确认曲轴转角位置和发动机转速不可或缺的信号源，ECU 用此信号控制燃油喷射量、喷油正时、点火时刻（点火提前角）、点火线圈充电闭合角、怠速转速和电动汽油泵的运行。

根据其检测和输入发动机微机控制装置的信号类型，曲轴位置传感器分为活塞上止点检出型及曲轴转角检出型两种。

根据信号形成的原理分类，曲轴位置传感器又可分为电磁式、光电式和霍尔效应式（简称霍尔式）三大类。例如，日产公爵王轿车、三菱与猎豹吉普车采用光电式曲轴位置与凸轮轴位置传感器；丰田系列轿车通常采用磁感应式曲轴位置与凸轮轴位置传感器；大众汽车采用磁感应式曲轴位置传感器和霍尔式凸轮轴位置传感器；别克汽车有两个曲轴位置传感器，7X 传感器采用磁感应式，24X 传感器采用霍尔式；红旗 CA7220E 型轿车和切诺基吉普车采用霍尔式曲轴与凸轮轴位置传感器，且曲轴位置传感器为差动霍尔式传感器。

大众汽车电磁式曲轴位置传感器外形如图 14.8 所示。信号转子为齿盘式，在其圆周上间隔均匀地制作有 58 个凸齿、57 个小齿缺和 1 个大齿缺。大齿缺输出基准信号，对应于发动机 1 缸或 4 缸压缩上止点前一定角度。大齿缺所占的弧度相当于 2 个凸齿和 3 个小齿缺所占弧度。

图 14.8　大众汽车电磁式曲轴位置传感器外形

美国通用汽车公司的霍尔式曲轴位置传感器如图 14.9 所示。它安装在曲轴前端，采用触发叶片的结构形式，在发动机的曲轴皮带轮前端固装着内外两个带触发叶片的信号轮，与曲轴一起旋转。

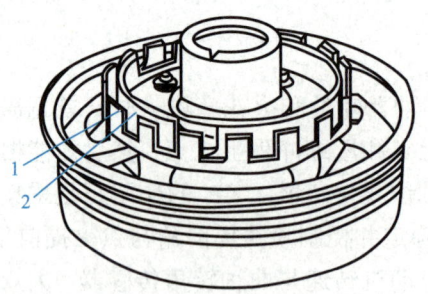

1—外信号轮；2—内信号轮。

图14.9　霍尔式曲轴位置传感器

凸轮轴曲轴位置传感器又称气缸识别传感器，它用来检测凸轮轴的转角位置，ECU用此信号确定发动机的缸序，用以控制喷油顺序、点火顺序，同时确定活塞处于压缩（或排气）冲程上止点的位置。

光电式凸轮轴曲轴位置传感器的结构如图14.10所示。该传感器的基本原理为利用发光二极管作为信号源，随着转子转动，当透光孔与发光二极管对正时，光线照射到光敏二极管上产生电压信号，经放大电路放大后输送给ECU。

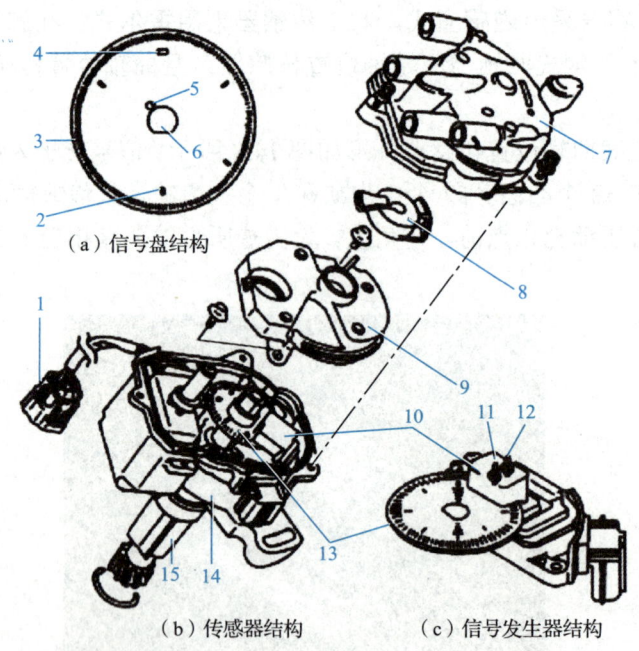

（a）信号盘结构　　（b）传感器结构　　（c）信号发生器结构

1—线束插头；2—上止点信号透光孔；3—曲轴转角信号透光孔；4—1缸上止信号透光孔；5—定位销；6、15—传感器轴；7—传感器盖；8—分火头；9—防火盖；10—信号发生器；11—G信号（上止信号点）传感器；12—Ne信号（转速与转角信号）传感器；13—信号盘；14—传感器壳体。

图14.10　光电式凸轮轴/曲轴位置传感器的结构

另外，根据其安装部位，凸轮轴位置传感器可分为在曲轴前端、凸轮轴前端、飞轮上和分电器内的传感器。

如果曲轴位置传感器出现故障，就会出现发动机不能启动，加速不良，怠速不稳，间歇性熄火等现象。如果凸轮轴位置传感器出现故障，将会出现功率降低等现象。

14.2.3 进气歧管压力传感器

进气歧管压力传感器的主要功能是依据发动机的负荷状态测量进气歧管内绝对压力的变化，并转换成电压信号与发动机转速信号一起输送至 ECU，推算出吸入发动机的空气量，这是决定喷油器基本喷油量和点火时刻的依据。如果传感器出现故障，往往会出现启动困难、性能失常、加速性变差、怠速不稳、油耗大等现象。

有的别克汽车上装有空气流量传感器用来检测进气量，同时安装进气歧管压力传感器用于确定当 EGR 流量测试诊断运行时的歧管压力变化，检测到的歧管压力变化可诊断确定发动机真空度，并确定大气压力；有的 ECU 将实际测量值与废气涡轮增压压力图上的设定值进行比较。若实际值偏离设定值，ECU 通过电磁阀调整废气涡轮增压压力，实现废气涡轮增压压力控制。

进气歧管压力传感器种类很多，就其信号产生原因可分为半导体压敏电阻式进气歧管压力传感器、电容式进气歧管压力传感器等，其中前者在发动机电子控制系统中应用较为广泛。

压敏电阻式进气歧管压力传感器外形和结构分别如图 14.11 和图 14.12 所示。该传感器由压力转换元件和将转换元件输出信号进行放大的混合集成电路等构成。

图 14.11 压敏电阻式进气歧管压力传感器外形

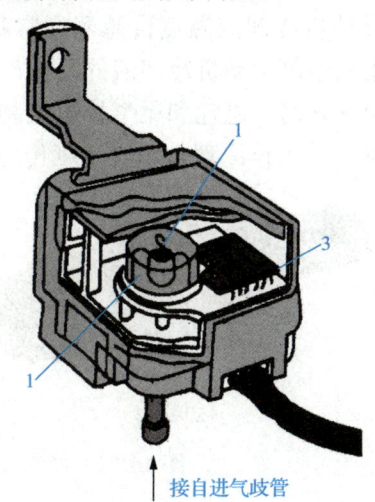

1—绝对真空室；2—硅片；3—IC 放大电路。

图 14.12 压敏电阻式进气歧管压力传感器结构

图 14.12 中那个很薄的硅片是压力传感器的主要元件，通常经过特殊工艺加工的硅片四周有 4 个应变电阻，以惠斯通电桥方式连接，如图 14.13 所示。电桥由稳压电源供电，在硅片无变形时电桥处于平衡状态，当进气管压力增加时，硅片弯曲，其应变与压力成正比，同时应变电阻的阻值随应变成正比的变化，这样就利用惠斯通电桥将硅片的变形量变

成了电信号。后半部分连接混合集成电路进行放大,主要是考虑到前半部分输出的电信号很微弱。

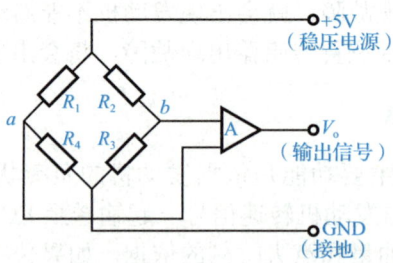

图 14.13　压敏电阻式进气歧管压力传感器工作原理

基于这种压力传感器结构和测量原理的要求,通常将其安装在振动较小的车身处,用一根橡胶管与进气总管连接作为取气管。压力传感器的输出信号电压输送至 ECU 中进行控制。

14.2.4　温度传感器

温度是反映发动机热负荷状态的重要参数,为了保证控制系统能够精确控制发动机的工作参数,必须随时监测发动机的温度,以便修正控制参数,计算吸入气缸空气的流量以及进行排气净化处理。温度传感器根据检测对象不同,可以分为发动机冷却液温度传感器、进气温度传感器和排气温度传感器三种。

发动机冷却液温度传感器通常称为水温传感器,它的外形和内部结构如图 14.14 所示,用来检测发动机冷却液的温度,并将温度信号转变成电信号输送至 ECU,作为汽油喷射、点火正时、怠速和尾气排放控制的主要修正信号。一般安装在气缸体水道上或冷却水出口处,其工作原理与进气温度传感器相同。

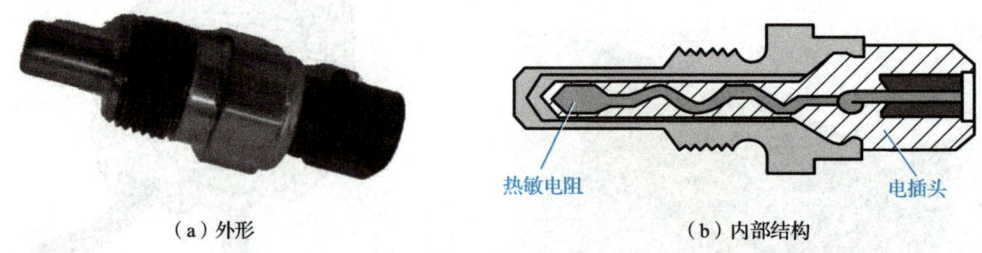

（a）外形　　　　　　　　　　　　　　（b）内部结构

图 14.14　发动机冷却液温度传感器的外形和内部结构

进气温度传感器用来检测进气温度,并将进气温度信号转变成电信号输送至 ECU,作为汽油喷射、点火正时的修正信号,它的外形如图 14.15 所示。另外,通常 D 型进气温度传感器安装在空气滤清器或进气管内,L 型进气温度传感器安装在进气管或空气流量计内。

排气温度传感器用来检测再循环废气的温度,用以反映废气再循环的流量。

图 14.15　进气温度传感器的外形

第 14 章 汽车控制中的传感器技术应用

温度传感器故障影响：在很低的温度下冷启动困难，在暖车阶段行驶特性不良，燃油消耗增加，废气排放增加。为此需要考虑温度传感器的检修，通常有就车检测和车下检测两种。

就车检测：点火开关置于"OFF"，拔下传感器上的电插，打开点火开关，用数字式高阻抗万用表检测传感器电插两端子间的电压值，应为 5V 左右。

车下检测：从发动机上拆下温度传感器，将其置于装有水的烧杯中并加热，同时用万用表Ω挡测量在不同水温条件下，温度传感器两端子间的电阻值，将测得的值与标准值相比较。冷却液温度与电阻间的关系具体见表 14-3。若不符合标准（表 14-3 数据标准），则应更换温度传感器。

表 14-3 冷却液温度与电阻间的关系

冷却液温度/℃	电阻/kΩ
80	0.2~0.4
60	0.4~0.7
40	0.9~1.3
20	2.0~3.0
0	4.7~7.0

14.2.5 节气门位置传感器

节气门位置传感器（Throttle Position Sensor，TPS）安装在节气门体旁，与节气门轴联动，如图 14.16 所示。通常它在装备电子控制自动变速器的汽车上，与车速信号一同控制换挡时机和变矩器锁止，而在无空气流量传感器信号时，与发动机转速信号一起计算进气量。

图 14.16 节气门位置传感器的安装位置

节气门位置传感器的作用是检测节气门的开度和开关的速率，并把该信号转变为电压信号送给发动机的控制电脑，该信号作为控制喷油脉冲宽度、点火正时、怠速转速、尾气排放的主要修正信号，同时也是空气流量传感器或进气歧管压力传感器的辅助信号。

节气门位置传感器可以分为线性信号输出型、开关量信号输出型、组合型等。

可变电阻式节气门位置传感器属于线性信号输出型，其结构如图14.17所示，它利用触点在电阻体上的滑动来改变电阻值，测得节气门开度的线性输出电压，从而可知节气门开度。节气门全关闭时，电压信号约为0.5V，随着节气门开度增大，信号电压增强，节气门全开时，电压信号约为4.5V。

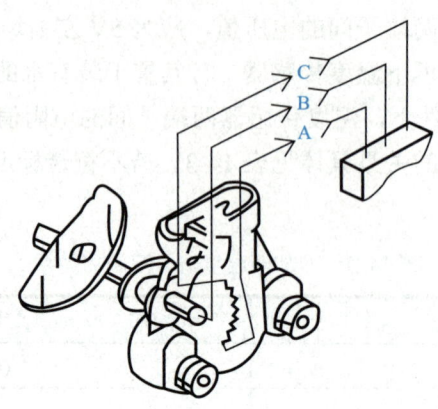

图14.17　可变电阻式节气门位置传感器的结构

触点式节气门位置传感器的结构如图14.18所示，它属于开关量信号输出型，它由滑动触点和两个固定触点（全负荷触点和怠速触点）组成。

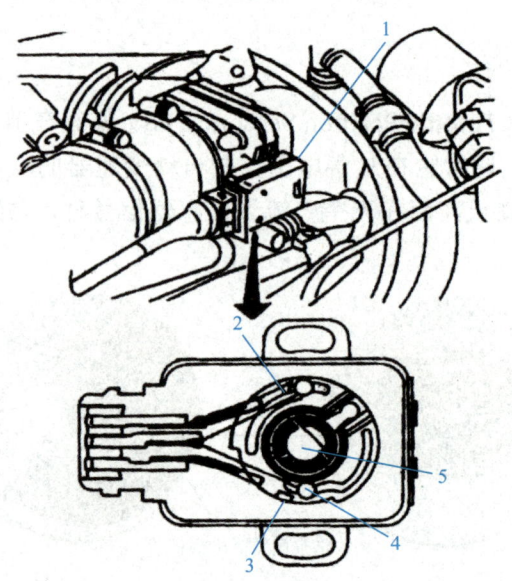

1—节气门位置传感器；2—怠速触点（IDL）；3—全负荷触点（PSW）；4—滑动触点（E_1）；5—节气门轴。

图14.18　触点式节气门位置传感器的结构

节气门全关闭时，滑动触点与怠速触点接触，当节气门开度达50°以上时，滑动触点与怠速触点断开，检测节气门大开度状态，具体关系见表14-4。

第 14 章 汽车控制中的传感器技术应用

表 14-4 触点式节气门位置传感器触点的关系

限位螺钉与限位杆之间的间隙	端　子		
	IDL—E_1	PSW—E_1	IDL—PSW
0.5mm	导　通	不导通	不导通
0.9mm	不导通	不导通	不导通
节气门全开	不导通	导　通	不导通

怠速触点和全开触点闭合、断开示意图如图 14.19 所示。

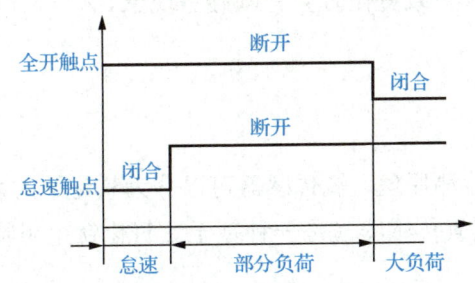

图 14.19　怠速触点和全开触点闭合、断开示意图

组合型节气门位置传感器由一个电位计和一个怠速触点组成，其结构和原理如图 14.20 所示。组合型节气门位置传感器的具体工作原理和前两种传感器相同，这里不作展开。检测各端子接触对应电压关系见表 14-5。

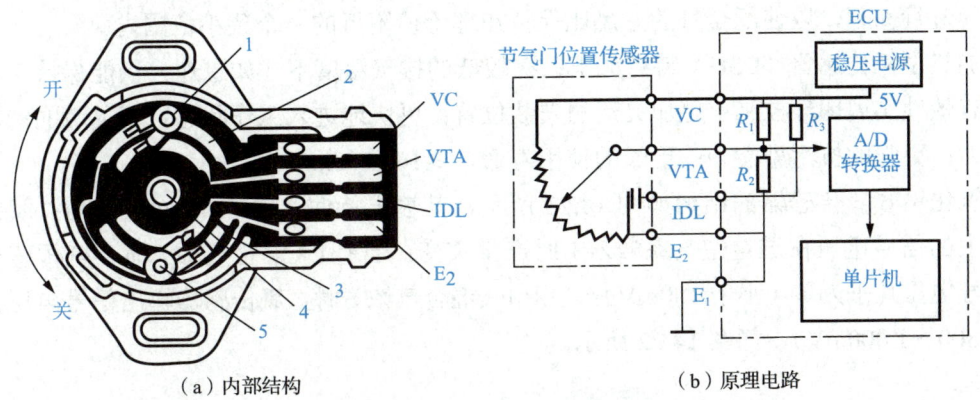

（a）内部结构　　　　（b）原理电路

1—可变电阻滑动触点；2—电源电压（5V）；3—绝缘部件；4—节气门轴；5—怠速触点。

图 14.20　组合型节气门位置传感器的结构和原理

表 14-5 各端子接触对应的电压关系

端子	条件	标准电压/V
IDL—E_2	节气门全关闭	4.0～5.5
VC—E_2	无	4.0～5.5

续表

端子	条件	标准电压/V
VTA—E_2	节气门全关闭	0.3～0.8
	节气门全开	3.2～4.9

不同型号汽车采用的节气门位置传感器可能会有所差异。例如，桑塔纳 2000GLi 型轿车采用的是有触点式和可变电阻式两种，而捷达 AT、GTX 型、桑塔纳 2000GSi 型、红旗 CA7220E 型轿车和切诺基吉普车采用的是可变电阻式。

如果节气门位置传感器发生故障，则有可能出现发动机启动困难、怠速不稳、发动机性能不良、易熄火、减速时负载变化时会有颠簸等现象。

14.2.6 氧传感器

1. 常见的氧传感器

根据所采用的材料和检测原理，氧传感器可以分为氧化锆式氧传感器（包括加热型和非加热型两种）、氧化钛式氧传感器（是一种基于二氧化钛电阻特性设计的检测仪器，一般为非加热型）。

氧传感器用来检测排气管中氧气的浓度，并将氧气浓度信号转变成电子信号输送至发动机 ECU 作为判定混合气浓度并对混合气浓度进行修正的重要参考信号。

换句话说，氧传感器实际上是用来探测空燃比是比理论空燃比高，还是比理论空燃比低，以获得上次喷油时间是过长还是过短，并将该信息变成电信号输送至 ECU，用来对喷油时间进行修正，以使混合气的空燃比保持在理论值附近的一个狭小范围内。

加热型氧传感器（LSH）特点如下：在较低的排气温度下（如怠速）仍能保持工作；从而有效地实现闭环控制；更加灵活的安装位置；更快地进入工作状态；更灵敏的动态响应能力；更强的抗污染能力；更长的使用寿命，≥160 000km。

氧化锆式氧传感器的结构如图 14.21 所示，其输出特性（600℃时）表现为：氧传感器产生的信号电压在过量空气系数 $\lambda=1$ 时产生突变；当 $\lambda>1$（混合气稀）时，氧传感器输出信号电压几乎为零（小于 100mV）；当 $\lambda<1$（混合气浓）时，氧传感器输出信号电压接近 1V（800～1 000mV），如图 14.22 所示。

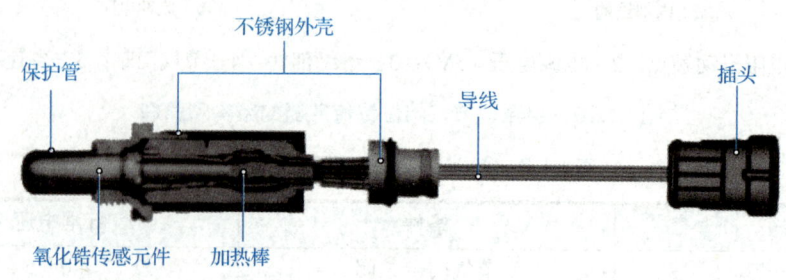

图 14.21　氧化锆式氧传感器的结构

第 14 章 汽车控制中的传感器技术应用

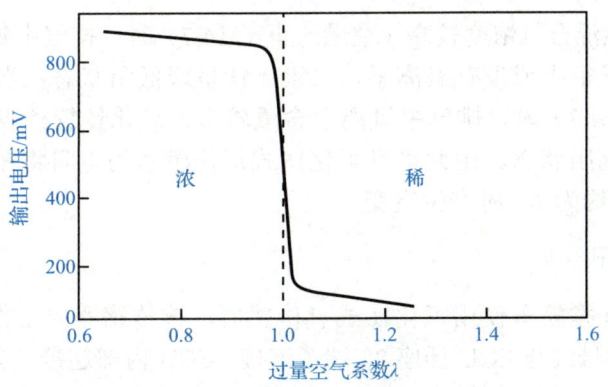

图 14.22 氧传感器的输出特性（600℃时）

氧传感器产生的电信号输送至 ECU 后，在 ECU 输入电路中，氧传感器信号电压与基准电压（一般为 450mV）进行比较。当信号电压比基准电压高时，判定为混合气过浓；当信号电压比基准电压低时，判定为混合气过稀。ECU 借此可修正喷油时间，以使空燃比保持在理论值附近的一个狭小范围内。氧传感器（带加热元件）与 ECU 的连接电路如图 14.23 所示。

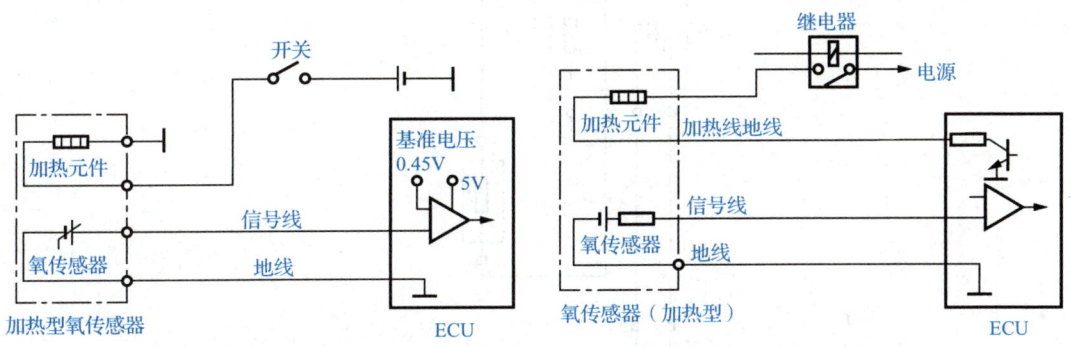

（a）在北京切诺基2012汽车发动机上　　　　　（b）在丰田汽车发动机上

图 14.23 氧传感器（带加热元件）与 ECU 的连接电路

氧化锆式氧传感器必须满足发动机温度高于 60℃，氧传感器自身温度高于 300℃，发动机工作在怠速工况和部分负荷工况这三个条件时，才能正常调节混合气浓度。

氧化钛式氧传感器的优点是结构简单，造价便宜，耐腐蚀、抗污染能力强，经久耐用，可靠性高。二氧化钛属于 N 型半导体材料，其阻值大小取决于材料温度以及周围环境中氧离子的浓度，因此可以用来检测排气中的氧离子浓度。

氧化钛式氧传感器的工作原理如下：由于二氧化钛半导体材料的电阻具有随排气中氧离子浓度的变化而变化的特性，因此氧化钛式氧传感器的信号源相当于一个可变电阻。对应的输出特性曲线如图 14.24 所示。

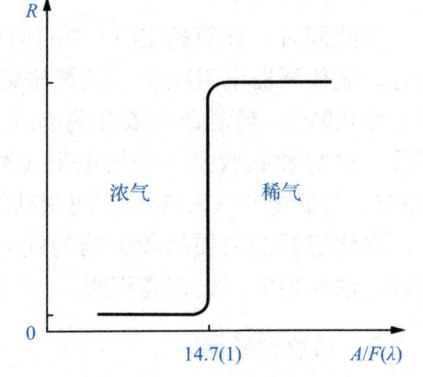

注：A/F 即空燃比。

图 14.24 氧化钛式氧传感器输出特性曲线

当发动机的可燃混合气浓度较高（空燃比小于14.7）时，排气中氧离子含量较少，氧化钛管外表面氧离子很少或没有氧离子，二氧化钛呈现低阻状态；当发动机混合气浓度较低（空燃比大于14.7）时，排气中氧离子含量较多，氧化钛管外表面的氧离子浓度较大，二氧化钛呈现高阻状态。由此可见氧化钛式氧传感器的电阻将在混合气空燃比约为14.7（过量空气系数约为1）时产生突变。

2. 氧传感器应用举例

桑塔纳2000GLi型轿车使用氧化钛式氧传感器，该传感器的工作电路如图14.25所示，氧传感器负极信号线与ECU插座28端子连接，ECU内部连接一只电阻；传感器正极信号线与ECU插座10端子连接，ECU内部提供一个恒压源。当点火开关接通时，汽车电源（12~14V）经熔断器向传感器加热元件提供电压，热敏电阻通电产生热量对二氧化钛进行加热，使其迅速达到工作温度。

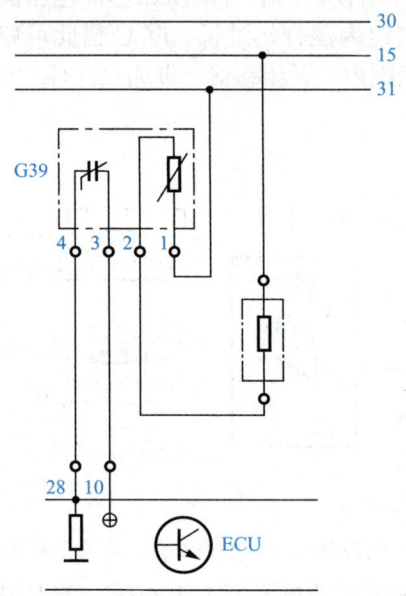

图14.25　氧化钛式氧传感器的工作电路

与此同时，计算机ECU中的恒压源向氧传感器供给一个恒定电压。当混合气浓度偏大时，氧传感器电阻减小，经氧传感器与ECU内部电阻分压后，ECU将接收到一个高电平（约0.9V）；当混合气浓度偏小时，氧传感器电阻增大，经氧传感器与ECU内部电阻分压后，ECU将接收到一个低电平（约0.1V）。当氧传感器工作正常时，输出电压在高电平（0.9V）与低电平（0.1V）之间变动的频率为每分钟至少10次。

氧传感器的主要故障影响为发动机性能不良、λ调节固定不变、怠速不稳、排放值不正常、油耗加大、火花塞积炭。

14.2.7　爆燃传感器

在发动机电子控制系统中，当点火时刻采用闭环控制时，能有效地抑制发动机产生爆燃。爆燃传感器是点火时刻闭环控制必不可少的重要部件，它用来检测发动机的燃烧过程中是否发生爆燃，并把爆燃信号输送给发动机控制计算机作为修正点火提前角的重要参考信号。

爆燃传感器作为点火正时控制的反馈元件用来检测发动机的爆燃强度，借以实现点火正时的闭环控制，从而有效地抑制发动机爆燃的发生。

爆燃传感器安装在发动机的机体上如图14.26所示。

图 14.26　爆燃传感器安装在发动机的机体上

根据行驶汽车发动机的检测条件及对测量精度的要求，汽车上普遍采用测发动机缸体振动的方法检测燃爆。用于检测发动机爆燃的爆燃传感器主要有磁致伸缩式爆燃传感器、非共振型压电式爆燃传感器、共振型压电式爆燃传感器。

磁致伸缩式爆燃传感器结构如图14.27所示，它的输出电压信号的大小与发动机振动的频率有关，当传感器固有振动频率与设定爆燃强度时发动机的振动频率产生谐振时，传感器将输出最大电压信号。磁致伸缩式爆燃传感器的输出特性如图14.28所示。

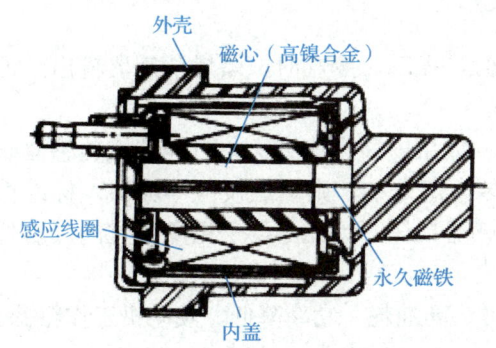
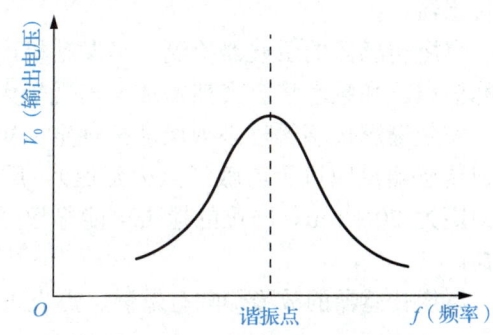

图 14.27　磁致伸缩式爆燃传感器结构　　图 14.28　磁致伸缩式爆燃传感器的输出特性

通用和日产汽车采用的是磁致伸缩式爆燃传感器。

压电式爆燃传感器是利用压电晶体的压电效应制成的爆燃传感器。该类型传感器把爆燃传到缸体上的机械振动转变成电信号，ECU根据此信号判别发动机爆燃是否发生。

压电式爆燃传感器有共振型和非共振型两种，两者的结构基本相同，只是共振型压电式爆燃传感器在壳体内设有一个共振体。非共振型压电式爆燃传感器的结构及外形如图14.29所示。

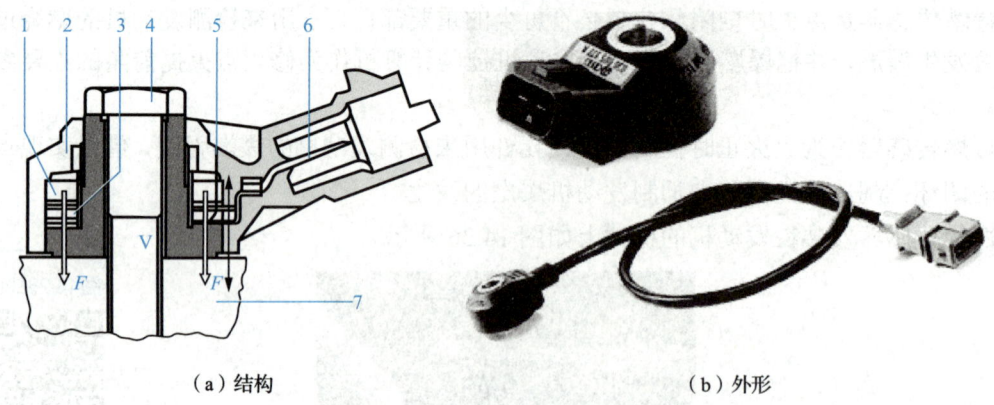

（a）结构　　　　　　　　　　　　　　（b）外形

1—受压缩力作用的振动质量；2—外壳；3—压电陶瓷；4—螺钉；5—接触；
6—电路连接；7—机械座。

图 14.29　非共振型压电式爆燃传感器的结构及外形

目前大多数汽车采用了压电式爆燃传感器，其结构大同小异。

爆燃传感器的检测方法有爆燃传感器电阻的检测、爆燃传感器输出信号的检测和爆燃传感器的示波器检测三种。

爆燃传感器电阻的检测：将点火开关置于"OFF"，拔下爆燃传感器上的电插销，用万用表Ω挡检测爆燃传感器的接线端子与外壳间的电阻，应为∞（不导通）；否则须更换爆燃传感器。

爆燃传感器输出信号的检查：拔下爆燃传感器上的电插销，在发动机怠速时用万用表电压挡检测爆燃传感器的接线端子与搭铁间的电压，应有脉冲电压输出；否则，应更换爆燃传感器。

爆燃传感器的示波器检测：当发动机产生敲缸、振动、爆燃时，爆燃传感器输出波形的峰值电压和频率将会突然增加，出现爆燃波形。

安装爆燃传感器时必须保证按规定力矩拧紧：如果安装力矩太大，可能造成传感器破裂或传感器反应过于灵敏（点火延迟）；反之安装力矩太小，则爆燃反应不灵敏，标准拧紧力矩为 20N·m。严重的撞击可能导致爆燃传感器损坏，因此不要采用跌落过的爆燃传感器。

爆燃传感器的故障影响有爆燃、点火正时失准、高油耗、功率降低、发动机工作粗暴。

14.2.8　车速传感器

车速传感器用来测量汽车的行驶速度，车速传感器信号主要用于发动机怠速和汽车加、减速期间的空燃比控制。发动机 ECU 利用该信号来控制发动机怠速转速及汽车加、减速期间的汽油喷射量和点火正时。

车速传感器的功能是将汽车行驶速度转换为电信号输入燃油喷射控制、防抱死制动控制、自动变速控制以及巡航控制等电控单元，以便完成相应的控制功能。

雪铁龙富康的车速传感器的外形如图 14.30 所示。

图 14.30　雪铁龙富康的车速传感器的外形

按产生信号的原理不同,车速传感器有霍尔效应式、舌簧开关式、磁感应式和光电耦合式等多种类型。其中磁感应式、霍尔效应式、光电耦合式车速传感器的组成及工作原理与同类型的发动机转速/曲轴位置传感器相同,但车速传感器转动轴由变速器输出轴通过齿轮驱动或直接用变速器输出轴上的某一齿轮信号触发。

霍尔效应式车速传感器某一应用接法如图 14.31 所示。

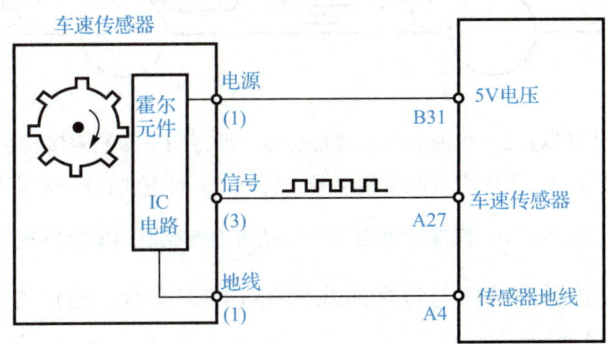

图 14.31　霍尔效应式车速传感器某一应用接法

实际工作时具体情况如下。

1) 减速工况

车速传感器产生的信号与节气门位置传感器产生的信号相配合,从而使 ECU 可以确定减速工况。在减速工况时,ECU 将控制怠速步进电动机、调节发动机转速,防止怠速不稳;同时在减速工况时适时减小喷油脉宽或停止喷油,这有利于降低车辆的整体油耗和减少排气污染。

2) 超速

根据车速传感器信号,ECU 判断车速超过预设的车速时,将停止喷油器喷油。

3) 车速和里程

ECU 根据车速传感器信号一方面向车速表、里程表提供信息;另一方面向 EEPROM(电擦除可编程只读存储器)存储信息,每出现 8 000 个脉冲,认为汽车行驶 1.6km。有的车型中,ECU 还能根据行驶里程,接通维护保养灯。

14.3 汽车车身控制传感器

汽车车身控制传感器通常有温度传感器、车速传感器、加速度传感器、压力传感器、碰撞传感器和车身系统用其他传感器等。

这里的车身系统用其他传感器通常指的是雨滴传感器、电动座椅用传感器、记忆式后视镜用传感器、超声波距离传感器、红外线传感器、地磁传感器、陀螺仪（一种角速度传感器）、湿度传感器、日照强度传感器和光敏式光亮传感器等。

下面就几个典型传感器及其安装位置等做概要的介绍。

汽车空调自动控制系统中传感器的安装位置如图 14.32 所示。

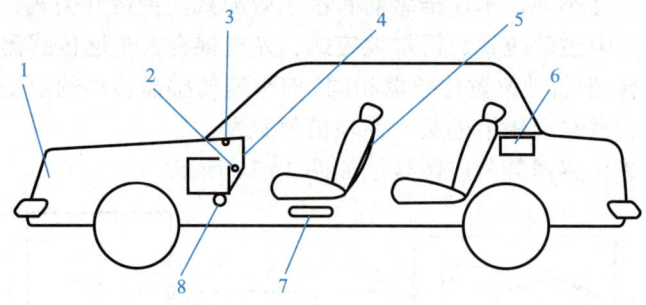

1—车外空气温度传感器；2—车内空气温度传感器（前）；3—日照强度传感器；4—控制板；
5—后控制板；6—车内空气温度传感器（后）；7—计算机；8—功率伺服机构。

图 14.32 汽车空调自动控制系统中传感器的安装位置

车外空气温度传感器的结构与特性曲线如图 14.33 所示。出口温度传感器在蒸发器上的安装位置如图 14.34 所示。

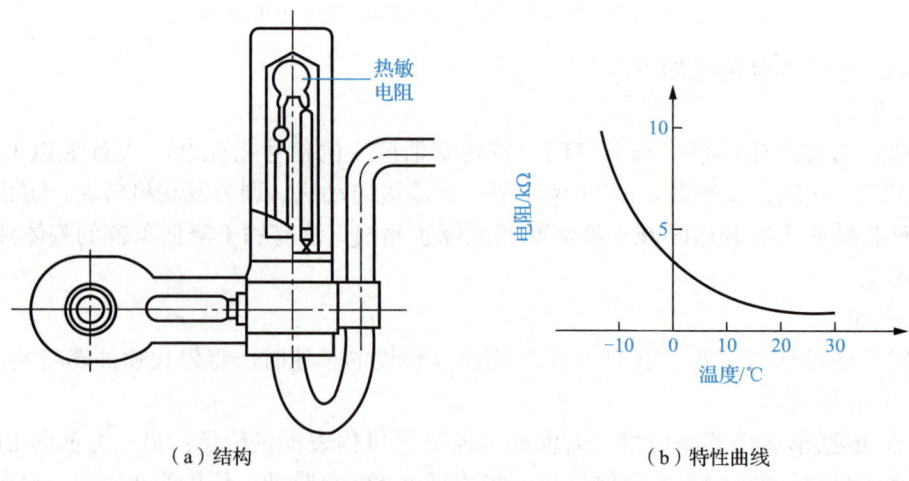

(a) 结构　　　　　　　　　　(b) 特性曲线

图 14.33 车外空气温度传感器的结构与特性曲线

第 14 章 汽车控制中的传感器技术应用

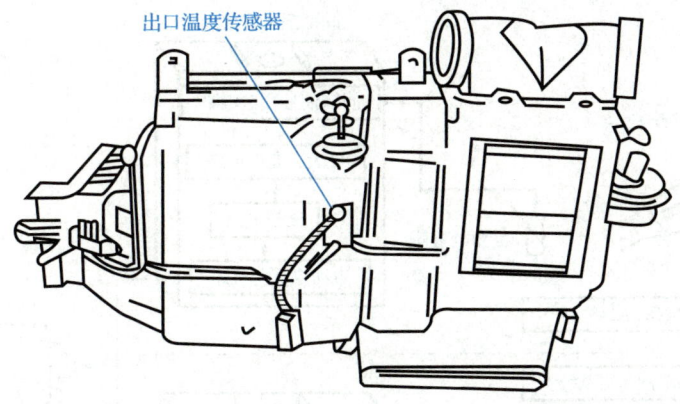

图 14.34 出口温度传感器在蒸发器上的安装位置

汽车雨滴检测传感器的构成如图 14.35 所示,其中的压电元件结构如图 14.36 所示。

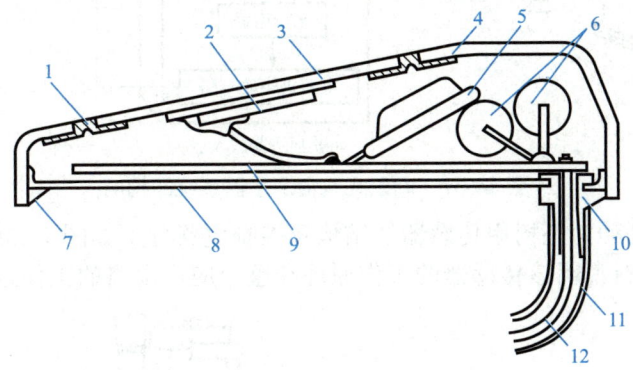

1—阻尼橡胶;2—压电元件;3—不锈钢振动板;4—上盖(不锈钢);5—混合集成电路;
6—电容器;7—密封条;8—下盖;9—电路板;10—密封套;11—套管;12—线束。

图 14.35 汽车雨滴检测传感器的构成

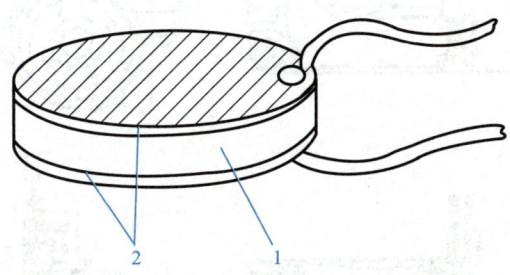

1—陶瓷(钛酸钡);2—电极(金属蒸发)。

图 14.36 压电元件的结构

想一想

1. 某间歇式风窗刮水器系统的构成如图 14.37 所示。试查阅相关文献资料说明该传感器的工作原理和整个系统的工作机理。

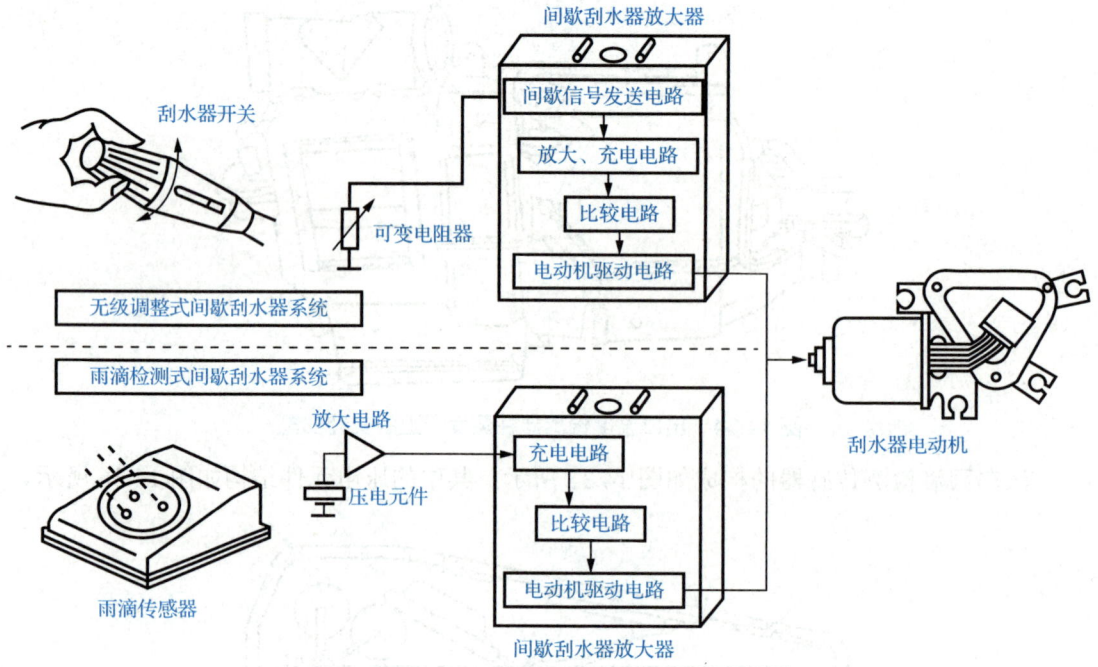

图 14.37　间歇式风窗刮水器系统的构成

2．某微机控制动力座椅用传感器的结构及控制电路分别如图 14.38 和图 14.39 所示，试查阅相关文献资料说明该传感器的工作原理和整个应用电路的工作过程。

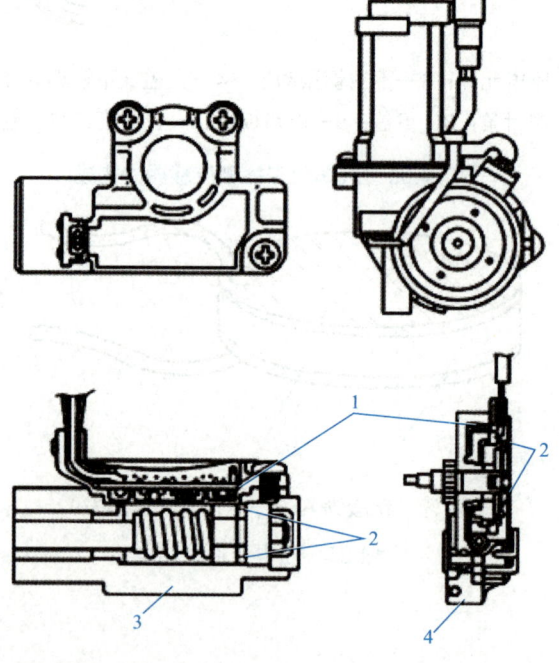

1—霍尔元件；2—永久磁铁；3—座位导轨、前与后垂直传感器；4—靠背位置传感器。

图 14.38　微机控制动力座椅用传感器的结构

第 14 章 汽车控制中的传感器技术应用

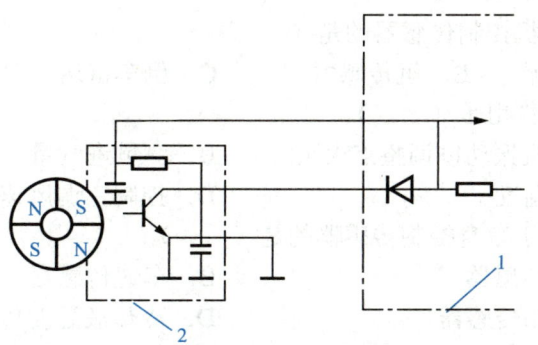

1—位置控制用微机电路；2—座椅用传感器电路。

图 14.39　微机控制动力座椅用传感器控制电路

3. 记忆式后视镜用传感器的结构如图 14.40 所示，试查阅相关资料说明它的工作机理。

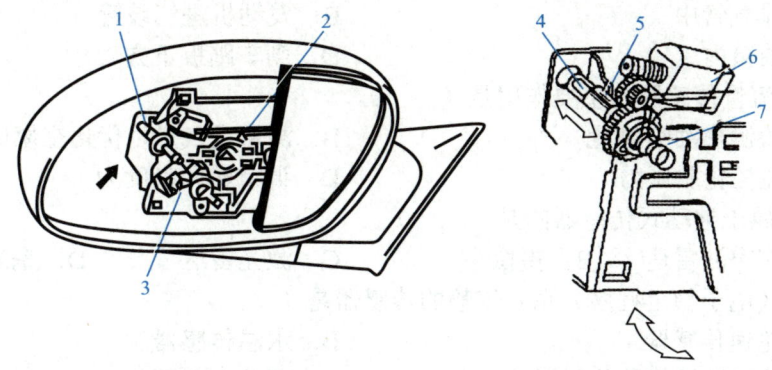

1—左右方向位置传感器；2—后视镜支架；3—上下方向位置传感器；4—永久磁铁；
5—霍尔元件；6—电动机（左右调整用）；7—驱动轴螺钉。

图 14.40　记忆式后视镜用传感器的结构

在线测试

1．校内：10.60.64.7（内网），进入后选择左上角的"测验"来进行测试。

2．校外：登录 www.zjooc.cn，搜索"传感器与检测技术"（负责人：浙江万里学院，钱裕禄），选课后，进入测验和考试。

拓展练习题

一、单项选择题（30 题）

1．汽车传感器的主要功能是（　　）。
  A．提高燃油效率　　　　　　　　B．监测车辆状态并转化为电信号
  C．控制车内娱乐系统　　　　　　D．增强车辆外观设计

2. 以下属于发动机控制传感器的是（　　）。
   A．雨量传感器　　B．氧传感器　　C．倒车雷达　　D．座椅压力传感器
3. 爆震传感器的作用是（　　）。
   A．检测发动机振动以调整点火正时　　B．测量进气量
   C．监测排气温度　　D．控制空调风速
4. 以下传感器属于车身控制传感器的是（　　）。
   A．曲轴位置传感器　　B．车速传感器
   C．安全带锁扣传感器　　D．冷却液温度传感器
5. 智能驾驶中用于检测障碍物的传感器是（　　）。
   A．激光雷达　　B．节气门位置传感器
   C．燃油压力传感器　　D．空气流量传感器
6. 氧传感器通常安装在（　　）。
   A．排气管中　　B．发动机进气歧管
   C．油箱内　　D．刹车踏板下方
7. 空气流量传感器的主要作用是（　　）。
   A．检测燃油喷射量　　B．测量进气量以优化空燃比
   C．监控轮胎压力　　D．调节转向盘助力
8. 以下属于被动式传感器的是（　　）。
   A．超声波雷达　　B．摄像头　　C．激光雷达　　D．毫米波雷达
9. ESP（电子稳定程序）系统依赖的传感器是（　　）。
   A．轮速传感器　　B．水温传感器
   C．油门踏板位置传感器　　D．雨滴传感器
10. 以下传感器用于检测车辆侧倾的是（　　）。
    A．加速度传感器　　B．节气门位置传感器
    C．燃油液位传感器　　D．氧传感器
11. 节气门位置传感器的作用是（　　）。
    A．检测油门踏板开度以调节进气量　　B．监测发动机爆震
    C．控制变速箱换挡　　D．测量燃油喷射压力
12. 以下属于压力传感器的是（　　）。
    A．机油压力传感器　　B．进气温度传感器
    C．光照传感器　　D．轮速传感器
13. ESP系统需要（　　）检测车轮打滑。
    A．轮速传感器　　B．转向角传感器　　C．加速度传感器　　D．以上全部
14. 自动空调系统中，用于检测车内温度的传感器是（　　）。
    A．湿度传感器　　B．热敏电阻　　C．光照传感器　　D．空气质量传感器
15. 曲轴位置传感器故障可能导致（　　）。
    A．发动机无法启动　　B．车窗升降失效
    C．大灯自动关闭　　D．安全带未系警报

16. 胎压监测系统（TPMS）的传感器通常安装在（　　）。
    A．轮胎气门嘴　　　B．发动机舱　　　C．刹车盘　　　D．排气管
17. 用于检测车辆周围物体距离的传感器是（　　）。
    A．超声波传感器　　　　　　　　B．节气门位置传感器
    C．爆震传感器　　　　　　　　　D．氧传感器
18. 以下属于主动安全系统的传感器是（　　）。
    A．安全气囊碰撞传感器　　　　　B．燃油液位传感器
    C．雨滴传感器　　　　　　　　　D．空调温度传感器
19. 在混合动力汽车中，用于监测高压电池温度的传感器是（　　）。
    A．热电偶　　　B．热敏电阻　　　C．红外传感器　　　D．霍尔传感器
20. 毫米波雷达的主要优势是（　　）。
    A．高分辨率成像　B．不受天气影响　C．成本低廉　　　D．短距离探测
21. 以下传感器属于位置传感器的是（　　）。
    A．油门踏板位置传感器　　　　　B．进气温度传感器
    C．车速传感器　　　　　　　　　D．雨滴传感器
22. EGR（废气再循环）系统中，用于监测废气流量的传感器是（　　）。
    A．氧传感器　　　　　　　　　　B．质量型空气流量传感器
    C．压差传感器　　　　　　　　　D．温度传感器
23. 车道保持辅助系统主要依赖的传感器是（　　）。
    A．摄像头　　　　　　　　　　　B．超声波传感器
    C．燃油压力传感器　　　　　　　D．爆震传感器
24. 燃油液位传感器的工作原理通常基于（　　）。
    A．浮子电阻变化　　　　　　　　B．电容变化
    C．电磁感应　　　　　　　　　　D．压电效应
25. 用于检测驾驶人疲劳状态的传感器是（　　）。
    A．转向盘握力传感器　　　　　　B．座椅压力传感器
    C．摄像头（面部识别）　　　　　D．以上均可
26. 以下属于环境感知传感器的是（　　）。
    A．激光雷达　　　　　　　　　　B．曲轴位置传感器
    C．冷却液温度传感器　　　　　　D．安全带传感器
27. 智能驾驶中，用于高精度地图定位的传感器组合是（　　）。
    A．GPS+惯性导航（IMU）　　　　B．超声波雷达+摄像头
    C．毫米波雷达+氧传感器　　　　D．爆震传感器+轮速传感器
28. 霍尔效应传感器常用于检测（　　）。
    A．转速　　　　B．温度　　　　C．压力　　　　D．气体浓度

29．柴油车中，用于检测尿素液位的传感器是（　　）。
　　A．电容式液位传感器　　　　　B．浮子式传感器
　　C．超声波传感器　　　　　　　D．压电传感器
30．以下传感器属于"非接触式"检测的是（　　）。
　　A．激光雷达　　　　　　　　　B．节气门位置传感器
　　C．机油压力传感器　　　　　　D．安全带锁扣传感器

二、多项选择题（5题）

1．汽车发动机控制传感器的典型应用包括（　　）。
　　A．氧传感器　　　　　　　　　B．曲轴位置传感器
　　C．雨滴传感器　　　　　　　　D．空气流量传感器
　　E．安全带传感器
2．车身控制传感器可能涉及的功能有（　　）。
　　A．车窗升降控制　　　　　　　B．安全气囊触发
　　C．自动大灯调节　　　　　　　D．发动机点火控制
　　E．轮胎压力监测
3．现代智能驾驶中常用的环境感知传感器包括（　　）。
　　A．激光雷达　　　　　　　　　B．毫米波雷达
　　C．摄像头　　　　　　　　　　D．超声波传感器
　　E．爆震传感器
4．以下属于温度类传感器的是（　　）。
　　A．冷却液温度传感器　　　　　B．进气温度传感器
　　C．氧传感器　　　　　　　　　D．雨滴传感器
　　E．燃油温度传感器
5．传感器的冗余设计在智能驾驶中的作用包括（　　）。
　　A．提高系统可靠性　　　　　　B．降低制造成本
　　C．增强环境感知能力　　　　　D．减少维修频率
　　E．提升数据处理速度

三、简答题（15题）

1．简述汽车传感器的分类依据及主要类别。
2．氧传感器在发动机控制中的作用是什么？
3．列举三种车身控制传感器并介绍其功能。
4．爆震传感器的工作原理是什么？
5．超声波传感器在汽车中有哪些应用场景？
6．简述激光雷达与毫米波雷达的优缺点对比。
7．空气流量传感器故障可能导致哪些发动机问题？
8．简述智能驾驶中多传感器融合的必要性。

9. 车速传感器在 ESP 系统中的具体作用是什么？
10. 为什么现代汽车需要冗余传感器设计？
11. 解释进气温度传感器对发动机性能的影响。
12. 安全带锁扣传感器如何与安全气囊系统联动？
13. 列举三种用于新能源汽车的专用传感器及其功能。
14. 说明雨滴传感器的工作原理及其在车身控制中的应用。
15. 为什么智能驾驶系统需要同时使用摄像头和雷达？

四、应用分析题（8题）

1. 某车辆发动机故障灯亮，怠速不稳，可能涉及哪些传感器？请分析原因。
2. 自动泊车系统依赖哪些传感器？简述其协作流程。
3. 某智能驾驶汽车在雨雾天气中感知能力下降，如何通过传感器技术优化？
4. 分析曲轴位置传感器信号异常对发动机点火的影响。
5. 设计一种基于多传感器的防碰撞系统，说明其工作原理。
6. 某新能源车充电时显示电池温度异常，可能涉及哪些传感器？如何排查故障？
7. 分析自动紧急制动（AEB）系统中传感器误触发的原因及解决方案。
8. 某辆车倒车雷达在雨天频繁误报警，请从传感器技术角度提出改进措施。

五、应用综述题（4题）

1. 综述智能驾驶中传感技术的发展趋势及技术瓶颈。
2. 对比传统燃油车与新能源汽车在传感器应用上的差异。
3. 论述多传感器融合技术在自动驾驶中的实现路径。
4. 如何通过传感器技术提升车辆能源利用效率？

附录 A

实　　验

实验过程及报告等相关事项见下边的二维码视频讲解。

实验过程及报告

实验一　555 报警器电路的设计与制作

1. 实验内容视频微课

555 报警电路的设计与制作（1）

555 报警电路的设计与制作（2）

2. 基本参考电路

实验一参考电路图和图 A.1 所示。电路中 NE555（0）构成单稳态电路，NE555（1）构成多谐振荡器电路，主要达到"亮、闪、响"的效果。具体给的延时时间和输出频率大家可以根据需要调整相应参数来设置。

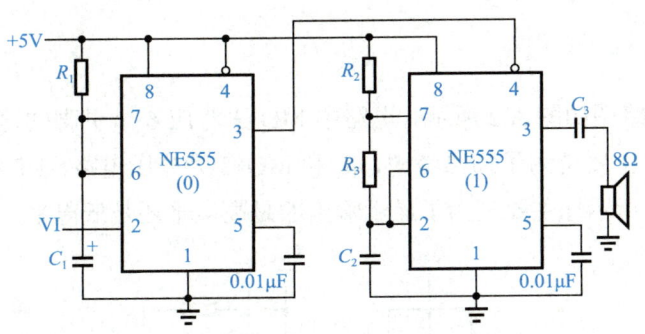

图 A.1　实验一参考电路图

3. 电路设计、制作与调试

（1）根据实际需要选择合适参数的元器件，并完善应用电路设计。

（2）制作电路板并焊接电路。

（3）调试电路，总结整个工作过程。

4. 现场报告撰写和整体报告完成

（1）按照要求完成课堂上的纸报告撰写。

（2）把现场调试的照片（2~3 张）、现场调试讲解的视频（给链接和标题说明即可）和经指导老师签字确认的纸质报告的照片等一起上传到 MOODLE 平台。

5. 问题思考和知识点拓展

（1）如果要改变定时时间（比如需要 10 秒延时）可以考虑调整哪些参数？给出具体计算公式。

（2）为了使"响、闪"的效果更好，在有关参数设置上应如何考虑？

（3）接上电源，如果制作的电路就会又亮又闪又响的，思考一下会是什么原因导致的？

（4）总结一下实际制作和调试过程中的相关问题及产生的原因。

实验二　酒精检测报警电路设计与制作

1. 实验内容视频微课

酒精检测报警电路设计与制作

2. 基本参考电路

实验二参考电路图如图 A.2 所示。电路中 MQ-3 对应 6 个引脚的这种接法是常见的，R_1 所在回路的接法主要是为了加热考虑，R_2 和 MQ-3 为分压电路，RP 和 U_{1A} 接成了电压比较器电路，LED 指示灯主要是为了显示输出的是高电平还是低电平。

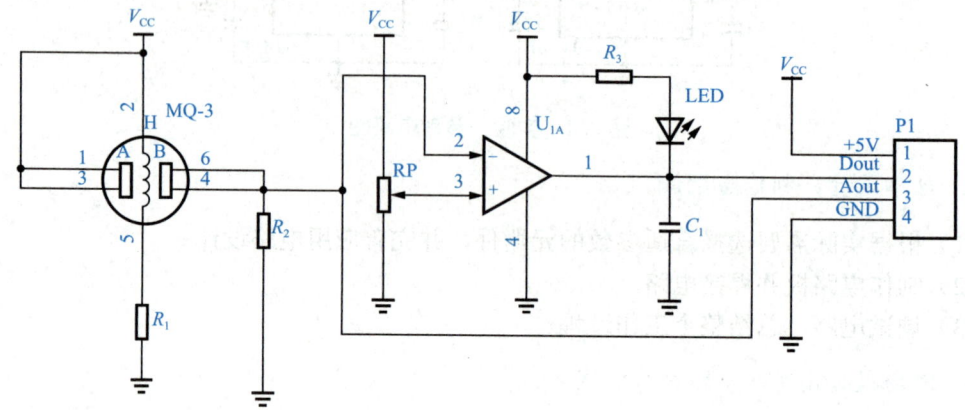

图 A.2　实验二参考电路图

3. 电路设计、制作与调试

（1）根据参考电路选择合适参数的元器件，并完善应用电路设计。

（2）制作电路板并焊接电路。

（3）调试电路。

（4）将"实验二参考电路图"与 NE555 报警电路连接起来进行调试。

4. 现场报告撰写和整体报告完成

（1）按照要求完成课堂上的纸质报告撰写。

（2）把现场调试的照片（2~3 张）、现场调试讲解的视频（给链接和标题说明即可）和经指导老师签字确认的纸质报告照片等一起上传到 MOODLE 平台。

5. 问题思考和知识点拓展

（1）如果这里的检测对象是 CO 气体或者是其他还原性气体，该如何改动相关电路？或将在此电路上作哪些相关变动后可得到所需要的气体检测电路？

（2）此模块在实际调试中需要考虑哪些实际问题？尤其是环境因素的综合考虑。

（3）为什么需要考虑预热？为什么酒精直接擦在传感器表面会导致检测结果不准确？

（4）在图 A.2 的基础上构建一个此类检测的共性模型。

（5）本参考电路还可以做哪些方面的改进？结合应用场合来说明。

实验三　光电测试与报警电路设计

1. 实验内容视频微课

2. 基本参考器件或电路

实验三参考电路图如图 A.3 所示。光电开关选用市场上常见的欧姆龙 E18-B03N。光电断路器应用电路中运算放大器选用 LM393，光电断路器选用 TCRT5000，LED 指示灯主要是为了显示输出的是高电平还是低电平。

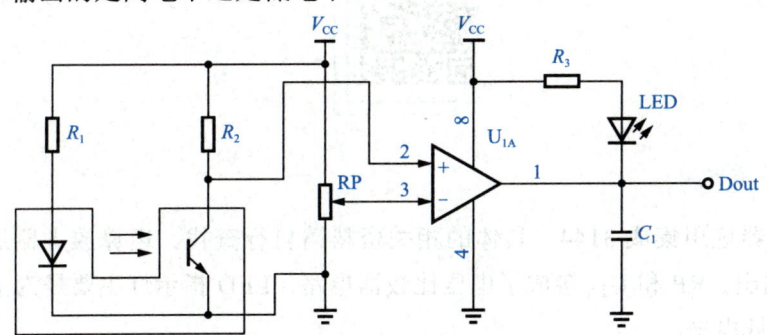

图 A.3　实验三参考电路图

3. 电路调试与设计

（1）对选定的光电开关进行基本功能的测试。

（2）结合参考应用电路进行相关设计，确定相关参数，并进行电路制作、焊接等。

（3）调试光电断路器应用电路。

（4）将光电开关和"实验三参考电路图"分别与 NE555 报警电路连接起来进行调试。

4. 现场报告撰写和整体报告完成

（1）按照要求完成课堂上的纸质报告撰写。

（2）把现场调试的照片（2～3 张）、现场调试讲解的视频（给链接和标题说明即可）和经指导老师签字确认的纸质报告的照片等一起上传到 MOODLE 平台。

5. 问题思考和知识点拓展

（1）在光电开关的测试实验中，你用到的是哪种类型的光电开关（实验室有两种的）？结合网上资料总结一下，并给出它的内部结构图等相关资料。

（2）在光电断路器的测试中，遮光和不遮光对应的指示灯亮灭情况如何？用万用表测试对应输出脚的电压高低情况。

（3）查阅相关资料，总结光电传感器报警应用电路设计中需要考虑哪些因素的影响？

（4）本参考电路还可以做哪些方面的改进？结合应用场合来说明。

实验四　霍尔报警电路设计与制作

1. 实验内容视频微课

2. 基本参考电路

霍尔传感器选用集成 3144，具体的相关资料请自行查找。运算放大器选用 LM393，3144 的 3 脚输出、RP 和 U_{1A} 接成了电压比较器电路，LED 指示灯主要是为了显示输出的是高电平还是低电平。

3. 电路设计、制作与调试

（1）查阅 3144 的相关资料，根据参考电路选择合适参数的元器件，并完善应用电路设计。

（2）制作电路板并焊接电路。

（3）调试电路。

（4）将"实验四参考电路图（图 A.4）"与 NE555 报警电路连接起来进行调试。

4. 现场报告撰写和整体报告完成

（1）按照要求完成课堂上的纸质报告撰写。

（2）把现场调试的照片（2～3张）、现场调试讲解的视频（给链接和标题说明即可）和经指导老师签字确认的纸质报告的照片等一起上传到 MOODLE 平台。

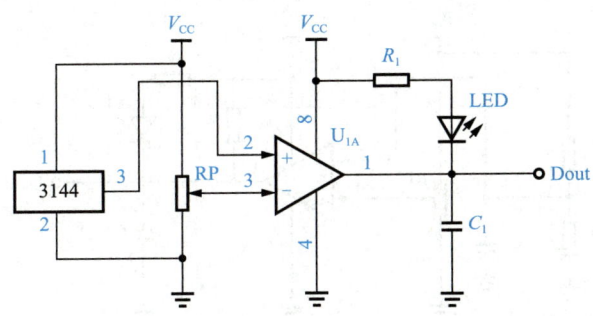

图 A.4 实验四参考电路图

5. 问题思考和知识点拓展

（1）磁铁的 N 极和 S 极靠近 3144，结果会有什么不一样？说明理由。
（2）实际调试中哪些因素会影响实际的结果？
（3）3144 集成霍尔传感器在使用中需要注意哪些问题？总结此传感器的工作规律。
（4）拓展一下，现实生活中有哪些场合有这类集成霍尔传感器的应用。
（5）本实验中的参考电路还可以做哪些方面的改进？可以结合应用场合来说明。

实验五　温度报警电路设计与制作

1. 实验内容视频微课

2. 基本参考电路

电路中 R_1 和 RT（温度传感器）构成分压电路；运算放大器选用 LM393，构成电压比较器电路，LED 指示灯主要是为了显示输出的是高电平还是低电平。

3. 电路设计、制作与调试

（1）根据参考电路选择合适参数的元器件，并完善应用电路设计。
（2）制作电路板并焊接电路。
（3）调试电路。
（4）将"实验五参考电路图（图 A.5）"与 NE555 报警电路连接起来进行调试。

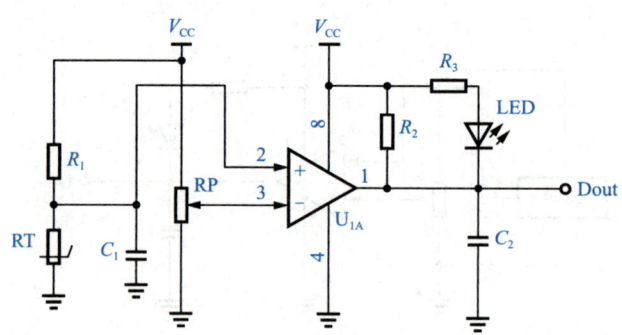

图 A.5 实验五参考电路图

4. 现场报告撰写和整体报告完成

（1）按照要求完成课堂上的纸质报告撰写。

（2）把现场调试的照片（2~3 张）、现场调试讲解的视频（给链接和标题说明即可）和经指导老师签字确认的纸质报告的照片等一起上传到 MOODLE 平台。

5. 问题思考和知识点拓展

（1）RT 选用 NTC 热敏电阻或 PTC 热敏电阻，结果上会有什么不一样？结合理论知识分析一下。

（2）RP 调得过大或者过小对结果会有什么样的影响？

（3）电路中 C_1 和 C_2 为什么要这样连接，它们各自的作用是什么？

（4）结合调试结论和理论分析，综述温度变化到最后报警电路工作的整个过程。

（5）本实验中的参考电路还可以做哪些方面的改进？可以结合应用场合来说明。

实验六 湿度报警电路设计与制作

1. 实验内容视频微课

湿度报警电路设计与制作

2. 基本参考电路

电路中 R_S 为湿敏电阻，运算放大器选用 LM393，LED 指示灯主要是为了显示输出的是高电平还是低电平。具体相关参数的选择自己查阅相关资料完成。

3. 电路设计、制作与调试

（1）根据电路选择合适参数的元器件，完善应用电路设计。
（2）制作电路板并焊接电路。
（3）调试电路。
（4）将"实验六参考电路图（图 A.6）"与 NE555 报警电路连接起来进行调试。

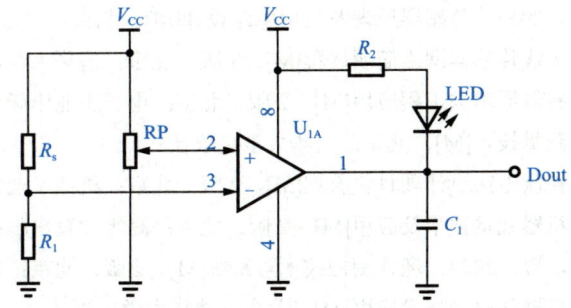

图 A.6　实验六参考电路图

4. 现场报告撰写和整体报告完成

（1）按照要求完成课堂上的纸质报告撰写。
（2）把现场调试的照片（2~3 张）、现场调试讲解的视频（给链接和标题说明即可）和经指导老师签字确认的纸质报告的照片等一起上传到 MOODLE 平台。

5. 问题思考和知识点拓展

（1）环境温度、湿度对实验结果的影响情况如何？
（2）结合自己的实际调试和测量结果，总结说明滑动变阻器怎么调节相对好些？
（3）本实验参考电路这样的接法有哪些不足之处？可以做哪些改进？
（4）简要说明你选用的这种湿敏电阻的基本情况。

参 考 文 献

卜乐平，2025．传感器与检测技术[M]．2 版．北京：清华大学出版社．
陈书旺，宋立军，许云峰，2015．传感器原理及应用电路设计[M]．北京：北京邮电大学出版社．
崔逊学，左从菊，2022．无线传感器网络简明教程[M]．3 版．北京：清华大学出版社．
戴蓉，刘波峰，2021．传感器原理与工程应用[M]．2 版．北京：电子工业出版社．
董永贵，2022．传感器与测量技术[M]．北京：清华大学出版社．
冯成龙，2021．传感器与检测电路设计项目化教程[M]．2 版．北京：机械工业出版社．
韩九强，钟德星，2023．机器视觉技术及应用[M]．2 版．北京：高等教育出版社．
韩九强，钟德星，张新曼，等，2024．现代测控技术与系统[M]．2 版．北京：清华大学出版社．
金明，戴诗容，2024．传感器与检测技术应用[M]．北京：清华大学出版社．
来清民，2008．传感器与单片机接口及实例[M]．北京：北京航空航天大学出版社．
李荣，刘助春，2022．智能汽车传感器技术[M]．北京：机械工业出版社．
李晓莹，2019．传感器与测试技术[M]．2 版．北京：高等教育出版社．
李勇，于晓英，谢达城，2023．智能网联汽车传感器技术与应用[M]．北京：机械工业出版社．
梁森，欧阳三泰，王侃夫，2018．自动检测技术及应用[M]．3 版．北京：机械工业出版社．
梁森，王侃夫，黄杭美，2019．自动检测与转换技术[M]．4 版．北京：机械工业出版社．
廖建尚，张振亚，孟洪兵，2019．面向物联网的传感器应用开发技术[M]．北京：电子工业出版社．
林锦实，张雯雯，2021．传感器与检测技术[M]．2 版．北京：机械工业出版社．
钱裕禄，2013．传感器技术及应用电路项目化教程[M]．北京：北京大学出版社．
司景萍，高志鹰，2012．汽车电器及电子控制技术[M]．北京：北京大学出版社．
松井邦彦，2006．传感器实用技巧 141 例[M]．梁瑞林，译．北京：科学出版社．
宋爱国，2023．智能传感器技术[M]．南京：东南大学出版社．
唐文彦，张晓琳，2021．传感器[M]．6 版．北京：机械工业出版社．
王振世，2020．大话万物感知：从传感器到物联网[M]．北京：机械工业出版社．
吴建平，彭颖，2021．传感器原理及应用[M]．4 版．北京：机械工业出版社．
吴文琳，2012．汽车传感器检修方法精讲[M]．北京：人民邮电出版社．
夏雪松，2012．新型汽车传感器检测数据资料库：光盘增值版[M]．北京：人民邮电出版社．
夏雪松，2020．汽车维修基础实战 28 天[M]．北京：电子工业出版社．
谢蒂，科尔克，2016．机电一体化系统设计：第 2 版[M]．薛建彬，朱如鹏，译．北京：机械工业出版社．
徐科军，2021．传感器与检测技术[M]．5 版．北京：电子工业出版社．
张洪润，邓洪敏，郭竞谦，2021．传感器原理及应用[M]．2 版．北京：清华大学出版社．
张军，孟祥文，2024．智能汽车传感器技术与应用[M]．北京：机械工业出版社．
张智靓，2025．传感器与物联网技术[M]．北京：中国建筑工业出版社．
朱晓青，2020．传感器与检测技术[M]．2 版．北京：清华大学出版社．